“十三五”江苏省高等学校重点教材(编号:2018-1-143)
江苏高校品牌专业(安全工程)建设工程二期项目资助

安全监测监控

蒋曙光　王　凯　吴征艳　邵　昊　主编

中国矿业大学出版社
·徐州·

内 容 提 要

本书以国内外各行业预防安全事故的综合性自动化技术——安全监测监控为切入点，通过对环境状态参数、安全信息、工艺过程进行监控，实现安全性分析预测的自动化、准确化、及时化，并给予必要的预警和控制。本书主要内容包括：讲述了传感器理论、安全环境及状态参数的监测原理及方法；阐述了PLC系统的监控原理和应用；剖析了典型工矿企业安全监控系统的结构组成、各子系统的工作原理和主要功能特点；概述了新型智慧矿山、智慧化工园区安防监控系统的建设现状、构架原理和未来发展。全书深入浅出、循序渐进，全方位引导读者深入学习工业安防监控涵盖的理论知识、专业技术、工程设计和应用实践内容。

本书可供高等学校安全工程、应急技术及管理、采矿工程、监测监控和工业自动化等相关专业的本科生、研究生使用，也可供从事安全监测监控系统设计、工业安防系统构建及工程安装等方面的科研人员和工程技术人员参考。

图书在版编目(CIP)数据

安全监测监控 / 蒋曙光等主编. —徐州：中国矿业大学出版社，2020.10

ISBN 978-7-5646-2963-2

Ⅰ. ①安… Ⅱ. ①蒋… Ⅲ. ①安全监测—高等学校—教材 Ⅳ. ①X924.2

中国版本图书馆CIP数据核字(2020)第184671号

书　　名　安全监测监控
主　　编　蒋曙光　王　凯　吴征艳　邵　昊
责任编辑　马晓彦
出版发行　中国矿业大学出版社有限责任公司
（江苏省徐州市解放南路　邮编 221008）
营销热线　(0516)83884103　83885105
出版服务　(0516)83995789　83884920
网　　址　http://www.cumtp.com　**E-mail**：cumtpvip@cumtp.com
印　　刷　江苏淮阴新华印务有限公司
开　　本　787 mm×1092 mm　1/16　**印张** 18.75　**字数** 468 千字
版次印次　2020年10月第1版　2020年10月第1次印刷
定　　价　49.00元
（图书出现印装质量问题，本社负责调换）

前 言

监测监控系统是融计算机技术、通信技术、控制技术和电子技术于一体的综合自动化产品。它广泛应用于现代化工业和日常生活的诸多方面,当其作为一种安全预防技术设施应用时,就称其为安全监测监控系统。如我们常见的楼宇安全监测通信系统、建筑消防监测监控系统、公路交通安全监控系统等,都是以环境系统安全为目标而设置的一套综合性电子系统。安全监测监控系统是国内外各行业用于预防安全事故的综合性技术产品,通过对环境状态参数、安全信息的监测与控制,实现安全性分析和预测的自动化、准确化、及时化,并给予必要的预警和控制。安全监测监控系统在人们的日常生活和生产中应用广泛,有力地保证了良好的生产和生活秩序,促进了我国经济的发展。

安全监测监控系统是预先感知工矿企业的事故隐患,有效防范事故发生的技术手段,是保证安全生产的基本措施。《安全生产"十三五"规划》明确提出:加快构建风险等级管控、隐患排查治理两条防线,健全监测预警应急机制,推进信息技术与安全生产的深度融合,统一安全生产信息化标准,完善安全生产信息基础设施和网络系统。全面推进安全监管监察部门安全生产大数据等信息技术应用。推动矿山、金属冶炼等高危企业建设安全生产智能装备、在线监测监控、隐患自查自改自报等安全管理信息系统。推进危险化学品、民爆物品、烟花爆竹等企业建设全过程信息化追溯体系。将建设全国安全生产信息大数据平台,推动矿山等高危行业企业建设安全生产数据采集上报与信息管理系统,改造升级在线监测监控系统,完善国家主干公路网交通安全防控监测信息系统,推进航空运输卫星通信信息监控能力建设列为"十三五"规划重点工程。为了保证工矿企业的安全生产,人们对安全监测监控寄予厚望。

随着科技发展,越来越多的新技术将在工矿企业安全监测监控中得到应用。监测监控系统中的信息采集、控制核心也在发生变化。控制系统是单纯以控制为目的的系统,主要实现对生产过程的控制。测控系统是测控一体化的系统,即通过对大量数据进行采集、存储、处理和传输,使控制对象实现预期要求的系统,因此,工程上使用的系统大多是测控系统。长期以来,基于单片机体积小、成本低、设计相对灵活的特点,人们将单片机作为矿井监测监控设备信息处理和控制的核心,但是单片机系统却有硬件设计较复杂、抗干扰能力较差的缺点。近年来,随着可编程控制器(PLC)技术的发展和进步,PLC控制系统逐渐表现出功能强、可靠性高、使用灵活方便、易于编程及适宜在业环境下应用等一系列优点，在安全监测监控领域，其有逐步代替单片机控制系统的趋势。为了培养应用型人才，满足现代煤矿用人之需，我们在参阅传统安全监测监控教材和著作的基础上，详细阐述了PLC基础知识和基本应用，使学生紧把技术更新的脉搏，适应工矿企业安全监测监控技术发展的需求。

智慧矿山是在矿山环境下，运用传感器、红外线射频、新一代物联网、云计算平台、信息智能处理等关键技术，采用软件即服务(SaaS)模块化软件开发方法，组成矿山(包括井上及井下)监测监控系统、人员定位系统、通信联络系统，实现井下运输监控、数据采集、物料位监测、设备点检、生产过程管理等综合信息监测管理。智慧化工园区是指以生态理念为内核，以新一代信息与通信技术为支撑，开发具有专业性、集成化特征的系统平台，整合化工园区的信息资源，兼顾中短期效益与可持续发展的要求，基于业务无缝衔接与协同联动，对安全、环保、节能等重点工作作出快速、准确智能响应的智能化综合性信息监测监控平台。本书介绍智能化安全监测监控平台的内容，结合未来安全监测监控技术的发展方向，拓宽读者的视野，拓展新型工矿企业综合信息化前沿知识；全方位引导读者深入掌握工业安防监测监控知识与技术，提高安全监测监控系统工程设计和应用实践能力。

本书共分为6章：第1章介绍了安全监测监控技术发展历程及工业应用；第2章介绍了矿井安全监测方法和传感器的基本原理及应用；第3章介绍了PLC系统的基本原理与应用；第4章介绍了典型工矿企业安全监测监控系统的结构组成、工作原理及工程应用；第5章介绍了我国智慧矿山建设的现状、发展以及物联网综合管控平台；第6章介绍了智慧化工园区的建设构架以及“互联网+”在智慧化工园区的应用。

本书由中国矿业大学蒋曙光教授负责全书规划指导与审核工作，王凯副教授负责全面统稿。第2章2.2、2.3、2.4节由吴征艳副教授编写；第3章3.2、3.3节由邵昊副教授编写；其余章节由王凯副教授统筹编写；郝海清博士以及张雨晨、王梓婷、蔡祎垚、刘津、赵栗等多名硕士为本书收集并整理资料，完成了大量文字录入和制图工作。

在本书编写过程中，参阅了多种同类教材和著作，在此向其作者致谢。由于编者水平有限，书中难免存在疏漏，欢迎广大读者批评指正。

编 者

2020年8月

目 录

第1章 绪 论

1.1 监测监控系统概述

1.1.1 监测监控系统的定义

监测监控系统是指以计算机(单片机、工控机等)为核心,由监测模块、监控模块和联网通信模块等组成,用于实现自动巡检与调控功能的系统。监测就是利用数字输入(前向通道)对被监测的物理参数和状态进行采样;监控就是利用计算机对监测到的物理参数和状态进行计算和分析后,通过数字输出(后向通道)驱动执行机构或元件进行控制;联网通信就是将监测与监控的重要参数、状态和结果通过网络进行数据交互传输。

实际应用中就是利用传感器将被监控对象中的物理参数与状态(如温度、压力、气体浓度、液位、速度等)转换为电参数(如电压、电流、频率等),并将这些电参数输入相应的转换模块中,为计算机提供其可识别的数字量。中央处理器对采集到的参数大小和变化情况,结合工艺要求的设定值进行比较判断,然后输出相应的电信号,经数字输出端触发执行机构(如继电器、声光报警器、电磁阀、断电仪、电动机等)实现相应的控制操作。联网通信的目的是将监测的参数和控制的结果进行网络传输和信息交互。一个比较完整的监测监控系统往往还具备数据存储、图形显示、打印和历史查询等功能。

监测监控系统就其功能而言,一是"测"(即监测被控变量),二是"控"(即根据监测参数去控制执行机构),三是通信。就其技术而言,监测监控系统是传感器技术、通信技术、计算机技术、控制技术、计算机网络技术等信息技术的综合。就其应用而言,监测监控系统是现代化生产和管理的有力工具,广泛应用于国民经济的各个领域,如化工、冶金、纺织、能源、交通、电力等领域,在科学研究、国防建设和空间技术中的应用更是屡见不鲜。就其组成而言,监测监控系统是分布式的计算机管理系统。就其地位而言,监测监控系统是企业综合自动化计算机集成制造系统(CIMS)中的子系统,是计算机网络中的节点。就其理论基础而言,监测监控系统是威纳(Wiener)提出的控制论、香农(Shannon)提出的信息论、贝塔朗菲(Bertalanffy)提出的系统论的综合与实践。

按照任务的不同,普遍意义上的监测监控系统可以分为监测系统、控制系统和测控系统。监测系统又称为数据采集系统,是单纯以监测为目的的系统,主要实现数据的采集。控制系统是单纯以控制为目的的系统,主要实现对生产过程的控制。测控系统是测控一体化的系统,即通过对大量数据进行采集、存储、处理和传输,使控制对象实现预期要求的系统。实际工程应用中使用的系统大多是测控系统,因此测控系统通常也称为监测监控系统。

1.1.2 监测监控系统的发展

自20世纪90年代以来，随着科学技术迅速发展，人们的生产行为、生活方式都发生了重大变化，作为生产、生活中非常重要的一项技术——监测监控技术，正在逐渐被人们所认可和重视。监测监控系统的演变，是一个从集中监测监控向网络监测监控发展的历史。早期的监测监控系统采用大型仪表集中对各个重要设备状态进行监视，并通过操作盘来进行集中式操作。而计算机监测监控系统是以监测控制计算机为主体，由监测装置、执行机构与被监测控制对象（生产过程）共同构成的整体。在该系统中，计算机实现了对生产过程的监测、监督和控制。在现代企业生产和管理中，大量的物理参量、环境参数、工艺数据、特性参数需要进行实时监测、监督管理和自动控制。由于工业生产过程控制要求高环境适应性、高实时性和高可靠性等特点，自动控制与监测技术一直沿着自己的道路发展，测控领域所使用的通信技术都自成体系，许多通信协议不开放，而且大多数系统都是面向单台或单一类型的设备。

随着生产力的进步，设备分布越来越离散，各自独立的监测监控系统已不能适应工业化需求，于是便产生了分布式监测监控系统。这种系统以计算机网络为基础，使系统资源分配趋于合理。但是由于目前运行的绝大多数分布式监测监控系统还只是在局域网上，监测监控通常仅局限于同一地点，因此具有一定的地域局限性。互联网（Internet）能实现资源共享，从而使人们有能力解决以前在极有限资源下难以解决的问题，为远程监测监控系统发展提供了有利条件。远程监测监控是指本地计算机通过网络系统[如 Internet、内联网（Intranet）]对远端进行监视和控制，实现对分散控制网络的状态监控及设备维护等。我们通常把能够实现远程监测监控的通信媒体、计算机软件、硬件称为远程监测监控系统。在现场设备分布广泛或数据不易采集的场合，远程监测监控系统要能够及时监视设备运行状态并进行有效控制。

远程监测监控技术是国内外研究的前沿课题。1997年1月，首届基于 Internet 的远程监控诊断工作会议由斯坦福大学和麻省理工学院联合主办，讨论了远程监测监控系统开放式体系、诊断信息规程、传输协议及对用户的合法限制等问题，并对未来技术发展作了展望。由斯坦福大学和麻省理工学院合作开发，基于 Internet 的下一代远程监测监控诊断示范系统，得到了制造业、计算机业和仪器仪表业的惠普、波音、英特尔等12家大公司的热情支持。之后，由这些公司共同推出了一个试验性的系统 Testbed。Testbed 用嵌入式 Web 组网、用实时 Java 语言和贝叶斯网络（Bayesian Net）初步形成在 Internet 范围内的信息监控和诊断推理。另外，许多国际组织如机器信息管理开放系统联盟（MIMOSA）、机械故障预防技术学会（SMFPT）等，也纷纷通过网络进行设备监控与故障诊断咨询和技术推广工作，并制定了一些信息交换格式和标准。许多大公司在自有产品中加入了 Internet 功能，如 Bentley 软件公司的计算机在线设备运行监测系统 DataManager2000。可以通过网络动态数据交换（NetDDE）的方式向远程终端发送设备运行状态信息。

国内对远程监测监控技术也开展了积极的研究。目前，西安交通大学、华中科技大学、哈尔滨工业大学、南京理工大学等高校已取得了较为先进的研究成果，例如：西安交通大学研制的大型旋转机械计算机状态监测系统及故障诊断系统，华中科技大学开发的汽轮机工况监测和诊断系统，哈尔滨工业大学开发的微计算机化机组状态监视与故障诊断专家系统等。

安全监测监控技术发展始终与最新技术的发展息息相关，使用者不断对安全监测监控技术的简便性及实时性提出更高的要求。因此必须要更好、更及时地应用最新技术，这样安全监测监控技术才能不断发展，不断满足人们对安全生产、生活的新需求。

1.1.3 现有监测监控系统存在的问题

安全监测监控系统具有对监控对象的巡检、分析、预警、决策、控制等功能，具有环境适应性强、可靠性高与时效性好的特点。在实际应用中，从探测信息传感时效准确性、通信可靠性、系统耦合匹配性等方面剖析安全监测监控系统存在的问题。以化工园区监测监控系统为例，监测监控系统对化工园区危险化学品（简称"危化品"）的生产控制主要表现为对其生产中的危险源进行安全控制。就目前的监测监控系统建设应用而言，仍然存在较为明显的问题：化工企业技术人员缺少监测监控系统相关的维护知识，导致其无法发挥重要功能；在系统安装完成之后，企业管理人员对后续的系统运行维护缺少资金投入；现场监测仪器缺少统一标准，极易导致该系统运行困难，设备质量缺陷导致系统出现故障而无法长期实施监测监控功能；监测监控系统配套设备难以有效联网，很容易造成系统运行困难和产生不一致的数据采集记录，造成数据输送网络、数据管理软件之间冲突；企业缺少合理的系统管理制度，也会影响现场数据采集的精确性，极易造成后续危险源的扩大及增大致灾风险。

1.1.4 监测监控技术的发展趋势

计算机领域经历了一场新的革命，它结合了现代控制技术、图形技术，其目标是随时随地为人们提供无缝的、高质量的、易用的、廉价的信息资源，使其能真正进入人们的生活。计算机监测监控系统的技术也从初期的模拟信息传输与控制飞速发展到了数字化、网络化的信息传输与控制。监测监控系统在未来将朝信息化、网络化、自动化的方向发展。

1.1.4.1 自身性能不断提高

(1) 提高传感器的质量

在系统中提高各种传感器的质量，使其在智能化、低能耗、小体积、长寿命、高稳定性和长调校周期等方面进行改善。

(2) 应用智能化电气设备

在系统中应用智能化高压开关柜、高压真空馈电开关、低压真空馈电开关等，向系统提供多参数信息（如电流、电压、单相/三相漏电电流、开关运行状态、开关机械/电气闭锁状态等）。

(3) 使用高性能运算处理系统

使用运算处理速度更快、运算处理性能更高的中央处理器（CPU），以提高安全生产监测监控系统对各种复杂信息的处理能力和处理速度。

(4) 应用新型控制技术

现场总线控制技术是一种新兴技术，它代表了现场测控技术领域的发展方向。以现场总线控制技术为基础开发安全监测监控系统是必然趋势，这种新模式会促进和推动控制技术的发展。以现场总线控制技术为基础建立的安全监测监控系统具有现场总线的所有特点，即总线结构、数字串行通信、多点（广播）方式、全分散等。

1.1.4.2 网络性能不断完善

(1) 统一通信协议

针对通信协议不规范和传输设备物理层协议不规范的问题，应尽快寻找一种解决系统兼容性的途径或制定相应的专业技术标准，这对促进监测监控技术的发展和系统推广应用具有十分重要的意义。

(2) 不断扩大网络化范围

目前，企业装备的计算机网络可实现企业内部资源共享。今后的趋势是全国企业进行联网，从而实现更大范围的资源共享。

1.1.4.3 智能性能不断增强

(1) 提高生产决策能力

安全监测监控系统不仅能够实现对生产过程的监测监控，而且能够根据被监测环境的参数进行有效的危险性辨别和分析，以提出生产决策方案。

(2) 提高预报预测能力

安全监测监控系统应能够根据各种历史数据进行趋势分析，以提高对灾害因素的预测预报能力和水平。

(3) 提高预防灾害能力

在事故即将发生之际，安全监测监控系统能够利用安全防护设备控制灾害发生，减少灾害造成的损失。

1.2 监测监控系统的组成及主要技术指标

1.2.1 监测监控系统的组成

人在日常工作和生活中实际上也是一个集散测控系统。人通过五官(传感器)感受外界的信息，通过神经或血脉(传输信道)传输给大脑(计算机)，大脑经过分析、判断，指挥四肢等(执行机构)动作。信息由大脑集中管理，产生的动作由四肢等分散控制。

安全监测监控系统一般为两级管理的计算机集散控制系统，即测控分站级和中心站级。每个测控分站负责某几路传感器信号采集和某几个执行机构控制工作，实现了采集、控制分散；中心站负责数据的处理、存储、传输，实现了集中管理。中心站、测控分站、计算机、网络间的通信，传感器到测控分站的数据传输，测控分站到执行或控制装置信号的传输，都是通过传输信道实现的。典型矿井监测监控系统的结构图如图 1-1 所示。

1.2.1.1 测控分站

测控分站简称分站。根据放置地点和防爆要求的不同，测控分站可分为井下测控分站和地面测控分站。测控分站的主要功能是采集由传感器传来的环境安全参数、设备工况参数等信息，并通过预处理，根据预先设定的参数极限，发出超限声、光报警信号和断电、闭锁信号等。测控分站与中心站之间通过传输信道进行通信，传输被测量信息，接收中心站命令。矿井地面与井下信息交换必须加安全隔离。

测控分站的核心是由单片机组成的最小计算机系统，包括中央处理器(CPU)、随机存取存储器(RAM)、输入/输出(I/O)接口，必要的外部设备、系统软件和应用软件。

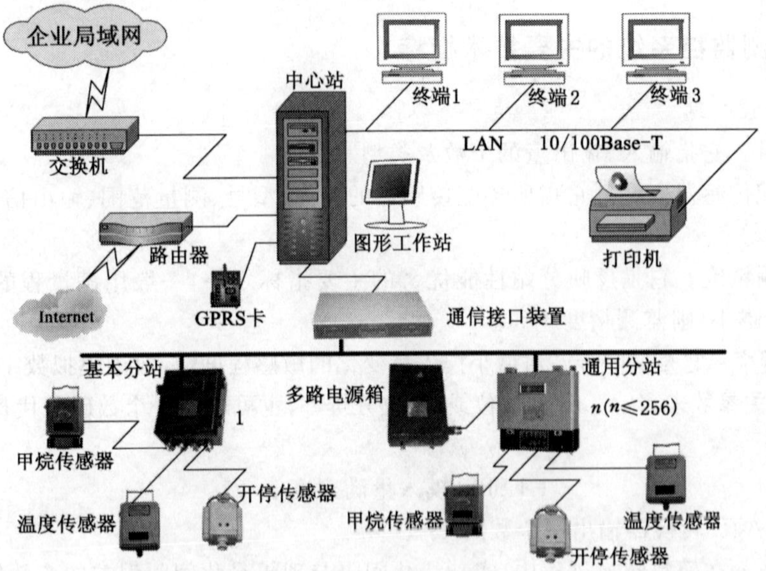

图 1-1 典型矿井监测监控系统的结构图

(1) 传感器

传感器将被测量的物理量转换为便于传输和处理的电信号,经传输线与测控分站连接,为测控分站提供信息。按输出信号的种类划分,传感器有模拟量传感器和开关量传感器。根据监控系统的特点和考虑抗干扰等因素,很多传感器采用频率信号输出,为测控分站的数据采集和处理带来了很大的方便。

有的传感器本身就是智能传感器,输出信号为数字量信号,可不设置测控分站,由传感器与中心站直接交换信息。

(2) 执行或控制装置

执行或控制装置是根据测控分站或中心站命令进行状态转换和控制的装置,主要包括声、光报警装置和断电、闭锁装置等。

声、光报警装置的作用是根据安全参数的极限值发出声、光报警信号。

断电、闭锁装置的作用是在安全参数超限时,切断工作面工作设备的电源,以免发生事故或防止事故扩大,从而实现工作面电源的闭锁。

1.2.1.2 中心站

中心站的关键设备是主机,主机采用高可靠性的计算机,如工控机。中心站一般设置两台主机,两台主机采用冷备份或热备份的方式互为备用。主机的作用是生成系统、管理系统,以及进行数据处理、输出及存储,必要时还可以对关键设备进行监控。

中心站的其他设备可根据需要来设置,如打印机、绘图仪、彩色图形终端、投影仪、远程终端等。

1.2.1.3 传输信道

传输信息的通道称为传输信道。传感器到测控分站的信息传输一般采用有线信道;测控分站与主站的信息传输一般采用有线信道,如专用通信电缆、光缆等;地面分站与主站的信息传输除可采用有线信道外，在距离较远时也可采用无线信道。

1.2.2 监测监控系统的主要技术指标

1.2.2.1 测控分站

(1) 容量。它指输入、输出量的个数及类型。

(2) 接配传感器概况。它指所接配传感器的种类、型号、测量范围、输出信号的形式、供电电压、精度等。

(3) 监测精度。它是反映分站性能优劣的主要指标之一，一般用满量程的相对误差来表示，其数值越小，则监测精度越高。

(4) 分辨率。它是反映分站对微小模入量变化的敏感程度，一般用模拟数字转换器(A/D转换器)的有关参数来表示。例如，8位或12位分辨率，也可以用一个数码所代替的模入量来表示，即：

$$1\ \text{LSB}=\text{模入量满刻度值}/2^{N}$$

式中 1——A/D转换器输出一个数码1；

LSB——在模数转换过程中，实际量化间隔与理想量化间隔误差的有效值；

N——A/D转换器的有效数字位数。

(5) 转换时间。它指A/D转换一次所需的时间，其倒数称为转换率，反映了测控分站的实时程度。

(6) 传输距离。它是传感器与测控分站间信号传输的最远距离。

此外，测控分站的技术指标还有可靠性、工作条件、耗电量、几何尺寸等。

1.2.2.2 中心站

(1) 主机型号及配置。它指CPU型号、内存容量、硬盘容量、软驱数量和规格，以及配置外部设备的种类、型号、数量等，另外，还包括备用主机的情况。

(2) 容量。它指系统可带分站的数量。

(3) 信息传输方式。它指是采用时分制还是频分制，是采用频带传输方式还是基带传输方式。

(4) 传输速率。它指数字传输的波特率。波特率越高，传输效率就越高。

(5) 传输距离。它指中心站与最远测控分站间的距离，一般大于10 km。

(6) 可靠性。它一般用故障率和信息传输误码率来衡量。

1.2.2.3 防爆及防爆标志

防爆电气设备在外壳上的总标志为Ex。

(1) 分类

根据《爆炸性环境 第1部分：设备 通用要求》(GB 3836.1—2010)对防爆电气设备的规定，爆炸危险环境中用电设备分为三类：用于煤矿瓦斯气体环境的电气设备为Ⅰ类；用于除煤矿瓦斯气体之外其他爆炸性气体环境的电气设备为Ⅱ类；用于除煤矿以外的爆炸性粉尘环境的电气设备为Ⅲ类。用于煤矿的电气设备，其爆炸性气体环境除了瓦斯外，可能还含有其他成分的爆炸性气体，应按照Ⅰ类和Ⅱ类相应气体的要求进行制造和检验。Ⅱ类电气设备又分为A、B、C三级，这是根据其拟使用的爆炸性环境的种类来划分的。Ⅱ类电气设备还按最高表面温度的不同，分为T1～T6六组，见表1-1。

表 1-1 Ⅱ类电气设备的最高表面温度分组

温度组别	T1	T2	T3	T4	T5	T6
最高表面温度/℃	450	300	200	135	100	85

根据防爆结构的不同,防爆电气设备分为以下几种类型;

① 隔爆型"d":电气设备的一种防爆型式,其外壳能够承受通过外壳任何接合面或结构间隙渗透到外壳内部的可燃性混合物的内部爆炸而不损坏,并且不会引起外部由一种、多种气体或蒸气形成的爆炸性环境的点燃。

② 本质安全型"i":在标准规定条件(包括正常工作和规定的故障条件)下产生的任何电火花或任何热效应,均不能点燃规定的爆炸性气体环境的电路。

③ 增安型"e":对在正常条件下不会产生电弧或电火花的电气设备进一步采取措施,提高其安全程度,防止电气设备产生危险温度、电弧和电火花的可能性。该定义不包括在正常运行情况下产生电弧或电火花的设备。

④ 正压型"p":利用向外壳内通入正压新鲜空气或充入惰性气体,保持这些内部保护气体的压力高于周围爆炸性气体环境的压力,阻止外部周围气体进入电气设备外壳,达到防爆目的。因此这种型式也称通风充气型。

⑤ 无火花型"n":在正常运行条件下,不会点燃周围爆炸性混合物,且一般不会发生有点燃作用的故障的电气设备的防爆型式。

⑥ 特殊型"s":除 d、e、i、p、n 之外的特殊型式,或者是上述几种型式的组合。

除以上几种型式外还有:油浸型,其附加标志为"o";充砂型,其附加标志为"q"。

(2) 防爆标志示例

"Ⅰ类隔爆型"写为"Ex dⅠ";"ⅡB类隔爆型 T3 组"写为"Ex dⅡB T3";"ⅡA 类本质安全型 ia 等级 T5 组"写为"Ex iaⅡA T5";"ⅡC 类本质安全型 ib 等级关联设备 T5 组"写为"Ex(ib)ⅡC T5";"既适用于Ⅰ类又适用于ⅡB类 T4 组的隔爆型"写为"Ex dⅠ/ⅡB T4"。

采用一种以上的复合型式,须先标出主体防爆型式,后标出其他防爆型式。例如:"Ⅱ类主体增安型并具有正压型部件 T4 组"写为"Ex epⅡT4"。

对只允许使用于一种爆炸性气体环境中的电气设备,其标志可用该气体化学分子式或名称表示,这时可不必注明温度组别。例如:"Ⅱ类用于氨气环境的隔爆型"写为"Ex dⅡ(NH_3)"或"Ex dⅡ氨"。

对Ⅱ类电气设备的标志,可标温度组别,也可标最高表面温度,或二者都标出。例如:"最高表面温度为 125 ℃的工厂用增安型"写为"Ex eⅡ T4"、"Ex eⅡ(125 ℃)"或"Ex eⅡ 125 ℃(T4)"。

复合型电气设备应分别在不同防爆型式的外壳上标出相应的防爆型式。

对使用于煤矿中的电气设备,其爆炸性气体环境除瓦斯外,还有其他爆炸性气体,如:"ⅡB类 T3 组可燃性气体的隔爆型"写为"Ex dⅠ/ⅡB T3"。

为保证安全,指明在规定条件下使用的电气设备,例如指明具有抗低冲击能量的电气设备,在其防爆合格证号之后加符号"X",如××××-X。

1.3 典型的监测监控系统

1.3.1 大柳塔煤矿监测监控系统

大柳塔煤矿是神东煤炭集团所属的一座特大型现代化矿井，它的监测监控系统包括多个子程序，并形成了监控网络，覆盖了矿井生产的各个方面，反映了我国煤矿监测监控技术的先进水平。图 1-2 为大柳塔煤矿工业计算机局域网组成框图。

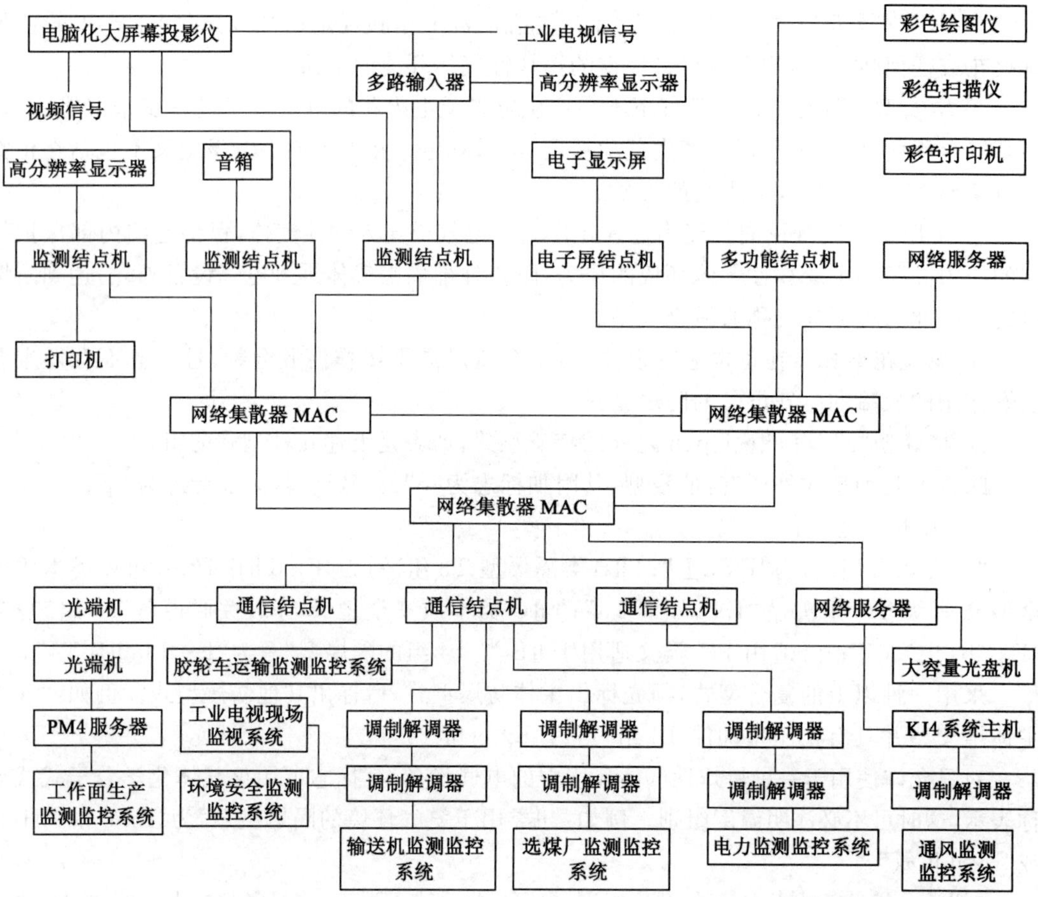

图 1-2 大柳塔煤矿工业计算机局域网组成框图

1.3.1.1 大柳塔煤矿监测监控系统的组成

大柳塔煤矿监测监控系统包括输送机监测监控系统、工作面生产监测监控系统、胶轮车运输监测监控系统、环境安全监测监控系统、电力监测监控系统、通风监测监控系统、选煤厂监测监控系统及工业电视现场监视系统共 8 个子系统。

(1) 输送机监测监控系统

输送机监测监控系统主要对各带式输送机、破碎机、给煤机等设备的开、停及故障等状态进行实时监测,同时监测输送带的各项运行保护参数等。该系统由多台井下分站和地面主机组成。井下分站接收各传感器的监测信号,经过初步处理后送往地面主机,地面主机再对监测信号进行分析处理。当输送机或输送带出现故障时,输送机监测监控系统发出警报和进行断电闭锁控制。

(2) 工作面生产监测监控系统

工作面生产监测监控系统主要对工作面液压支架和采煤机进行监测监控。液压支架的监测监控由德国 Westflia 公司的 PM4 服务器和 PM4 分站完成。每台液压支架上装有一台 PM4 分站,用来监测液压支架的位置、推杆长度、顶板压力等参数。采煤机的监测监控由美国 JOY 公司采煤机上的监控设备和 PM4 服务器完成。液压支架和采煤机的监测数据由 PM4 服务器显示终端显示。工作面生产监测数据经 PM4 服务器串行通信接口通过光传输设备传送至监测监控网络,如图 1-3 所示。

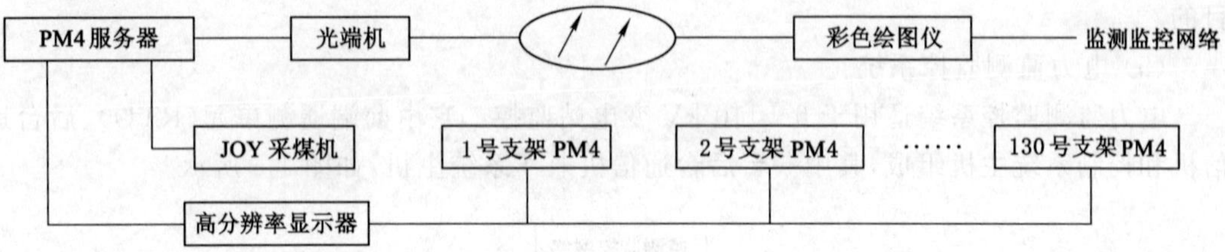

图 1-3 工作面生产监测监控系统的组成

(3) 胶轮车运输监测监控系统

胶轮车运输监测监控系统用来监控胶轮车的行进方向及其在井巷中的位置,同时在井巷交叉口为胶轮车提供自动交通指挥。

胶轮车运输监测监控系统为英国 DD 公司的产品,由读数器、交通灯、交通灯控制单元及可编程控制单元等组成,如图 1-4 所示。

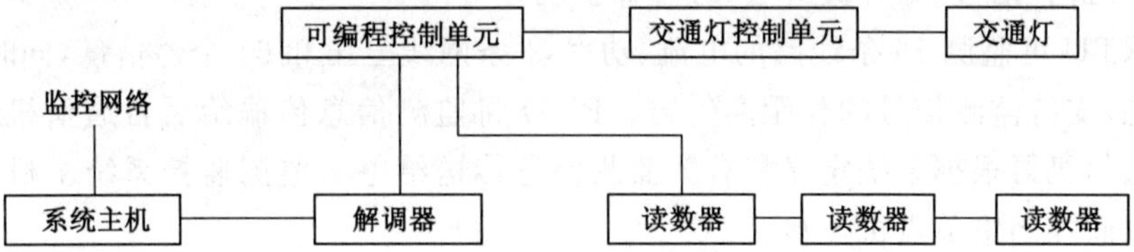

图 1-4 胶轮车运输监测监控系统组成

(4) 环境安全监测监控系统

环境安全监测监控系统采用北京长安自动化工程集团公司的 KJ4 安全生产监测监控系统。它由地面中心站、调制解调器、井下及地面分站、机电控制设备和各种矿用传感器等组成,如图 1-5 所示。

矿用传感器及井下分站用来对井下各工作场所的甲烷浓度、风速、一氧化碳浓度、温度等环境安全参数,以及通风设备状况、运输安全状况等各方面的安全生产信息进行实时监测和数据预处理,并将安全生产信息传送到地面中心站。各种信息经中心站加工后进行显示、

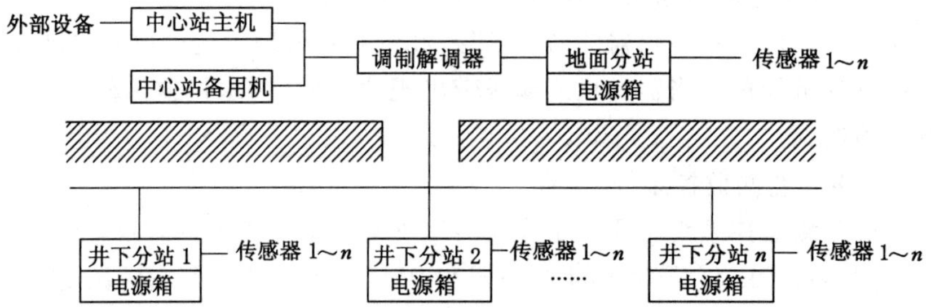

图 1-5 环境安全监测监控系统的组成

打印，某些必要的信息会发送到分站，这时井下工作站发出声、光报警和断电信号，从而使企业准确、全面地掌握环境情况，达到对灾害的早期预测、预报以及对事故进行必要处理的目的。

(5) 电力监测监控系统

电力监测监控系统适用于 6～110 kV 变电站监控。它由前端遥测单元(RTU)、后台通信机和控制系统主机组成，其中一台后台通信机兼作系统主机，如图 1-6 所示。

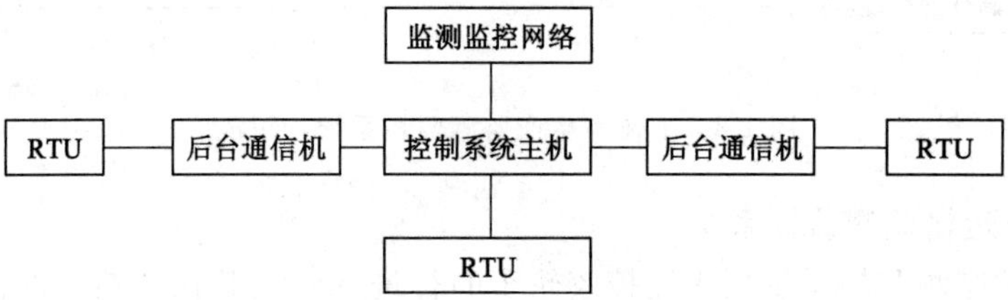

图 1-6 电力监测监控系统组成

电力监测监控系统主要用于监控变电站及输电线的电压、电流、功率及功率因数的实时值，以及各种遥控信号(如开关分合、各种保护动作等)。

一个 RTU 可监测 16 条线路的电流、功率，4 条网线电压和 64 个遥信量，同时具有调制解调器功能，支持监测信号的长距离传输。RTU 将监测信息传输给后台通信机进行处理，每台后台通信机再根据系统定义将有关监测信息传送给电力监测监控系统主机处理，系统主机和监测监控网络节点机连接。

一个变电站设一台后台通信机，用于处理整个变电站的监测数据。电力监测监控系统通过主机显示终端，可以观测各变电站各条输电线的电压、电流、功率、功率因数及各开关的分合状态。

(6) 通风监测监控系统

通风监测监控系统由作为上位机的 486 微机和美国莫迪康(Modicon)公司的 984-385 可编程控制器(PLC)组成。可编程控制器与上位机的通信通过 Modbus Plus 网络实现。通风监测监控系统主要用于监测矿井风机、风门的运行状态及各种保护参数，以保证矿井通风正常。可编程控制器将收集的风机、风门监测参数实时地传给上位机，从而共同完成本地监控任务。

(7) 选煤厂监测监控系统

选煤厂监测监控系统由主机、管理机和美国 Modicon 公司的 984-680 PLC 等组成。它可以闭锁控制整个生产过程的流程选择、设备运行，以及实时监测煤仓煤位，进行故障报警。

监测数据经 984-680 PLC 送到主机，在主机显示终端上形象地显示整个选煤厂的工艺流程、选煤设备的运行状态、各煤仓煤位、选净煤的灰分和水分等。

(8) 工业电视现场监视系统

工业电视现场监视系统主要由摄像头、视频监视器、工业电视系统控制器等组成，如图 1-7 所示。

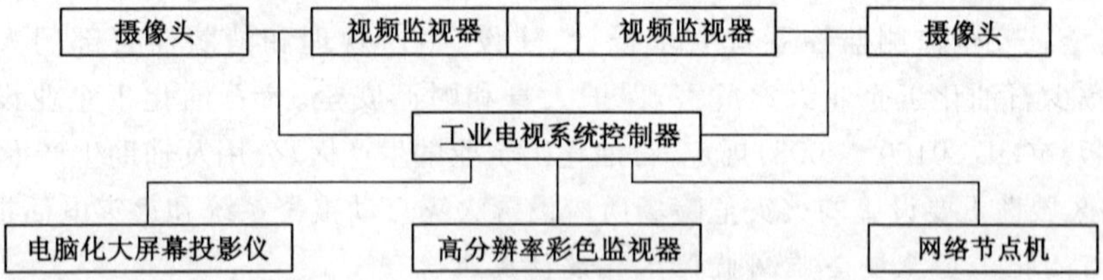

图 1-7 电力监测监控系统组成

它用来实时监视生产现场情况，可将进入摄像头的现场实况变成视频信号，送入工业电视系统控制器输入端。控制台上的视频监视器与工业电视系统控制器输入端连接，由控制器控制，可以在控制台视频监视器上输出各个生产管理现场的实况图像。

1.3.1.2 大柳塔煤矿监测监控网络

大柳塔煤矿监测监控系统为令牌环(Token-Ring)工业计算机局域网，主要由网络服务器、网络节点机、网络集散器、网络连接卡，以及各监控子系统、打印机、扫描仪、绘图仪、电脑化大屏幕投影仪、电子显示器、大容量光盘机、高分辨率彩色监视器等组成。

(1) 局域网

局域网(LAN)就是把分散在一个或几个地方的计算机终端、控制器、显示器及其他外部设备，以及其他为连接网络而使用的网络连接器相互连接起来，以很高的速率进行通信，以达到资源共享和信息传输的目的。局域网能实现网内设备共享、信息共享、相互通信、分布式处理等功能。

(2) 网络服务器

大柳塔煤矿监测监控网络共连接两台服务器：一台为文件服务器，主要完成网络管理任务，提供本网络使用的各种网络系统软件、工具软件、应用软件，与各节点机共享；另一台为数据服务器，用于存储监测到的各种生产数据并提供给监测节点机随时查询，生成生产情况的历史图表等。

(3) 网络连接卡

每个网络节点都有一个网络连接卡，用于实现令牌的识别和生成，信息帧的构成、识别与传输，数据编译、地址译码，传输差错检测、硬件故障检测等功能。

(4) 网络集散器

网络集散器用于实现令牌环网络的逻辑环网、物理星形连接，即网络节点机以星形结构与网络集散器连接，在网络集散器内相互之间在逻辑上以环形连接。

(5) 网络节点机

网络节点机有监测节点机、通信节点机和多功能节点机等类型。监测节点机主要接收通信节点机的数据，完成图形监测、语音预告报警等任务。通信节点机主要与各监测监控子系统通信，收集各监测监控子系统的实时监测数据，并转换成适合网络内传送的形式，传送到监测监控网络内的其他相关节点。多功能节点机为各种显示、打印、存储等设备提供网络连接功能。

1.3.2 石油储罐区监测监控系统

在石油化工企业防火设计过程中要体现“以人为本，预防为主，防消结合”的理念，做到设计本质安全。安全监测监控系统要求设计、建设、生产管理和消防监督部门人员密切结合，防止和减少石油化工企业火灾危害，保护人身和财产安全。《石油化工企业设计防火标准(2018 年版)》(GB 50160—2008)规定，石油化工企业的生产区、公用及辅助生产设施、全厂性重要设施和区域性重要设施的火灾危险场所应设置火灾自动报警系统和火灾电话报警。

1.3.2.1 石油化工企业安全监测监控系统设计要求

(1) 石油化工企业的火灾危险性

在石油化工企业中，布置在一个防火堤内的一个或多个储罐称为储罐组，一个或多个储罐组构成的区域称为储罐区。石油化工储罐区储存的物质主要是油品及液化气等可燃液体。可燃液体常温下遇点火源容易起火燃烧，且具有流淌性。装盛可燃液体的容器、管道一旦发生泄漏，会扩大危险范围。石油化工储罐的呼吸阀、排气阀等装置可向空气中散发大量的可燃性气体，当可燃性气体与空气混合的浓度达到爆炸极限范围时，如遇撞击、摩擦、热源或火花等点火源的作用会发生燃烧，这更加大了石油化工储罐区的火灾危险性。石油化工储罐区储存的大部分易燃、可燃液体(如汽油、煤油、醚、酯等)是高电阻率的电解质，这些物质与罐体接触、摩擦极易产生静电，当静电积累到一定程度将会放电产生火花，形成点火源引起燃烧甚至爆炸。

(2) 石油化工企业火灾自动报警设计要求

在石油化工企业的火灾危险场所设置火灾报警系统可及时发现和通报初期火灾，防止火灾蔓延和重大火灾事故的发生。火灾自动报警系统和火灾电话报警，以及可燃和有毒气体监测报警系统、电视监视系统等均属于石油化工企业安全防范和消防监测的手段和设施，在系统设置、功能配置、联动控制等方面应有机结合、综合考虑，以增强安全防范和消防监测的效果。

① 火灾电话报警的设计。消防站应设置不少于两处同时报警的火灾受警录音电话，且应设置无线通信设备；在生产调度中心、消防水泵站、中央控制室、总变配电所等重要场所应设置与消防站直通的专用电话。随着无线通信技术的发展，无线通信设备因具有可移动的优点，已经成为石油化工企业内对火灾受警、确认和扑救指挥有效的通信工具。直通的专用电话是指在两个工作岗位之间成对设置的电话机，摘机即通，专门用于两个或多个岗位之间的通信联络。例如：当石油化工企业发生火灾，尤其是工艺装置发生火灾时，需要从生产工艺角度采取切断物料及卸料等紧急措施，需要生产操作人员与消防人员及时进行电话通信联络，密切配合，以防止火灾蔓延与次生灾害发生。

② 火灾自动报警系统的设计。对于石油化工企业内火灾自动报警系统的设计应全面考虑，各个石油化工装置、辅助生产设施、全厂性重要设施和区域性重要设施所设置的区域性火灾自动报警系统宜通过光纤通信网络连接到全厂性消防控制中心，使其构成一套全厂

性的火灾自动报警系统。生产区、公用工程及辅助生产设施、全厂性重要设施和区域性重要设施等火灾危险性场所应设置区域性火灾自动报警系统；两套及两套以上的区域性火灾自动报警系统宜通过网络集成为全厂性火灾自动报警系统；火灾自动报警系统应设置警报装置。当生产区有扩音对讲系统时，可兼作警报装置；当生产区无扩音对讲系统时，应设置声光警报器；区域性火灾报警控制器应设置在该区域的控制室内；全厂性消防控制中心宜设置在中央控制室或生产调度中心，宜配置可显示全厂消防报警平面图的终端。

③ 手动火灾报警按钮设置。甲、乙类装置区周围和储罐组四周道路边应设置手动火灾报警按钮，其间距不宜大于 100 m。装置及储运设施多已采用集散控制系统（DCS）控制，且伴随着石油化工装置的大型化，中央控制室距离所控制装置及储运设施越来越远，现场值班人员很少，为便于发现火灾后及时报警，要求在甲、乙类装置区四周道路边和储罐区四周道路边等场所设置手动火灾报警按钮。

④ 火灾探测器的选择。外浮顶油罐宜采用线型光纤感温火灾探测器，且每只线型光纤感温火灾探测器应只能保护一个油罐，并应设置在浮盘的堰板上。除浮顶油罐和卧式油罐外的其他油罐宜采用火焰探测器。采用光栅光纤感温火灾探测器保护外浮顶油罐时，两个相邻光栅间距离不应大于 3 m。油罐区可在高架杆等高位处设置点型红外火焰探测器或图像型火灾探测器进行辅助探测。火灾报警信号宜联动报警区域内的工业视频装置确认火灾。在罐区浮顶罐的密封圈处推荐设置无电型的线型光纤光栅感温火灾探测器或其他类型的线型感温火灾探测器，既可以监视密封圈处的温度值又可设定超温火灾报警；无电型的线型光纤光栅感温火灾探测器目前在石油化工企业已取得了较好的应用业绩。

⑤ 其他要求。单罐容积大于或等于 30 000 m^3 的浮顶罐的密封圈处应设置火灾自动报警系统；单罐容积大于或等于 10 000 m^3 且小于 30 000 m^3 的浮顶罐的密封圈处宜设置火灾自动报警系统。火灾自动报警系统的 AC 220 V 主电源应优先选择不间断电源（UPS）供电。直流备用电源应采用火灾报警控制器的专用蓄电池，应保证在主电源事故时持续供电时间不少于 8 h。

(3) 石油化工企业储罐区安全监控功能要求

根据石油化工储罐区特殊的火灾危险性，石油化工储罐区的安全监测参数主要包括可燃性气体浓度、成分、温度、液位或压力等参数。石油化工储罐区的火灾探测参数确定，应充分考虑储罐区的特点。当储存的油品为原油等重质油品时，因其含碳量较高，燃烧将产生大量的烟气，火灾探测的重点应放在对烟气浓度的探测上，同时对火灾温度进行监测。对于轻质油品及一些成品油，由于其含碳量较低，燃烧较充分，在火灾燃烧初期不会产生或产生少量烟气，应着重考虑火焰探测问题。

1.3.2.2　石油化工储罐区安全监测监控系统应用

以某石油化工厂液化气罐区 2 000 m^3 球罐为例，研究石油化工储罐区消防安全性分析评估方法和安全监测监控系统的最佳构成模式，准确确定监测参数，合理选配监控仪器设备，严格编制安全监测监控系统应用软件。其目的在于实测和动态反映石油化工生产过程各关键部位的安全参数，建立管理与硬件监控相结合的安全监测监控系统，分析和判断石油化工储罐的安全状态，将石油化工储罐区内诸多危险因素和危险参数给予实时监测、报警和控制，及时预测可能的后果和排除事故隐患，避免事故发生。

(1) 石油化工储罐区安全监测监控系统设计原则

石油化工储罐区安全监测监控系统的设计思路是：根据石油化工储罐区消防安全监测要求，采用系统集成设计方法设计构造石油化工储罐区安全监测监控系统，实现工艺及安全参数的实时监测处理；根据监测数据分析石油化工储罐区的安全状态，及时预测和判断可能的事故后果，并通过远程联动控制装置有效启动现场消防设备或灭火设施。

根据总体设计思路，系统设计应注重两项原则：一是管理软件与硬件监控系统相结合，根据现场实际情况制订安全管理规范和事故处置预案，使用计算机技术将安全管理规范和事故处置预案与硬件监控系统有机结合起来，确保硬件监控的可靠性和联动控制的有效性；二是生产监控与安全监控相结合，通过联锁控制、自动停车及其他参数自动控制等监控措施，使储罐区进出料生产过程与静态安全参数监测控制协调互补，达到安全生产的目的。

（2）石油化工储罐区安全监测监控系统结构形式

根据石油化工储罐区的特点，考虑到环境工艺参数和火灾参数的监测要求，石油化工储罐区安全监测监控系统应采用如图 1-8 所示的系统结构形式，以兼顾工艺监测参数直流 4～20 mA 传输和火灾参数频率量传输的不同要求，以及灭火设备联动控制的信号输出要求。

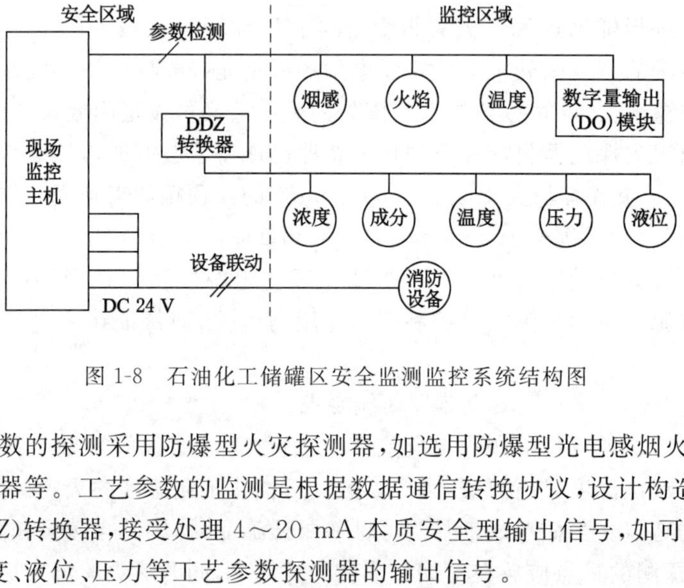

图 1-8 石油化工储罐区安全监测监控系统结构图

常规火灾参数的探测采用防爆型火灾探测器，如选用防爆型光电感烟火灾探测器、防爆型电子感温探测器等。工艺参数的监测是根据数据通信转换协议，设计构造防爆型电动单元组合仪表(DDZ)转换器，接受处理 4～20 mA 本质安全型输出信号，如可燃气体浓度、气体成分、储罐温度、液位、压力等工艺参数探测器的输出信号。

监测监控主机主要完成对安全参数及火灾初期参数的连续采集处理，对采集到的信号进行状态分析，及时预测并采取措施对事故进行处理，通过直流硬线连接方式和远程联动控制装置有效启动现场消防设备，实施灭火操作。

（3）石油化工储罐区安全监测监控系统组成

依据上述思路，同时考虑该石油化工厂液化气罐区 2 000 m^3 球罐的实际状况，在重点分析石油化工储罐区消防安全性、确定监测参数和有效监控方法的基础上，针对生产安全和消防安全要求确定安全监测监控系统组成，如图 1-9 所示。

系统的监测范围是 2 000 m^3 气罐区及其泵区。监测参数有：球罐压力、温度、液位和高液位，罐区和泵区可燃气泄漏量，罐区和泵区 20 m 范围感温式火灾信息。火灾监控措施包括四个可燃气体泄漏监测点，一条感温监测电缆（火灾报警），一个高液位监测报警点和液

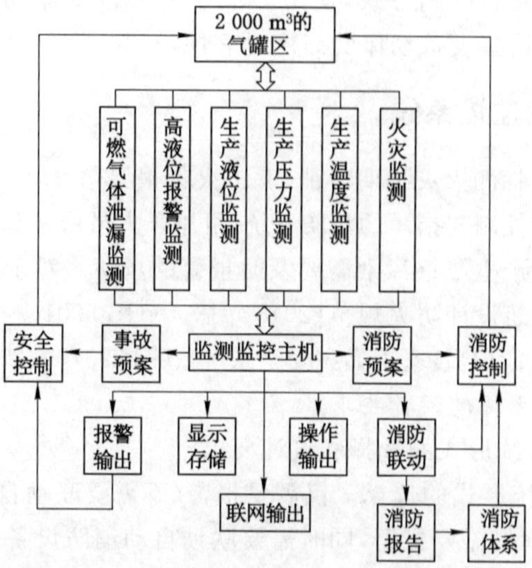

图 1-9 石油化工储罐区安全监测监控系统组成图

位、压力、温度三个生产参数监测点，整个系统由监测监控主机管理。可燃气体泄漏监测报警采用 ES2000T-C4 型可燃气体浓度探测器，三台安装在球罐底部，一台安装在物料泵区，输出监测参数为 4～20 mA 标准信号，信号直接送入监测监控主机。

(4) 石油化工储罐区安全监测监控系统功能

根据石油化工生产过程控制系统的要求，石油化工储罐区安全监测监控系统一般采用系统集成方式构成，在系统硬件结构确定后需编制应用软件实现系统的各种功能。为提高运行效率、方便调试及维护系统，系统主控模块、事故处置模块、信息通信模块、消防管理模块等功能模块的功能为：系统主控模块主要完成数据采集处理、报警判断与联动控制输出、自动与手动控制方式切换、系统管理；事故处置模块根据监测数据完成对监测区域事故状态的分析预测，对工艺安全进行操作控制并对紧急情况进行处置，实施救灾方案；信息通信模块主要完成通信协议管理、数据通信控制、异地远程联网；消防管理模块主要完成系统操作管理、设备工况管理、防火管理与数据存储。

石油化工储罐区的消防设备主要包括火灾警报装置、灭火设备和安全操作设备。火灾警报装置可以在安全参数出现异常或火灾发生时，根据火灾探测信号及时报警和采取相应的安全措施，主要设备有警铃、事故广播等。灭火设备可以在火灾初期有效控制火势，及时扑灭初起火灾，主要设备有泡沫灭火系统、自动喷淋冷却系统等，具有联动要求的设备有消防水泵、泡沫泵、自动喷淋泵等。安全操作设备可以在安全参数出现异常时，对输油线路及各种控制阀门进行控制和操作。

石油化工储罐区的各种消防设备对联动控制的要求不同：有些设备在出现异常时直接启动，如警铃；有些设备在出现异常后需要延时启动，如消防水泵需在火灾确认后启动；有些设备需要在启动后对系统返回状态信号，如泡沫泵等。石油化工储罐区具有远程联动要求的设备主要有消防水泵、泡沫泵、安全阀、声光报警器、讯响器、消防电话及消防广播等。在石油化工储罐区，考虑到消防水泵枪储备数量少、重要性强且布置较分散，多采用专线方式直接控制，或专线与总线复合控制方式，使用 DC 24 V 标准的驱动信号直接送入现场消防设备配电箱驱动，以确保这些设备动作的高度可靠性。

1.3.3 建筑消防监测监控系统

火灾自动报警系统是探测火灾早期特征、发出火灾报警信号，为人员疏散、防止火灾蔓延和启动自动灭火设备提供控制与指示的消防系统，可用于人员居住和经常有人滞留的场所，以及存放重要物资或燃烧后产生严重污染需要及时报警的场所。对于建、构筑物中设置的火灾自动报警系统的设计，《建筑设计防火规范(2018 年版)》(GB 50016—2014)、《火灾自动报警系统设计规范》(GB 50116—2013)、《家用火灾安全系统》(GB 22370—2008)等进行了相关规定。

1.3.3.1 火灾自动报警系统的设计要求

(1) 火灾自动报警系统形式的选择和设计要求

① 火灾自动报警系统形式的选择。仅需要报警，不需要联动自动消防设备的保护对象宜采用区域报警系统。不仅需要报警，同时需要联动自动消防设备，且只设置一台具有集中控制功能的火灾报警控制器和消防联动控制器的保护对象，应采用集中报警系统，并应设置一个消防控制室。设置两个及以上消防控制室的保护对象，或已设置两个及以上集中报警系统的保护对象，应采用控制中心报警系统。

② 区域报警系统的设计。系统应由火灾探测器、手动火灾报警按钮、火灾声光警报器和火灾报警控制器等组成，系统中可包括消防控制室图形显示装置和指示楼层的区域显示器。火灾报警控制器应设置在有人值班的场所。系统未设置消防控制室图形显示装置时，应设置火警传输设备。系统可以根据需要增加消防控制室图形显示装置或指示楼层的区域显示器。区域报警系统不具有消防联动功能，应具有将相关运行状态信息传输到城市消防远程监控中心的功能。

③ 集中报警系统的设计。系统应由火灾探测器、手动火灾报警按钮、火灾声光警报器、消防应急广播、消防专用电话、消防控制室图形显示装置、火灾报警控制器、消防联动控制器等组成。系统中的火灾报警控制器、消防联动控制器、消防控制室图形显示装置、消防专用电话总机等起集中控制作用的消防设备，应设置在消防控制室内。

④ 控制中心报警系统的设计。有两个及以上消防控制室时，应确定一个主消防控制室。主消防控制室应能显示所有火灾报警信号和联动控制状态信号，并控制重要的消防设备；各分消防控制室内消防设备之间可互相传输、显示状态信息，但不应互相控制。

(2) 消防联动控制设计

① 消防联动控制器应能按设定的控制逻辑向各相关受控设备发出联动控制信号，并接受相关设备的联动反馈信号。通常在火灾报警后经逻辑确认，联动控制器应在 3 s 内按设定的控制逻辑准确发出联动控制信号给相应的消防设备，当消防设备动作后将动作信号反馈给消防控制室并显示。消防联动控制器是消防联动控制系统的核心设备，消防联动控制器按设定的控制逻辑向各相关受控设备发出准确的联动控制信号，控制现场受控设备按预定的要求动作。

② 消防联动控制器的电压控制输出应采用 DC 24 V，其电源容量应满足受控消防设备同时启动且维持工作的容量要求。除需满足受控消防设备同时启动所需的容量外，还要满足传输线径要求，当线路压降超过 5%时，其 DC 24 V 电源应由现场提供。

③ 各受控设备接口的特性参数应与消防联动控制器发出的联动控制信号相匹配。消防

联动控制器与各个受控设备之间的接口参数应能够兼容和匹配，保证系统兼容性和可靠性。一般情况下，消防联动控制系统设备和现场受控设备的生产厂家不同，各自设备对外接口的特性参数不同，在工程设计、设备选型等环节细化要求消防联动控制系统设备和现场受控设备接口的特性参数相互匹配，是保证在应急情况下，建筑消防设施协同、有效动作的基本技术要求。

④ 消防水泵、防烟和排烟风机的控制设备，除应采用联动控制方式外，还应在消防控制室设置手动直接控制装置。消防水泵、防烟和排烟风机等消防设备的手动直接控制应通过火灾报警控制器(联动型)或消防联动控制器的手动控制盘实现，控制盘上的启停按钮应与消防水泵、防烟和排烟风机的控制箱(柜)直接用控制线或控制电缆连接。消防水泵、防烟和排烟风机是在应急情况下实施初起火灾扑救、保障人员疏散的重要消防设备。

⑤ 启动电流较大的消防设备宜分时启动。消防设备启动的过电流将导致消防供电线路和消防电源的过负荷，也就不能保证消防设备的正常工作。因此，应根据消防设备的启动电流参数，结合设计的消防供电线路负荷或消防电源的额定容量，分时启动电流较大的消防设备。

⑥ 需要火灾自动报警系统联动控制的消防设备，其联动触发信号必须采用两个及以上独立的报警触发装置报警信号的"与"逻辑组合。任何一种探测器对火灾的探测都有局限性，对于可靠性要求较高的气体、泡沫等自动灭火设备和设施，仅采用单一探测形式探测器的报警信号作为该类设备、设施启动的联动触发信号，不能保证这类设备、设施的可靠启动，从而带来不必要的损失，因此，要求该类设备的联动触发信号必须采用两个及以上独立的报警触发装置报警信号的"与"逻辑组合。

1.3.3.2 住宅建筑火灾自动报警系统设计要求

(1) 住宅建筑火灾自动报警系统设计

① A类系统的设计。住户内设置的家用火灾探测器可接入家用火灾报警控制器，也可直接接入火灾报警控制器。设置的家用火灾报警控制器应将火灾报警信息、故障信息等相关信息传输给相连接的火灾报警控制器。建筑公共部位设置的火灾探测器应直接接入火灾报警控制器。A类系统示意图如图1-10所示。

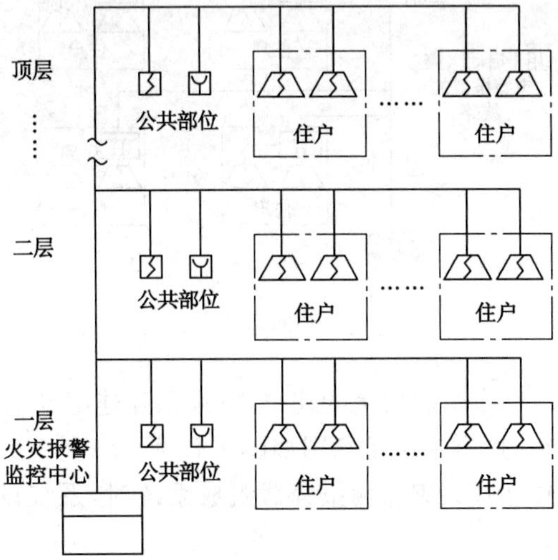

图1-10 A类系统示意图

② B类和C类系统的设计。住户内设置的家用火灾探测器应接入家用火灾报警控制器。家用火灾报警控制器应能启动设置在公共部位的火灾声警报器。B类系统中，设置在每户住宅内的家用火灾报警控制器应连接到控制中心监控设备，控制中心监控设备应能显示发生火灾的住户。B类系统示意图如图1-11所示；C类系统示意图如图1-12所示。

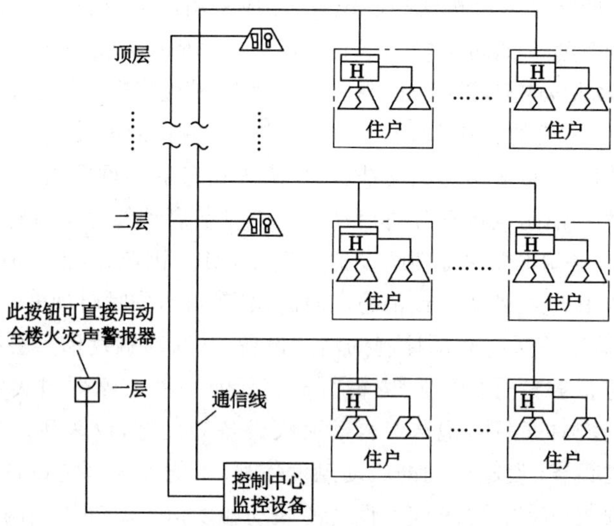

图1-11　B类系统示意图

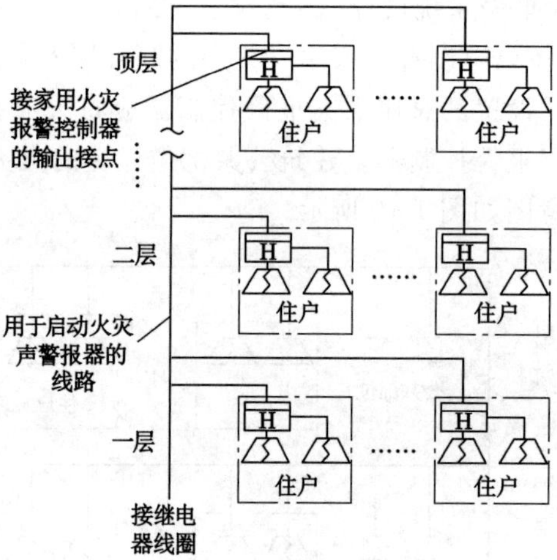

图1-12　C类系统示意图

③ D类系统的设计。有多个起居室的住户，宜采用互连型且电池供电时间不少于3年的独立式火灾探测报警器。D类系统示意图如图1-13所示。

④ 采用无线方式将独立式火灾探测报警器组成系统时，系统设计应符合A类、B类或C类系统之一的设计要求。

(2) 火灾探测器的设置

① 每间卧室、起居室内应至少设置一个感烟火灾探测器。

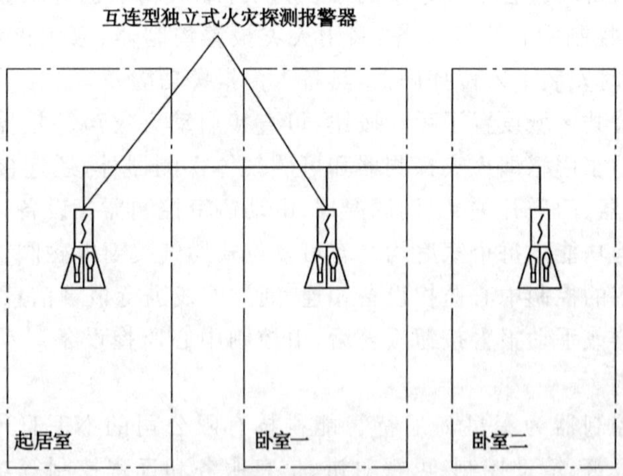

图 1-13 D类系统示意图

② 可燃气体探测器在厨房设置时，使用天然气的用户应选择甲烷探测器，使用液化气的用户应选择丙烷探测器，使用煤制气的用户应选择一氧化碳探测器。连接燃气灶具的软管及接头在橱柜内部时，探测器宜设置在橱柜内部。甲烷探测器应设置在厨房顶部；丙烷探测器应设置在厨房下部；一氧化碳探测器可设置在厨房下部，也可设置在其他部位。可燃气体探测器不宜设置在灶具正上方。宜采用具有联动关断燃气关断阀功能的可燃气体探测器。探测器联动的燃气关断阀宜为用户可以自己复位的关断阀，并应具有胶管脱落自动保护功能。

(3) 家用火灾报警控制器的设置

家用火灾报警控制器应独立设置在每户内，且应设置在明显和便于操作的位置。当其采用壁挂方式安装时，其底边距地面高度宜为 1.3～1.5 m。具有可视对讲功能的家用火灾报警控制器宜设置在进户门附近。

(4) 火灾声警报器的设置

住宅建筑公共部位设置的火灾声警报器应具有语音功能，且应能接受联动控制或由手动火灾报警按钮信号直接控制发出警报。每台火灾声警报器覆盖的楼层不应超过 3 层，且首层明显位置应设置用于直接启动火灾声警报器的手动火灾报警按钮。

(5) 应急广播的设置

住宅建筑内设置的应急广播应能接受联动控制或手动火灾报警按钮信号直接控制进行广播。每台扬声器覆盖的楼层不应超过 3 层。广播功率放大器应具有消防电话插孔，消防电话插入后应能直接讲话。广播功率放大器还应配有备用电池，电池持续工作不能达到 1 h 时，应能向消防控制室或物业值班室发送报警信息。

1.3.3.3 住宅建筑火灾自动报警系统应用

某住宅小区有 6 栋 17 层电梯房，由某物业公司进行管理。各楼栋建立了火灾自动报警系统，由物业公司进行集中监控管理。火灾自动报警系统设计遵循安全性、可靠性、实时性、实用性、经济性、可扩展性、设备选型标准化、设计接口标准化等原则，选用统一的硬件、软件平台，系统设备选型时同类产品品牌一致，便于物业公司对同类设备进行统一维护，并可以共享同类型的备品、备件，整合不同系统的维护人员，维护成本也可以显著降低。该住宅小区采用B类系统，由控制中心监控设备、家用火灾报警控制器、家用火灾探测器、火灾声警报器等设备组成，同时安装了入侵探测器，具备入侵报警功能。

该系统在单元公共区域设置了手动按钮，可直接启动火灾声警报器。家用火灾报警控制器除连接住户内的家用感烟火灾探测器和可燃气体探测器外，还连接了被动红外入侵探测器、玻璃破碎探测器、门磁开关、空调调温器、电动窗帘控制器等设备，具有火灾报警、安全防范和舒适性控制等功能。每个家庭均装有可复位式燃气关断电磁阀。该系统中家用火灾报警控制器与中控室的控制中心监控设备相连，通过网线进行报警信息及其他信息的交互，家用火灾报警控制器或手动报警按钮报警后，由控制中心监控设备启动公共区域的火灾声警报器。

家用火灾报警控制器为秦皇岛尼特智能科技有限公司的NT-JJ3507型，具有火灾报警、家电控制、安防报警、情景控制、可视对讲、信息服务和远程控制等功能。NT-JJ3507型家用火灾报警控制器为壁挂式，自带10 in(1 in=2.54 cm)彩色显示屏，与感烟探测器、气体探测器、按钮开关、门(窗)磁开关、声光警报器等连接。控制中心监控设备为NT-JJ3500型，具有火灾报警、消息通知、安防报警、视频监控、可视对讲、物业管理等功能。

思考题

1. 简述国内外安全监测监控系统的发展概况。
2. 简述我国安全监测监控系统的发展趋势。
3. 煤矿安全监测监控系统的作用是什么?
4. 简述安全监测监控系统的主要技术指标。
5. 根据防爆标志描述该电气设备的防爆型式。

第 2 章　安全监测方法与传感器

2.1　安全监测方法

2.1.1　环境参数及其基本监测方法

2.1.1.1　环境参数

环境参数主要有各种气体组分浓度(如氧气、一氧化碳、二氧化碳、二氧化氮、二氧化硫、硫化氢等浓度)、化工工艺等中间产物的组分浓度、粉尘浓度、细颗粒物(PM 2.5)、噪声等。这些环境参数都与作业安全有直接的联系,都应纳入环境监测系统,并对其实行有效控制。

2.1.1.2　环境参数的基本监测方法

一般人们得到的信息中,绝大多数为非电量信息,这些信息难以监测,也难以放大、处理和传输。因此,需要有一种特殊功能的装置来灵敏地监测有关信息,并把这些信息变成容易处理的物理量。由于电信号易于放大、反馈、滤波、微分、存贮和远距离传输,且电子计算机只能直接处理电信号,因此目前大都把被测物理量转变成电量或电参量(如电流、电压、电阻、电感、电容、频率、阻抗等)。

环境参数均属非电量信息,因此在监测过程中,普遍采用参数变换方法进行测量和传输。也就是将所接收的非电量信息用某种特定的变换手段,变换为电量或电参量。这种变换称为非电量测试技术。

2.1.2　工况参数及其测试

工况参数就是在生产工艺系统中,各生产环节或机器设备、设施的工作状况参数,它直接或间接地反映生产工艺流程各环节的工作状况和机器设备的工作状态,从而直接或间接地影响生产工艺活动效果和作业的安全程度。因此,生产生活系统工况参数的监测活动是十分重要的。但由于矿井生产工艺流程复杂,机器设备类型、技术性能、工作性质不同,因此工况参数的测试方法和手段多种多样。目前,国内安全监测监控系统主要进行监测的工况参数有:供电开关、红绿灯开关、路灯开关、电流和电压开关、功率开关、胶带开关、机组位置、输送机工作状态,地下工程的排水、压风系统,以及供风风机、排烟风机等工作状况参数。为了实现有效调度,将监测监控系统与模拟调度盘连接,显示会更加直观。

2.2　传感器基本理论

安全监测主要通过监测仪器来实现。一个简单的监测仪器通常由传感器、信号变换电路及电源等部分构成。

2.2.1 传感器的概念

2.2.1.1 传感器的定义

传感器是一种以一定的精度和规律把被测量转换为与之有确定关系的、便于应用的某种物理量的测量装置。因此，传感器有时又称为变换器或变能器。传感器是实现自动监测和自动控制的首要环节。如果没有传感器对原始参数进行精确可靠的测量，那么最佳显示和控制只是一句空话。可以说，没有精确、可靠的传感器，就不可能存在精确、可靠的自动监测和控制系统。

该定义包括以下几层含义：

(1) 传感器是测量装置，能完成监测任务；

(2) 它的输入量是某一被测量，可能是物理量(如压力、温度、位移等)，也可能是化学量、生物量等；

(3) 它的输出量是某种物理量，该量要便于传输、转换、处理、显示等，可以是气体、光、电量，但主要是电量；

(4) 输出量与输入量有一定的对应关系，且应有一定的精确度。

2.2.1.2 传感器的组成

传感器一般由敏感元件、转换器件、测量及交换电路等部分组成，有时也把电源包括在内，如图 2-1 所示。

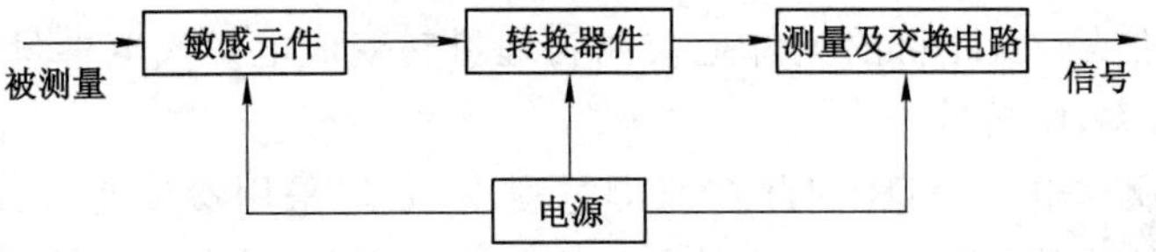

图 2-1 传感器的组成框图

(1) 敏感元件

敏感元件用于将被测物理量转换为适于测量的电量信号，变换方法有直接交换和间接交换两种。如热电偶可将温度变化转换为电势输出，即为直接变换。有些敏感元件的输出并不是电量，需要通过转换器件将其变为电量，如载体催化元件是将甲烷气体浓度的变化转换为电阻值的变化，再通过电桥将其变为电压型号输出，即为间接变换。

气体监测采用的敏感元件主要是气敏元件，根据其结构可分为干式气敏元件和湿式气敏元件两类。干式气敏元件有：① 接触燃烧式(热线型、载体热催化型)，用于测量低浓度 CH_4 气体浓度。② 热传导式(热线型、热敏电阻型)，主要用于监测高浓度 CH_4 浓度。③ 半导体式，用于监测 CO 和低浓度 CH_4 浓度。④ 光学式(光干涉式和红外吸收式)，光干涉式主要监测 CH_4、CO_2 浓度；红外吸收式用于监测 SO_2、NO、CO、CO_2 等气体浓度。⑤ 电化学式(锆固体电池式和固体电解质定电位电解式)，前者用于监测 O_2 浓度；后者用于监测 H_2S、CO 等气体浓度。湿式气敏元件采用电化学原理，有定电位电解式，包括极谱仪式和伽伐尼电极式。极谱仪式用于监测 O_2、H_2S 等气体浓度；伽伐尼电极式用于监测 O_2、SO_2 等气体浓度。

监测其他参数用的敏感元件原理有热敏、磁敏等。例如：温度监测用半导体 PN 结敏感元件；风速监测用超声波敏感元件；矿井通风压力监测用压差膜盒变换器。

(2) 测量及变换电路

测量及变换电路的作用是对敏感元件输出的电信号进行放大、变换和处理，并输出标准信号。其通常包括放大、非线性补偿、信号转换/显示和标准信号输出等电路。

2.2.1.3 统一信号制

传感器的输出可以是开关量，也可以是模拟量或累计量。只取两种不同状态的非连续变化的量称为开关量；在确定的两个极值范围内取值连续变化的量称为模拟量；随时间具有累加特性的量称为累计量。

为了使传感器标准化、系列化、通用化，中华人民共和国应急管理部对各种传感器的输出信号及其电平参数作了统一规定。

(1) 开关量信号

① 有源输出：

输出高电平情况下的拉出电流：$I_o=2$ mA 时，输出电压 $U_o \geqslant +3$ V；

输出低电平情况下的灌入电流：$I_i=2$ mA 时，输出电压 $U_o \leqslant +0.5$ V。

② 无源输出：

输出接点断开(或截止)时，两输出端之间的漏电阻不应小于 100 kΩ；

输出接点闭合(或导通)，且灌入电流 $I_i=2$ mA 时，输出电压 $U_o \leqslant +0.5$ V。

不论是有源输出还是无源输出，短路电流和灌入电流均不得大于 20 mA，因此在供给电流一侧装置中，应采取限流措施。

(2) 模拟量信号

① 直流模拟量信号：

1～5 mA，优先选用；4～20 mA，限用于地面。

② 频率模拟量信号：

200～1 000 Hz，优先选用；5～15 Hz，限用于地面。

(3) 累计量信号

累计量宜采用脉冲计数的形式，对一种被测量而言，每个脉冲(正脉冲或负脉冲)代表被测量的一定值，应当是一个常数。

累计量信号正脉冲或负脉冲的脉冲宽度均不应小于 0.3 s，且其脉冲转换时间不应大于 5 ms。

遵循上述规定，有助于推广性能优良的传感器，扩展监测监控系统的功能。

2.2.1.4 传感器的分类

传感器的分类方法很多。煤矿安全监测监控传感器通常是根据监测对象分类，如甲烷传感器、风速传感器、一氧化碳传感器、烟雾传感器、设备开停传感器、风门开关传感器等。

(1) 按传感器的输出信号分类

按输出信号分类，传感器可分为开关型传感器(如“1”和“0”或“开”和“关”)、模拟型传感器(如输出模拟电压等信号)、数字型传感器(如脉冲或代码)。

(2) 按传感器的监测范畴分类

按监测范畴分类，传感器可分为物理量传感器、化学量传感器、生物量传感器。

(3) 按传感器的结构分类

① 结构型传感器:依靠元件相对位置变化引起场的变化来实现信号转换,不是以材料特性变化为基础的。例如:电容式传感器依靠极板间距离变化引起电容量变化;电感式传感器依靠衔铁位移引起自感或互感变化;等等。

② 物性型传感器:依靠敏感元件材料本身物理性质的变化来实现信号变换。例如:利用水银的热胀冷缩现象制成水银温度计来测温;利用石英晶体的压电效应制成压电测力计;等等。

物性型传感器的性能随材料的不同而异。例如:光电管利用了物质法则中的外光电效应,其特性与涂覆在电极上的材料有着密切的关系;所有半导体传感器和利用各种环境变化而引起的金属、半导体、陶瓷、合金等性能变化的传感器,都属于物性型传感器。

(4) 按传感器的功能分类

按功能分类,传感器可分为单功能传感器、多功能传感器、智能传感器(即具备感觉、辨识、判断、自诊断等功能的传感器)。

(5) 按传感器的物理原理分类

① 机电式传感器:将机械信号转化成电子信号。例如,金属应变片是一种能将机械构件上的应变变化转换为电阻变化的传感元件,金属应变片与相应的测量电路组成了测力、测压、称重、测位移等测量系统。

② 光电式传感器:能将光信号转换为电信号。例如,滚轮鼠标有两对光电传感器,以轮间隙的转动来实现光通路的通断。

③ 热电式传感器:能感受温度的变化。如热电偶、热电阻及热敏电阻等均属此种类型。

④ 磁电式传感器:将磁信号转化成电信号输出。应用最早的磁电式传感器是根据电磁感应原理制造的,但是现已被以高性能磁敏感材料为主的新型磁传感器所替代。

家用录像机中大多数有变速与高速重放功能,可用磁旋转传感器监测主轴速度并进行控制,获得质量高的画面。洗衣机中对电机的正反转和高低速旋转功能的监测与控制都可以通过伺服旋转传感器来实现。

⑤ 电化学式传感器:以离子导电为基础制成,主要用于分析气体成分、液体成分或溶于液体的固体成分,液体的酸碱度、电导率和氧化还原电位等参数的测量。

⑥ 电参量式传感器:包括电阻式传感器、电容式传感器、电感式传感器三种基本类型,以及由此派生出来的电触式传感器、差动变压器式传感器、涡流式传感器、压磁式传感器、感应同步器式传感器等。

⑦ 气电式传感器:用于监测特定气体,主要有电位器式传感器、应变式传感器。它的应用主要有一氧化碳气体的监测、甲烷气体的监测、呼气中乙醇的监测等。

⑧ 波式传感器:分为超声波式传感器、微波式传感器。

(6) 按传感器的能量转换分类

① 能量控制型传感器:从外部供给辅助能量使其工作,并由被测量来控制外部供给能量变化。例如,电阻应变测量中,应变计接于电桥上,电桥工作能源由外部供给,而由被测量变化所引起应变计的电阻变化来控制电桥的不平衡程度。如电感式测微仪、电容式测振仪等均属此种类型。

② 能量转换型传感器:直接由被测对象输入能量使其工作。如热电偶温度计、弹性压力计等均属此种类型。但由于这类传感器是被测对象与传感器之间的能量传输,必然导致被测对象状态的变化,从而造成测量误差。

(7) 按传感器的能源分类

① 有源传感器:直接由被测量的输入能量使其工作。例如:热电偶直接将温度转换为电量输出,热电偶及其工作原理如图 2-2 所示。

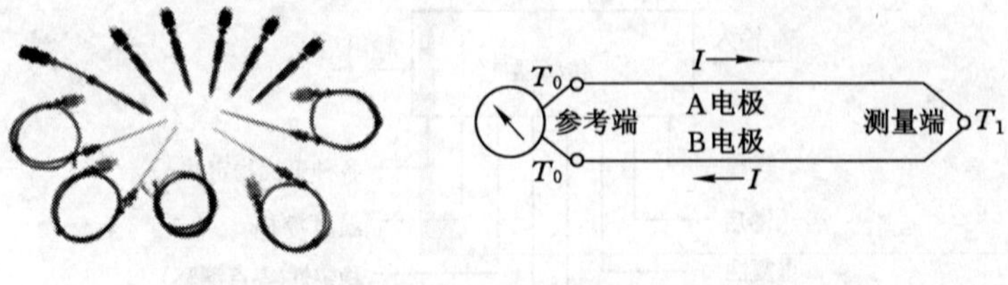

图 2-2 热电偶及其工作原理图

将两种不同的金属导体焊接在一起构成闭合回路,如在焊接端(即测量端)加热产生温差,则在回路中就会产生热电动势;如将另一端(即参考端)温度保持一定(一般为 0 ℃),那么回路的热电动势则变成测量端温度的单值函数。这种以测量热电动势的方法来测量温度的元件,即两种成对的金属导体称为热电偶。

② 无源传感器:需要外部电源。

2.2.2 传感器主要技术性能指标

传感器的基本特性是指输出对输入的响应质量,它包括静态特性和动态特性两类。当输入量为常量或变化极慢时,这一关系就称为静态特性;当输入量随时间变化较快时,这一关系就称为动态特性。一般来说,传感器输出/输入关系可用对时间的微分方程来描述。理论上,将微分方程中一阶及以上的微分项取为零时,便可得到静态特性。因此,传感器的静态特性只是动态特性的一个特例。实际上,传感器的静态特性包括非线性和随机性等因素,如果把这些因素都引入微分方程,将使问题复杂化。为避免出现这种情况,总是把静态特性和动态特性分开考虑。传感器除了描述输出/输入关系的特性之外,还有与使用条件、使用环境、使用要求等有关的特性。当被测量存在阶跃式变化或变化速率大时,需要连续监测其特性变化,此时,必须研究在输入量的变化过程中,输出量的响应动态误差,因此,此时还必须通过仪器的动态指标进行衡量,也就是必须通过动态特性进行研究。

2.2.2.1 传感器的静态特性

静态特性表示传感器在被测量处于稳定状态时的输出/输入关系。《传感器主要静态性能指标计算方法》(GB/T 18459—2001)规定了一般传感器主要静态性能指标的定义和计算方法,定义传感器的静态特性为被测量处于不变或缓变情况下输出与输入之间的关系。人们总是希望传感器的输出/输入具有确定的对应关系,而且最好呈线性关系。但在一般情况下,输出/输入不会符合所要求的线性关系,同时受迟滞、蠕变、摩擦、间隙和松动等各种因素的影响,以及外界条件的影响,使输出/输入对应关系的唯一确定性也不能实现。考虑了这些情况之后，传感器的输出/输入作用图大致如图 2-3 所示。图 2-3 中的外界影响不可忽视，影响程度取决于传感器本身，可通过传感器本身的改善来抑制，有时也可以对外界条件加以限制。图 2-3 中的误差因素就是衡量传感器静态特性的主要技术指标。

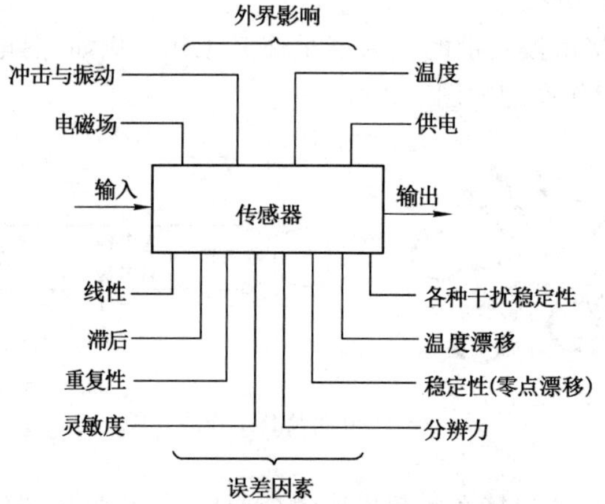

图 2-3 传感器的输出/输入作用图

传感器是监测仪表(仪器)的敏感元件，一切被测物理量首先通过传感器接收，它的技术性能优劣直接影响仪器测试结果。考核传感器静态特性可通过以下性能指标实现：

(1) 线性度误差

理想情况下，传感器的输入和输出是线性关系，其图形是一条理想直线。而实际上，其静态特性是按下面的多项式规律变化的：

$$Y = a_0 + a_1 x + a_2 x^2 + \cdots + a_n x^n \tag{2-1}$$

式中 x——输入量；

Y——输出量；

$a_0, a_1, a_2, \cdots, a_n$——系数。

由式(2-1)可知，输出量 Y 的变化除按线性项($a_0 + a_1 x$)变化外，还受多项高次分量的影响，因此输入/输出特性应是一条变化程度不同的曲线(称为校准曲线)。

线性度误差就是指校准曲线与规定直线的最大偏差，通常用百分数表示。这个百分数就是表示输入/输出特性的非线性度，或称线性度误差。非线性特性曲线如图 2-4 所示。

从图 2-4 中可见最大偏差为 $\Delta Y_{L,max}$，线性度误差通常用量程的百分数表示：

$$\delta_L = \frac{\Delta Y_{L,max}}{Y_{max} - Y_{min}} \times 100\% \tag{2-2}$$

式中 $\Delta Y_{L,max}$——校准曲线与规定直线间最大偏差的绝对值；

$Y_{max} - Y_{min}$——仪表(传感器)输出量程。

(2) 回差

回差也称为变差。在测量的全范围内，同一个输入信号所对应的上、下行程输出之间的最大差值称为回差。图 2-5 是回差特性曲线。

回差包括死区和滞后误差，回差以输出量程的百分数表示：

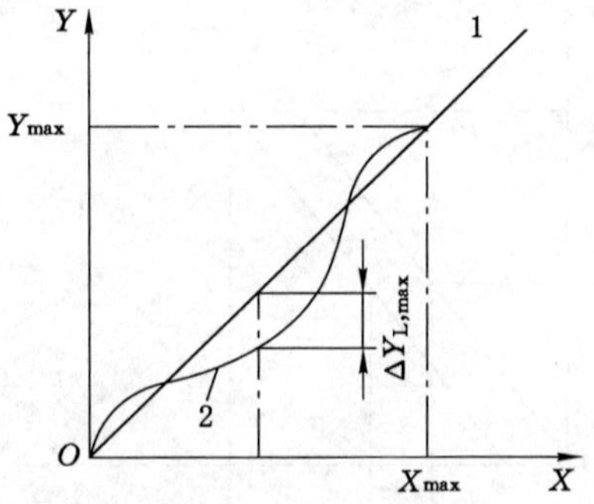

1—规定直线；2—校准曲线。

图 2-4　非线性特性曲线

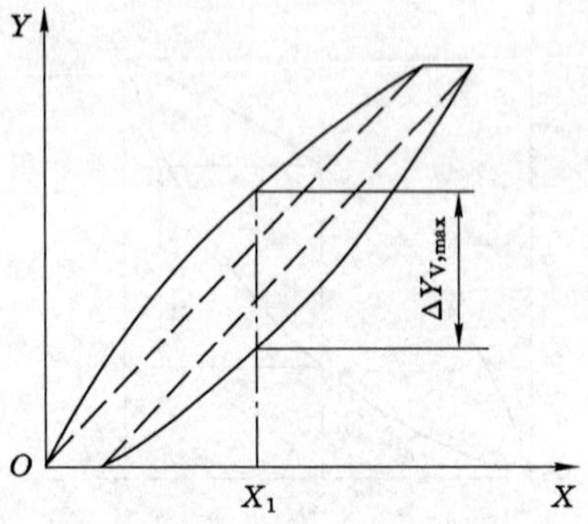

图 2-5　回差特性曲线

$$\delta_V = \frac{\Delta Y_{V,max}}{Y_{max} - Y_{min}} \times 100\% \tag{2-3}$$

式中　$\Delta Y_{V,max}$——测量全范围内上、下行程输出的最大差值。

① 死区：输入变量变化时，输出变量几乎毫无变化的有限区间。死区用输入量程的百分数表示，如图 2-6 所示。

输入量程百分数 δ_d 用下式表示：

$$\delta_d = \frac{\Delta X_d}{X_{max} - X_{min}} \times 100\% \tag{2-4}$$

式中　ΔX_d——死区；

$X_{max} - X_{min}$——输入量程。

② 滞后误差：在全范围内的被测值上、下行程均得校准曲线，两曲线间的最大偏差 $\Delta Y_{V,max}$ 减去死区值后的输出增量为 $\Delta Y_{H,max}$，称为滞后误差。滞后误差同样用百分数表示，其曲线如图 2-7 所示。滞后误差用下式表示：

$$\delta_H = \frac{\Delta Y_{H,max}}{Y_{max} - Y_{min}} \times 100\% \tag{2-5}$$

式中　$\Delta Y_{H,max}$——在同一 X_i 下的最大滞后偏差的绝对值。

(3) 重复性

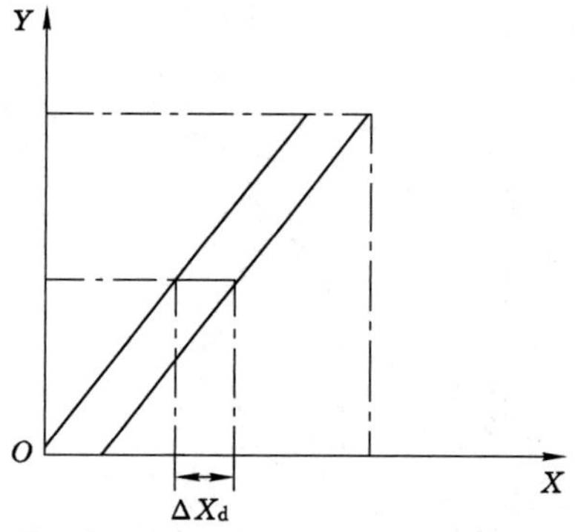

图 2-6　死区特性曲线

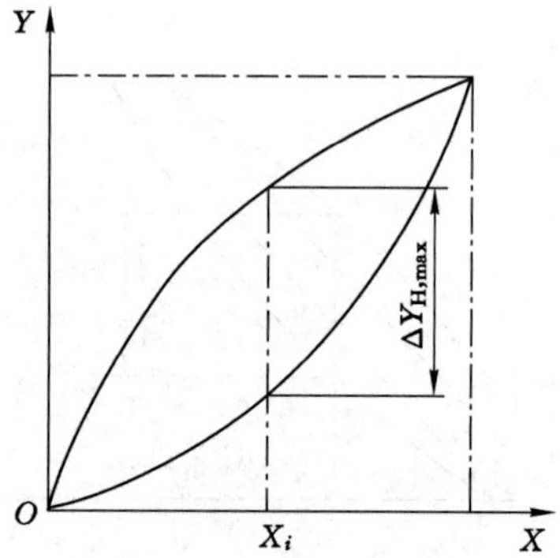

图 2-7　滞后误差特性曲线

在同一工作条件下，传感器对同一输入按同一方向连续多次监测时，其输出值相互间的一致程度称为传感器的重复性。有时用重复误差来表示重复性。

重复性是指传感器在输入按同一方向连续多次变动时所得特性曲线不一致的程度。其特性曲线如图 2-8 所示。

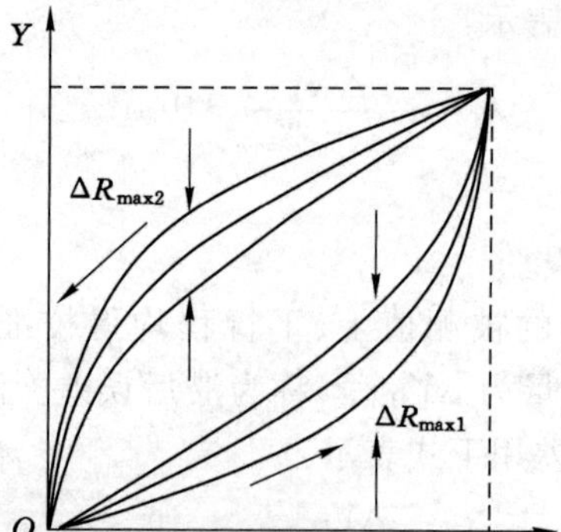

ΔR_{max1}——正行程的最大重复性偏差；ΔR_{max2}——反行程的最大重复性偏差。

图 2-8　重复性特性曲线

在数值上可用正反行程的最大重复性偏差表示：

$$\gamma_R = \pm \frac{\Delta R_{max}}{Y_{FS}} \times 100\% \tag{2-6}$$

式中　ΔR_{max}——输出最大重复性偏差；

Y_{FS}——满量程输出量。

(4) 灵敏度

灵敏度反映传感器对被测物理量的变化程度。灵敏度用输出量变化值(ΔY)除以输入量变化值(ΔX)表示：

$$S = \frac{\Delta Y}{\Delta X} \tag{2-7}$$

线性系统的灵敏度就是特性曲线的斜率，且灵敏度为一常数。非线性系统的灵敏度是特性曲线某点处的切线斜率，随输入量的变化而变化。其特性曲线分别如图 2-9(a)、(b)所示。

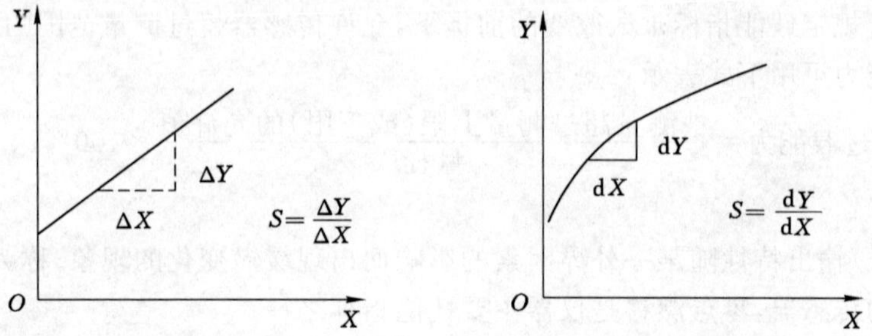

(a) 线性灵敏度　　(b) 非线性灵敏度

图 2-9　灵敏度特性曲线

(5) 精确度、精密度和正确程度

精确度反映测量误差的综合状态，综合误差小，则精确度高。精确度是指传感器反映的信号值与被测物理量真值(约定)的一致程度。精密度是指在一定条件下进行多次测量时，在测量结果比较集中和仪器分辨率较高的条件下，随机误差的大小。正确程度是指在规定条件下，测量结果的正确程度。三个概念不应混同。

传感器的精确度通常采用以百分数表示的相对误差来衡量。精确度、精密度和正确程度三个概念可用图 2-10 来区分。

(6) 分辨率

仪器能够监测出被测信号的最小增量，称为该仪器的分辨率。例如：某一温度传感器的量程是－50～99.9 ℃，其分辨率应是 0.1 ℃。

(7) 测量范围与量程

① 测量范围：被测物理量可以按规定的精确度进行测量的范围。

② 量程：测量范围的上限值与下限值的代数差。量程可用下式表示：

$$量程 = Y_{max} - Y_{min} \tag{2-8}$$

式中　Y_{max}——测量范围的上限值；

Y_{min}——测量范围的下限值。

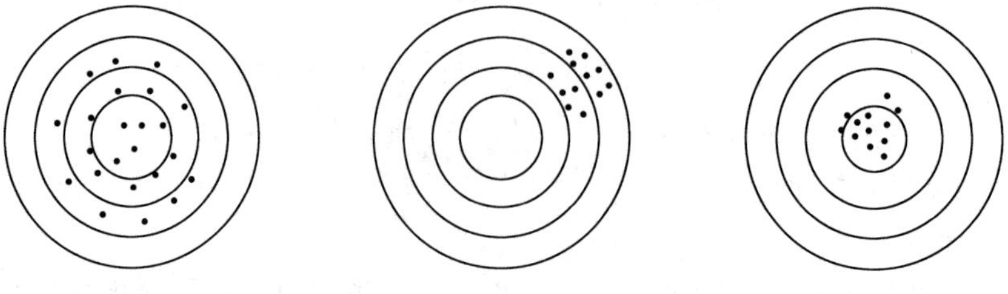

图 2-10 精确度、精密度和正确程度

例如：某位移传感器的测量范围是－5～5 mm，则量程为 10 mm。

(8) 阈值

能引起传感器(仪器)输出的被测物理量最小变化值，称为传感器的阈值。

(9) 过载能力

在不致引起规定性能指标永久改变的前提下，允许传感器超过测量范围的能力，称为过载能力。过载能力可用下式表示：

$$过载能力=\frac{被测量超过测量上限(或下限)的允许值}{量程}\times 100\% \tag{2-9}$$

(10) 漂移

传感器输入/输出特性随某一外界因素的影响而出现缓慢变化的现象，称为漂移。对于采用电桥电路的传感器，零点漂移是仪器主要性能指标之一。

静态特性是从静态角度考察传感器测量精度的指标。为了获取准确的输出信号，传感器应具备静态响应良好的综合性能。为此，就应尽量获取合适的测量范围和量程，具备足够的灵敏度、分辨率和重复性，以及尽量小的阈值、线性度误差、回差和漂移。

2.2.2.2 传感器的动态特性

传感器的动态特性是指输入量随时间变化时传感器的响应特性。由于传感器的惯性和滞后性，当被测量随时间变化时，传感器的输出量往往来不及达到平衡状态而处于动态过渡过程中，所以传感器的输出量也是时间的函数，两者之间的关系要用动态特性来表示。一个动态特性良好的传感器，其输出将再现输入量的变化规律，即具有相同的时间函数。实际上除理想的比例特性外，输出信号不会与输入信号具有相同的时间函数，这种输出与输入间的差异就是所谓的动态误差。传感器的动态特性是传感器的输出值能够真实地再现变化着的输入量能力的反映。

(1) 数学模型与传递函数

为了分析动态特性，首先要写出数学模型，求得传递函数。一般情况下，传感器输出量 y 与被测量 x 之间的关系可写成：

$$f_1(\mathrm{d}^n y/\mathrm{d}t^n,\cdots,\mathrm{d}y/\mathrm{d}t,y)=f_2(\mathrm{d}^m x/\mathrm{d}t^m,\cdots,\mathrm{d}x/\mathrm{d}t,x) \tag{2-10}$$

不过，大多数传感器在其工作点附近一定范围内，其数学模型可用线性微分方程表示，即：

$$a_n\mathrm{d}^n y/\mathrm{d}t^n+\cdots+a_1\mathrm{d}y/\mathrm{d}t+a_0 y=b_m\mathrm{d}^m x/\mathrm{d}t^m+\cdots+b_1\mathrm{d}x/\mathrm{d}t+b_0 x \tag{2-11}$$

设 $x(t)$，$y(t)$的初始条件为零，对式(2-11)两边进行拉普拉斯变换可得：

$$a_n s^n Y(s) + \cdots + a_1 sY(s) + a_0 Y(s) = b_m s^m X(s) + \cdots + b_1 sX(s) + b_0 X(s) \quad (2\text{-}12)$$

由此可求得初始条件为零的条件下输出信号拉普拉斯变换 $Y(s)$ 与输入信号拉普拉斯变换 $X(s)$ 的比值：

$$Y(s)/X(s) = W(s) = (b_m s^m + \cdots + b_1 s + b_0)/(a_n s^n + \cdots + a_1 s + a_0) \quad (2\text{-}13)$$

这一比值 $W(s)$ 被定义为传感器的传递函数。传递函数是拉普拉斯变换算子 s 的有理分式，所有系数 $a_n,\cdots,a_1,a_0$ 及 $b_m,\cdots,b_1,b_0$ 都是实数，这是由传感器的结构参数决定的。分子的阶次 m 不能大于分母的阶次 n，这是由物理条件决定的，否则系统不稳定。分母的阶次用来代表该传感器的特征。$n=0$ 时称零阶，$n=1$ 时称一阶，$n=2$ 时称二阶，而 n 更大时则称为高阶。稳定的传感器系统所有极点都位于复平面的左半平面，零点、极点可能是实数，也可能是共轭复数。

传递函数是测量系统本身各环节固有特性的反映，它不受输入信号的影响，但包含瞬态、稳态时间和频率响应的全部信息；传递函数是通过把实际监测监控系统抽象成数学模型后经过拉普拉斯变换得到的，它只反映监测监控系统的响应特性；同一传递函数可能表征多个响应特性相似，但具体物理结构和形式却完全不同的设备。

(2) 频率特性

在对传感器进行试验研究的过程中，经常用正弦信号作为典型输入信号来求取传感器的稳态响应。当输入信号 $x(t)=A\sin(\omega t)$ 时，对线性传感器来说，其稳态输出是与输入的正弦信号同频率的正弦信号。在零初始条件下，输出信号的傅立叶变换与输入信号的傅立叶变换之比，就称为线性传感器的频率特性，记作：

$$W(j\omega) = [b_m(j\omega)^m + \cdots + b_1(j\omega) + b_0]/[a_n(j\omega)^n + \cdots + a_1(j\omega) + a_0] \quad (2\text{-}14)$$

因此，频率响应函数是在频率域中反映传感器对正弦输入信号的稳态响应，也称为正弦传递函数。对同一正弦输入，不同传感器稳态响应的频率虽相同，但幅度和相位角通常不同。同一传感器当输入正弦信号的频率改变时，输出与输入正弦信号幅值之比随输入信号频率变化关系称为传感器的幅频特性，通常用 $A(\omega)$ 表示；输出与输入正弦信号相位差随输入信号频率变化的关系称为传感器的相频特性，通常用 $p(\omega)$ 表示。幅频特性和相频特性统称为传感器的频率(响应)特性。根据得到的频率特性，人们可以方便地在频率域直观、形象和定量地分析研究传感器的动态特性。

(3) 过渡函数与稳定时间

过渡函数就是输入为阶跃信号的响应。传感器的输入量由零突变到 A，且保持为 A，如图 2-11(a)所示；输出 y 将随时间变化，如图 2-11(b)所示。$y(t)$ 可能经过若干次振荡(或不经振荡)缓慢地趋向稳定值 kA，这里 k 为仪器的静态灵敏度，这一过程称为过渡过程，$y(t)$ 称为过渡函数。

过渡函数就是符合 $t=0$，$y=0$ 等初始条件的下列方程的特解，即：

$$a_n \mathrm{d}^n y/\mathrm{d}t^n + \cdots + a_1 \mathrm{d}y/\mathrm{d}t + a_0 y = b_0 A \quad (2\text{-}15)$$

对过渡函数的要求与输出信号如何提取有关。严格说来，过渡函数曲线上各点到 $y=kA$ 直线的距离都是动态误差。当过渡过程基本结束时，y 处于允许误差 δ_y 范围内所经历的时间称为稳定时间 t_w。稳定时间也是重要的动态特性之一。当后续监测控制系统有可能受到过渡函数的极大值的影响时，过冲量 δ_m 应给予限制。

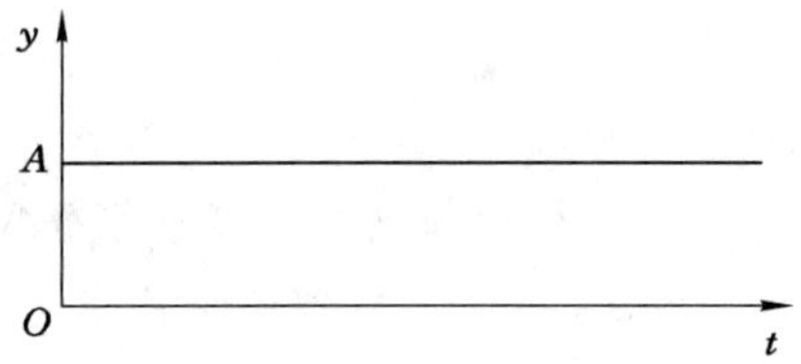

(a) 阶跃即时响应

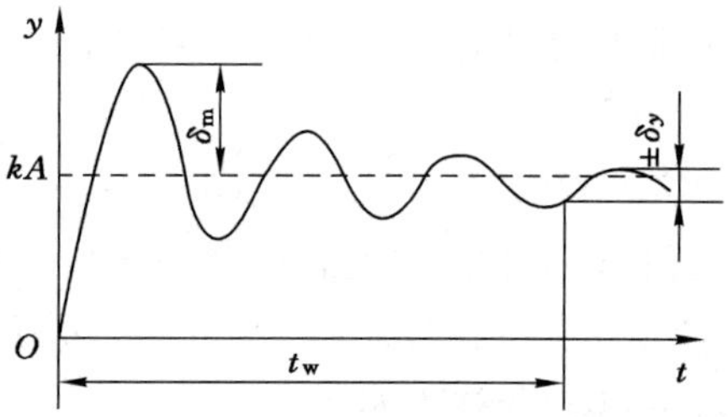

(b) 阶跃延时响应

图 2-11 阶跃输入与响应

2.2.3 传感器的选用原则

2.2.3.1 传感器类型的确定

要进行一个具体的测量工作，首先要考虑采用何种原理的传感器，这需要分析多方面的因素之后才能确定。这是因为即使是测量同一物理量，也有多种测量原理的传感器可供选用，哪一种测量原理的传感器更合适，则需要根据被测量的特点和传感器的使用条件考虑以下一些具体问题：量程的大小；被测位置对传感器体积的要求；测量方式为接触式还是非接触式；传感器的来源是国产，是进口，还是自行研制，价格能否承受。

在考虑上述问题之后就能确定选用何种类型的传感器，然后再考虑传感器的具体性能指标。

2.2.3.2 传感器性能指标选择

(1) 线性范围

传感器在线性范围内输入与输出呈比例关系，线性范围越高，则传感器的工作量程越大。传感器工作在线性区域内，是保证测量精度的基本条件。

但实际上，任何传感器都不能保证绝对的线性，其线性度也是相对的。当所要求测量精度比较低时，在一定的范围内，可将非线性误差较小的传感器近似看作线性的，这会给测量带来极大的方便。

(2) 灵敏度

一般来讲，传感器的灵敏度越高越好。只有灵敏度高时，与被测量变化对应的输出信号值才会比较大，有利于信号处理。但要注意的是，因为传感器的灵敏度高，当与被测量无关的外界噪声混入时，也会被放大系统放大，从而影响测量精度。因此，传感器本身应具有较高的信噪比，尽量减少从外界引入的干扰信号。

(3) 精度

精度是传感器的一个重要性能指标，它是关系到整个监测监控系统测量精度的重要环节。传感器的精度越高，其价格越昂贵；定性测量分析时，选用重复精度高的传感器；定量测量分析时，因为必须获得精确的测量值，就需要选用精度等级能满足要求的传感器。

(4) 稳定性

稳定性表示传感器经过长时间使用后，其输出特性不发生变化的性能。

① 传感器的稳定性有定量指标，在其超过使用期后，应在使用前重新进行标定，以确定传感器的性能是否发生变化。

② 在某些要求传感器能长期使用而又不能轻易更换或标定的场合，对所选用的传感器稳定性要求更严格。

2.2.4 传感器的技术要求

无论何种传感器，尽管它们的原理、结构不同，使用环境、条件、目的不同，其技术指标也不尽相同，但其基本要求却是相同的，即：灵敏度高，输入和输出之间应具有较好的线性关系；噪声小，并且具有抗外部噪声的性能；滞后、漂移误差小；动态特性良好；在接入监测监控系统时，对被测量不产生影响；功耗小，复现性好，有互换性；防水及抗腐蚀等性能好，能长期使用；结构简单，容易维修和校正；低成本、通用性强。

具体技术指标有测量范围、量程、基本误差、稳定性、响应时间。

(1) 测量范围：被测物理量可以按规定的精度进行测量的范围。

(2) 量程：测量范围上限与下限的代数差。

(3) 基本误差：在正常试验条件下确定的传感器测量误差值。

(4) 稳定性：在规定的工作条件和时间内，传感器性能变化的允许范围。

(5) 响应时间：输入变量产生阶跃变化，输出量从初始值到达90%最终值的时间间隔。

2.3 各类传感器探测原理及方法

2.3.1 甲烷传感器

瓦斯是煤矿井下以甲烷(CH_4)为主的混合性气体的总称。甲烷是一种无色、无臭、无味、无毒气体，相对密度(空气=1)为0.554 8。甲烷是一种可燃性气体，当其在空气中浓度为5%～16%时，具有爆炸危险性；当其浓度为9.5%时，爆炸力最强；当其浓度高于16%时，没有爆炸性，但可以燃烧，为淡蓝色火焰。因此，《煤矿安全规程》中对井下工作面或巷道的甲烷浓度有明确规定，要求经常检查矿井甲烷浓度，防止发生爆炸。对于能长期自动监测、报警、断电的仪器来说，低浓度甲烷传感器就是其中一种，它适用于甲烷浓度在5%以下的场合。

甲烷传感器按其工作原理可分为催化燃烧式甲烷传感器、光学式甲烷传感器、热导式甲烷传感器、气敏半导体式甲烷传感器、红外吸收式甲烷传感器、电化学式甲烷传感器、压电式甲烷传感器等，可以根据使用场所、测量范围等要求，选择不同监测原理的甲烷传感器。

2.3.1.1 催化燃烧式甲烷传感器

催化燃烧式甲烷传感器的工作原理为：利用敏感元件对甲烷(或其他可燃性气体)的催化作用，使甲烷在元件表面上发生无焰燃烧，放出热量，使元件温度上升，检测元件可随自身温度变化量测定气体浓度。

这类传感器使用的敏感元件有铂丝催化元件和载体催化元件两种。铂丝催化元件一般用纯度很高(质量分数为99.99%)的铂丝制成螺旋线圈，并对铂丝进行特殊处理，铂丝既是催化剂又是加热器。这种催化元件结构简单、稳定性好，受硫化物中毒影响小。但铂丝的催化活性低，必须在 900 ℃以上高温才能使元件工作，不仅耗电量大，而且高温会导致元件表面铂蒸发，使铂丝变细、电阻增加、仪器零位漂移。此外，铂丝催化元件机械强度低，受振动或自重的影响其几何形状将发生变化，从而改变传感器参数，影响监测的准确度。

(1) 载体催化元件结构及工作原理

载体催化元件一般由一个带催化剂的载体敏感元件（俗称黑元件）和一个不带催化剂的载体补偿元件（俗称白元件）构成。两个载体催化元件的结构和尺寸均相同，如图 2-12 所示，载体催化元件最里层是铂丝线圈，通常用直径为 0.02～0.05 mm 高纯度铂丝烧制，外面是载体和催化剂形成的催化外壳。铂丝线圈用于通电加热催化外壳，维持甲烷催化燃烧反应所需温度，同时又兼作感温元件，监测在催化反应中催化外壳温度的变化。

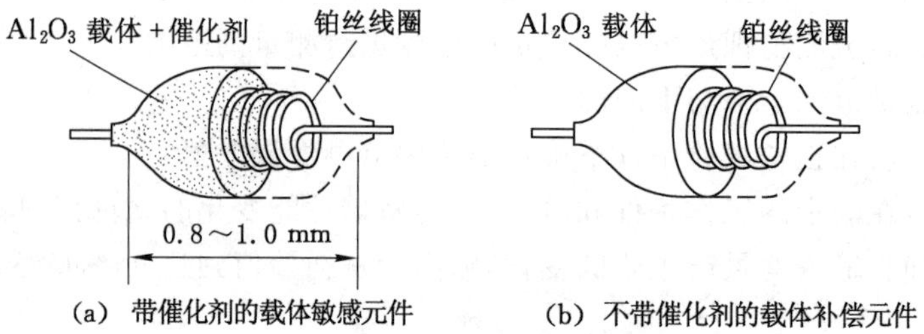

图 2-12 载体催化元件结构

近年来，出现了采用集成电路工艺制作的厚膜型载体催化元件，如图 2-13 所示。用蒸发镀膜或厚膜印制烧结方法，把铂加热器附着在 2～3 mm^2 的 Al_2O_3 基片上，然后在上面涂催化剂，从而构成敏感元件。这种元件的突出优点是可以降低元件的功耗，产品一致性好，成本也有所降低。

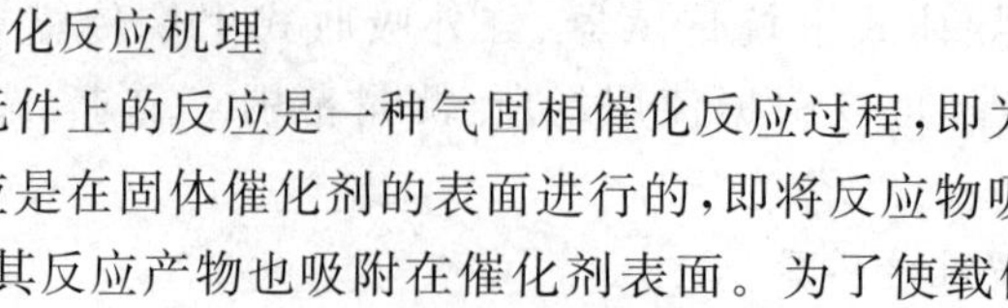

图 2-13 厚膜型载体催化元件

(2) 甲烷作用下催化反应机理

甲烷在载体催化元件上的反应是一种气固相催化反应过程，即为多相催化，又称为非均相催化。多相催化反应是在固体催化剂的表面进行的，即将反应物吸附在催化剂表面，并在催化剂表面发生反应，其反应产物也吸附在催化剂表面。为了使载体催化反应能连续不断地在催化剂表面发生，产物必须不断地从催化剂表面解析出来。

载体催化元件使用铂(Pt)、钯(Pd)等金属催化剂，其作用原理目前尚没有统一完整的理论。催化剂的催化活性与其电子结构及吸附能力有关。金属电子结构可以用鲍林理论说明。该理论认为，金属键是一种特殊形式的共价键，金属中的共价键是由 d 电子参加的杂化轨道组成，d 电子参加成分越多，金属键的 d 成分越多。通常用 d 性百分数来表示d电子参加金属键的程度。化学吸附主要是金属原子中未参与成键的d轨道在起作用，即金属键的d性百分数越大，参与化学吸附的轨道就越少。Pt、Pd、Rh等过渡金属元素的d性百分数在40%～50%之间，是较好的加氢脱氢催化剂，可以化学吸附甲烷，使甲烷离解，一般称为离解化学吸附，即：

$$CH_4 + 2M \longrightarrow CH_3M + HM \tag{2-16}$$

式中 M——表面金属原子。

甲烷是饱和烃，在金属催化剂上吸附保留时间极短，属难氧化性气体。离解化学吸附作用使甲烷分子的价键力发生变化，降低了反应活化能，产生催化反应。因此，采用载体催化元件监测甲烷时，只要维持甲烷-空气混合气体中有足够量的氧，并维持一定的高温条件，就会在元件表面产生无焰燃烧。甲烷氧化过程如下：

$$CH_4 + \frac{1}{2}O_2 \xrightarrow[\Delta]{Pt、Pd} CH_3OH + 129.8\ kJ \tag{2-17}$$

$$CH_3OH + \frac{1}{2}O_2 \xrightarrow[\Delta]{Pt、Pd} CH_2O + H_2O + 147.5\ kJ \tag{2-18}$$

$$CH_2O + \frac{1}{2}O_2 \xrightarrow[\Delta]{Pt、Pd} HCOOH + 275.4\ kJ \tag{2-19}$$

$$HCOOH + \frac{1}{2}O_2 \xrightarrow[\Delta]{Pt、Pd} CO_2 + H_2O + 242.8\ kJ \tag{2-20}$$

总的反应方程式为：

$$CH_4 + 2O_2 \xrightarrow[\Delta]{Pt、Pd} CO_2 + 2H_2O + 795.5\ kJ \tag{2-21}$$

（3）甲烷桥路检测计算

催化反应过程中无焰燃烧放出热量，增加了敏感元件铂丝的电阻值，通过图2-14所示的惠斯通电桥测量电路可以测量其载体催化元件的电阻变化量。图中，R_D为敏感元件，R_C为补偿元件。将R_D和R_C置于同一测量气室中，测量电桥由稳压电源或恒流电源供电。

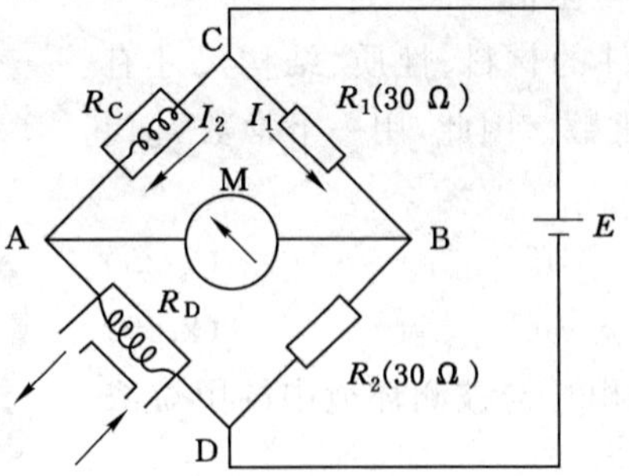

图2-14 惠斯通电桥测量电路

以电阻R_1，R_2，R_C，R_D作为四个桥臂，在C、D两端接入直流电源E，在A、B两端输出电压为U_{AB}。当电桥输出端后接输入电阻较大的仪表或放大器时，可视为断路，电流输出为零。此时桥路电流为：

$$I_1 = \frac{E}{R_1 + R_2}, \quad I_2 = \frac{E}{R_C + R_D} \tag{2-22}$$

A、D之间与B、D之间电位差为：

$$U_{AD} = I_2 R_D = \frac{R_D}{R_C + R_D}E \qquad U_{BD} = I_1 R_2 = \frac{R_2}{R_1 + R_2}E \tag{2-23}$$

输出电压：

$$U_{AB} = U_{AD} - U_{DB} = \left(\frac{R_D}{R_C + R_D} - \frac{R_2}{R_1 + R_2}\right)E = \frac{R_D}{R_C + R_D}E - \frac{1}{2}E \tag{2-24}$$

在无甲烷的新鲜空气中，$R_D \approx R_C$，调整电桥使之平衡，信号输出端电压 $U_{AB}=0$。当甲烷进入气室时，在敏感元件 R_D 表面上催化燃烧，R_D 电阻值随温度上升而增加为 $R_D + \Delta R_D$，而补偿元件 R_C 电阻值不变，从而电桥失去平衡。当采用稳压电源 E 供电时，输出的不平衡电压为：

$$U_{AB} = \frac{(R_D + \Delta R_D)E}{R_C + (R_D + \Delta R_D)} - \frac{E}{2} \tag{2-25}$$

设 $R_D = R_C = R \gg \Delta R_D$，此时：

$$U_{AB} \approx \frac{\Delta R_D}{2R}E \approx k_1 \Delta R_D \tag{2-26}$$

显然，电桥输出电压取决于敏感元件阻值变化量 ΔR_D。对于铂丝元件，其电阻变化量可以用下式表示：

$$\Delta R_D = \alpha(\Delta H/h)R_0 = \alpha(DCQ/h)R_0 \tag{2-27}$$

式中 α——铂丝电阻温度系数，$\alpha = 3.948\,5 \times 10^{-2}/℃$；

ΔH——甲烷燃烧热量；

h——敏感元件热容量；

D——甲烷扩散系数；

C——被测环境中的甲烷浓度；

Q——甲烷分子燃烧热；

R_0——铂丝 0 ℃时的电阻值。

其中，α，h，R_0 与敏感元件的材料、性质、结构尺寸有关；甲烷扩散系数 D 是一个常数。因此，用一个常数 k_2 代表这些因素，则上式可写为：

$$\Delta R_D = k_2 C \tag{2-28}$$

$$U_{AB} = k_1 k_2 C \tag{2-29}$$

式(2-29)表明，电桥输出电压与被测环境中的甲烷浓度成正比。

(4) KG9701 型智能低浓度甲烷传感器

① 功能及用途。

KG9701 型智能低浓度甲烷传感器(图 2-15)可以连续自动地将井下甲烷浓度转换成标准电信号输送给关联设备，并具有就地显示甲烷浓度值、超限声光报警等功能。该传感器采用了高稳定性、长寿命热催化元件，通过

图 2-15 KG9701 型智能低浓度甲烷传感器

改变制作工艺(改变丝径、表面积、间距等)及催化剂配方,大大提高了催化元件的性能指标;利用人工智能技术对信息进行处理和分析,增强了仪器抗高甲烷冲击的能力,将稳定性指标由 1 周提高至 3 周,使用寿命由 1 年延长至 1.5 年;增加了遥控调校、断电控制、故障自校自检等新功能。因此该传感器具有性能稳定、测量精确、响应速度快、结构坚固、易使用、易维护等特点。

② 工作原理和主要结构。

该传感器测量甲烷浓度采用热催化原理,热催化元件、金属膜电阻和调节电位器组成惠斯通电桥,当环境中的甲烷以扩散的方式进入气室腔时,与敏感元件反应,电桥有与甲烷浓度相对应的电信号输出,该信号经 A/D 转换器转换后,直接送往单片机进行数据处理,从而完成显示和报警等功能。

③ 主要技术指标。

测量范围:0～4.00%CH_4(或 0～10.0%CH_4);

测量误差:±0.10%CH_4(甲烷浓度为 0.00～1.00%),±8.00%CH_4(甲烷浓度为 1.00%～4.00%);

元件检测反应速度:≤30 s;

调校周期:≥3 周;

使用寿命:1.5 年以上;

整机工作电压:DC 9～24 V;

信号输出:200～1 000 Hz(或 DC 1～5 mA);

隔爆型式:Ex ib dⅠ(+150 ℃)矿用本安兼隔爆型。

④ 使用方法。

将传感器安装在现场后,用四芯电缆与监测系统(分站等)连接。使用前应用新鲜空气及标准甲烷气体对传感器进行标校。在使用过程中,每 3 周对传感器标校 1 次。

⑤ 推广应用情况。

该传感器目前已广泛应用于全国各大、中、小型煤矿,总计销售量 1 万余台,使用情况很好,在煤矿预防瓦斯灾害方面经常发挥重要作用,保护了国家财产及矿工生命,产生了可观的经济效益和良好的社会效益,应用前景广阔。

2.3.1.2　光学式甲烷传感器

此类仪器是利用甲烷与空气对光线的折射率不同而制成的。当两条由同一光源发出的光束分别穿过充有空气的参考室和充有待测气体甲烷的测量室后再次相遇时,两束光将产生干涉条纹。甲烷浓度不同,干涉条纹的位置也不同,根据干涉条纹的位置就可测定甲烷浓度。光学甲烷检定仪就属于此类传感器,其典型的外观结构如图 2-16 所示。

光学甲烷检定仪在我国使用较广,其主要优点是安全可靠、操作简单、测量范围广(甲烷浓度为 0～10%),成为我国矿井安全检查工必备的仪器之一。其缺点是很难把光干涉信号进一步转换为电信号,无法与监测监控系统连接实现遥测,只能由个人携带使用。

2.3.1.3　热导式甲烷传感器

热导率是组成混合气体的成分及各成分所占百分比的函数,因此测出气体的热导率就可以确定混合气体的成分。按此原理就可测量井下气体中甲烷的浓度。

利用热导法测量气体成分时,待测气体的热导率与空气的热导率相差越远,得到的

图 2-16 光学甲烷检定仪

信号就越强。甲烷的热导率近似为空气热导率的 1.3 倍，因此用热导法测量低浓度甲烷，传感器输出的信号很小，测量误差相应增加。另外，热导仪器的零点漂移严重，也不适宜测量低浓度甲烷。一般情况下，热导仪器常与载体催化型仪器配套使用，用来测量浓度为 5%～100%的高浓度甲烷。

KG9001B 型甲烷传感器就是热催化原理与热导原理相结合的热导式甲烷传感器。

2.3.1.4 气敏半导体式甲烷传感器

某些金属氧化物[如二氧化硅(SiO_2)和氧化锌(ZnO)等]在 600 ℃左右的温度下，吸附不同的气体后电阻会发生变化，利用这一原理可实现甲烷浓度的测量。

气敏半导体式甲烷传感器的优点是制造简单，使用方便；缺点是稳定性差，对气体的分辨力弱。

2.3.1.5 红外吸收式甲烷传感器

每种气体对红外区域的光波都有一个或多个吸收谱线，甲烷的吸收谱线是 3.39 μm，用氦氖激光器可以获得稳定的 3.39 μm 红外激光。当激光穿过甲烷气体时，将被甲烷吸收，使光强度减弱，根据光强度的变化情况就可反映出甲烷浓度。

激光甲烷测量仪器属于红外吸收式甲烷传感器，其有很高的灵敏度和选择性，受气样中其他气体成分变化的影响小，测量的准确度较高。其缺点是激光管高压很高，设备复杂，在井下使用有一定的困难。因此，目前只适合在实验室使用。

2.3.1.6 电化学式甲烷传感器

用电化学原理监测甲烷有两种方法：一种方法是用铂黑催化电极、磷酸水溶液作电解液，把工作电极电位固定在 1.05～1.15 V 之间，将元件加热到 100～200 ℃，即可监测甲烷。显然，由于加热功耗大，难以满足煤矿要求。另一种方法是由美国国家实验室与美国矿业局合作开发的电化学甲烷检测元件，采用常温高电位电化学直接氧化法检测甲烷。这是根据美国矿业局本质安全环境监测系统总体设计要求开发的。

电化学式甲烷传感器的特点如下：

① 在 0～100%CH_4 内有较好的线性输出信号；

② 选择性好，不受 CO_2、CO、NO_2 等气体干扰，但对 H_2 有响应；

③ 在整个测量范围内不受缺氧影响；

④ 低功耗，无热元件，属本质安全型；

⑤ 灵敏度低(可监测甲烷浓度为0.6%)；

⑥ 背景电流或残余电流(即无甲烷时元件输出电流)大。

2.3.1.7　压电式甲烷传感器

这类传感器是基于压电材料表面吸附气体时压电效应发生变化的原理制成的。压电材料有多晶材料(如钛酸钡等压电陶瓷)和单晶材料(主要是天然和人造石英)。用压电材料可以制成压电晶体振子,振子固有振动频率为:

$$f = \frac{V_{tr}}{2t} - \frac{N}{t} \tag{2-30}$$

式中　V_{tr}——压电晶体振动传播速度；

t——压电晶体振子厚度；

N——频率常数。

在振子上涂附一层能选择性吸收甲烷的膜,即构成压电式甲烷传感器。当被测甲烷和水蒸气在上面吸附时,吸附膜质量变化,振子固有振动频率改变。振动频率变化与质量变化有如下关系：

$$\Delta f = -\Delta M f^2 (A\rho N) \tag{2-31}$$

式中　A——压电晶体振子表面积；

ρ——压电振子密度；

ΔM——膜质量变化量。

利用压电晶体监测气体浓度还处于探索阶段,关键技术是选择性吸附待测气体的膜。目前,已研制出监测 SO_2、NH_3、CO 等气体的吸附膜,尚未出现监测 CH_4气体的吸附膜。由于这类传感器具有监测灵敏度高,坚固耐用,易采用微电子制造技术实现小型化、低功耗等特点,随着选择性吸附材料的开发,将来可能在煤矿气体监测中得到应用。压电晶体气体传感器的缺点主要是难以克服水蒸气影响,需要对温度和湿度变化进行补偿。

2.3.2　一氧化碳传感器

一氧化碳(CO)是一种无色、无臭、无味的气体,相对密度(空气＝1)为0.967,微溶于水,能燃烧,在空气中浓度为13%～75%时会遇火爆炸。

一氧化碳有剧毒,人体血液中的血红素与一氧化碳的亲和力比与氧气的亲和力大250～300倍。一氧化碳被吸入人体后,造成人体组织和细胞缺氧,引起中毒窒息。一氧化碳的中毒程度与中毒浓度、中毒时间、呼吸频率和深度及人的体质有关。一氧化碳的中毒程度与浓度的关系如表2-1所列。

表2-1　一氧化碳的中毒程度与浓度的关系

一氧化碳浓度/%	主要症状
0.016	数小时后有头痛、心跳、耳鸣等轻微中毒症状
0.048	1 h可引起轻微中毒症状
0.128	0.5～1 h可引起意识迟钝、丧失行动能力等严重中毒症状
0.400	短时间失去知觉、抽筋、假死,30 min内即可死亡

一氧化碳中毒除上述症状外，最显著的特征是中毒者黏膜和皮肤呈樱桃红色。

煤矿火灾、瓦斯和煤尘爆炸及爆破作业时都将产生大量的一氧化碳。为了矿工的身体健康，《煤矿安全规程》规定：井下作业场所的一氧化碳浓度应在 2.4×10^{-5} 以下。由于煤在自燃氧化过程中不断释放出一氧化碳，故将其作为自然发火预报标志性气体，用一氧化碳绝对发生量或格雷厄姆（Graham）指数作为火灾预报指标。有些国家将监测巷道风流中的一氧化碳浓度作为早期预报带式输送机火灾的手段。

煤矿常用的一氧化碳传感器有电化学式一氧化碳传感器和红外线吸收式一氧化碳传感器等。国内外煤矿广泛使用的是电化学式一氧化碳传感器。

2.3.2.1 电化学式一氧化碳传感器

电化学是研究电解质溶液与电极相界间发生电化学过程，并因此发生化学能和电能之间相互转换的科学。用电化学原理构成监测气体的装置称为电化学式气体传感器。这类传感器种类较多，目前监测一氧化碳的仪器主要采用定电位电解式一氧化碳传感器，也称为控制电位电解式一氧化碳传感器。

（1）一般工作原理

根据电化学理论，在金属和它接触的溶液之间有发生氧化还原反应倾向，反应过程中使反应物质的氧化数改变，并有电子得失，这是氧化还原反应的本质。每种物质的氧化还原反应必须在一定的电极电位下进行。图 2-17 给出的是不同物质的氧化还原电位。如在 O_2、H^+/H_2O 氧化还原电对中，O_2、H^+ 为氧化态，H_2O 为还原态，而氧化还原对的可逆电极电位是 +1.23 V。如果阳极电位高于氧化还原对的可逆电极电位，则这个电对中的还原物质被氧化；反之，如果阳极施加电位低于可逆电极电位，则电对的氧化性物质被还原。又如，CO_2/CO 氧化还原对的可逆电极电位是 −0.12 V，只要维持阳极电位高于阴极 −0.12 V，CO 被氧化，电化学反应方程式为：

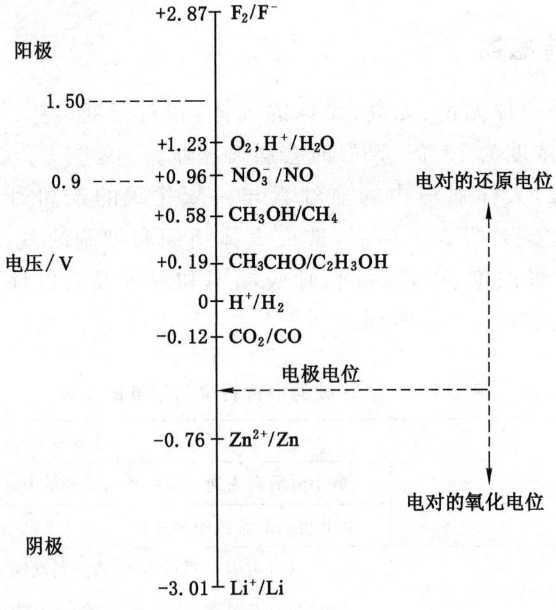

图 2-17 不同物质的氧化还原电位

阳极：$CO+H_2O \longrightarrow CO_2+2H^++2e$

阴极：$\frac{1}{2}O_2+2H^++2e \longrightarrow H_2O$

电化学反应有电子得失，在阳极上给出电子，而在阴极（对面极）上得到电子。这样通过电池内部电解质构成的离子导体及外电路负载就有电流通过。如果采用气体扩散电极，由法拉第定律可以得出反应电流 i 与一氧化碳浓度 c 的关系为：

$$i=\frac{nc}{FADL} \tag{2-32}$$

式中　A——反应界面面积；

L——扩散电极膜厚；

D——膜中气体扩散系数；

n——反应中电子转移数；

F——法拉第常数。

当实验室条件固定时，反应电流与一氧化碳浓度成正比。

(2) 产品

① TX2000 一氧化碳检测仪（见图 2-18）。

图 2-18　TX2000 一氧化碳检测仪

用途：适用于石油、石化、冶金、矿井等可能产生有毒气体的环境，或在进入密闭空间（如地井、仓库、罐等）时检测氧气含量。

特点：除瞬时报警外还设有 STEL（15 min 暴露限值）和 TWA（8 h 平均暴露限值）报警；小巧、精确、操作极简便；开机自检。

可检测气体：O_2、H_2S、CO、H_2、HCN、HCl、NO、NO_2。

测量：连续检测，采用电化学原理。

报警：声光报警（瞬时报警、TWA/STEL 报警、故障报警、超量程报警）。

防爆等级：Ex ia dⅡC T4，Ex ia Ⅰ（矿区）。

② CT1000X 一氧化碳报警仪（见图 2-19）。

特点：超小型设计，整机质量小；配有电源开关，大大延长了电池寿命；数字显示、声光及欠压报警功能；传感器采用具有世界一流水平的进口原装电化学传感器。

技术参数如下：

检测气体：空气中的一氧化碳（CO）气体；

检测原理：电化学式；

检测范围：$0\sim10^{-3}$ 或 2×10^{-3}；

最小示值：10^{-6}；

检测方式：扩散式；

显示方式：液晶数显；

报警设定值：出厂设定 5×10^{-5}（$10^{-5}\sim3\times10^{-4}$ 范围内可任意设定）；

图 2-19　CT1000X 一氧化碳报警仪

报警误差：±5%（满量程）；

报警方式：声光报警；

响应时间：小于 30 s；

电源：DC 9.0 V；

电源欠压报警：蜂鸣器连续发出声响；

传感器寿命：2 年；

使用环境：温度为－10～＋45 ℃，相对湿度≤95%；

防爆标志：Ex ia ⅡC T6；

外形尺寸（长×宽×高）：125 mm×62 mm×26 mm；

质量：185 g。

2.3.2.2 红外线吸收式一氧化碳传感器

(1) 一般原理

由两个以上不同原子结合成的气体分子（如 CO、CH_4、CO_2 等）具有一种永久性的偶极矩。根据讨论的对象不同，偶极矩可以是键偶极矩，也可以是分子偶极矩。分子偶极矩可由键偶极矩经矢量加法后得到。试验测得的偶极矩可以用来判断分子的空间构型。例如，同属于 AB_2 型分子，CO_2 的 $\mu=0$，可以判断它是直线型的；H_2S 的 $\mu\neq0$，可以判断它是折线型的。可以用偶极矩表示极性大小。键偶极矩越大，表示键的极性越大；分子偶极矩越大，表示分子的极性越大。CO、CH_4、CO_2 等可以直接通过电磁光谱形成振动和旋转，并在光谱区产生量子能量。对于气体成分，在振动和旋转光谱的谱线范围内，产生光谱的吸收。因此，多原子气体分子对特定波长的红外线有吸收能力，其吸收波长取决于构成分子的原子种类、原子核质量、结合强弱、光谱位置等。不同的气体分子的典型吸收波长也不同，如 CO 的典型吸收波长是 4.66 μm，吸收程度则服从朗伯-比尔定律。

(2) 仪器种类及起作用原理

利用红外线吸收原理构成的气体分析仪器有分光型和不分光型两种。分光型气体分析仪器采用分光装置，将入射光分成各种波长的单色光，然后取出所需的单一波长；不分光型（或称非分散型）气体分析仪器采用气体滤波器或滤光片实现对所需波长的选择。大多数工业气体分析采用后者。随着激光技术的发展，产生了激光红外气体分析仪器。使用发射单一波长红外光的激光器，使红外线吸收分析装置简化，并使选择性提高。常用的不分光型气体分析仪器有双光路分析器和单光路分析器两种。

① 双光路分析器。图 2-20 所示双光路分析器由光源、光调制装置（切光片）、气体滤波室、工作气室、参比气室、检测器等部分构成。由光源发射的红外光线，在切光片作用下成为规则的断续光线。两束光线分别通过工作气室和参比气室到达检测器接收室两侧。由于参比气室内密封了清洁空气或氮气，通过该气室的光强度不变。而工作气室内有 CO 时，一部分红外能量被吸收，使到达检测器两侧的入射光能量产生差异。检测器是由膜片和固定电极组成的电容微音器，由于两侧能量变化而使膜片振动，导致电容量呈周期性变化，输出适当的电信号。

检测器的接收室内封入了高浓度 CO 气体，称为气动光谱检测室，对 CO 有选择性吸收作用，亦称正滤波法。检测器仅检测 CO 特定吸收波长的红外能量，而对其他波长的红外光不反应。

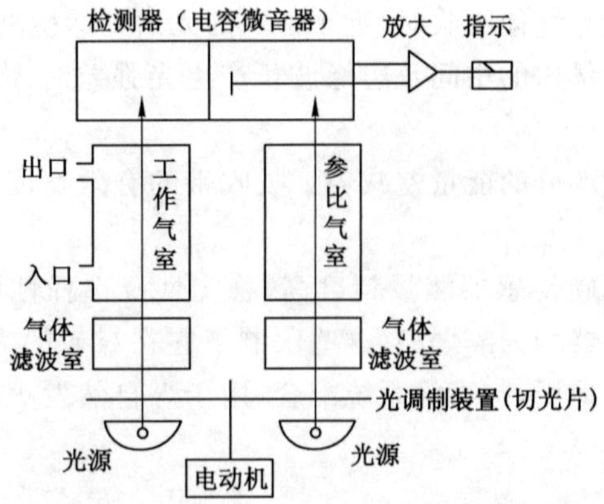

图 2-20　双光路分析器

若混合气中某一气体(如 CO_2 吸收峰值波长为 4.25 μm)与 CO 的红外线吸收峰部分重叠,检测混合气体中的 CO 时,就产生了交叉干扰。在光程中设置了气体滤波室,该室内充有一定量的干扰气体成分。在光线进入气室之前将这一波长的红外光吸收掉,检测室内所接收的红外光中,不存在气样中共存的有重叠吸收的非待测成分的影响。在光路中安设干涉滤光片将起同样作用。

由于检测器是利用红外线吸收所产生的压力效应,故对微量的 CO 所产生的压力变化是很难分辨的,而且容易产生漂移,因此要用切光片对光线进行低频调制。此外,要采取加长检测气室长度和采用低噪声前置放大器等措施提高检测灵敏度。

② 单光路分析器。双光路系统的选择性和零点稳定性较差,因此德国玛依哈克公司设计了著名的 UNOR 型单光路分析器,如图 2-21 所示。

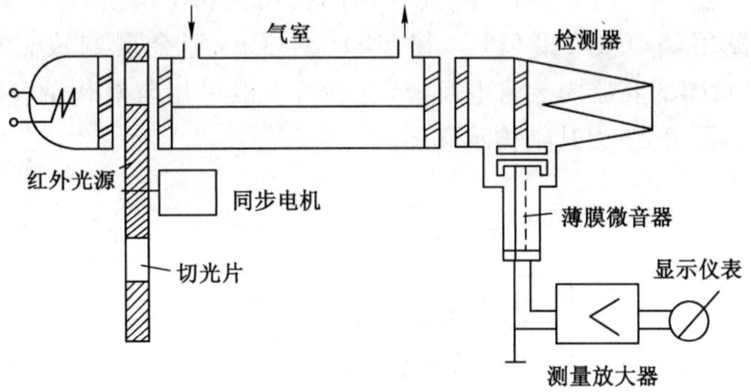

图 2-21　UNOR 型单光路分析器

这种仪器的检测器由两个光学串联的吸收室组成,彼此由气室的晶片隔开。如果前室充满被测气体 CO 时,后室体积比前室大;如果气室中不存在 CO 时,检测器前、后室的压力相等(平衡);如果气室中出现 CO 时,特定波长的红外线能量被吸收,前室吸收谱线的中间能量,而后室则吸收谱线边缘部分能量。由于气室的选择性吸收使前室内的光谱能量减弱,由此产生的压力脉冲差作用于薄膜,并相应变为电容变化。由于 UNOR 型单光路分析器使光谱调制成两个强度相同、相位相反的部分，一部分通过分析气室的测量边，另一部分通过分析气室的参比边。在没有气体吸收时，近于恒定的光谱到达检测器不产生压力脉冲信号，只有在选择性吸收气室测量边的中间及边缘波长产生光强差时才有测量信号。因此，这类仪器零点稳定。

光谱中间部分及边缘部分的能量差减弱了吸收带的有效宽度，这是单光路分析器选择性高的基础。

红外线吸收式一氧化碳传感器测量精度高、稳定性及选择性好。但其结构复杂、体积大、成本高、井下使用的仪器均为隔爆型，这些限制了它在煤矿的大量使用。将红外线吸收式一氧化碳传感器安装在地面，与束管系统配套，用于煤自然发火预报与监测，在中国及英国许多煤矿已取得效果。

2.3.3 氧气传感器

氧气是一种无色、无味、无臭的气体，化学性质活泼，能与大多数元素直接化合而生成氧化物。氧气按体积计算在空气中含量为20.96%。对于自然界生命，氧气是不可缺少的，空气中氧气含量降低会使人感到不适，甚至窒息。因此，《煤矿安全规程》对矿井氧气含量有严格规定。由于矿井中煤炭氧化、爆炸、燃烧及坑木腐烂均消耗大量氧气，会造成缺氧。因此必须经常监测井下是否缺氧并采取措施，创造良好的井下作业环境。

同时，氧气还是判断煤炭自燃、井下火区是否会复燃的重要标志气体。在矿井灾变期间，通过监测甲烷等可燃性气体及氧气浓度，可计算爆炸指数，从而判定爆炸的危险性。

煤矿中监测氧气常用的传感器有电化学式氧气传感器和顺磁式测氧仪。

2.3.3.1 电化学式氧气传感器

电化学式氧气传感器按其监测原理可分为隔膜伽伐尼电池式、电解电池式和固体电解质电池式三种。下面重点介绍隔膜伽伐尼电池式氧气传感器。

隔膜伽伐尼电池式氧气传感器测氧元件的阴极用金(Au)、铂(Pt)、银(Ag)或银-石墨(Ag-C)制成，阳极用镉(Cd)、铅(Pb)、铋(Bi)、铜(Cu)等金属制成。在用聚四氟乙烯(PTFE)等透气膜封闭的容器内装有电解液，电解液一般采用氢氧化钠(NaOH)、氢氧化钾(KOH)或碳酸盐。图2-22为其结构示意图。

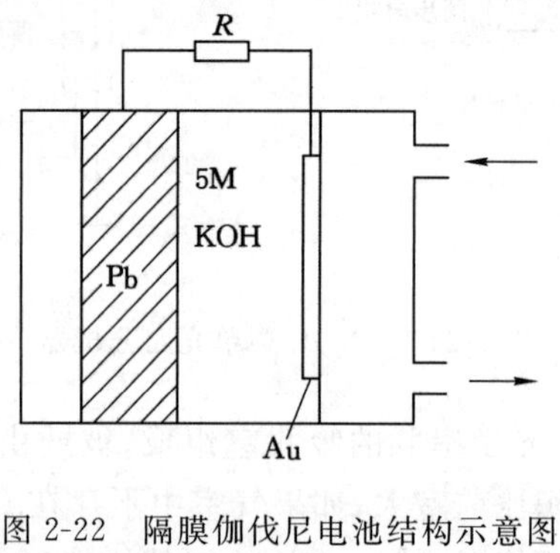

图2-22 隔膜伽伐尼电池结构示意图

以铅氧电池为例，其阴极为Au，阳极为Pb，以过量KOH溶液为电解液。氧气通过透气隔膜溶解于隔膜与阴极之间形成的薄液层中，迁移至三相界面。

在阴极上发生还原反应，生成 OH^-，即：

$$O_2 + 2H_2O + 4e \longrightarrow 4OH^-$$

在阳极上发生氧化反应，形成金属氢氧化合物，即：

$$2Pb \longrightarrow 2Pb^{2+} + 4e$$

$$2\,Pb^{2+} + 4\,OH^- \longrightarrow 2Pb(OH)_2$$

总的电池反应为：

$$O_2 + 2Pb + 2H_2O \longrightarrow 2Pb(OH)_2$$

$$Pb(OH)_2 + KOH \longrightarrow KHPbO_2 + 2H_2O$$

反应电势为：

$$E = E_0 + \frac{RT}{nF}\lg P_{O_2} = 1.342 + 0.014\,8\lg P_{O_2} \tag{2-33}$$

式中　n——反应电子数；

F——法拉第常数；

P_{O_2}——电极表面氧分压。

从式(2-33)中可见，反应电势与电极表面氧分压(即薄膜层中溶解的氧浓度)成比例变化。元件输出电流为：

$$I = \frac{RT}{nF} \cdot \frac{DA}{l} c_{外} \tag{2-34}$$

式中　D——气体扩散系数；

A——阴极面积；

l——膜外表面至阴极表面距离；

$c_{外}$——氧气浓度。

图 2-23 为 GY25 型矿用氧气传感器结构图。该类型传感器是采用电化学法测量气体中氧气浓度的矿用本质安全型仪表，具有连续监测、数字显示、电信号输出等功能。与矿井监测系统配套使用，可实现遥测与监测自动化。其主要技术指标如下：

测量范围：0～25%O_2；

测量误差：±3%(满量程)；

输出信号：200～1 000 Hz；

工作电源：DC 18 V(矿用隔爆兼本安电源)；

工作电流：≤100 mA；

工作方式：扩散式连续工作；

响应时间：60 s；

环境条件：环境温度为 0～40 ℃，相对湿度≤95%，大气压力为 86～106 kPa；

防爆型式：Ex ib Ⅰ 矿用本安型。

2.3.3.2　顺磁式测氧仪

气体根据本身的磁性质分为顺磁性气体和反磁性气体。顺磁性气体的体积磁化率 $\mu > 0$；反磁性气体的体积磁化率 $\mu < 0$。表 2-2 中列举了几种气体的体积磁化率和相对磁化率。

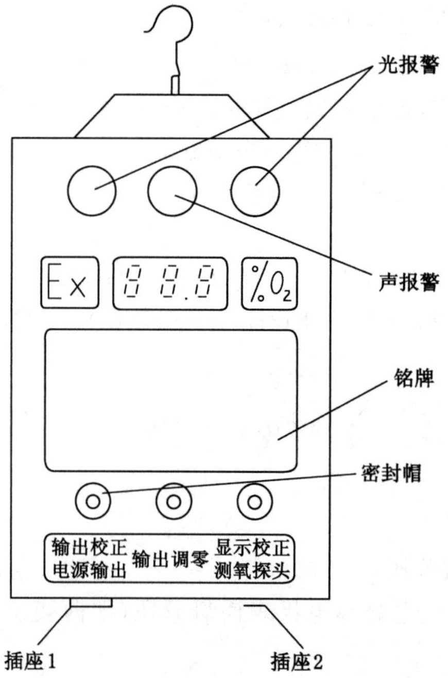

图 2-23 GY25 型矿用氧气传感器结构图

表 2-2 一些气体的体积磁化率

气体	体积磁化率 $\mu/10^{-9}$	相对磁化率
氧气(O_2)	1 777.00	1.000 00
氮气(N_2)	−6.30	−0.003 55
甲烷(CH_4)	−6.38	−0.003 59
二氧化碳(CO_2)	−11.00	−0.006 19
一氧化碳(CO)	−6.13	−0.003 45

混合气体的体积磁化率等于各气体成分的体积磁化率与其相对体积浓度之积的和。

$$\mu = \sum_{m=1}^{n} \mu_m g_m \tag{2-35}$$

式中 g_m——某气体成分相对体积浓度。

由于氧气的磁性最强，所以含氧气的混合气体的体积磁化率主要由氧气的相对体积浓度决定。顺磁性气体能被磁场吸引，氧气是具有顺磁性的气体。随着温度升高，氧气的顺磁性减弱，具有热磁效应。基于这一物理现象，可以测定氧气浓度。图 2-24 为热磁效应氧气传感器工作原理图。传感器制成环形室，环形室中有玻璃制成的连通管。在连通管上绕有两组加热电阻丝 R_1，R_2，接于直流电桥中，其中一个 R_1 接在永久磁铁两极之间。

当待测气体中不含氧气时，连通管两端压力相同，气流不流经横向测量管，$R_1=R_2$，电桥平衡。当待测气体中含有氧气时，由于氧气的顺磁性，气体在磁场作用下进入连通管并被

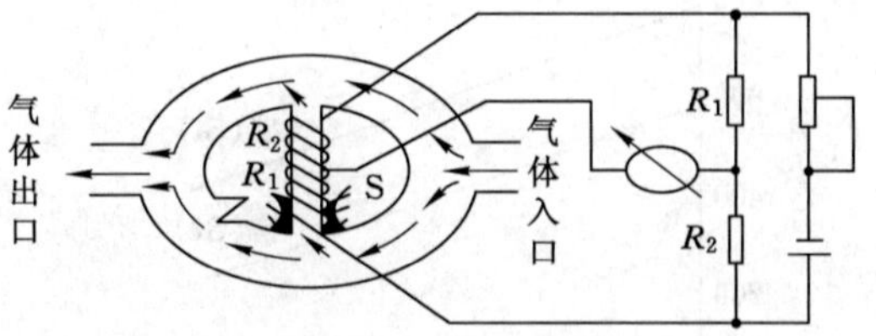

图 2-24　热磁效应氧气传感器工作原理图

加热。由于热磁效应，氧气受热后顺磁性减弱，被加热的气体受到推斥，在连通管内形成被称为“磁风”的连续气流，气流速度取决于氧气的浓度。受气流影响，电阻丝温度发生变化，导致电桥失去平衡，用输出电压信号可度量氧气的浓度。

2.3.4　温度传感器

最适宜的矿井空气温度为 15～20 ℃。矿井空气温度受地面气温、井下围岩温度、机电设备散热、煤炭等有机物的氧化、人体散热、水分蒸发、空气的压缩或膨胀、通风强度等多种因素的影响。

随着井下通风路线的延长，矿井空气温度逐渐升高。在进风路线上，矿井空气温度主要受地面气温和围岩温度的影响，有冬暖夏凉之感。工作面温度基本上不受地面季节气温的影响，且常年变化不大。在回风路线上，因通风强度较大，加上水分蒸发和风流上升膨胀吸热等因素影响，矿井空气温度有所下降，常年基本稳定。

煤矿常用的温度传感器有热电偶及热电阻温度传感器、半导体温度传感器，以及红外、热噪声、光纤温度传感器等。热电偶及热电阻温度传感器在工业（地面）上早已得到广泛应用；半导体温度传感器在－100～＋100 ℃范围内的应用也很成功，煤矿井下应用较多。

2.3.4.1　热电偶及热电阻温度传感器

（1）热电偶温度传感器

将两种不同材料的金属 A 和 B 相连接，组成一个闭合回路，构成感温元件。当金属 A 和 B 的两个接点（冷端和热端）之间存在温差时，就在两者之间产生电动势，在回路中形成电流，此种现象称为热电效应。热电偶温度传感器就是利用这一效应进行工作的。热电偶温度传感器在日本等国已应用于煤矿井下。

（2）热电阻温度传感器

电阻随温度的变化而变化的现象称为热电阻效应。利用此效应可制成金属热电阻和半导体热敏电阻，用于温度测量，分别称为热电阻温度传感器和热敏电阻温度传感器。

按电阻-温度特性的不同（由材料的温度系数决定），热敏电阻可分为负温度系数热敏电阻和正温度系数热敏电阻两类。

2.3.4.2　半导体温度传感器

用半导体材料制成的 PN 结型温度传感器称为半导体温度传感器。它的感温部分是利用二极管或晶体管的 PN 结正向电压相对于温度呈线性变化的温度特性。

图 2-25 为锗和硅二极管的正向电压-温度特性。由图可以看出，正向电压相对于温度变化基本呈线性关系。

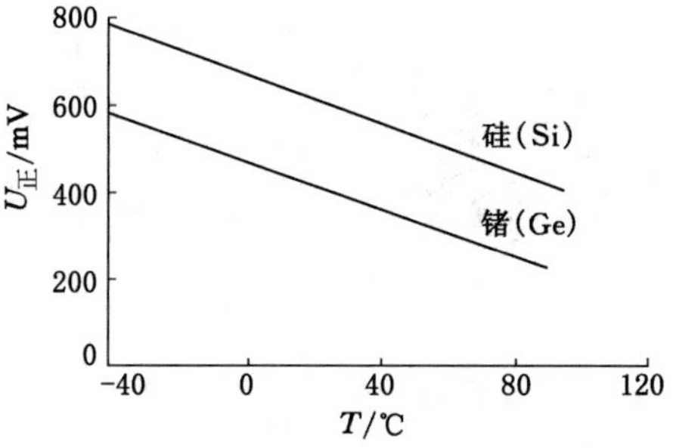

图 2-25　锗和硅二极管的正向电压-温度特性

对于晶体三极管，基于基极-发射极电压 U_{be} 对温度的依赖关系，利用晶体管特性和外接电路条件能获得较好的线性关系。将晶体管电路与恒流源电路、放大电路等组合在一起集成于芯片上，就成为集成电路温度传感器。

半导体温度传感器具有体积小、响应时间快、在一定范围内线性度较好、功耗低、抗干扰能力强等优点。因而，它在煤矿井下比较恶劣的环境条件下，得到了较好的推广与应用。例如，与监控系统配套使用的 KG3004 型、KG3007 型温度传感器和 KG9301 型温湿度组合式传感器等，都是采用半导体 PN 结为敏感元件的矿用温度传感器。

2.3.4.3　红外、热噪声及光纤温度传感器

(1) 红外温度传感器

任何物体只要温度高于绝对零度(约为－273.15 ℃)，就会不断产生红外辐射，温度越高，辐射功率越大。只要知道物体的温度 T 和比辐射率 ε，就能计算出它所发射的辐射功率 P；若知道物体所发射的辐射功率，则可求出它的温度。即：

$$P = \varepsilon\sigma T^4 \tag{2-36}$$

式中　T——物体的热力学温度；

σ——斯忒藩-玻尔兹曼常数；

ε——比辐射率，一般物体的 ε 在 0～1 之间，黑体的 $\varepsilon=1$。

红外温度传感器用的检测元件有热敏电阻和光敏电阻两种。

在热辐射的电磁波中，包含着各种波长。物体辐射波长的峰值 λ_m 与该物体自身的热力学温度 T 成反比，即：

$$\lambda_m = \frac{2\,897}{T} \tag{2-37}$$

物体的温度越高，其辐射波长的峰值 λ_m 越短。人们可通过对辐射波长的测定，对物体温度进行测量。

红外温度传感器具有测量灵敏度高、反应速度快、测温范围广、非接触式测温、不影响被测介质的温度场分布等优点，是发展测量技术、遥感技术及空间科学的重要手段。在矿井火灾监测与预报、设备温升测量等方面，具有很好的应用前景。

(2) 热噪声温度传感器

电阻体所产生的约翰逊噪声与该电阻体所处热力学温度密切相关，热噪声功率与温度呈线性关系，如图 2-26 所示。由于与温度相关的噪声电压很小，故监测比较困难。日本已

利用比较噪声源的办法来解决这一问题，收到了较好的效果。英国已有用于煤矿井下的该类产品，主要对火灾温度进行监测。

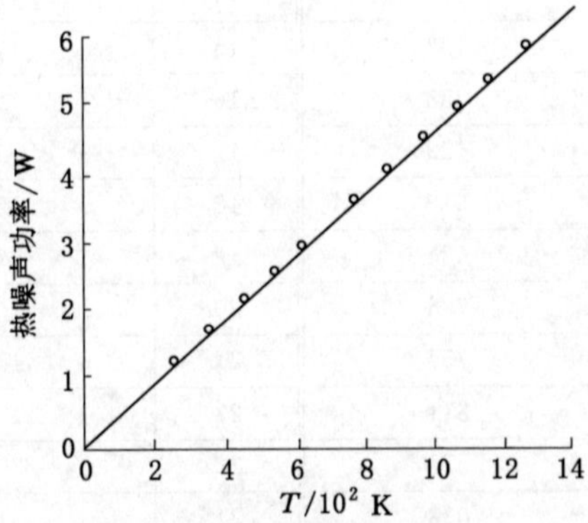

图 2-26　温度与热噪声功率的关系曲线

(3) 光纤温度传感器

接触式光纤温度传感器是基于各种不同的光学现象或光学性质实现温度测量的，如光强变化、干涉现象、折射率变化、透光率变化、荧光辐射等。半导体感温元件的透射光强随被测温度的升高而减小。在光导纤维的一端输入一恒定光强的光源，因半导体的透射能力随被测温度的变化而变化，故在光导纤维的另一端，接收元件所接收到的光强也将随温度的变化而变化。通过测量接收元件的输出电压，便可遥测传感器所在位置的温度。这是一种很有发展前景的测温方法。

2.3.4.4　*矿井空气温度的测定*

测温仪器可使用最小分度 0.5 ℃并经校正的温度计。测温时间一般在 8:00—16:00 进行。空气温度的测点应符合以下要求：

(1) 掘进工作面空气的温度测点应设在工作面距掘进头 2 m 处的回风流中。

(2) 长壁式采煤工作面空气温度的测点，应在工作面内运输道空间中央距回风道口 15 m处的风流中。采煤工作面串联通风时，应分别测定。

(3) 机电硐室空气温度的测点，应选在硐室回风道口的回风流中。

此外，测定气温时应将温度计放置在一定地点 10 min 后读数，读数时先读小数再读整数。温度测点不应靠近人体、发热或制冷设备，距离至少为 0.5 m。

2.3.5　湿度传感器

2.3.5.1　*空气的湿度*

空气的湿度是指空气中所含的水蒸气量或潮湿程度。

(1) 绝对湿度

绝对湿度指单位体积湿空气中所含水蒸气的质量，用 f 表示。

空气在某一温度下所能容纳的最大水蒸气量称为饱和水蒸气量，用 $F_{饱}$ 表示。温度越高，空气的饱和水蒸气量越大。在标准大气压下，不同温度时的饱和水蒸气量如表 2-3 所列。

表 2-3 在标准大气压下不同温度时的饱和水蒸气量、饱和水蒸气压力

温度/℃	饱和水蒸气量/(g/m³)	饱和水蒸气压力/Pa	温度/℃	饱和水蒸气量/(g/m³)	饱和水蒸气压力/Pa
−20	1.1	128	14	12.0	1 597
−15	1.6	193	15	12.8	1 704
−10	2.3	288	16	13.6	1 817
−5	3.4	422	17	14.4	1 932
0	4.9	610	18	15.3	2 065
1	5.2	655	19	16.2	2 198
2	5.6	705	20	17.2	2 331
3	6.0	757	21	18.2	2 491
4	6.4	811	22	19.3	2 638
5	6.8	870	23	20.4	2 811
6	7.3	933	24	21.6	2 984
7	7.7	998	25	22.9	3 171
8	8.3	1 068	26	24.2	3 357
9	8.8	1 143	27	25.6	3 557
10	9.4	1 227	28	27.0	3 784
11	9.9	1 311	29	28.5	4 010
12	10.0	1 402	30	30.1	4 236
13	11.3	1 496	31	31.8	4 490

(2) 相对湿度

相对湿度指空气中水蒸气的实际含量(f)与同温度下饱和水蒸气量($F_饱$)比值的百分数，用公式表示如下：

$$\varphi = \frac{f}{F_{饱}} \times 100\% \tag{2-34}$$

式中 φ——相对湿度，%；

f——空气中水蒸气的实际含量(即绝对湿度)，g/m^3；

$F_饱$——在同一温度下空气的饱和水蒸气量，g/m^3。

通常所说的湿度都是指相对湿度，它反映的是空气中所含水蒸气量接近饱和的程度。一般认为相对湿度在50%～60%对人体最为适宜。

一般情况下，在矿井进风路线上，有冬干夏湿之感。在采掘工作面和回风系统，因空气温度较高且常年变化不大，空气湿度也基本稳定，一般都在90%以上，甚至接近100%。

矿井空气的湿度还与地面空气的湿度、井下涌水量大小及井下生产用水状况等因素有关。

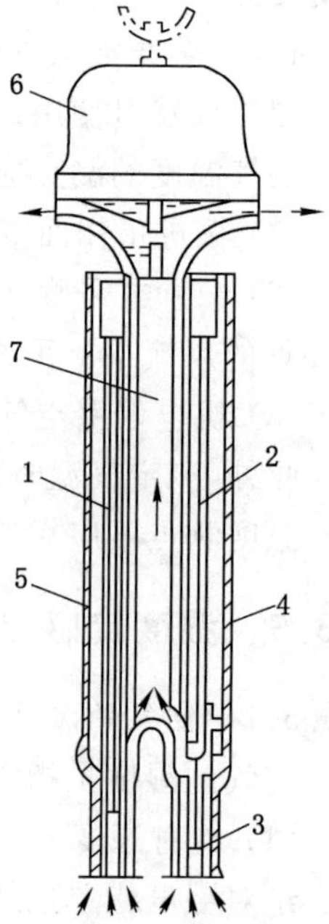

1—干球温度计；2—湿球温度计；3—湿棉纱布；4，5—双层金属保护管；6—通风器；7—风管。

图 2-27 风扇湿度计

2.3.5.2 空气湿度的测定

测量空气湿度的仪器主要有风扇湿度计和手摇湿度计，它们的测定原理相同。风扇湿度计(又称通风干湿表)如图 2-27 所示。它主要由干球温度计 1、湿球温度计 2 和通风器 6 等组

成，其中两只温度计的外面均罩着内外表面光亮的双层金属保护管4、5，以防热辐射的影响；通风器6内装有风扇和发条，上紧发条，风扇转动，使风管7内产生稳定的气流，干球和湿球温度计的水银球处在同一风速下。

测定相对湿度时，先用仪器附带的吸水管将湿球温度计的棉纱布浸湿，然后上紧发条，小风扇转动吸风，空气从双层金属保护管4、5的入口进入，经中间风管7由上部排出。湿球温度计的温度值低于干球温度计的温度值，空气的相对湿度越小，蒸发吸热作用越显著，干湿温度差就越大。根据湿球温度计读数t'和干湿球温度计读数差值Δt，由表2-4即可查出空气的相对湿度φ。

表2-4　由风扇湿度计读数值查相对湿度

湿球温度计读数/℃	干湿球温度计读数差值/℃														
	0	0.5	1.0	1.5	2.0	2.5	3.0	3.5	4.0	4.5	5.0	5.5	6.0	6.5	7.0
	相对湿度φ/%														
0	100	91	83	75	67	61	54	48	42	37	31	27	22	18	14
1	100	91	83	76	69	62	56	50	44	39	34	30	25	21	17
2	100	92	84	77	70	64	58	52	47	42	37	33	28	24	21
3	100	92	85	78	72	65	60	54	49	44	39	35	31	27	23
4	100	93	86	79	73	67	61	56	51	46	42	37	33	30	26
5	100	93	86	80	74	68	63	57	53	48	44	40	36	32	29
6	100	93	87	81	75	69	64	59	54	50	46	42	38	34	31
7	100	93	87	81	76	70	65	60	56	52	48	44	40	37	33
8	100	94	88	82	76	71	66	62	57	53	49	46	42	39	35
9	100	94	88	82	77	72	68	63	59	55	51	47	44	40	37
10	100	94	88	83	78	73	69	64	60	56	52	49	45	42	39
11	100	94	89	84	79	74	69	65	61	57	54	50	47	44	41
12	100	94	89	84	79	75	70	66	62	59	55	52	48	45	42
13	100	95	90	85	80	76	71	67	63	60	56	53	50	47	44
14	100	95	90	85	81	76	72	68	64	61	57	54	51	48	45
15	100	95	90	85	81	77	73	69	65	62	59	55	52	50	47
16	100	95	90	86	82	78	74	70	66	63	60	57	54	51	48
17	100	95	91	86	82	78	74	71	67	64	61	58	55	52	49
18	100	95	91	87	83	79	75	71	68	65	62	59	56	53	50
19	100	95	91	87	83	79	76	72	69	65	62	59	57	54	51
20	100	96	91	87	83	80	76	73	69	66	63	60	58	55	52
21	100	96	92	88	84	80	77	73	70	67	64	61	58	56	53
22	100	96	92	88	84	81	77	74	71	68	65	62	59	57	54
23	100	96	92	88	84	81	78	74	71	68	65	63	60	58	55
24	100	96	92	88	85	81	78	75	72	69	66	63	61	58	56

表 2-4(续)

湿球温度计读数/℃	干湿球温度计读数差值/℃														
	0	0.5	1.0	1.5	2.0	2.5	3.0	3.5	4.0	4.5	5.0	5.5	6.0	6.5	7.0
	相对湿度 φ/%														
25	100	96	92	89	85	82	78	75	72	69	67	64	62	59	57
26	100	96	92	89	85	82	79	76	73	70	67	65	62	60	57
27	100	96	93	89	86	82	79	76	73	71	68	65	63	60	58
28	100	96	93	89	86	83	80	77	74	71	68	66	63	61	59
29	100	96	93	89	86	83	80	77	74	72	69	66	64	62	60
30	100	96	93	90	86	83	80	77	75	72	69	67	65	62	60
31	100	96	93	90	87	84	81	78	75	73	70	68	65	63	61
32	100	97	93	90	87	84	81	78	76	73	71	68	66	63	61

【例 2-1】 在井下某处用风扇湿度计测得空气的湿度，得到干球温度计的读数为 24.2 ℃，湿球温度计的读数为 20.2 ℃。求此处空气的相对湿度。

【解】 $t'=20.2$ ℃ $\Delta t=24.2-20.2=4$(℃)

查表 2-4 得出空气的相对湿度为 69%。

2.3.6 风速传感器

单位时间内通过井巷断面的空气体积称为风量，等于井巷的断面积与通过井巷的平均风速的乘积。因此，测量风量时必然测定风速。风速和风量测定是矿井通风测定技术中的重要组成部分，也是矿井通风管理中的基础性工作。

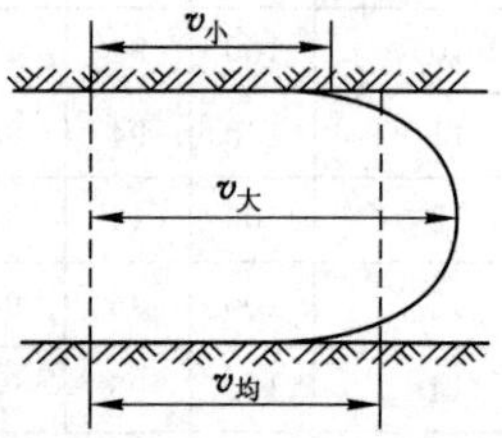

图 2-28 巷道中的风速分布

空气在井巷中流动时，风速在巷道断面上的分布是不均匀的。一般来说，位于巷道轴心部分的风速最大，靠近巷道周壁部分的风速最小，如图 2-28 所示，通常巷道内的风速都是指平均风速 $v_均$。平均风速 $v_均$ 与最大风速 $v_大$ 的比值称为巷道的风速分布系数(速度场系数)，用 $K_速$ 表示；其值与井巷粗糙程度有关，巷道周壁越光滑，$K_速$ 就越大，即断面上的风速分布越均匀。据调查：对于砌碹巷道，$K_速=0.8\sim0.86$；对于木棚支护巷道，$K_速=0.68\sim0.82$；对于无支护巷道，$K_速=0.74\sim0.81$。

需要注意的是，受到井巷断面形状、支护形式、直线程度及障碍物的影响，最大风速不一定正好位于井巷的中轴线上，风速分布也不一定具有对称性。

测量井巷风速的仪表叫风表，又称风速计。目前，煤矿中常用的风表按结构和原理不同，可分为机械式风表、热效式风表、电子叶轮式风表和超声波式风表等。

2.3.6.1 机械式风表

机械式风表是目前煤矿使用最广泛的风表。它全部采用机械结构，多用于测量平均风速，也可用于测定点风速。按感受风力部件的形状不同，机械式风表又分为叶轮式风表和杯式风表两种。其中，杯式风表主要用于气象部门，也可用于煤矿井下；叶轮式风表在煤矿中应用广泛，是本节介绍的重点。

叶轮式风表由叶轮、蜗杆轴、计数器、回零压杆、离合闸板、护壳等构成,如图 2-29 所示。

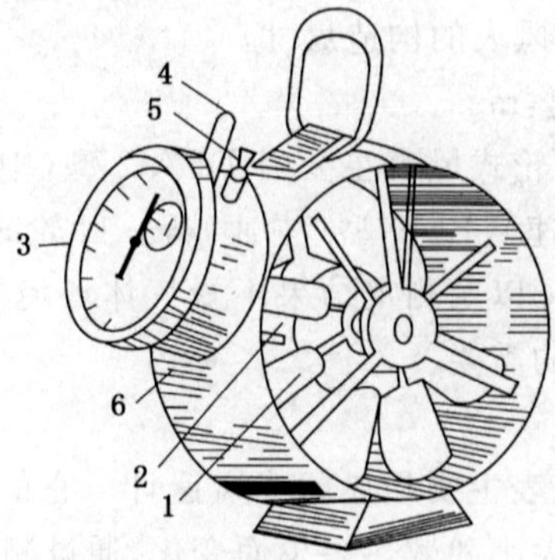

1—叶轮;2—蜗杆轴;3—计数器;4—离合闸板;5—回零压杆;6—护壳。

图 2-29 机械叶轮式风表

叶轮式风表的叶轮由 8 个铝合金叶片组成,叶片与转轴的垂直平面成一定的角度,当风流吹动叶轮时,通过传动机构将运动传给计数器 3,指示出叶轮的转速。离合闸板 4 的作用是使计数器与叶轮轴连接或分开,用来开关计数器。回零压杆 5 的作用是使风表的表针回零。

叶轮式风表按风速的测量范围不同,分为高速风表(0.8～25 m/s)、中速风表(0.5～10 m/s)和微(低)速风表(0.3～5 m/s)三种。三种风表的结构大致相同,只是叶片的厚度不同,且启动风速有差异。

受风表结构和使用中机件磨损、腐蚀等影响,通常风表的计数器所指示的风速并不是实际风速,表速(指示风速)$v_{表}$与实际风速(真风速)$v_{真}$的关系可用风表校正曲线来表示。风表出厂时都附有该风表的校正曲线,风表使用一段时间后,还必须按规定重新进行检修和校正,得出新的风表校正曲线。图 2-30 为风表校正曲线示意图。

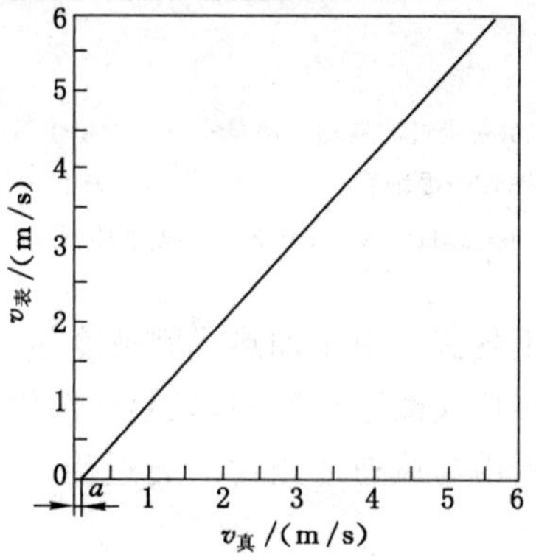

图 2-30 风表校正曲线示意图

风表校正曲线还可用下面的表达式来表示:

$$v_{真} = a + bv_{表} \tag{2-38}$$

式中 $v_{真}$——真风速，m/s；

a——表明风表启动初速的常数，取决于风表转动部件的惯性和摩擦力；

b——校正常数，取决于风表的构造尺寸；

$v_{表}$——风表的指示风速，m/s。

目前我国生产和使用的叶轮式风表主要有 DFA-2 型（中速）、DFA-3 型（微速）、DFA-4 型（高速）、AFC-121 型（中、高速）、EM9 型（中速）等。叶轮式风表的优点是：体积小，质量轻，重复性好，使用及携带方便，以及测定结果不受气体环境影响。其缺点是：精度低，读数不直观，不能满足自动化遥测的需要。

2.3.6.2 热效式风表

我国目前生产的热效式风表主要是热球式风速计。它的测风原理是：一个被加热的物体置于风流中，其温度随风速大小和散热多少而变化，通过测量该物体在风流中的温度便可测量风速。因为这种风表只能用于测量瞬时风速，且测风环境中的灰尘和空气湿度等对它也有一定的影响，所以这种风表使用不太广泛，多用于微风测量。

热效式风速传感器是基于风流经过发热元件时带走的热量与风速呈比例的原理。它一般采用热线、热敏电阻等检测元件。这类仪表的输出大都是非线性的，且湿度、粉尘对测量值影响较大。较好的热效式风速传感器是德国玛依哈克公司生产的 Ventor 型，如图 2-31 所示。在探头前附加了皮托管，由于风速作用，在皮托管 1 和 2 之间产生压力差，在探头内形成气流；气流经过粗粉尘过滤器 3、细粉尘过滤器 5，再进入测量室 4 和参比室 6；在两室中分别安装一对加热线圈 7 和参比线圈 8，接于惠斯通电桥；线圈通电，并保持一定温度；在无风速情况下调节电桥，使之平衡。

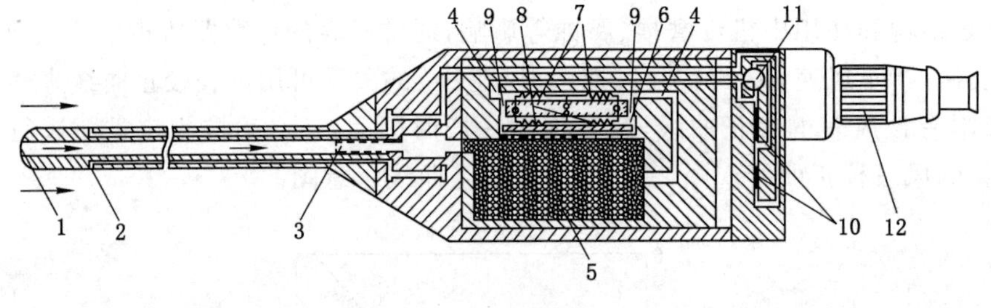

1，2—皮托管；3—粗粉尘过滤器；4—测量室；5—细粉尘过滤器；6—参比室；
7—加热线圈；8—参比线圈；9—毛细管；10—毛细管（调整量程用）；11—旋塞；12—插接件。

图 2-31 Ventor 30 型风速传感器

在有风速时，通道 4 中产生气流。由于加热线圈被冷却，电桥失去平衡。由于参比室和测量室之间用毛细管 9 连通，参比线圈不受影响，只起补偿作用。电桥输出的不平衡电压可用于度量风速大小，在一定范围内与风速成正比。通过旋塞 11 使气流流经毛细管 10 的路径不同，可以改变仪器测量范围。

2.3.6.3 电子叶轮式风表

电子叶轮式风表由机械结构的叶轮和数据处理显示器组成。它的测定原理是：叶轮在风流的作用下旋转，转速与风速成正比，利用叶轮上安装的一些附件，根据光电、电感等原理把叶轮的转速转变成电量，利用电子线路实现风速的自动记录和数字显示。它的特点是读数和携带方便，易于实现遥测。如 MSF-1 型风速表就是利用电感变换元件的电子叶轮式风表。

2.3.6.4　*超声波式风表*

超声波式风表是利用超声波技术，通过测量气流的卡门涡街频率来测定风速的仪器，目前主要用于集中监控系统中的风速传感器。它的特点是：结构简单，寿命长，性能稳定，不受风流的影响，精度高，风速测量范围大。

(1) 涡街式风速传感器

① 卡门涡街原理。在无限界流场中，垂直插入一根无限长非流线型阻力体，流体在阻力体两侧下方会产生两列内旋、互相交替的旋涡，如图 2-32 所示。

图 2-32　卡门涡街

斯特劳哈尔首先给出了阻力体两侧产生旋涡的频率与流体平均速度之间的关系，即：

$$f = Sr\frac{v}{l} \tag{2-39}$$

式中　f——旋涡产生的频率，次/s；

Sr——斯特劳哈尔数；

v——未扰动流体速度，m/s；

l——阻力体宽度(或直径)，m。

冯·卡门利用平面势流的方法，经数学推导进一步证明了涡旋结构的数学性质，以及经过阻力体的能量损失。因此，把这一现象称为卡门涡街。

经进一步的研究，又得到了斯特劳哈尔数与阻力体形状的关系曲线，如图 2-33 所示。

斯特劳哈尔数与扰动体雷诺数有关，雷诺数可按下式定义：

$$Re = \frac{vl}{\nu} \tag{2-40}$$

式中　v——扰动体上游流体速度，m/s；

l——阻力体宽度，m；

ν——流体运动黏度，Pa·s。

显然，对于一个给定的阻力体，旋涡频率与流速成正比。当流速低于某一阈值时，不能形成旋涡。式(2-40)在一定的雷诺数范围内才能成立，在这一雷诺数范围内，斯特劳哈尔数为恒定数。

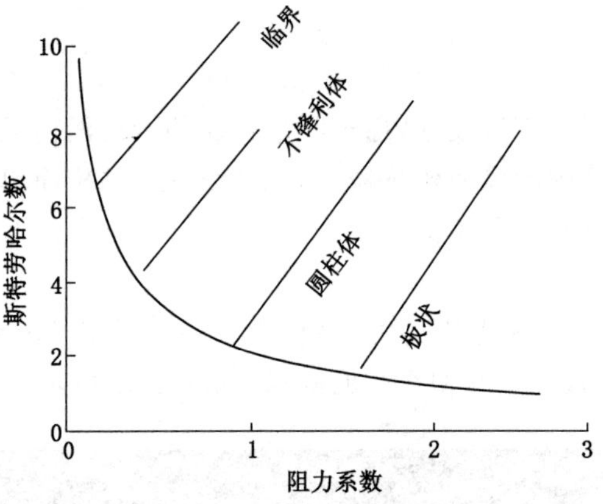

图 2-33　斯特劳哈尔数与阻力体形状的关系曲线

② 超声波涡街风速传感器工作原理。利用卡门涡街原理测量风速可以归结为对旋涡产生频率的测量。煤矿使用的风速传感器均使用超声波换能器。

图 2-34 为超声波涡街风速传感器原理图。在旋涡发生杆(即阻力体)的后部一侧安装超声波发射换能器,发射出连续等幅的超声波束;另一侧安装接收换能器。当无风速时,接收换能器会接收到一束未经调制的等幅超声波束。当有风速时,风流在发生杆后面形成旋涡,旋涡与超声波束相遇时,旋涡的旋转方向、压力和流体密度的周期变化,导致通过旋涡部分的超声波束的声能被折射和反射,从而使到达接收换能器的声能减弱;在下一个旋涡没有到达之前,接收换能器信号又恢复到原来的幅值。只要有一个旋涡通过超声波束区,超声波束就被调制一次,形成调幅波。因此,调幅波频率即为旋涡频率。调幅波信号被接收换能器接收后进行放大、解调、滤波等电信号处理,就可检测出旋涡个数,从而测定风速。

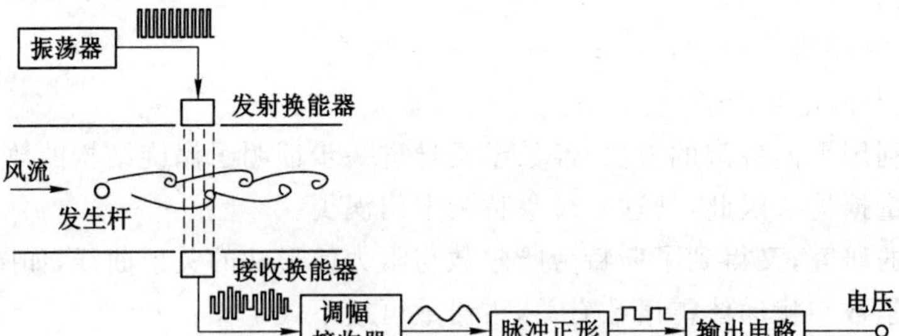

图 2-34　超声波涡街风速传感器原理图

对同一发生杆,风速越大,形成的卡门旋涡就越强,对超声波束调制度就越大。在低风速时,受雷诺数的限制,形成不了旋涡,不能检测出风速。从式(2-40)可知,对于给定的雷诺数,流速和发生杆尺寸之间有明确关系。为了测量低风速,可以增大发生杆尺寸。图 2-35 是风速与圆柱形发生杆直径之间的关系曲线,可以作为设计风速传感器时选择发生杆的基础。

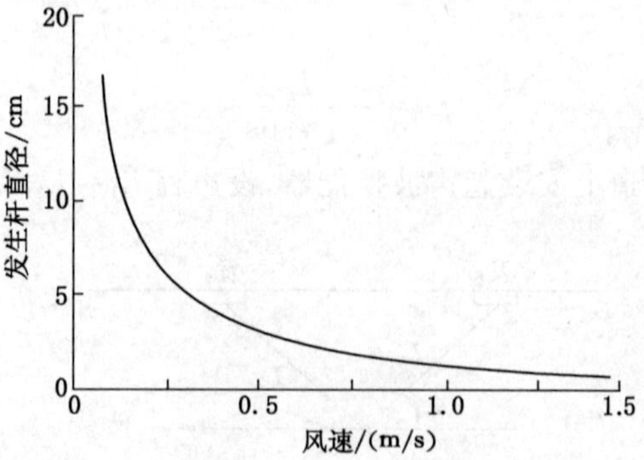

图 2-35　风速与圆柱形发生杆直径之间的关系曲线

解决低风速测量的另一个途径是选用高灵敏度超声波换能器。换能器的形状、断面尺寸、相对位置、紧固程度、发射换能器与接收换能器的偏移角度等都会对灵敏度产生影响。此外，发生杆形状也会对灵敏度产生影响。

超声波旋涡风速传感器的振荡频率一般为 140～150 kHz。频率过高，其在空气中将严重衰减。但振荡频率必须高于风速旋涡频率两个数量级。

发射换能器与接收换能器轴线至发生杆间的距离 H 为发生杆直径 d 的 6 倍（$H=6d$）时，在测速范围内线性最好。

③ 超声波涡街风速传感器与其他风速传感器相比，具有如下优点：

a. 结构中无运动部件，无使用磨损问题，适于连续运行，使用寿命长，性能稳定；

b. 线性输出范围宽，原理上没有零位漂移，测量精度高；

c. 响应迅速，而且能辨别风向。

(2) 超声波时差法风速传感器

该类传感器可以测量通风巷道断面的平均风速，也可以测量点风速。超声波时差法是通过测定顺流和逆流超声波传播一段距离所需时间的差值来测量风速。

测量原理如图 2-36 所示，超声波从甲地到乙地所需时间为：

$$t = \frac{L}{c + v\cos\varphi} \tag{2-41}$$

式中　$v\cos\varphi$——风流速度 v 在超声波传播方向上的分量，m/s；

c——超声波速度，m/s；

L——传播距离，m。

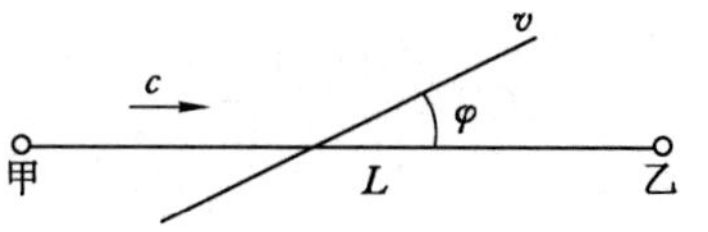

图 2-36　超声波传播速度

在顺流和逆流两种情况下，有：

$$t_+ = \frac{L_1}{c + v\cos\varphi} \tag{2-42}$$

$$t_- = \frac{L_2}{c - v\cos\varphi} \tag{2-43}$$

如图 2-37 所示，在巷道上安装超声波换能器，设声程 $L_1 = L_2 = L$，则：

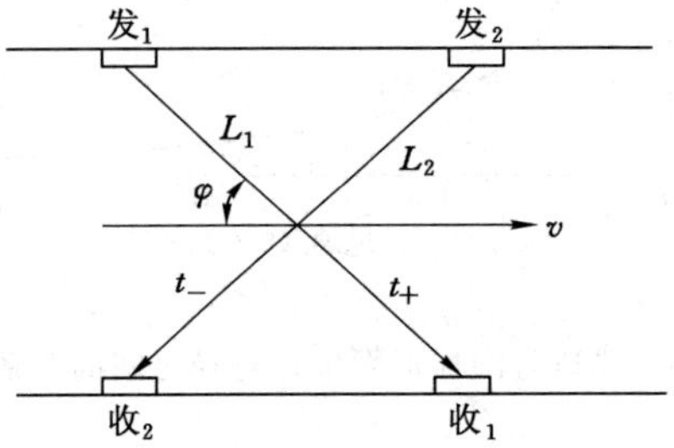

图 2-37　超声时差原理

$$\frac{1}{t_+} - \frac{1}{t_-} = \frac{2v\cos\varphi}{L} \tag{2-44}$$

可求得风速 v 与超声波传播时间的关系式为：

$$v = \frac{L}{2\cos\varphi}\left(\frac{1}{t_+} - \frac{1}{t_-}\right) \tag{2-45}$$

在超声波发射换能器和接收换能器安装之后，L，φ 为定值，只要测出 t_+ 和 t_-，即可通过计算确定风速。这种方法测定的是巷道全断面的平均风速，因此可以换算为巷道的风量。

图 2-38 是超声波时差法测量点风速原理示意图。将一对超声波换能器安装在风速传感器的探头内。由图 2-38 可以看出：

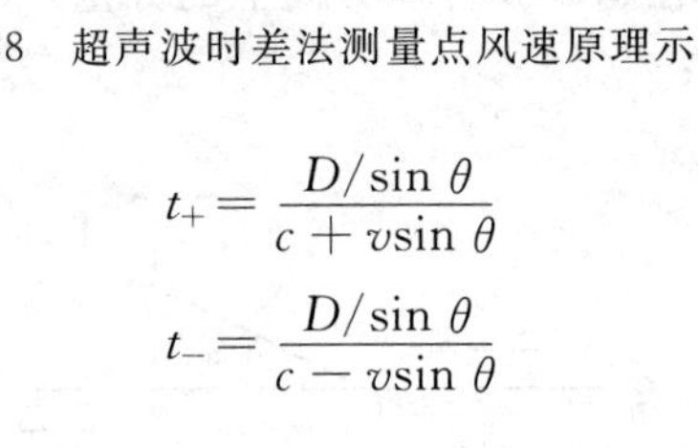

图 2-38　超声波时差法测量点风速原理示意图

$$t_+ = \frac{D/\sin\theta}{c + v\sin\theta} \tag{2-46}$$

$$t_- = \frac{D/\sin\theta}{c - v\sin\theta} \tag{2-47}$$

式中　D——探头管径，m；

θ——超声波发射(接收)换能器安装角度，(°)；

v——风速，m/s。

由此可以求出风速和 t_+，t_- 倒数之间的关系，即：

$$v=\frac{D}{\sin 2\theta}\left(\frac{1}{t_+}-\frac{1}{t_-}\right) \tag{2-48}$$

使用一对超声波换能器时，每个换能器兼作发射、接收使用。因此，在电路中应设置切换电路，定时切换两个换能器的发射和接收功能。

AFG-1 型风速传感器采用超声涡街法测量风速，专门用于测量矿井进风巷、回风巷、采煤工作面、掘进工作面风速，其性能稳定可靠，适合在有瓦斯突出和爆炸危险的矿井中使用。

CW-1 型风速传感器是用涡街压电、超声原理研制成的无转动部件新型传感器，具有结构简单，使用方便，检出量不受环境温度、气压、粉尘影响，测量精度高、范围宽，维护方便等优点，适用于矿井主要进风巷、回风巷、采掘工作面等对风速进行定点测量，可与 KJ-90、KJ4 系统配套使用，也可与其他矿用本安型传输系统配套使用。其输出信号采用标准信号制，并有就地显示功能。

2.3.6.5　机械式风表测风方法及步骤

(1) 测风地点

井下测风要在测风站内进行，为了准确、全面地测定风速、风量，每个矿井都必须建立完善的测风制度和布置合理的固定测风站。对测风站的要求如下：

① 应在矿井的总进风巷、总回风巷，各水平、各翼的总进风巷、总回风巷，各采区和各用风地点的进风巷、回风巷中设置测风站，但要避免重复设置。

② 测风站应设在平直的巷道中，其前后各 10 m 范围内不得有风流分叉、断面变化、障碍物和拐弯等局部阻力。

③ 若测风站位于巷道断面不规整处，其四壁应用其他材料衬壁，从而使其断面呈固定形状，长度不得小于 4 m。

④ 采煤工作面不设固定的测风站，但必须随工作面的推进选择在支护完好、前后无局部阻力物的断面上测风。

⑤ 测风站内应悬挂测风记录板(牌)，记录板上写明测风站的断面积、平均风速、风量、空气温度、大气压力、甲烷和二氧化碳浓度、测定日期以及测风员等项目。

(2) 测风方法

测量平均风速的常用方法是线路法和定点法。线路法是风表按一定的线路均匀移动，如图 2-39 所示。定点法是将巷道断面分为若干格，风表在每一个格内停留相等的时间进行测定，如图 2-40 所示，根据断面大小，常用的有 9 点法、12 点法等。

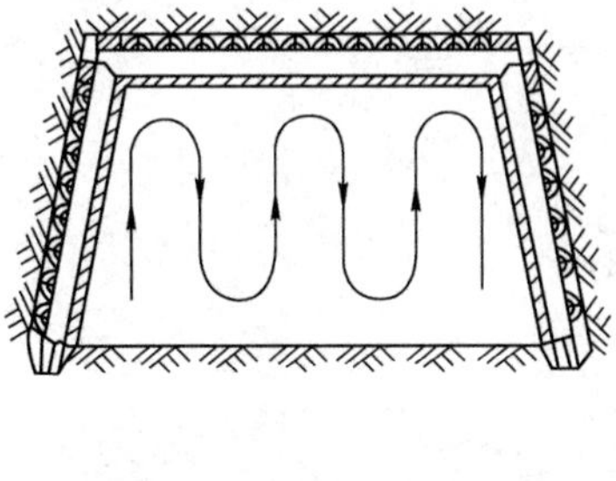

图 2-39　线路法测量风速

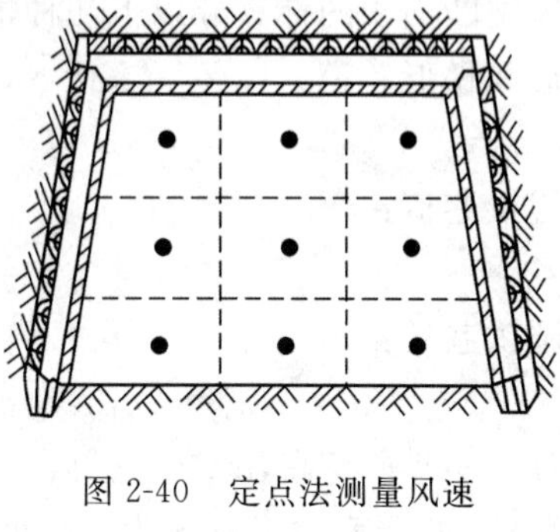

图 2-40　定点法测量风速

测风时，根据测风员的站立姿势不同分为迎面法和侧身法两种。

迎面法是测风员面向风流，将手臂伸向前方测风。由于测风断面位于人体前方，且人体阻挡了风流，风表的读数值偏小。为了消除人体的影响，需将测得的真风速乘以 1.14 的校正系数，才能得到实际风速。

侧身法是测风员背向巷道壁站立，手持风表将手臂向风流垂直方向伸直，然后在巷道断面内作均匀移动。由于测风员立于测风断面内减小了通风面积，从而增大了风速，测量结果较实际风速偏大，故需对测得的真风速进行校正。校正系数 K 由下式计算：

$$K = \frac{S - 0.4}{S} \tag{2-49}$$

式中 S——测风站的断面积，m^2；

0.4——测风员阻挡风流的面积，m^2。

(3) 测风步骤

① 测风员进入测风站或待测巷道中，先估测风速范围，然后选用相应量程的风表。

② 取出风表和秒表，先将风表和秒表回零，然后使风表叶轮平面迎向风流，并与风流方向垂直，待叶轮转动正常后(20～30 s)，同时打开风表的计数器开关和秒表，在 1 min 的时间内，风表要均匀地走完测量路线(或测量点)，然后同时关闭秒表和计数器开关，读取风表指针读数。为保证测量准确，一般在同一地点要测三次，取平均值，并按下式计算表速：

$$v_{表} = \frac{n}{t} \tag{2-50}$$

式中 $v_{表}$——风表测得的表速，m/s；

n——风表刻度盘的读数，取三次平均值，m；

t——测风时间，一般为 60 s。

③ 根据表速查风表校正曲线，求出真风速 $v_{真}$。

④ 根据测风员的站立姿势，将真风速乘以校正系数 K 得到实际平均风速 $v_{均}$：

$$v_{均} = K v_{真} \tag{2-51}$$

⑤ 根据测得的平均风速和测风站的断面积，按下式计算巷道通过的风量：

$$Q = v_{均} S \tag{2-52}$$

式中 Q——测风巷道通过的风量，m^3/s；

S——测风站的断面积，m^2。

测风站断面积的计算分以下几种情况：

矩形和梯形巷道：

$$S = HB \tag{2-53}$$

三心拱巷道：

$$S = B(H - 0.07B) \tag{2-54}$$

半圆拱巷道：

$$S = B(H - 0.11B) \tag{2-55}$$

式中 H——巷道净高，m；

B——矩形和梯形巷道为半高处宽度，三心拱和半圆拱巷道为净宽，m。

(4) 测风时应注意的问题

① 风表的测量范围要与所测风速相适应，避免风速过高、过低造成风表损坏或测量不准。

② 风表不能距离人体和巷道壁太近，否则会引起较大误差。

③ 风表叶轮平面要与风流方向垂直，偏角不得超过 10°，在倾斜巷道中测风时尤其要注意。

④ 按线路法测风时，路线分布要合理，风表的移动速度要均匀，防止忽快忽慢而造成读数偏差。

⑤ 秒表和风表计算器的开关要同步，确保在 1 min 内测完全线路（或测点）。

⑥ 有车辆或行人时，要等其通过后风流稳定时再测。

⑦ 同一断面测三次，三次测得的计数器读数偏差不应超过 5%，然后取其平均值。

【例 2-2】　在某矿井井下的测风站内测风，测风站的断面积是 8.4 m^2，用侧身法测得的三次读数分别为 325，338，340，每次测风时间均是 1 min。计算该测风站的风速和通过测风站的风量各是多少？（风表校正曲线如图 2-30 所示）

【解】　① 检验三次测量结果的最大误差是否超过 5%：

E=(最大读数－最小读数)/最小读数×100%＝(340－325)/325×100%≈4.62%<5%

三次测量结果的最大误差小于 5%，测量数据精度符合要求。

② 计算风表的表速：

$$n=(n_1+n_2+n_3)/3=(325+338+340)/3\approx 334(\text{m})$$

$$v_{表}=n/t=334/60\approx 5.57(\text{m/s})$$

③ 查风表校正曲线，求真风速：

根据 $v_{表}=5.57$ m/s，查图 2-30 可得真风速为 5.2 m/s。

④ 求平均风速：

$$v_{均}=Kv_{真}$$

其中：

$$K=(S-0.4)/S=(8.4-0.4)/8.4\approx 0.95$$

$$v_{均}=0.95\times 5.2=4.94(\text{m/s})$$

⑤ 计算通过测风站的风量：

$$Q=v_{均}S=4.94\times 8.4=41.496(\text{m}^3/\text{s})$$

经计算得知，测风站内的风速为 4.94 m/s，通过测风站的风量为 41.496 m^3/s。

2.3.6.6　微风测量

当风速很小（低于 0.2 m/s）时，人们可以采用烟雾、气味或者粉末作为风流的传递物进行风速测定，用下式计算巷道内的平均风速：

$$v=\frac{L}{t} \tag{2-56}$$

式中　v——巷道断面内的平均风速，m/s；

L——风流流经的巷道距离，m；

t——风流流经巷道所用的时间，s。

2.3.7　烟雾传感器

火灾是煤矿重大灾害之一。因此装备防灭火装置对加强火灾监测、防止火灾事故、保障煤矿安全具有重要意义。

火灾探测器按工作原理进行分类，如图 2-41 所示。

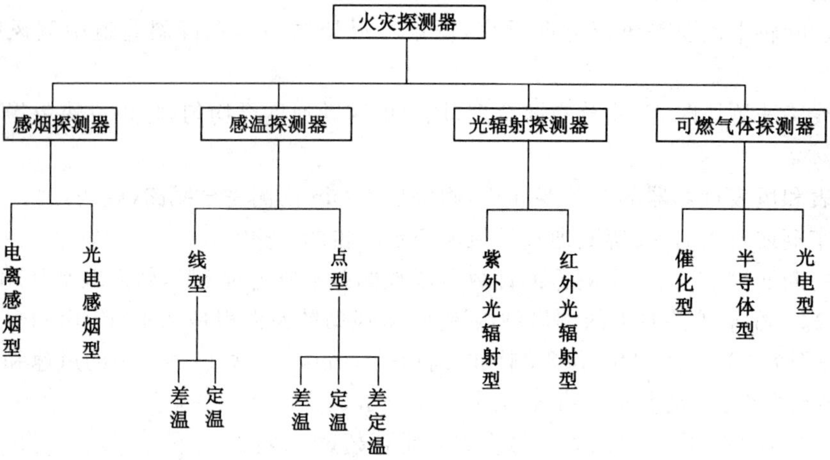

图 2-41 火灾探测器分类

感温探测器用于测定环境温升率和最高温度，不宜用于探测潮湿及有腐蚀性气体的场合。

光辐射探测器用于快速响应火焰的光和热辐射，不宜用于阴燃及尘埃大的场所，多用于对具有明火性质火灾的监测。

可燃气体探测器只能监测到火灾燃烧产生的化学气体产物，多用于对自然发火的监测。

感烟探测器用于监测火灾产生的烟雾。

2.3.7.1 光电感烟传感器

(1) 工作原理

光电感烟传感器采用光散射原理，监测火灾阴燃初期阶段产生的可见烟雾粒子，当火灾烟雾粒子浓度超限时，传感器接收烟雾粒子散射量增加而报警，特别适用于监视发生电气火灾的场所。近年来，日本通过采取在 FDK224 型、325 型光电感烟传感器上加防尘网等措施，使灵敏度及粉尘侵入引起误报警等性能有了一定的提高。

光电感烟传感器的整机电路框图及工作原理见图 2-42。

主光电室的发光元件采用近红外发光二极管，每隔 3.5 s 间歇性地发射近红外光，发光持续时间为 0.1 ms，通过投光透镜、遮光子使光线呈圆锥形。当环境中无烟雾粒子时，该光线因遮光子阻挡不能直接照射到受光元件(采用近红外光太阳电池)，因此无电信号输出，传感器不动作；当火灾烟雾扩散到主光电室内的 A、B、C、D 围绕的圆锥部分时，可见烟雾粒子对发光元件的光线产生散射光，这些散射光进入受光元件便产生输出电信号，通过受光放大电路送入存积电路和开关电路，转变为火灾报警信号输出。

(2) 存在的主要问题

光电感烟传感器对粒径为 0.1～50 μm 的烟雾敏感，因此受矿山浮游粉尘的干扰很大，易产生非火灾误报，影响监测的可靠性。

① 失报。粉尘进入主光电室黏附在发光、受光元件上，造成遮光而发生失报，因此需要

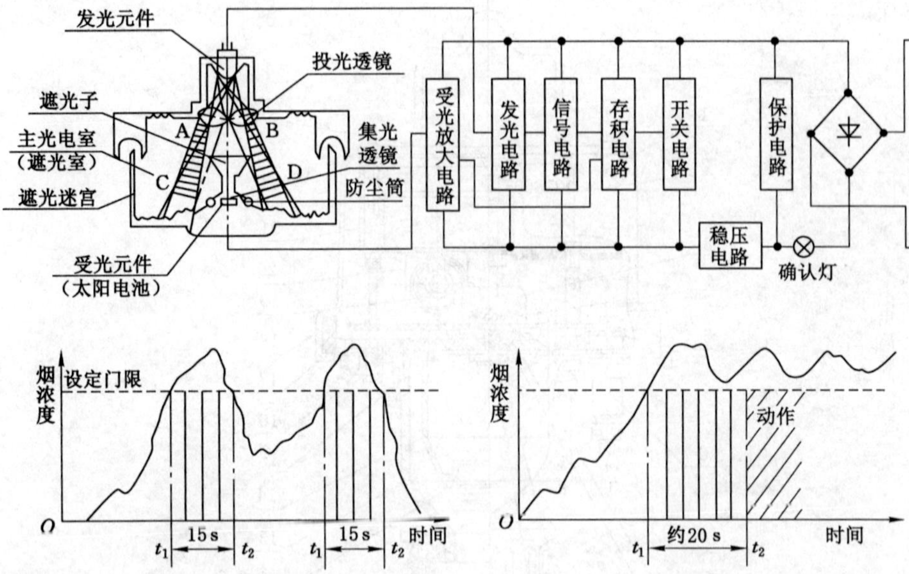

图 2-42　光电感烟传感器整机电路框图及工作原理

经常清扫。

② 非火灾误报。在以下情况下易发生非火灾误报：

a. 受到 5 000 lx 以上的强光或闪光照射时；

b. 受到电气噪声、冲击电压、雷达电波干扰时；

c. 浮游粉尘、小虫进入后产生散射光及环境温湿度变化、结露或喷雾时。

③ 发展方向。

a. 增大受光体积，改变主光电室的发光、受光部及透镜形状。增加散射光的照射角度，从圆光到锥光到扇光方式。提高散射光的输出特性，增强太阳电池的输出效率，使总的输出信号增大。

b. 增设并改进防虫网、防尘迷宫等抗干扰结构。

2.3.7.2　电离感烟传感器

以 KG8005 型亚微粒子烟雾传感器为例，其结构简图见图 2-43。工作中，由无刷电机 21 驱动气泵 20，通过在监测电离室内开口的吸气管 15，不断吸入环境气体。通过下外罩 13 等构成的小旋风分离器及冲击淘析器 12，除去粒径大于 10 μm 的粉尘，再进入监测电离室 14 内。位于电离室中的监测源镅 241(^{241}Am)放射 α 射线，使电离室内的空气电离为正、负离子。在无烟雾进入时，监测、补偿电离室因串接成互补双电离室，极性相反，所产生的离子电流处于相对平衡状态。火灾发生初期，燃烧急剧氧化阶段所释放的气溶胶亚微粒子及可见烟雾吸入监测电离室，吸附并中和正、负离子，使离子电流急剧减小，改变了离子电流的平衡状态，于是从中间电极输出监测信号，当电压信号值超过报警灵敏度设定值时，经过后级电路处理识别，发出光报警，并向配套的监控系统输出报警开关信号，从而实现就地监控或遥测、遥控。

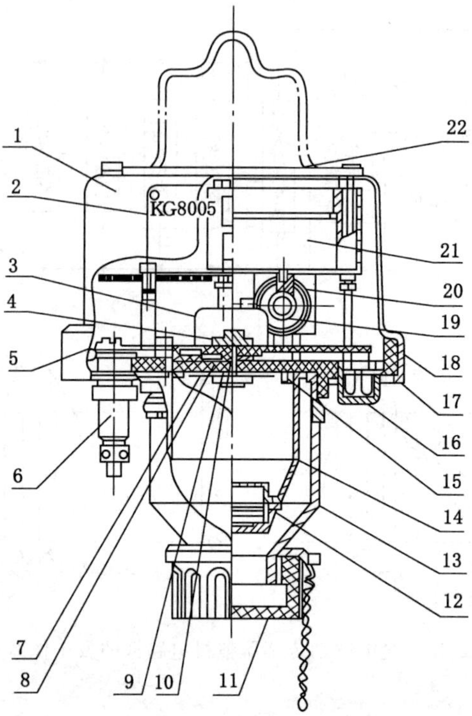

1—上外罩；2—铭牌；3—补偿电离室；4—补偿源；5—印制电路板；6—电缆插头；7—补充接收电极；8—中间电极；9—监测源；10—绝缘环；11—集尘螺帽；12—冲击淘析器；13—下外罩；14—监测电离室；15—吸气管；16—报警灯；17—中隔盘；18—压环；19—偏心轴；20—气泵；21—无刷电机；22—手把。

图 2-43 KG8005 型亚微粒子烟雾传感器结构简图

2.3.8 开关量传感器

在煤矿监控系统中，开关量传感器监测的地位和比重随着生产自动化水平的提高而提高，在工况、生产监控方面发挥着十分重要的作用。

开关量传感器的监测原理分为直接式和间接式两类。直接式是指在电气上与负荷设备直接联系，从供电网络上直接获取信号，如用电流互感器、电压互感器监测有无电信号输出等。间接式是指在电气上与负荷设备不发生直接联系，如电磁感应原理、霍尔原理、测温原理、测磁原理、光电原理、接近(电感)原理等。

2.3.8.1 *电磁感应原理*

电磁感应原理已被广泛采用，依据载流导体周围产生感应磁场的电磁感应原理，通过测定供电设备电缆周围磁场的有无，间接测定设备的开停状态。载流导体周围磁感应强度为：

$$B = \mu_0 I/(2\pi r) \tag{2-57}$$

式中 I——流过载流导体的电流强度，A；

r——载流导体周围某点至载流导体的垂直距离，m；

μ_0——真空磁导率，为 $4\pi\times10^{-7}$。

当 $I=0$ 时，$B=\mu_0 I/(2\pi r)=0$。

当电流为正弦波时，其表达式为：

$$I = I_{\mathrm{m}}\sin(2\pi ft) \tag{2-58}$$

其磁感应强度为：

$$B = B_{\mathrm{m}}\sin(2\pi ft) \tag{2-59}$$

当面积为 S 的线圈置于该交变磁场中时，在线圈中产生感应电动势。设 N 为线圈的匝数，则产生感应电动势为：

$$e = NS(\mathrm{d}B/\mathrm{d}t) \tag{2-60}$$

将式(2-59)代入式(2-60)得：

$$e = NS2\pi fB_{\mathrm{m}}\cos(2\pi ft) \tag{2-61}$$

将此信号进行放大、检波和变换，可以用灯光信号形式就地显示设备的开停状态；用电流、电压或触点信号形式输出到监控系统分站，经分站预处理送至地面中心站。

在矿井监控系统中，配套的设备开停传感器的型号有 KTC-90 型、CHC-11 型、KGKT-C10-11 型、KGKT-10A 型、KTK-1 型等，它们都是采用电磁感应原理测定设备开停状态的。

2.3.8.2 霍尔原理

霍尔原理是利用霍尔效应进行工作的。霍尔效应可描述为：在一个 N 型半导体薄片的相对两侧面通以控制电流 I，在薄片的垂直方向上加磁场 B，则在半导体的另外两侧面会产生大小与 I 和 B 的乘积呈比例的电动势 E_{H}。

$$E_{\mathrm{H}} = K_{\mathrm{H}}IB \tag{2-62}$$

式中 K_{H}——霍尔元件的灵敏度。

可把 I 和 B 的乘积作为输入，也可把 I 或 B 单独作为输入，输出的 E_{H} 为测量结果。

利用霍尔原理，可以测量 B 或 I 的有无。可用于设备开停、馈电开关开合、风门开闭、风筒开关等开关量的测量，也可用于电流、电压和功率等多种模拟量的测量。

2.3.8.3 其他原理

测温原理参见温度传感原理部分。通过测量风流温度可以实现对风筒开关状态的测量：风筒开时，风速大，风筒内温度降低；风筒闭合时，风速小，风筒内温度升高。将温度信号转换成电流、电压或触点信号输出到监控系统的分站、中心站，实现对风筒开关状态的监测。

测磁原理是将磁(钢)体及带感磁元件的主机分别安装在对应的位置上，当两者分离或接近时，由感磁元件接收磁场信号，并经放大、变换后进行指示和输出。如 KG92-1 型风门开闭传感器就是采用测磁原理，将带有舌簧或类似元件固定于门框上，磁(钢)体安装在对应的门上，当风门闭合时，舌簧闭合、电路接通，当风门开时，电路断开。

采用直接方式的电压变换原理是将电网的工频交流高压，通过阻容或变压器降压、整流和稳压电路变为低压直流，进行指示并将信号输出到分站。如 AVK-1 型电压开关(馈电开关)传感器就是采用此种原理。

光电原理、电感(接近)原理等都可用于开关量测量，信号分别由光敏元件、电感元件完成采集变换，然后经后级电路处理后进行显示和输出。

2.3.9 通风压力测量仪表

矿井生产是地下作业，自然条件和生产条件都很复杂。进行矿井通风压力测定，及时、准确地提供井下空气的压力，是做好矿井通风、预防矿井事故和处理灾害事故的重要手段。

2.3.9.1　风流的能量与压力

矿井通风系统中，风流在井巷某断面上所具有的总机械能(包括静压能、动能和位能)及内能之和叫作风流的能量。风流之所以能够流动，其根本原因是系统中存在着能量差，所以风流的能量是风流流动的动力。单位体积空气所具有的能够对外做功的机械能就是压力。能量与压力既有区别又有联系，除了内能是以热的形式存在于风流中外，其他三种能量一般通过压力来体现，也就是说井巷任一通风断面上存在的静压能、动能和位能可用静压、动压、位压来呈现。

(1) 静压能和静压

① 静压能与静压的概念。

由空气分子热运动而使单位体积空气具有的对外做功的机械能量叫作静压能，用 $E_{静}$ 表示。空气分子热运动不断地撞击器壁所呈现的压力(压强)称为静压力，简称静压，用 $p_{静}$ 表示。

静压和静压能在数值上大小相等，静压是静压能的等效表示值。

② 静压的特点。

a. 只要有空气存在，不论是否流动都会呈现静压。

b. 由于空气分子向器壁撞击的概率是相同的，所以风流中任一点的静压各向同值，且垂直作用于器壁。

c. 静压是可以用仪器测量的，大气压力就是地面空气的静压值。

d. 静压的大小反映了单位体积空气具有的静压能。

③ 空气压力的两种测算基准。

空气压力按测算基准不同，分绝对压力和相对压力。

绝对压力：以真空为基准测算的压力称为绝对压力，用 p 表示。绝对压力总是正值。

相对压力：以当地当时同标高的大气压力为基准测算的压力称为相对压力，用 h 表示。

井巷中空气的相对压力 h 就是其绝对压力 p 与当地当时同标高的地面大气压力 p_0 的差值：

$$h = p - p_0 \tag{2-63}$$

当井巷空气的绝对压力一定时，相对压力随大气压力的变化而变化。在压入式通风矿井中，井下空气的绝对压力都高于当地当时同标高的大气压力，相对压力是正值，称为正压通风；在抽出式通风矿井中，井下空气的绝对压力都低于当地当时同标高的大气压力，相对压力是负值，称为负压通风。由此可以看出，相对压力有正压和负压之分。在不同通风方式下，绝对压力、相对压力和大气压力之间的关系如图 2-44 所示。

(2) 动能和动压

① 动能与动压的概念。

空气做定向流动时具有动能，用 $E_{动}$ 表示，其动能所呈现的压力称为动压(或速压)，用 $h_{动}$(或 $h_{速}$)表示。

② 动压的计算式。

设某点空气密度为 ρ，定向流动的流速为 v，则单位体积空气所具有的动能 $E_{动}$(单位为 J/m^3)为：

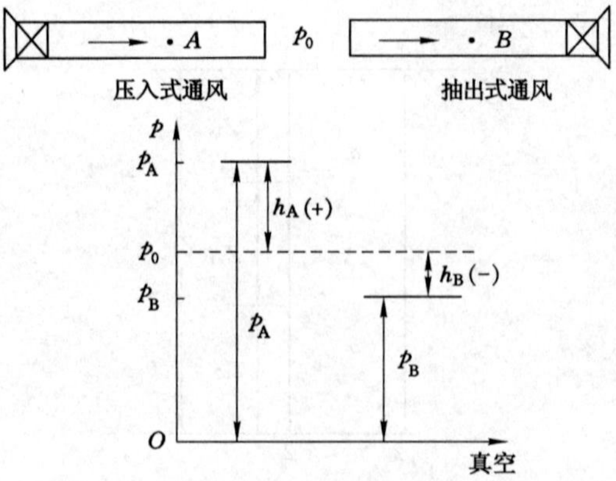

图 2-44　绝对压力、相对压力和大气压力之间的关系

$$E_{动} = \frac{1}{2}\rho v^2 \tag{2-64}$$

$E_{动}$ 对外所呈现的动压 $h_{动}$(单位为 Pa)为：

$$h_{动} = \frac{1}{2}\rho v^2 \tag{2-65}$$

③ 动压的特点。

a. 只有做定向流动的空气才呈现出动压。

b. 动压具有方向性，仅对与风流方向垂直或斜交的平面施加压力。垂直流动方向的平面承受的动压最大，平行流动方向的平面承受的动压为零。

c. 在同一流动断面上，因各点风速不等，其动压各不相同。

d. 动压无绝对压力与相对压力之分，总是大于零。

(3) 位能和位压

① 位能与位压的概念。

单位体积空气在地球引力作用下，由于位置高度不同而具有的能量叫作位能，用 $E_{位}$ 表示。位能所呈现的压力叫作位压，用 $p_{位}$ 表示。需要说明的是，位能和位压的大小，是相对于某一个参照基准面而言的，是相对于这个基准面所具有的能量或呈现的压力。

② 位压的计算式。

从地面上把质量为 m 的物体提高至 Z 高度，就要对物体克服重力做功 mgZ，物体因而获得了相同数量的位能，即：

$$E_{位} = mgZ \tag{2-66}$$

在地球重力场中，物体离地心越远，即 Z 值越大，其位能越大。

图 2-45 为立井井筒中位压计算图，如果求 1—1 断面相对于 2—2 断面的位压(或 1—1 断面与 2—2 断面的位压差)，可取较低的 2—2 断面作为基准面(2—2 断面的位压为零)，按下式计算：

$$p_{12} = \frac{mgZ_{12}}{V} = \rho_{12} g Z_{12} \tag{2-67}$$

式中　ρ_{12}——1,2 断面之间空气柱的平均密度，kg/m³；

　　　Z_{12}——1,2 断面之间的垂直高差，m。

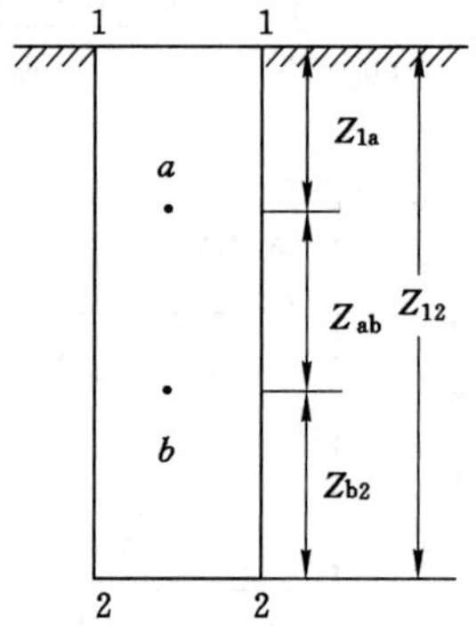

图 2-45　立井井筒中位压计算图

在矿井通风系统中，空气密度与标高的关系比较复杂，通常不是线性关系，空气柱的平均密度 ρ_{12} 很难确定，在实际测定时，应在 1—1 和 2—2 断面之间布置多个测点（如图 2-45 布置了 a，b 两个测点），分别测出各点和各段的平均密度（垂距较小时可取算术平均值），再由下式计算 1—1 断面相对于 2—2 断面的位压。

$$p_{位12} = \rho_{1a}gZ_{1a} + \rho_{ab}gZ_{ab} + \rho_{b2}gZ_{b2} = \sum \rho_{ij}gZ_{ij} \tag{2-68}$$

测点布置得越多，测段垂距越小，计算的位压越精确。

③ 位压的特点。

位压只相对于基准面存在，基准面的选取是任意的，因此位压可为正值，也可为负值。为了便于计算，一般将基准面设在所研究系统风流的最低水平。

位压是一种潜在的压力，不能在该断面上呈现出来。在静止的空气中，上断面相对于下断面的位压，就是下断面比上断面静压的增加值，可通过测定静压差来得知。在流动的空气中，位压只能通过测定高差和空气柱的平均密度用式(2-68)计算得到。

位压和静压可以相互转化。当空气从高处流向低处时，位压转化为静压；反之，当空气由低处流向高处时，部分静压将转化成位压。

不论空气是否流动，上断面相对于下断面的位压总是存在的。

(4) 全压、势压和总压力

矿井通风中，为了研究方便，常把风流中某点的静压与动压之和称为全压；将某点的静压与位压之和称为势压；将井巷风流中任一断面（点）的静压、动压、位压之和称为该断面（点）的总压力。

井巷风流中两断面上存在的能量差即总压力差，是风流之所以能够流动的根本原因，空气的流动方向总是从总压力大处流向总压力小处，而不是取决于单一的静压、动压或位压的大小。

2.3.9.2　测压仪器

在矿井通风测量仪器中，测定空气压力的便携式仪器有三类：一是测量绝对压力的气压计；二是测量相对压力的压差计和皮托管；三是可同时测定绝对压力、相对压力的精密气压计或矿井通风综合参数检测仪等。

(1) 绝对压力测量仪器

绝对压力测量仪器最常用的是空盒气压计，其内部结构如图 2-46 所示。

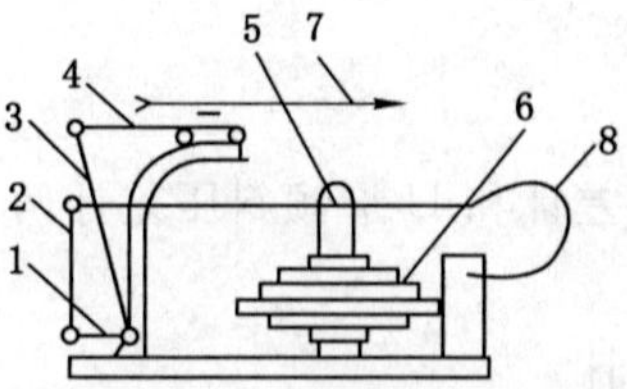

1，2，3，4—传动机构；5—拉杆；6—波纹真空膜盒；7—指针；8—弹簧。

图 2-46　空盒气压计内部结构图

空盒气压计的感压元件是外表呈波纹形、内为真空的特殊合金金属膜盒。

测压时，将仪器水平放置在测点处，轻轻敲击仪器外壳，以消除传动机构的摩擦误差，放置 3～5 min 待指针变化稳定后读数。读数时，视线与刻度盘平面要保持垂直，同时，还要根据每台仪器出厂时提供的校正表(或曲线)对读数进行刻度、温度及补偿校正。

常用的 DYM3 型空盒气压计的测压范围为 80 000～108 000 Pa，最小分度值为 10 Pa，经过校正后的测量误差不大于 200 Pa。因精度较低，一般只适用于粗略测量和空气密度测算。

(2) 相对压力测量仪器

测量井巷中(或管道内)某点的相对压力或两点的压力差时，一般需要用皮托管配合压差计来进行。压差计有 U 形压差计、单管倾斜压差计、补偿式微压计等。

① 皮托管。

皮托管是承受和传递压力的工具。它由两个同心圆管相套组成，其结构如图 2-47 所示。内管前端有中心孔，与标有“＋”号的接头相通；外管前端侧壁上分布有一组小孔，与标有“－”号的接头相通；内、外管互不相通。

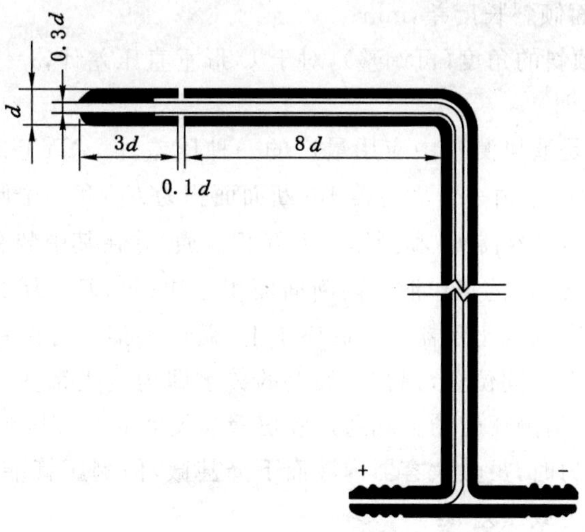

图 2-47　皮托管结构图

使用时，将皮托管的前端中心孔正对风流，此时，中心孔接受的是风流的静压和动压（即全压），侧孔接受的是风流的静压。通过皮托管的“＋”接头和“－”接头，分别将全压和静压传递到压差计上。

② U 形压差计。

U 形压差计有 U 形垂直压差计和 U 形倾斜压差计两种，其构造如图 2-48 所示。

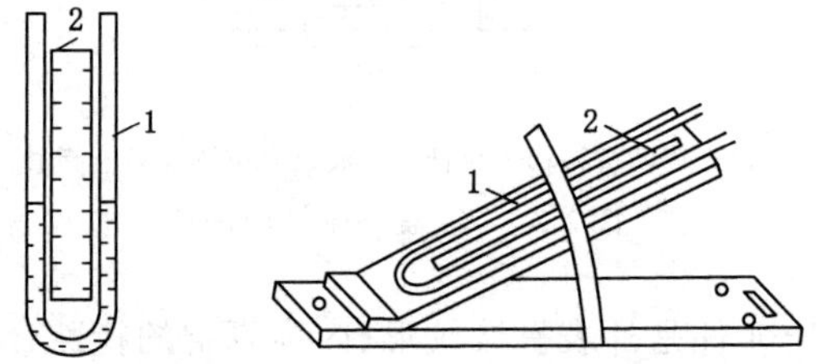

(a) U形垂直压差计　　(b) U形倾斜压差计

1—U 形玻璃管；2—标尺。

图 2-48　U 形压差计结构图

U 形垂直压差计由垂直放置的 U 形玻璃管和标尺组成，U 形玻璃管中装入蒸馏水或酒精，当玻璃管两端分别接入不等的空气压力时，通过两端液面的高差，在标尺上读出两点之间的空气压力差。

U 形垂直压差计精度低，但量程大，适用于在精度要求不高、压差较大的地方使用，如矿井主通风机房内测量风硐内外的压差。为了减小读数误差，可使用 U 形倾斜压差计，其测得的读数按下式计算压差：

$$h = \rho g L \sin \alpha \tag{2-69}$$

式中　h——两液面的垂直高差，即压差，Pa；

ρ——玻璃管内液体的密度，kg/m^3；

L——两端液面倾斜长度差，mm；

α——U 形管倾斜的角度（可调整），对于 U 形垂直压差计，$\alpha = 90°$。

③ 单管倾斜压差计。

单管倾斜压差计是通风测量中应用最广的一种压差计。YYT-200 型单管倾斜压差计的结构如图 2-49 所示。它由一个大容器 10（断面面积为 F_1）和一个倾斜测压管 8（断面面积为 F_2）及标尺等组成。大容器 10 和测压管 8 互相连通，并在其中装有用工业酒精和蒸馏水配成的密度为 0.81 kg/m^3 的工作液。两断面面积之比（F_1/F_2）为 250～300。仪器固定在装有两个调平螺钉 9 和水准指示器 2 的底座 1 上，弧形支架 3 可以根据测量范围的不同将倾斜测压管固定在 5 个不同位置，刻在支架上的数字即为校正系数。大容器通过胶管与仪器的“＋”接头相通，倾斜测压管的上端通过胶皮管与仪器的“－”接头相连，当“＋”接头的压力高于“－”接头的压力时，虽然大容器内液面下降甚微，但测压管端的液面上升十分明显，经过下式计算相对压力或压差 h：

$$h = LKg \tag{2-70}$$

式中　L——倾斜测压管的读数，mm；

K——仪器的校正系数(又称常数因子),测压时倾斜测压管在弧形支架上的相应数字。

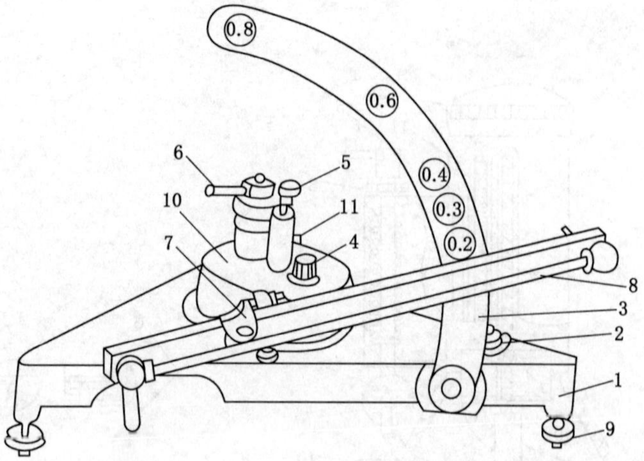

1—底座;2—水准指示器;3—弧形支架;4—加液盖;5—零位调整旋钮;
6—三通阀门柄;7—游标;8—倾斜测压管;9—调平螺钉;10—大容器;11—多向阀门。

图 2-49　YYT-200 型单管倾斜压差计结构

仪器的操作和使用方法如下:

a. 注入工作液。将零位调整旋钮 5 调整到中间位置,测压管固定在弧形支架的适当位置,旋开加液盖 4,缓缓注入预先配置好的密度为 0.81 kg/m^3 的工作液,直到液面位于倾斜测压管的“0”刻度线附近,然后旋紧加液盖,再用胶皮管将多向阀门 11 中间的接头与倾斜测压管的上端连通。将三通阀门柄 6 拨在仪器的“测压”位置,用嘴轻轻从“+”端吹气,使酒精液面沿测压管缓慢上升,察看液柱内有无气泡,如有气泡,应反复吹吸多次,直至气泡消除为止。

b. 调零。首先调整仪器底座上的两个调平螺钉 9,观察水准指示器内的气泡是否居中,使仪器处于水平状态。顺时针转动三通阀门柄 6 到“校正”位置,使大容器和倾斜测压管分别与“+”接头和“−”接头隔断,而与大气相通。旋动零位调整旋钮 5,使测压管的酒精液面对准“0”刻度线。

c. 测定。根据待测压差的大小,将倾斜测压管固定在弧形支架相应的位置上,用胶皮管将较大的压力接到仪器的“+”接头,较小的压力接到仪器的“−”接头。逆时针转动三通阀门柄 6 到“测压”位置,读取测压管上酒精液面的读数和弧形支架的 K 值,用式(2-70)计算压差值或相对压力。

④ 补偿式微压计。

补偿式微压计可以作精确的压差测量,其主要构造如图 2-50 所示。它有充水的小容器 1 和大容器 2,下部用胶皮管 9 连通。大容器与仪器的“−”接头相通,小容器与仪器的“+”接头相通。转动读数盘 3,大容器可随之上下移动。当“+”“−”接头的压力相同时,两容器液面处于同一平面上,通过装在小容器上的反射镜 6 可以看到水准器 7 的尖端同它自己的像正好相接[如图 2-50(b)所示]。当"+"接头压力大于"-"接头压力时,小容器液面下降,反射镜 6 内的尖端和影像互相接触重叠,通过转动读数盘 3,使两液面再次恢复到同一水平面上,由大容器的垂直移动距离(从标尺 11 和读数盘 3 上读出)来确定大、小容器所受到的压力差。

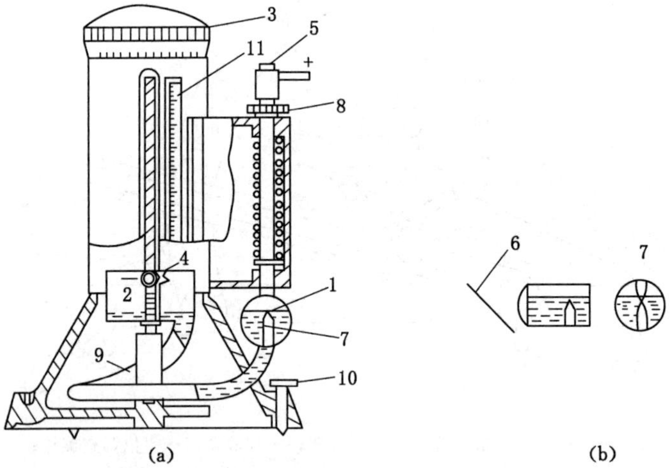

1—小容器;2—大容器;3—读数盘;4—指针;5—螺盖;6—反射镜;7—水准器;8—调节螺母;9—胶皮管;10—调平螺钉;11—标尺。

图 2-50 DJM9 型补偿式微压计构造图

仪器的操作和使用方法如下:

a. 注入蒸馏水并调零。转动读数盘 3,使读数盘及指针 4 均处于"0"点。打开螺盖 5,注入蒸馏水,直到从反射镜 6 中观察到水准器 7 的正、倒影像近似接触。盖紧螺盖,缓慢转动读数盘使大容器 2 上下移动数次,以排除胶皮管 9 内的气泡。用调平螺钉 10 将仪器调平,慢慢转动调节螺母 8 使小容器微微移动,水准器中的正、倒影尖恰好相接触。若两个影尖重叠,表明水量不足,应再加水;若两个影尖分离,表明水量过多,应排出部分水。

b. 测定。仪器调平、调零后,将被测压力较大的胶皮管接到仪器的"+"接头,压力较小的胶皮管接到仪器的"-"接头上。小容器 1 中的液面下降,从反射镜 6 中可观察到水准器的正、倒影像消失或重叠,顺时针缓慢转动读数盘 3,直到两个影像尖端再次恰好相接。指针 4 所指示的标尺整数与读数盘所指的小数之和,即为所测压力差值。

常用的补偿式微压计型号有 DJM9 型、YJB-150/250-1 型、BWY-150/250 型等。其中,DJM9 型补偿式微压计的测量范围为 0～1 500 Pa,最小分度值为 0.1 Pa。这类仪器的精度高,可用于微小压差测量,但受压力波动影响大,水准针尖不易调准,多用于实验室内。

(3) 矿井通风综合参数检测仪

我国生产的 JFY 型矿井通风综合参数检测仪是一种能同时测量空气的绝对压力、相对压力、风速、温度、湿度和时间的精密便携式本质安全型仪器,广泛应用于矿井通风阻力测定、通风压能图测定等工作中。其主要技术参数如表 2-5 所列。

表 2-5　JFY 型矿井通风综合参数检测仪技术参数表

技术参数	测量范围	测量分辨率	测量精度
绝对压力/Pa	80 000～120 000	10	±100
压差/Pa	2 923	0.98	9.8
温度/℃	－30～＋40	0.1	±0.5
相对湿度/%	50～99	1.0	±4.0
风速/(m/s)	0.6～15	0.1	0.6～[4±(0.2＋2%风速值)] 4～[15±(0.5＋2%风速值)]
时间	月、日、时、分、秒		

该仪器由压力传感器、风速传感器、温度传感器、湿度传感器以及智能微机组成。其中，压力传感器采用高精度振动筒压力传感器，其结构如图 2-51 所示，主要由保护筒、激振元件、振动弹性体、温度传感器、真空腔和拾振元件等组成。振动弹性体 3 为一个薄壁圆筒(壁厚为 0.08 mm)，是感受压力的敏感元件，与保护筒 1 焊接在一起共同构成真空腔，此腔是测压基准参考腔。激振元件 2、拾振元件 6 与放大器构成测压振荡器，在常压下产生一个固有振动频率 f，当压力 p 变化时，测压振荡器的固有振动频率也发生变化，即压力 p 与频率 f 一一对应，并且单值连续。通过测量频率 f(或周期 T)即可测出外界的绝对压力 p。

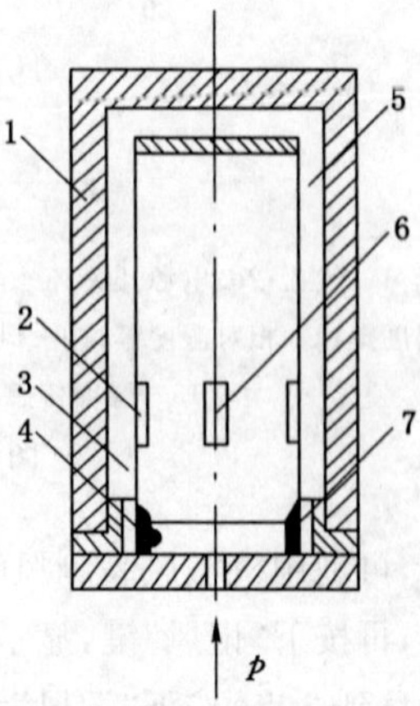

1—保护筒；2—激振元件；3—振动弹性体；4—温度传感器；5—真空腔；6—拾振元件；7—底座支架。

图 2-51　振动筒压力传感器

仪器的操作方法参见图 2-52。测量前先将电源开关打到“通”的位置，电源电压指示灯亮，若指示灯发暗，说明电源电压不足，应先充电。

① 测量绝对压力。仪器通电后，整机进入自检状态，显示传感器的周期数，按“总清”键，则显示测点的绝对压力。

② 测量相对压力。仪器通电后，只要按下“差压”键，并将压力记忆开关拨向“记忆”位置，则进入相对压力测定状态，此时，仪器将按键时测点的绝对压力 p_0 值记入内存中，并将此值作为后面的测压基准，当仪器发生位移或测点的绝对压力变化后，面板上液晶窗口显示的总是压差值($\Delta p = p - p_0$)。只要不断电和压力记忆开关处于“记忆”位置不变，后面的测压基准 p_0 也不变。要想了解其他参数值，只要按下相应的键即可。

③ 测量温度和相对湿度。仪器通电后，不论处于何种状态，只要按下“温度”键，就显示当时测点的温度值；按下“湿度”键，就显示当时测点的相对湿度值。因温度和湿度传感器都有滞后现象，因此，从一个测点转到另一个测点时，应等待 2～5 min 后再读数。

④ 测量风速。该检测仪可以测量点风速，也可以测量断面的平均风速。测量点风速时，只要把风速传感器上的箭头方向朝向风流，按下“风速”键读数即可。要测断面的平均风

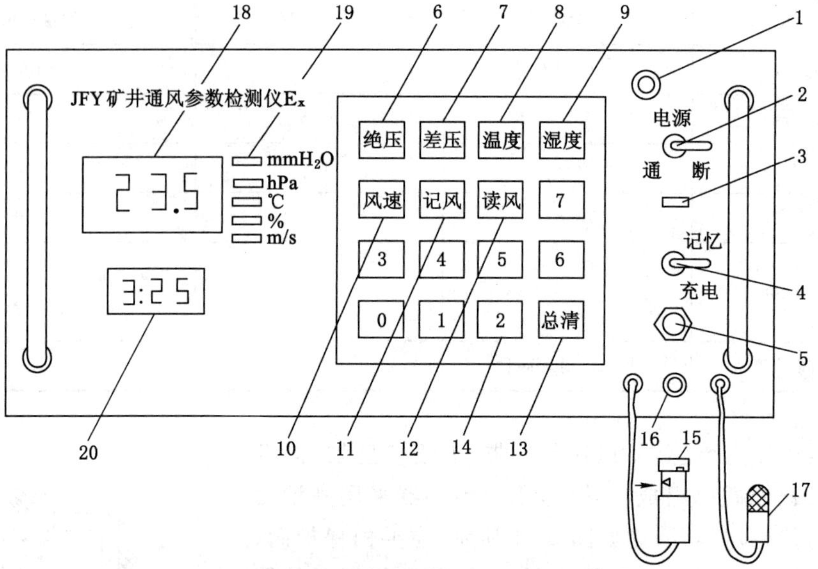

1—气孔；2—电源开关；3—电源电压指示灯；4—压力记忆开关；5—充电插座；6—绝对压力键；7—压差键；8—温度键；9—相对湿度键；10—风速键；11—记风速键；12—读平均风速键；13—总清键；14—备用键；15—风速传感器；16—温度传感器；17—湿度传感器；18—液晶显示；19—单位显示；20—电子表。

图 2-52 JFY 型矿井通风参数检测仪面板布置图

速时，可利用机械风表测风时的定点法（见图 2-40）：先测 1 点风速，按下"风速"键，显示 1 点风速值，再按下"记风"键，显示该点风速后，又显示一下"1"，表示 1 点的风速已存入内存中；将传感器移到 2 点，按下"记风"键，显示 2 点的风速值后又显示一下"2"，表示 2 点的风速已存入内存；如此进行，直到将所有测点测完，最后再按"读风"键，读出该巷道断面的平均风速值。

2.3.9.3 风流点压力的测量及压力之间的关系

（1）风流点压力

井巷风流断面上任一点的压力称为风流的点压力。相对于某基准面来说，点压力也有静压、动压和位压。就其形成的特征来说，点压力可分为静压、动压和全压。根据压力的两种测算基准，静压又分为绝对静压（$p_{静}$）和相对静压（$h_{静}$）；全压分为绝对全压（$p_{全}$）和相对全压（$h_{全}$）；动压永远为正值，无绝对动压和相对动压之分，用 $h_{动}$ 表示。

需要说明的是，同一巷道或通风管道断面上，各点的点压力是不等的。在水平面上，各点的静压、位压都相同，动压则是中心处最大；在垂直面上，从上到下，静压逐渐增大，位压逐渐减小，动压也是中心处最大。因此，从断面上的总压力来看，一般中心处的点压力最大，周壁的点压力最小。

（2）绝对压力的测量及压力之间的关系

① 绝对静压 $p_{静}$ 的测定。井巷风流中某点的绝对静压一般用空盒气压计、精密气压计或矿井通风综合参数测定仪测定。

② 动压 $h_{动}$ 的测定方法有两种：

a. 在通风井巷中，一般用风表测出该点的风速，利用式（2-65）计算动压。

b. 在通风管道中，可利用皮托管和压差计直接测出该点的动压，如图 2-53 所示。

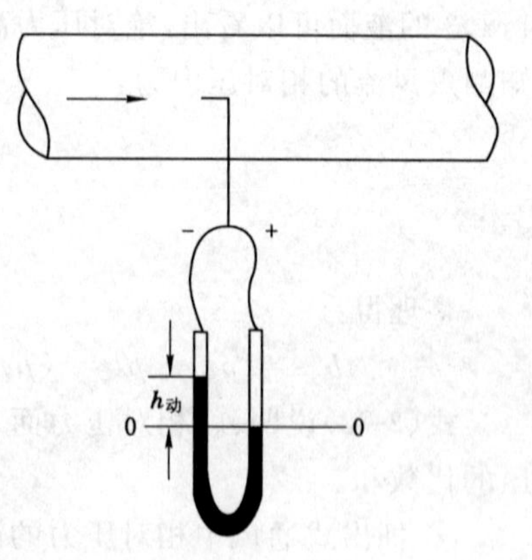

图 2-53　动压的测定

③ 绝对全压的测定。测出某点的绝对静压 $p_{静}$ 和动压 $h_{动}$ 之后，用下式计算该点的绝对全压 $p_{全}$：

$$p_{全} = p_{静} + h_{动} \tag{2-71}$$

式(2-71)也是绝对压力之间的关系式。即不论抽出式通风还是压入式通风，某一点的绝对全压等于绝对静压与动压的代数和。因动压为正值，所以绝对全压大于绝对静压。

(3) 相对压力的测量及压力之间的关系

风流中某点的相对压力常用皮托管和压差计测定，其布置方法如图 2-54(a)所示。

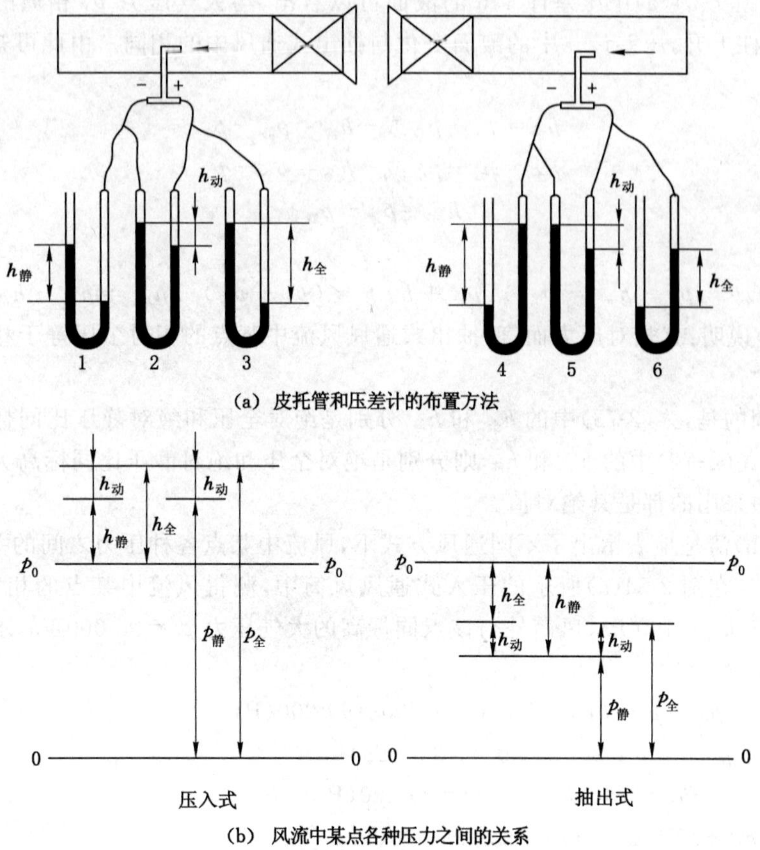

图 2-54　不同通风方式下风流中某点压力测量和压力之间的关系

① 压入式通风中相对压力的测量及压力之间的关系。

如图 2-54(a)左图所示，皮托管的“+”接头传递的是风流的绝对全压 $p_{全}$，“−”接头传递的是风流的绝对静压 $p_{静}$，风筒外的压力是大气压力 p_0。在压入式通风中，因为风流的绝对压力都高于同标高的大气压力，所以 $p_{全} > p_0$，$p_{静} > p_0$，$p_{全} > p_{静}$。由图 2-54(a)中压差计

1,2,3 的液面可以看出,绝对压力高的一侧液面下降,绝对压力低的一侧液面上升。由此可知测点风流的相对压力为:

$$h_{静}=p_{静}-p_0$$
$$h_{全}=p_{全}-p_0$$
$$h_{动}=p_{全}-p_{静}$$

整理得:

$$h_{全}=p_{全}-p_0=(p_{静}+h_{动})-p_0=(p_{静}-p_0)+h_{动}=h_{静}+h_{动} \qquad (2\text{-}72)$$

式(2-72)说明:就相对压力而言,压入式通风风流中某点的相对全压等于相对静压与动压的代数和。

② 抽出式通风中相对压力的测量及压力之间的关系。

如图 2-54(a)右图所示。压差计 4,5,6 分别测定风流的相对静压、动压、相对全压。在抽出式通风中,因为风流的绝对压力都低于同标高的大气压力,所以 $p_{全}<p_0$,$p_{静}<p_0$,$p_{全}>p_{静}$。由图 2-54(a)中压差计 4,6 的液面可以看出,与大气压力 p_0 相通的一侧水柱下降,另一侧水柱上升,压差计 5 中的液面变化与抽出式通风中的相同。由此可知测点风流的相对压力为:

$$h_{静}=p_0-p_{静} \text{或} -h_{静}=p_{静}-p_0$$
$$h_{全}=p_0-p_{全} \text{或} -h_{全}=p_{全}-p_0$$
$$h_{动}=p_{全}-p_{静}$$

整理得:

$$h_{全}=p_0-p_{全}=p_0-(p_{静}+h_{动})=(p_0-p_{静})-h_{动}=h_{静}-h_{动} \qquad (2\text{-}73)$$

式(2-73)说明:就相对压力而言,抽出式通风风流中某点的相对全压等于相对静压减去动压。

需要强调的是,式(2-73)中的 $h_{全}$ 和 $h_{静}$ 分别是绝对全压和绝对静压比同标高大气压力的降低值,而式(2-72)中的 $h_{全}$ 和 $h_{静}$ 则分别是绝对全压和绝对静压比同标高大气压力的增加值。公式中采用的都是其绝对值。

图 2-54(b)清楚地表示出了不同通风方式下,风流中某点各种压力之间的关系。

【例 2-3】 在图 2-54(a)所示的压入式通风风筒中,测得风流中某点的相对静压 $h_{静}=$ 1 200 Pa,动压 $h_{动}=100$ Pa,风筒外与该点同标高的大气压力 $p_0=98\ 000$ Pa,求该点的 $p_{静}$,$h_{全}$,$p_{全}$ 分别是多少?

【解】 (1) $p_{静}=p_0+h_{静}=98\ 000+1\ 200=99\ 200(\text{Pa})$

(2) $h_{全}=h_{静}+h_{动}=1\ 200+100=1\ 300(\text{Pa})$

(3) $p_{全}=p_0+h_{全}=98\ 000+1\ 300=99\ 300(\text{Pa})$

或 $p_{全}=p_{静}+h_{动}=99\ 200+100=99\ 300(\text{Pa})$

【例 2-4】 在图 2-54(a)所示的抽出式通风风筒中,测得风流中某点的相对静压 $h_{静}=$ 1 200 Pa,动压 $h_{动}=100$ Pa,风筒外与该点同标高的大气压力 $p_0=98\ 000$ Pa,求该点的 $p_{静}$,$h_{全}$,$p_{全}$ 分别是多少?

【解】 (1) $p_{静}=p_0-h_{静}=98\ 000-1\ 200=96\ 800(\text{Pa})$

(2) $h_{全}=h_{静}-h_{动}=1\ 200-100=1\ 100(\text{Pa})$

(3) $p_{全}=p_0-h_{全}=98\ 000-1\ 100=96\ 900(\text{Pa})$

或 $p_{全}=p_{静}+h_{动}=96\ 800+100=96\ 900(\mathrm{Pa})$

2.3.10　粉尘监测仪表

2.3.10.1　粉尘及其危害

粉尘是矿井煤尘、岩尘和其他有毒有害粉尘的总称。

(1) 粉尘的分类

粉尘按其粒径 d 可分为可见粉尘($d\geqslant10\ \mu\mathrm{m}$)、显微粉尘($0.1\ \mu\mathrm{m}\leqslant d<10\ \mu\mathrm{m}$)、超显微粉尘($d<0.1\ \mu\mathrm{m}$)。

(2) 测尘常用的技术术语

全尘:悬在空气中的各种粒径粉尘的总和。

呼吸性粉尘:粒径为 7～10 μm 的粉尘,极易进入人体肺部组织。

爆炸性粉尘:煤尘、面粉尘、亚麻尘的可燃性粉尘在达到一定浓度和具有一定能量的点火源时会发生爆炸。

无爆炸性粉尘:经过爆炸性鉴定,不能发生爆炸和传播爆炸的粉尘。

惰性粉尘:可以减弱或抑制粉尘爆炸。

矽尘:游离 SiO_2 含量大于 10%的粉尘。

浮尘:浮游于空气中的粉尘。

落尘:沉积粉尘。

(3) 粉尘在空气中的运动特性

沉降:在静止空气中由于重力作用而下沉到固体壁面。

漂浮:粉尘随风流一起运动。

布朗运动:粒径 d 为 0.001～0.1 μm 的尘粒做布朗运动,几乎不沉降。

(4) 粉尘危害

煤尘的爆炸性一般分为强、弱、无爆炸性三个级别。

长期吸入大量的粉尘会形成许多职业病,如尘肺病、煤肺病、硅肺病和煤硅肺病。影响煤硅肺病的因素有游离 SiO_2 的含量、粉尘的粒度和分散度、粉尘的浓度和从事岩石作业时间的长短。

井下作业场所空气中粉尘(总粉尘、呼吸性粉尘)浓度应符合表 2-6 的要求,矿井粉尘监测必须满足《煤矿安全规程》第 641～643 条的规定。生产中应加强管理,定期对有关人员进行健康检查。

表 2-6　作业场所空气中粉尘浓度要求

粉尘种类	游离 SiO_2 含量/%	时间加权平均容许浓度/($\mathrm{mg/m^3}$)	
		总粉尘	呼吸性粉尘
煤尘	<10	4	2.5
矽尘	10～<50	1	0.7
	50～<80	0.7	0.3
	≥80	0.5	0.2
水泥尘	<10	4	1.5

注:时间加权平均容许浓度是以时间加权数规定的 8 h 工作日、40 h 工作周的平均容许接触浓度。

矿井生产中煤尘除了对人体带来一定程度的危害外，其爆炸还会危及人的生命和财产安全。

2.3.10.2 粉尘测量技术

粉尘监测是以科学的方法，对生产环境中粉尘的含量及其物理化学性状进行测定、分析和检查的工作。从全面了解和掌握粉尘的物理及化学性状出发，需要监测的项目很多，如粉尘的形状、密度、粒度分布、溶解度、浓度、化学成分、爆炸性等。但从安全与卫生学的角度出发，日常粉尘监测项目主要是粉尘浓度、粉尘中游离 SiO_2 的含量和粉尘的分散度等。

(1) 粉尘浓度的测定

矿井粉尘浓度测定方法主要有滤膜测尘法和快速直读测尘仪测尘法。

滤膜测尘法。其测尘原理是用粉尘采样器或呼吸性粉尘采样器采集一定体积的含尘空气，含尘空气通过滤膜时，粉尘被捕集在滤膜上，根据滤膜增加的质量计算出粉尘浓度。

快速直读测尘仪测尘法。用滤膜采样器测尘是一种间接测量粉尘浓度的方法，由于准备工作、粉尘采样和样品处理时间比较长，不能立即得到结果，在卫生监督和评价防尘措施效果时显得不方便。为了满足这方面工作特点的需要，各国研制开发了可以立即获得粉尘浓度的快速直读测尘仪。

(2) 粉尘中游离 SiO_2 含量的测定

国家标准中规定的测定方法是焦磷酸质量法，也有用红外分光光度计测定法进行测定的。

焦磷酸质量法。在 245～250 ℃温度下，焦磷酸能溶解硅酸盐及金属氧化物，但几乎不溶解游离 SiO_2。因此，用焦磷酸处理粉尘试样后，所得残渣的质量即为游离 SiO_2 的质量。

红外分光光度计测定法。当红外光与物质相互作用时，其能量与物质分子的振动或转动能级相当时会发生能级的跃迁，即分子由低能级过渡到高能级。其结果是某些波长的红外光被物质分子吸收产生红外吸收光谱。游离 SiO_2 的吸收光谱的波数为 800 cm^{-1}、780 cm^{-1}、694 cm^{-1}，相当于波长为 12.5 μm、12.8 μm、14.4 μm。

(3) 粉尘分散度的测定

粉尘分散度的测定分为数量分散度的测定和质量分散度的测定。前者是针对具有代表性的一定数量的样品逐个测定其粒径，其测定方法主要有显微镜法、光散射法等，测得的是各级粒子的颗粒百分数。后者是以某种手段将粉尘按一定粒径范围分级，然后称取各部分的质量，求其粒径分布，常采用离心、沉降或冲击原理将粉尘按粒径分级，测出的是各级粒子的质量百分数。

2.3.11 环境参数的综合性分析仪器

2.3.11.1 气相色谱仪

(1) 色谱法基本原理

色谱法又称层析法。根据其分离原理，可分为吸附色谱、分配色谱、离子交换色谱和排阻色谱等方法。

分配色谱法是利用混合物中被分离物质在两相中分配系数不同，使组分分离。其中一相为固体或液体涂布在固体载体上，称为固定相；另一相为气体或液体，称为流动相。分配色谱法按流动相的不同分为气相色谱法和液相色谱法。

气相色谱法是以气体作为流动相，利用试样各组分在气相和固定相间的分配系数不同，当试样被载气带入色谱柱中运行时，组分就在其中的两相间进行反复多次的分配（吸附-脱附），致使各组分在色谱柱中的运行速度不同，经过一定的柱长后，便彼此分离，按顺序离开色谱柱进入检测器，信号经放大后，在记录器上描绘出各组分的色谱峰，根据色谱上出现的物质成分的峰面积或峰高进行定量分析。

（2）气相色谱仪的基本配置和构成

气相色谱仪是以气相色谱法为基础而设计的仪器，由进样器、色谱柱、检测器、信号放大器、温控器等组成，见图2-55。

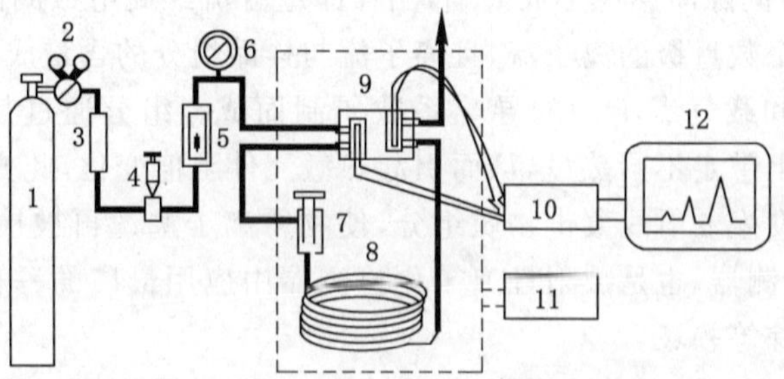

1—载气钢瓶；2—减压阀；3—净化干燥管；4—针形阀；5—流量计；6—压力表；
7—进样器；8—色谱柱；9—检测器；10—信号放大器；11—温控器；12—记录仪。

图2-55　气相色谱仪的结构图

① 色谱柱。

色谱柱主要起到样品分离作用，是整个色谱仪的心脏部分；采用不锈钢管或玻璃制成，内径一般为3～6 mm，长度可根据需要确定，其形状如图2-56所示。柱中的填料是60～80目或80～100目的色谱固定相的颗粒，如图2-57所示。

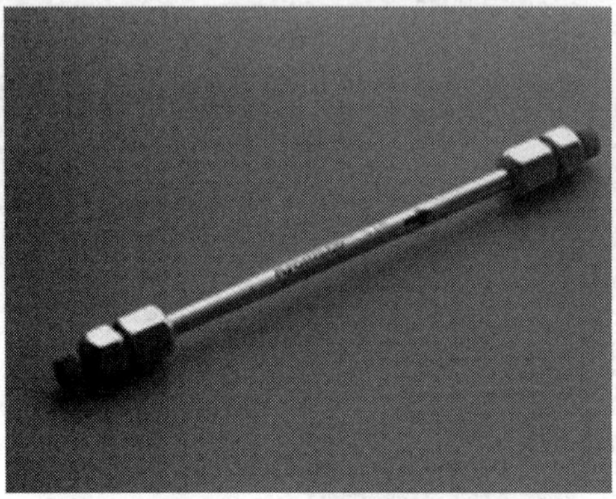

图2-56　色谱柱

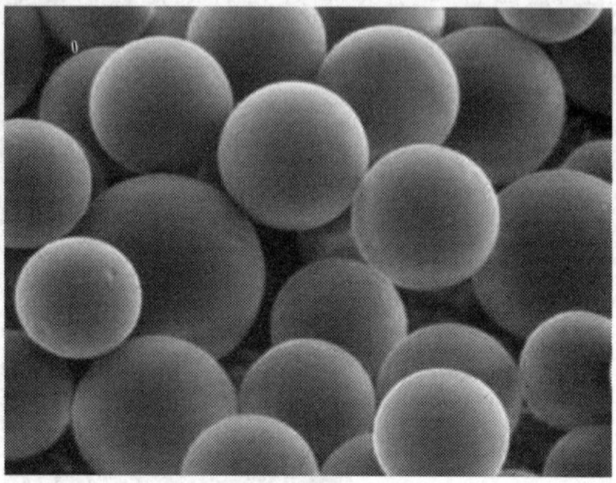

图2-57　色谱柱中的颗粒

a. 色谱柱可分为充填柱和毛细管柱两类。充填柱较粗，直径一般为1～6 mm，柱长为0.5～10 m；毛细管柱直径一般为0.2～0.5 mm，柱长为10～50 m，甚至为100 m。

b. 色谱柱的形状主要是U形和各种螺旋形，常用的材料有玻璃、不锈钢、塑料等。

c. 色谱柱的选择：一般根据样品的污染度、组分的多少、组分的极性和沸点来选择。

② 进样器。

样品进入进样器后汽化，并用载气直接将其传入色谱柱，故进样器必须要在一定的稳定温度下工作。我们在选择进样器温度时，一般选择比某样品中组分沸点的最高温度再高20～30 ℃，但不能高于样品的分解温度和仪器最高使用温度。

③ 检测器。

检测器的作用是将色谱柱分离后的物质浓度或质量的变化转换为电信号，并由记录仪记录下来，作为色谱分析的数据。常用的检测器有氢火焰离子检测器(FID)、热导检测器(TCD)、电子俘获检测器(ECD)、火焰光度检测器(FPD)和氮磷检测器(NPD)等。

FID：氢气在电极间隙间燃烧生成火焰，当样品组分流经此电极间隙时被火焰电离成离子，生成比基流高几个数量级的离子流，且离子流与样品组分的含量成正比。

TCD：根据组分和载气有不同的导热系数研制而成。组分通过热导池且浓度有变化时，就会从热敏元件上带走不同热量，从而引起热敏元件阻值变化，此变化可用电桥来测量。

ECD：利用镍源发生 α 射线轰击物质组分，使物质离子逃逸再被检测，是分析痕量电负性化合物最有效的检测器，也是放射性离子化检测器中应用最广的一种，被广泛用于生物、医药、环保及气象追踪等领域。

FPD：是分析硫(S)、磷(P)化合物的高灵敏度、高选择性的气相色谱检测器，广泛用于环境、食品中 S、P 农药残留物的检测。当含 S、P 的化合物在富氢焰中燃烧时，伴有化学发光效应，分别发射出 350～480 nm 和 480～600 nm 的一系列特征波长光，其中 394 nm 和 526 nm 分别为含 S 和含 P 化合物的特征波长。光信号经滤波、放大，便可得到相应的谱峰。

NPD：由于 NPD 检测对 P 的灵敏度高于 FPD，而且更可靠，因此 FPD 现在多作为 S 化合物的专用检测器。

(3) GC-920 气相色谱仪应用实例

图 2-58 是 GC-920 型气相色谱仪，它适用于石油化工、精细化工、环境保护、农药、医药卫生、食品香料等领域，进行有机化合物常量分析、无机化合物永久性气体半微量分析。

图 2-58 GC-920 型气相色谱仪

根据图 2-59 中 C8 芳香烃异构体色谱图，作如下分析：

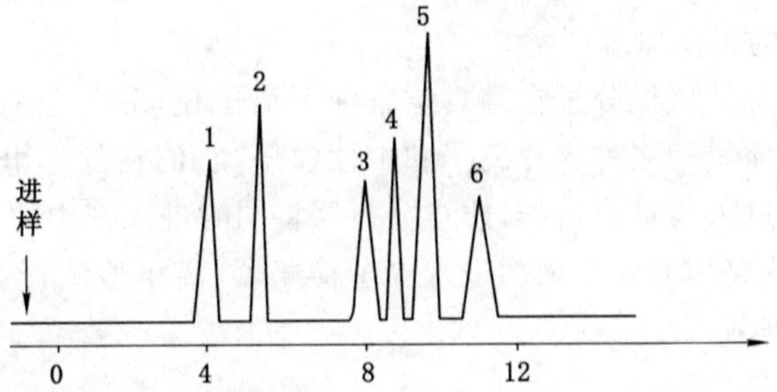

1—苯；2—甲苯；3—乙苯；4，5，6—对、间、临二甲苯。

图 2-59　C8 芳香烃异构体色谱图

① 定量分析。

色谱峰的测量：以峰的起点和终点的连线作为峰底，从峰顶至峰底间的线段即为峰高。从峰高极大值对时间轴作垂线，对应的时间即为保留时间。

计算：由色谱峰量出各组分的峰高，然后在各自的校准曲线上查出相应的待测物浓度。

② 定性结果。

根据标准谱图各组分的保留时间确定被测试样中出现的组分数目和组分名称。

2.3.11.2　质谱分析仪

(1) 质谱分析仪的基本构成

质谱分析仪是按照离子的质荷比不同，分离不同分子量的分子，测定分子量并进行成分和结构分析的一种精密、高效的多功能分析仪器。它一般包括进样系统、离子源、质量分析器、离子检测器、数据处理系统和真空系统。

① 进样系统：将样品导入质谱仪。进样方式可分为直接进样和通过接口技术进样两种方式。

a. 直接进样：在室温和常压下，气态或液态样品可通过一个可调喷口装置以中性流的形式导入离子源。

b. 通过接口技术进样：目前质谱进样系统发展较快的是多种色谱-质谱联用的接口技术，即将色谱流出物导入质谱，经离子化后供质谱分析。

② 离子源：是使样品电离产生带电粒子束的装置，是质谱仪的心脏部分。由于离子化所需要的能量随分子不同而差异很大，因此，对于不同的分子应选择不同的电离方法。通常称能给样本较大能量的电离方法为硬电离方法，而称给样本较小能量的电离方法为软电离方法，软电离方法适用于易破碎或易电离的样本。

③ 质量分析器：在离子源中产生的不同动能的正离子，在加速器中加速，增加能量后在质量分析器中将带电离子根据其质荷比加以分离。

④ 离子检测器：接收和检测分离后的离子，并对其输出信号进行放大。

⑤ 数据处理系统：运用工作站软件控制样品测定程序，采集数据与计算结果、分析与判断结果、显示和输出质谱图、储存与调用数据等。

⑥ 真空系统：在质谱分析仪中凡是有样品分子和离子存在的区域必须处于真空状态，

以降低背景和减少离子间或离子与分子间碰撞所产生的干扰，且残余空气中的氧气还会烧坏离子源的灯丝。

(2) 质谱分析仪的工作原理

质谱分析仪离子源使试样分子在高真空条件下离子化，分子电离后因接收了过多的能量进一步碎裂成较小质量的多种碎片离子和中性粒子，它们在加速电场作用下获取具有相同能量的平均动能而进入质量分析器，质量分析器将同时进入其中的不同质量的离子，按质荷比大小进行分离，分离后的离子依次进入离子检测器，离子检测器放大离子信号，并经计算机处理，绘制成质谱图。

2.3.11.3 气质联用仪

气质联用仪是将气相色谱仪和质谱仪通过接口连接，利用气相色谱仪的分离能力让混合物中的组分分离，并用质谱仪鉴定分离出来的组分(定性分析)及其精确的量(定量分析)，具有气相色谱仪的高分辨率和质谱仪的高灵敏度的优点。因此，气质联用仪是将两者有效结合来进行复杂有机化合物高效的定性、定量分析的工具。

(1) 气质联用仪的应用

气质联用仪于1957年首次由霍姆斯(J. C. Holmes)和莫雷尔(F. A. Morrell)实现应用，目前已广泛地应用于化学、环境、生命科学、包装印刷等各个领域，分析过程涉及物理、化学、生物等综合性知识。因为其具有气相色谱仪的高分辨率和质谱仪的高灵敏度，被广泛应用于复杂组分的分离与鉴定，是生物样品中药物与代谢物定性、定量分析的有效工具。

(2) 气质联用仪的测定方法

外标法就是用标准品的峰面积(或者峰高)与其对应的浓度作一条标准曲线，测出样品的峰面积(或者峰高)，在标准曲线上查出其对应的浓度。这是最常用的一种定量测量方法。外标法的特点是操作简单、计算方便，不需要测量校正因子，用于痕量组分的分析时也能得到满意的结果，适合大量样品分析。但进样量要求十分准确，要严格控制在与标准物相同的操作条件下进行，否则会造成分析误差，得不到准确的测量结果。

质谱仪有全扫描和选择离子检测两种分析模式。全扫描是指质量分析器在给定的时间范围内对给定质荷比范围进行无间断扫描，得到的是化合物的全谱。当需要证实或解析试样中的化合物时，全扫描能提供更多的信息，但是这种扫描方式的灵敏度较低。选择性离子检测是对选定的某个或数个特征质量峰进行单离子或多离子检测，获得这些离子流强度随时间的变化曲线。其检测灵敏度较总离子流检测高2～3个数量级，选择性好，适合对复杂体系中某一微量成分进行定量分析，但是在测试之前需要知道被检测物质的特征离子。特征离子是指在谱图中能够反映化合物结构特征的离子，应尽可能选择丰度大的离子，同时考虑和其他化合物及主要干扰物的特征离子尽量不重叠，最好选择具有离子簇的特征碎片离子，通常选择3～4个即可。

(3) 气质联用仪定量分析原理

气质联用仪系统一般由图2-60所示的各部分组成。真空系统是在机械泵和分子涡轮泵共同作用下，使离子源、质量分析器和检测器处于真空状态，这样可以减少离子分子反应，提供无碰撞的离子轨道，减少背景干扰，从而提高灵敏度。离子源的主要作用是使样品实现离子化，使中性物质带上电荷，而样品性质的差异决定了离子化的方式各有不同，离子源的类型也是多种多样的。质量分析器是质谱仪的核心部件，常以质量分析器的类型来命名质谱仪,可分为四级杆质谱仪、离子阱质谱仪、飞行时间质谱仪等。

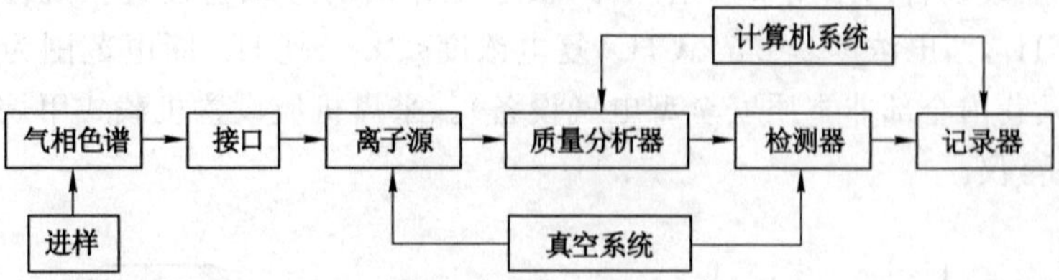

图 2-60 气质联用仪的组成示意图

2.4 传感器的设置

传感器是一种将被测的非电量变换成电量的装置,在安全监测监控系统中占有重要的地位。它获得信息的正确与否,关系到整个系统的监测与控制精度。如果传感器的误差很大,后面的测量电路、放大器、指示仪等的精度再高也难以提高整个系统的精度。近年来,由于计算机技术突飞猛进的发展和微处理器的广泛应用,各种物理量、化学量和生物量形态的信息都有可能通过计算机进行正确、及时的处理,但是,首先都需要通过传感器来获得信息。因此,有人把计算机比喻为人的大脑,而传感器则是人的五官。

2.4.1 煤矿传感器的设置

2.4.1.1 采煤工作面传感器的设置

(1) 甲烷传感器的设置

甲烷的密度小于空气的密度,因此,甲烷传感器应布置在巷道的上方,并应不影响行人和行车,且安装、维护方便。甲烷传感器应垂直悬挂,与顶板(顶梁)的距离不得大于 300 mm,与巷道侧壁的距离不得小于 200 mm。

由于回风巷煤壁中有瓦斯涌出,因此,回风巷甲烷平均浓度一般不低于采煤工作面甲烷浓度。但由于回风巷甲烷传感器设置在瓦斯与空气混合均匀、风流稳定的位置,而采煤工作面甲烷传感器设置在瓦斯与空气混合不均匀的位置,因此,采煤工作面甲烷传感器的断电浓度一般为 1.5%,回风巷甲烷传感器的断电浓度一般为 1.0%,即采煤工作面甲烷传感器的断电浓度一般大于回风巷甲烷传感器的断电浓度。同理,掘进工作面甲烷传感器的断电浓度一般大于回风流中甲烷传感器的断电浓度。

《煤矿安全监控系统及检测仪器使用管理规范》(AQ 1029—2019)要求:长壁采煤工作面甲烷传感器应按图 2-61 设置。U 形通风方式在回风隅角设置甲烷传感器 T_0,距切顶线≤1 m(报警浓度≥1.0%CH_4,断电浓度≥1.5%CH_4,复电浓度<1.0%CH_4,断电范围为工作面和回风巷内的全部非本质安全型电气设备),工作面设置甲烷传感器 T_1(报警浓度≥1.0%CH_4,断电浓度≥1.5%CH_4,复电浓度<1.0%CH_4,断电范围为工作面和回风巷内的全部非本质安全型电气设备),工作面回风巷设置甲烷传感器 T_2(报警浓度≥1.0%CH_4,断电浓度≥1.0%CH_4,复电浓度<1.0%CH_4,断电范围为工作面和回风巷内的全部非本质安全型电气设备);煤与瓦斯突出矿井在进风巷设置甲烷传感器 T_3 和 T_4(报警浓度≥0.5%CH_4,

断电浓度≥0.5%CH_4，复电浓度<0.5%CH_4，断电范围为工作面及其进、回风巷内的全部非本质安全型电气设备)；采用串联通风时，被串工作面的进风巷设置甲烷传感器 T_4(报警浓度≥0.5%CH_4，断电浓度≥0.5%CH_4，复电浓度<0.5%CH_4，断电范围为被串采煤工作面及其进、回风巷内全部非本质安全型电气设备)。采煤机应设置机载式甲烷断电仪或便携式甲烷检测报警仪。

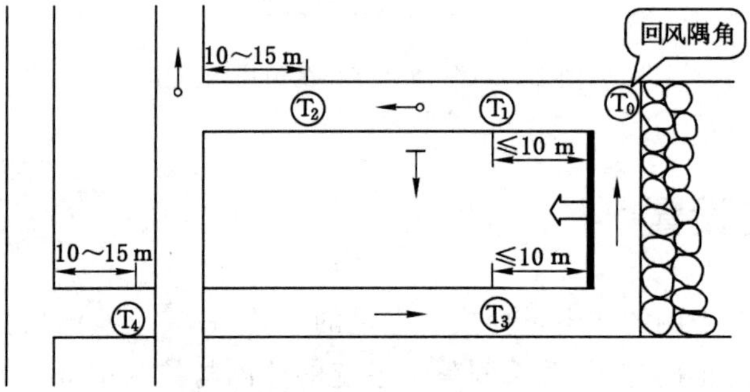

图 2-61 U形通风方式下采煤工作面甲烷传感器布置示意图

(2) 其他传感器的设置

《煤矿安全监控系统及检测仪器使用管理规范》(AQ 1029—2019)要求：带式输送机滚筒下风侧 10～15 m 处宜设置一氧化碳传感器，报警浓度≥0.002 4%CO；带式输送机滚筒下风侧 10～15 m 处宜设置烟雾传感器。采煤工作面其他传感器设置示意图如图 2-62 所示。

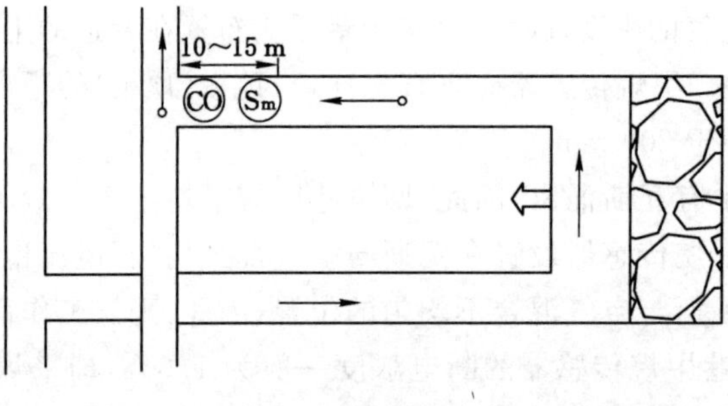

图 2-62 采煤工作面其他传感器设置示意图

(注：Ⓒⓞ为一氧化碳传感器，Ⓢⓜ为烟雾传感器。)

2.4.1.2 掘进工作面传感器的设置

(1) 甲烷传感器的设置

《煤矿安全监控系统及检测仪器使用管理规范》(AQ 1029—2019)要求：煤巷、半煤岩巷和有瓦斯涌出岩巷的掘进工作面甲烷传感器应按图 2-63 设置，并实现风电甲烷闭锁。在工作面混合风流处设置甲烷传感器 T_1(报警浓度≥1.0%CH_4，断电浓度≥1.5%CH_4，复电浓度<1.0%CH_4，断电范围为掘进巷道内全部非本质安全型电气设备)，在工作面回风流中设置甲烷传感器 T_2(报警浓度≥1.0%CH_4，断电浓度≥1.0%CH_4，复电浓度<1.0%CH_4，断

电范围为掘进巷道内全部非本质安全型电气设备）；采用串联通风的掘进工作面，应在被串工作面局部通风机前设置掘进工作面进风流甲烷传感器 T_3（报警浓度≥0.5%CH_4，断电浓度≥0.5%CH_4，复电浓度<0.5%CH_4 时，断电范围为被串掘进巷道内全部非本质安全型电气设备；报警浓度≥0.5%CH_4，断电浓度≥1.5%CH_4，复电浓度<0.5%CH_4 时，断电范围为包括局部通风机在内的被串掘进巷道内全部本质安全型电气设备）；煤与瓦斯突出矿井掘进工作面的进风分口处设置甲烷传感器 T_4（报警浓度≥0.5%CH_4，断电浓度≥0.5%CH_4，复电浓度<0.5%CH_4，断电范围为掘进巷道内全部非本质安全型电气设备）。掘进机、掘锚一体机、连续采煤机、梭车、锚杆钻车、钻机应设置机载式甲烷断电仪或便携式甲烷检测报警仪。

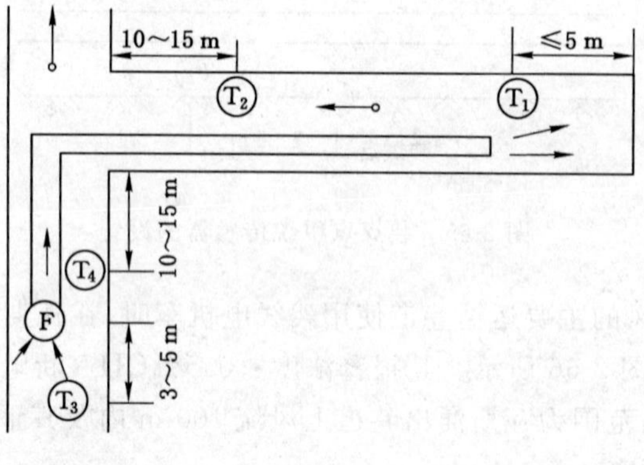

图 2-63　掘进工作面甲烷传感器布置示意图

(2) 其他传感器的设置

《煤矿安全监控系统及检测仪器使用管理规范》(AQ 1029—2019)要求：带式输送机滚筒下风侧 10～15 m 处宜设置一氧化碳传感器，报警浓度≥0.002 4%CO；带式输送机滚筒下风侧10～15 m 处应设置烟雾传感器；主要通风机、局部通风机应设置设备开停传感器；掘进工作面局部通风机的风筒末端应设置风筒传感器。掘进工作面其他传感器布置示意图如图 2-64 所示。

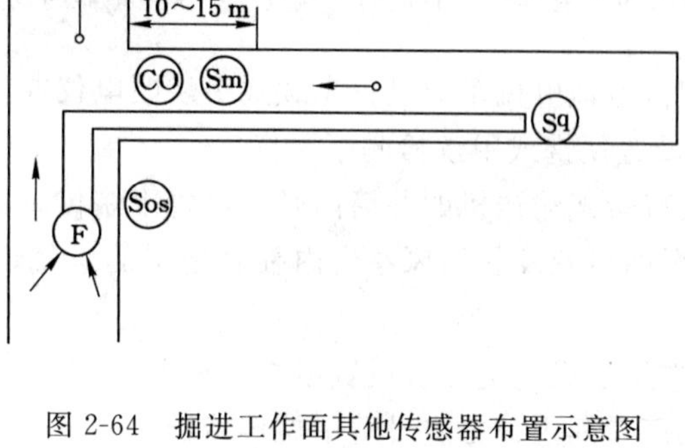

图 2-64　掘进工作面其他传感器布置示意图

（注：Ⓒ为一氧化碳传感器，Ⓢm为烟雾传感器，Ⓢos为风筒传感器，Ⓢq为设备开停传感器）。

2.4.1.3 矿井其他地点传感器的设置

(1) 甲烷传感器的设置

《煤矿安全监控系统及检测仪器使用管理规范》(AQ 1029—2019)要求：

① 采区回风巷、一翼回风巷、总回风巷测风站应设置甲烷传感器。

② 使用架线电机车的主要运输巷道内，装煤点处应设置甲烷传感器，如图 2-65 所示。其报警浓度≥0.5%CH_4，断电浓度≥0.5%CH_4，复电浓度<0.5%CH_4，断电范围为装煤点处上风流 100 m 内及其下风流的架空线电源和全部非本质安全型电气设备。

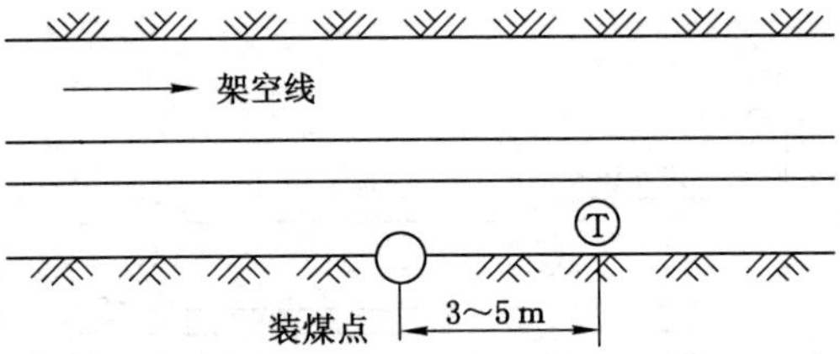

图 2-65 装煤点甲烷传感器的设置

③ 高瓦斯矿井进风的主要运输巷道使用架线电机车时，在瓦斯涌出巷道的下风流中必须设置甲烷传感器，如图 2-66 所示。其报警浓度≥0.5%CH_4，断电浓度≥0.5%CH_4，复电浓度<0.5%CH_4，断电范围为瓦斯涌出巷道上风流 100 m 内及其下风流的架空线电源和全部非本质安全型电气设备。

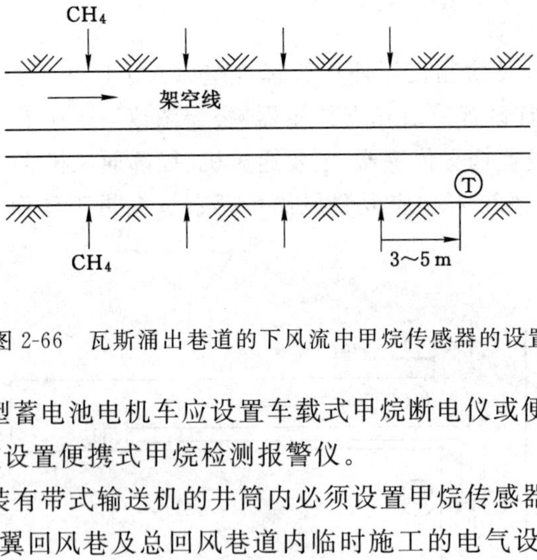

图 2-66 瓦斯涌出巷道的下风流中甲烷传感器的设置

④ 矿用防爆特殊型蓄电池电机车应设置车载式甲烷断电仪或便携式甲烷检测报警仪；矿用防爆型柴油机车应设置便携式甲烷检测报警仪。

⑤ 兼作回风井的装有带式输送机的井筒内必须设置甲烷传感器。

⑥ 采区回风巷、一翼回风巷及总回风巷道内临时施工的电气设备上风侧 10～15 m 处应设置甲烷传感器。

⑦ 井下煤仓、地面选煤厂煤仓上方应设置甲烷传感器。

⑧ 封闭的地面选煤厂车间内上方应设置甲烷传感器。

⑨ 封闭的带式输送机地面走廊上方应设置甲烷传感器。

⑩ 瓦斯抽采泵站应设置甲烷传感器：a. 地面瓦斯抽采泵站内应设置甲烷传感器；b. 井下临时瓦斯抽采泵站下风侧栅栏外应设置甲烷传感器；c. 抽采泵输入管路中应设置甲烷传

感器；利用瓦斯时，应在输出管路中设置甲烷传感器；不利用瓦斯、采用干式抽采瓦斯设备时，输出管路中也应设置甲烷传感器。

（2）一氧化碳传感器的设置

一氧化碳传感器应垂直悬挂，距顶板（顶梁）不得大于 300 mm，距巷壁不得小于 200 mm，并应安装维护方便，不影响行人和行车。开采容易自燃、自燃煤层的采煤工作面应至少设置一个一氧化碳传感器，地点可设置在回风隅角（距切顶线 0～1 m）、工作面或工作面回风巷，报警浓度≥0.002 4%CO，如图 2-67 所示。一氧化碳传感器除用于环境监测外，还可用于自然发火预测。自然发火可根据每天 CO 平均值的增量来预测，若增量为正，则具有自然发火的可能。为保证一氧化碳传感器能正确反映所监测环境中 CO 浓度，一氧化碳传感器应设置在风流稳定、CO 等有害气体与新鲜空气混合均匀的位置。

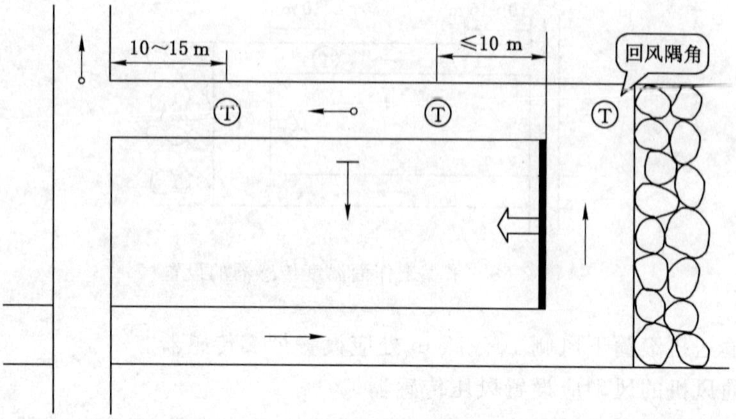

图 2-67　采煤工作面一氧化碳传感器的设置

《煤矿安全监控系统及检测仪器使用管理规范》（AQ 1029—2019）要求：

① 带式输送机滚筒下风侧 10～15 m 处宜设置一氧化碳传感器，报警浓度≥0.002 4%CO。

② 自然发火观测点、封闭火区防火墙栅栏外应设置一氧化碳传感器，报警浓度≥0.002 4%CO。

③ 开采容易自燃、自燃煤层的矿井，采区回风巷、一翼回风巷、总回风巷应设置一氧化碳传感器，报警浓度≥0.002 4%CO。

（3）风速传感器的设置

《煤矿安全监控系统及检测仪器使用管理规范》（AQ 1029—2019）要求：

① 采区回风巷、一翼回风巷、总回风巷的测风站应设置风速传感器。

② 风速传感器应设置在巷道前后 10 m 内无分支风流、无拐弯、无障碍、断面无变化、能准确计算风量的地点。

③ 当风速低于或超过《煤矿安全规程》的规定值时，应发出声光报警信号。

（4）开关量传感器的设置

《煤矿安全监控系统及检测仪器使用管理规范》（AQ 1029—2019）要求：

① 主要通风机、局部通风机应设置设备开停传感器。

② 矿井和采区主要进回风巷道中的主要风门应设置风门传感器。当两道风门同时打

开时,发出声光报警信号。

③ 掘进工作面局部通风机的风筒末端应设置风筒传感器。

④ 为监测被控设备瓦斯超限是否断电,被控开关的负荷侧应设置馈电传感器。

(5) 温度、烟雾及风压传感器的设置

《煤矿安全监控系统及检测仪器使用管理规范》(AQ 1029—2019)要求:

① 温度传感器应垂直悬挂,距顶板(顶梁)距离不得大于 300 mm,距巷壁不得小于 200 mm,并应安装维护方便,不影响行人和行车。

② 机电硐室内应设置温度传感器,报警值为 34 ℃。

③ 开采容易自燃、自燃煤层及地温高的矿井采煤工作面应在工作面或回风巷设置温度传感器,如图 2-68 所示。温度传感器的报警值为 30 ℃。

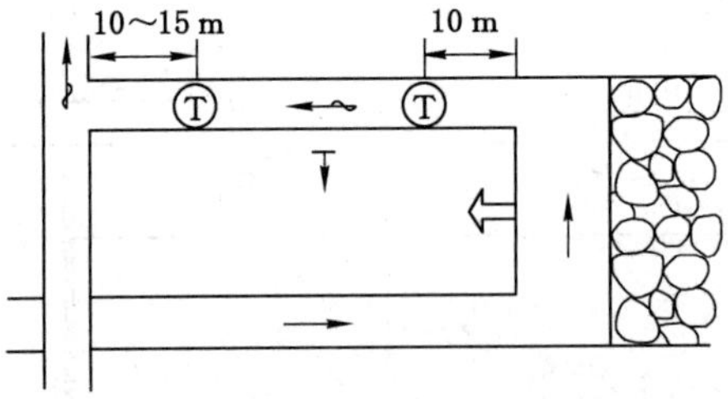

图 2-68 采煤工作面温度传感器的设置

④ 带式输送机滚筒下风侧 10～15 m 处应设置烟雾传感器。

⑤ 主要通风机的风硐应设置风压传感器。

⑥ 瓦斯抽采泵站的抽采泵输入管路中宜设置流量传感器、温度传感器和压力传感器;利用瓦斯时,应在输出管路中设置流量传感器、温度传感器和压力传感器。防回火安全装置上宜设置压差传感器。

2.4.2 化工企业传感器的设置

2.4.2.1 气体报警装置的组成

化工企业中的气体报警装置为防爆型仪表,由两部分组成:探测器和报警控制器。探测器安装在可能有气体泄露的危险场所,核心部件是气敏传感器;报警控制器安装在安全场所。当空气中有可燃性、有毒性气体时,探测器监测信号传送到报警控制器,报警控制器显示气体的浓度,当气体浓度超过设定的报警值时,报警控制器发出声光报警信号,并输出联动控制信号,以排除险情。

2.4.2.2 气体报警装置的设置原则

可燃气体和有毒气体探测器设置原则如下:

(1) 可燃气体或含有毒气体的可燃气体,一旦泄漏,可燃气体可能达到 25%LEL(爆炸下限),但有毒气体不能达到最高容许浓度时,应设置可燃气体报警装置。

(2) 有毒气体或其中含有可燃气体的有毒气体,一旦泄漏,有毒气体可能达到最高容许浓度,但可燃气体不能达到 25%LEL 时,应设置有毒气体报警装置。

(3) 既属可燃气体又属有毒气体,只设有毒气体报警装置。

（4）可燃气体与有毒气体同时存在的场所，应同时设置可燃气体和有毒气体报警装置。

2.4.2.3　气体报警装置的工作原理

可燃气体探测器由气敏元件、电路、紧固部件和外壳组成。气敏元件是一种能将监测到的气体成分和浓度转换为电信号的传感器，是可燃气体探测器的核心部件。无论是何种可燃气体探测器，都需要通过气敏元件与可燃气体发生反应，将其产生的信号经过处理、放大，最终由报警控制器发出报警信号。随着传感技术的不断发展和完善，气敏元件目前可分为半导体气敏传感器、催化燃烧式气敏传感器、电化学式气敏传感器、光学式气敏传感器等。

日常使用最多的可燃气体探测器是半导体型可燃气体探测器和催化型可燃气体探测器。饭店、宾馆、家庭等使用煤气、天然气、液化气的场所主要使用半导体型可燃气体探测器；散发可燃气体、可燃蒸气的工业场所主要使用催化型可燃气体探测器。下面重点介绍催化燃烧式气敏传感器工作原理。

催化燃烧式气敏传感器的检测元件是在铂金圈上包以氧化铝和黏合剂形成球状，经烧结而成，其外表面是敷有铂、钯等稀有金属的催化剂层，对铂丝元件通以电流，使检测元件保持高温（300～400 ℃），此时，元件若与可燃气体接触，可燃气体会在稀有金属催化剂层上燃烧，使铂丝线圈的温度上升，铂丝线圈的电阻值也随着上升，测量铂丝电阻变化值就可知道可燃气体浓度。

传感器采用检测元件与固定电阻和调零电位器构成检测桥路。桥路以铂丝为载体催化元件，通电后铂丝温度上升至工作温度，空气以自然扩散方式或其他方式到达元件表面。当空气中无可燃性气体时，桥路输出为零，当空气中含有可燃性气体并扩散到检测元件上时，由于催化作用产生无焰燃烧，使检测元件温度升高，铂丝电阻增大，桥路失去平衡，从而有电压信号输出，这个电压的大小与可燃性气体浓度成正比，信号经放大、模数转换，通过液晶显示器显示出可燃性气体的浓度。

2.4.2.4　气体报警装置布点位置的选择

根据泄漏情况，选择可燃气体探测器的最佳位置或必要设置点，如容器或储罐溢流口附近，物料进出口开关附近，管道与管道、管道与容器、管道与阀件等接口处附近，容器密封周围等位置。具体到某个装置时可进行更具体的分析，根据气体可能泄露的部位，确定气体探测器布置的最佳位置或必要设置点，从而保证泄漏的气体充分扩散到气体探测器附近，使泄漏险情及时被气体探测器探知。

可燃、有毒气体探测器能否正确检测，与安装位置的选择有极为密切的关系，应保证被测气体能充分与探测器接触。安装要求如下：

（1）注意气体密度。比空气轻的气体总是向上扩散，探测器应安装在泄漏源的上方；反之，探测器应安装在泄漏源的下方，一般接近地面或低洼处。

（2）考虑风向。在室外工艺区内，探测器应根据主导风向来考虑。如果可能的话，最好装于所需监测设备的周围。

（3）注意环境温度、湿度的影响。环境温度对探测器本身没有影响，但阳光直射房顶时，房间顶部会形成一个热空气障，阻碍比空气轻的可燃气体向房顶扩散，因此，探测器不能安装在紧靠房顶处，而应安装在距房顶 0.2 m 处为宜。湿度对探测的准确性有一定影响，露天安装时应有防雨罩。

(4) 如果找不到理想的安装位置,可以利用捕集罩将气体集中后引向探测器。

(5) 探测器应安装在无冲击、无振动、无强电磁干扰的场所,周围应留不小于 0.3 m 的净空。

2.4.2.5 影响气体探测器工作的因素

(1) 温度的影响。根据典型可燃气体探测器的工作原理,如果冷、暖气流直接吹过可燃气体探测器,就有可能造成可燃气体探测器铂丝的电阻率发生变化而出现误差;另外,化工装置常常处于高温、高压状态,可燃气体探测器与高温设备距离太近也会导致探测结果出现误差。因此,可燃气体探测器设置的位置应考虑远离空调、取暖设备等。

(2) 电磁干扰的影响。电磁环境对可燃气体探测器的影响途径主要有 3 条:电磁波干扰,电源和其他输入、输出线上的窄脉冲群,以及人体静电。例如:可燃气体探测器接近空调安装时,将会引起系统出现探测偏差;探测线路与动力线、照明线等强电线路间距较小,而未加防电磁干扰措施,系统亦将产生探测偏差。因此,可燃气体探测器设置的位置、角度、防护措施以及系统布线等方面应考虑防电磁干扰。

(3) 雨水、蒸汽的影响。气体探测器有许多安装在室外,可燃气体探测器及接线端子设置于易进水处,会造成电气线路断路或短路。因此,可燃气体探测器设置的位置应考虑避水、避湿或防雨。

(4) 污染性气体和积尘的影响。化工装置的环境相对民用建筑空间的环境要复杂,各种污染性气体和积尘是无法避免的,污染性气体和积尘进入探测器对其工作条件的损坏是客观存在的。因此可燃气体探测器设置的位置应尽量避免污染性气体和积尘集中的区域,以防可燃气体探测器探测出现误差或不探测。

(5) 振动的影响。气体探测器如果出现碰撞、振动会造成设备断路,探测失灵,因此气体探测器设置的位置应尽量避免碰撞、振动。另外,设置位置基本确定后,还应考虑可能泄露气体的密度:比空气轻的,应考虑设置在泄露气体“行走”的上方;比空气重的,应考虑设置在泄露气体“行走”的下方。气体探测器的选型要求为防爆型。

总的来说,气体探测器设置位置应更多地考虑可能泄露的区域或泄漏点,并避免周围环境对其产生影响,以保证有效探测;气体探测器设置的数量问题则应考虑尽可能保证探测无盲区,同时在经济和效用上找到合理的平衡。

2.4.2.6 使用气体检测仪时的注意事项

(1) 注意经常性的校准和检测

有毒有害气体检测仪也同其他分析检测仪器一样,都是用比较的方法进行测定的:先用一个零气体和一个标准浓度的气体对仪器进行标定,得到标准曲线储存于仪器之中,测定时,仪器将待测气体浓度产生的电信号同标准浓度的电信号进行比较,计算得到准确的气体浓度值。因此,随时对仪器进行校零、经常性对仪器进行校准都是保证仪器测量准确的必不可少的工作。目前很多气体检测仪都是可以更换监测传感器的,但这并不意味着一个检测仪可以随时配用不同的检测仪探头。不论何时,在更换探头时除了需要一定的传感器活化时间外,还必须对仪器进行重新校准。另外,建议在各类仪器使用之前,对仪器用标准浓度的气体进行响应检测,以保证仪器准确有效。

(2) 注意各种不同传感器间的监测干扰

一般而言,每种传感器都对应一种特定的监测气体,因此,在选择一种气体传感器时,应当尽可能了解其他气体对该传感器的监测干扰，以保证监测的准确性。

(3) 注意各类传感器的寿命

各类气体传感器都具有一定的使用年限。催化燃烧式传感器的寿命较长，一般可以使用 3 年左右；光电化学特定气体传感器的寿命相对短一些，一般为 1～2 年；氧气传感器的寿命最短，为 1 年左右。传感器要尽可能在其有效期内使用，一旦失效应及时更换。

(4) 注意检测仪的浓度测量范围

各类有毒有害气体检测仪都有其固定的检测范围，只有在其测定范围内完成测量才能保证仪器准确地进行测定。长时间超出测定范围进行测量，可能会对传感器造成永久性破坏。例如：可燃气体探测器如果不慎在超过 100%LEL 的环境中使用，就有可能彻底烧毁；有毒气体检测仪长时间工作在较高浓度下也会损坏。因此，气体如果发出超限信号，要立即关闭测量电路，以保证传感器的安全。

2.4.3　建筑消防传感器能设置

火灾自动报警系统主要由探测器、报警和警报装置，以及辅助装置等组成。

2.4.3.1　火灾探测器的分类

火灾探测器从结构的角度，可分为线型火灾探测器和点型火灾探测器；按参数差异，分为感烟火灾探测器、感温火灾探测器、感光火灾探测器、复合火灾探测器以及可燃气体火灾探测器；按编码形式，分为编码型火灾探测器和非编码型火灾探测器，其中，编码型火灾探测器又分为电子火灾探测器和拨码开关火灾探测器；按工作原理，分为线型火灾探测器、离子型火灾探测器和光电型火灾探测器。

2.4.3.2　火灾探测器的工作原理

通过敏感元件，探测器能够有效反映出被测区域的温度、气体、火焰、烟雾等信息，并测量和分析火灾信息参量，从而确定现场是否发生火灾。火灾发生时，可按动手动火灾报警按钮，从而启动火灾自动报警系统。当前，感烟火灾探测器以及感温火灾探测器的组合运用是智能建筑探测器的首选，另外，红外光束感烟火灾探测器适用于无遮蔽的较大空间，或者有特殊需要的场所。

火灾初期，火灾探测器触发器件能够在第一时间感知燃烧气体、温度变化、火焰、烟雾等信息，进而利用感温火灾探测器、感光火灾探测器、感烟火灾探测器、复合式火灾探测器和可燃气体火灾探测器对比正常状态阈值，分析是否与参数模量一致，再将火灾报警信号迅速传递给区域火灾报警控制器，然后区域报警控制器反馈火灾信号，以声光形式显示于集中报警系统中，并记录火灾发生时间。

2.4.3.3　火灾探测器的选择

火灾探测器的选择首先应根据探测区域内可能发生的火灾及其形成过程来考虑，选择的原则是其能够正确地给出早期预报。在选择火灾探测器时，还应结合环境条件、房间高度以及可能引起误报的因素综合进行考虑。

(1) 一般规定

火灾探测器的选择应符合下列规定：

① 对火灾初期有阴燃阶段，产生大量的烟和少量的热，很少或没有火焰辐射的场所，应选择感烟火灾探测器。

② 对火灾发展迅速，可产生大量热、烟和火焰辐射的场所，可选择感温火灾探测器、感烟火灾探测器、火焰探测器或其组合。

③ 对火灾发展迅速，有强烈的火焰辐射和少量烟、热的场所，应选择火焰探测器。

④ 对火灾初期有阴燃阶段，且需要早期探测的场所，宜增设一氧化碳火灾探测器。

⑤ 对使用、生产可燃气体或可燃蒸气的场所，应选择可燃气体火灾探测器。

⑥ 应根据保护场所可能发生火灾的部位和燃烧材料的分析，以及火灾探测器的类型、灵敏度和响应时间等选择相应的火灾探测器，对火灾形成特征不可预料的场所，可根据模拟试验的结果选择火灾探测器。

⑦ 同一探测区域内设置多个火灾探测器时，可选择具有复合判断火灾功能的火灾探测器和火灾报警控制器。

(2) 点型火灾探测器的选择

① 对不同高度的房间，可按表 2-7 选择点型火灾探测器。

表 2-7 对不同高度的房间点型火灾探测器的选择

房间高度/m	点型感烟火灾探测器	点型感温火灾探测器			点型火焰探测器
		A1，A2	B	C，D，E，F，G	
$12<h\leqslant 20$	不适合	不适合	不适合	不适合	适合
$8<h\leqslant 12$	适合	不适合	不适合	不适合	适合
$6<h\leqslant 8$	适合	适合	不适合	不适合	适合
$4<h\leqslant 6$	适合	适合	适合	不适合	适合
$h\leqslant 4$	适合	适合	适合	适合	适合

注：表中 A1，A2，B，C，D，E，F，G 为点型感温火灾探测器的不同类别，具体参数应符合《建筑设计防火规范(2018 年版)》(GB 50016—2014)附录 C 的规定。

② 下列场所宜选择点型感烟火灾探测器：饭店、藏馆、教学楼、办公楼的厅堂、卧室、办公室、商场、列车载客车厢等；计算机房、通信机房、电影或电视放映室等；楼梯、走道、电梯机房、车库等；书库、档案库等。

③ 符合下列条件之一的场所，不宜选择点型离子感烟火灾探测器：相对湿度经常大于95%的场所；气流速度大于 5 m/s，有大量粉尘、水雾滞留的场所；可能产生腐蚀性气体的场所；在正常情况下有烟滞留的场所；产生醇类、醚类、酮类等有机物质的场所。

④ 符合下列条件之一的场所，不宜选择点型光电感烟火灾探测器：有大量粉尘、水雾滞留的场所；可能产生蒸气和油雾的场所；高海拔地区；在正常情况下有烟滞留的场所。

⑤ 符合下列条件之一的场所，宜选择点型感温火灾探测器，且应根据使用场所的典型应用温度和最高应用温度选择适当类别的感温火灾探测器：相对湿度经常大于 95%的场所；可能发生无烟火灾的场所；有大量粉尘的场所；吸烟室等在正常情况下有烟或蒸气滞留的场所；厨房、锅炉房、发电机房、烘干车间等不宜安装感烟火灾探测器的场所；需要联动熄灭“安全出口”标志灯的安全出口内侧；其他无人滞留且不适合安装感烟火灾探测器，但发生火灾时需要及时报警的场所。

⑥ 可能产生阴燃火灾或发生火灾不及时报警将造成重大损失的场所，不宜选择点型感

温火灾探测器;温度在 0 ℃以下的场所,不宜选择定温火灾探测器;温度变化较大的场所,不宜选择具有差温特性的火灾探测器。

⑦ 符合下列条件之一的场所,宜选择点型火焰探测器或图像型火焰探测器:火灾时有强烈的火焰辐射;可能发生液体燃烧等无阴燃阶段的火灾;需要对火焰作出快速反应。

⑧ 符合下列条件之一的场所,不宜选择点型火焰探测器和图像型火焰探测器:在火焰出现前有浓烟扩散的场所;探测器的镜头易被污染的场所;探测器的"视线"易被油雾、烟雾、水雾和冰雪遮挡的场所;探测区域内的可燃物是金属和无机物的场所;探测器易受阳光、白炽灯等光源直接或间接照射的场所。

⑨ 探测区域内正常情况下有高温物体的场所,不宜选择单波段红外火焰探测器。

⑩ 正常情况下有明火作业,探测器易受 X 射线、弧光和闪电等影响的场所,不宜选择紫外火焰探测器。

⑪ 下列场所宜选择可燃气体探测器:使用可燃气体的场所;燃气站和燃气表房以及存储液化石油气罐的场所;其他散发可燃气体和可燃蒸气的场所。

⑫ 在火灾初期产生一氧化碳的下列场所可选择点型一氧化碳火灾探测器:烟不容易对流或顶棚下方有热屏障的场所;在棚顶上无法安装其他点型火灾探测器的场所;需要多信号复合报警的场所。

⑬ 污物较多且必须安装感烟火灾探测器的场所,应选择间断吸气的点型采样吸气式感烟火灾探测器或具有过滤网和管路自清洗功能的管路采样吸气式感烟火灾探测器。

(3) 线型火灾探测器的选择

① 无遮挡的大空间或有特殊要求的房间,宜选择线型光束感烟火灾探测器。

② 符合下列条件之一的场所,不宜选择线型光束感烟火灾探测器:有大量粉尘、水雾滞留的场所;可能产生蒸汽和油雾的场所;在正常情况下有烟滞留的场所;固定探测器的建筑结构由于振动等原因会产生较大位移的场所。

③ 下列场所或部位宜选择缆式线型感温火灾探测器:电缆隧道、电缆竖井、电缆夹层、电缆桥架;不易安装点型探测器的夹层、闷顶;各种带式输送装置;其他因环境恶劣不适合点型火灾探测器安装的场所。

④ 下列场所或部位宜选择线型光纤感温火灾探测器:除液化石油气外的石油储罐;易燃易爆场所;需要监测环境温度的地下空间等场所;公路隧道、敷设动力电缆的铁路隧道和城市地铁隧道等。

⑤ 线型定温火灾探测器的选择,应保证其不动作温度符合设置场所最高环境温度的要求。

(4) 吸气式感烟火灾探测器的选择

① 下列场所宜选择吸气式感烟火灾探测器:具有高速气流的场所;点型感烟、感温火灾探测器不适宜的大空间、舞台上方、建筑高度超过 12 m 或有特殊要求的场所;低温场所;需要进行隐蔽探测的场所;需要进行火灾早期探测的重要场所;人员不宜进入的场所。

② 灰尘比较大的场所,不应选择没有过滤网和管路自清洗功能的管路采样吸气式感烟火灾探测器。

2.4.3.4　火灾探测器的设置

一个火灾探测器能有效探测的面积称为保护面积。一个火灾探测器能有效探测的单向最大水平距离称为保护半径。两个相邻火灾探测器之间的水平距离称为安装间距。由于一般情况下根据建筑物平面形状很难做到让探测器呈正方形布置，于是将探测器的安装间距又分为横向安装间距 a 和纵向安装间距 b，如图 2-69 所示。

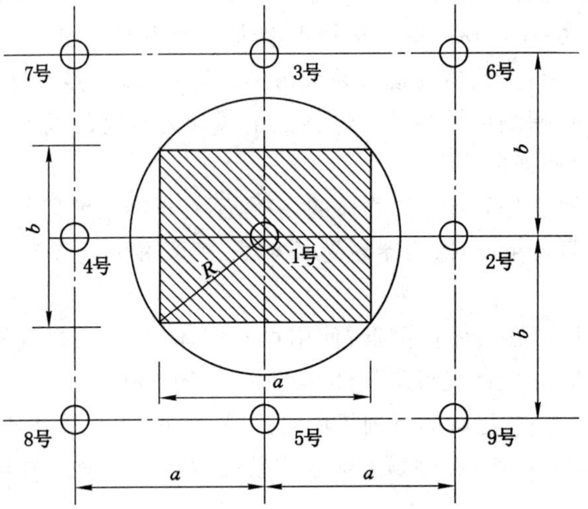

图 2-69 探测器的安装间距图例

感烟火灾探测器、感温火灾探测器的安装间距，应根据探测器的保护面积和保护半径确定，并符合《火灾自动报警系统设计规范》(GB 50116—2013)的有关规定。

按规定，一个探测器的保护面积 A 是以它的保护半径 R 为半径的圆内接正四边形的面积表示的，因此：

$$A = 2R^2$$

$$R = \sqrt{(a/2)^2 + (b/2)^2}$$

当探测器采用矩形平面布置时，由于一般情况下，其横向安装间距 a 与纵向安装间距 b 差异不大，因此，可以近似认为一个探测器的保护面积 $A=ab$。

工程设计中，为了既能保证每个探测器的保护范围能够得到充分利用，又能减少探测器布置的工作量，绘制出探测器安装距离的极限曲线(图 2-70)。该曲线以正方形布置为基准，以探测器的保护面积 A 和保护直径 $D=2R$ 为参数，标示出最佳安装间距 a 和 b 关联选值。根据此种关联选值，探测器的保护范围能得到充分利用。

探测区域内所需的探测器数量由下式确定：

$$N \geqslant S/(KA) \tag{2-74}$$

式中 N——一个探测区域内所需设置的探测器数量，为整数。

S——一个探测区域的面积，m^2。

A——探测器的保护面积，m^2。

K——校正系数。容纳人数超过 10 000 的公共场所宜取 0.7～0.8；容纳人数为 2 000～10 000 的公共场所宜取 0.8～0.9；容纳人数为 500～2 000 的公共场所宜取 0.9～1.0；其他场所可取 1.0。

《火灾自动报警系统设计规范》(GB 50116—2013)对于火灾探测器的选用和设置均作

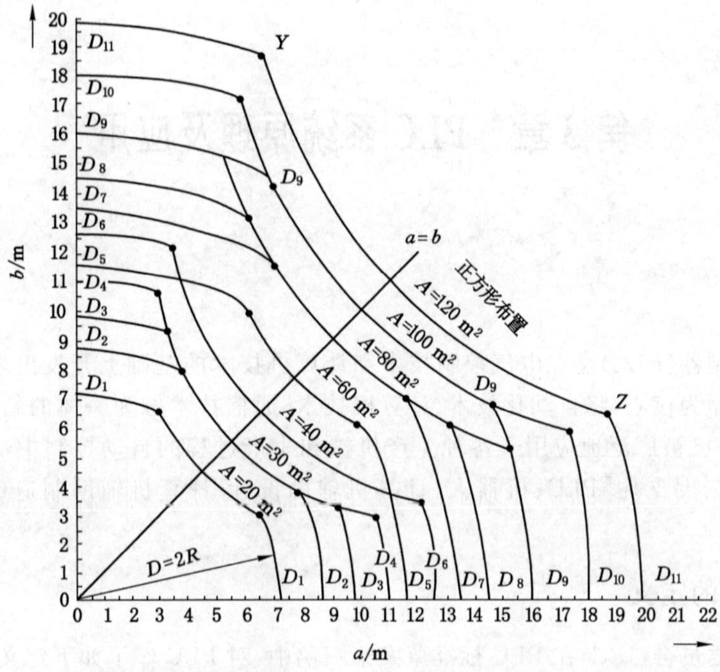

A—探测器的保护面积，m^2；a，b—探测器的安装间距，m；

$D_1 \sim D_{11}$—在不同保护面积 A 和保护半径 R 下确定探测器安装间距 a 和 b 极限曲线；

Y，Z—极限曲线的端点。

图 2-70　探测器安装距离的极限曲线

了较详细的规定，工程设计时必须严格遵循。值得指出的是，尽管如此，探测器的布置仍是一个值得重视的问题，不少工程设计过分偏重于美观、对称，而忽视了客观环境对探测器的信号收集造成的影响。事实上，即使像房间内的轻质隔断、大型家具、书架、档案架、柜式设备等也会对烟雾、热气流造成影响，从而成为影响探测器布置过程中不可忽视的因素。

思考题

1. 传感器的定义是什么？该定义包括哪几层含义？
2. 什么是热电效应？
3. 试述载体催化燃烧式甲烷检测元件结构和工作原理。
4. 试述定电位一氧化碳传感器的构造及原理。
5. 简述顺磁测氧原理。
6. 简述隔膜伽伐尼电池测氧原理。
7. 简述气相色谱法分离试样组分原理。
8. 试述如何利用超声波时差法测定巷道全断面的平均风速。
9. 风表按原理和测风范围分为几类？机械叶轮式风表的优缺点各是什么？

第3章 PLC系统原理及应用

3.1 概述

可编程控制器(PLC)是在电气控制技术和计算机技术的基础上开发出来的,并逐渐发展为以微处理器为核心,将自动化技术、计算机技术、通信技术融为一体的新型工业控制装置。目前,PLC已被广泛地应用于各种生产机械和生产过程的自动控制中,被公认为现代工业自动化的三大支柱[PLC、机器人、计算机辅助设计/计算机辅助制造(CAD/CAM)]之一。

3.1.1 PLC的定义

国际电工委员会(IEC)在PLC标准草案第三稿中,对PLC作了如下定义:

PLC是一种数字运算操作的电子系统,专为在工业环境应用而设计的。它采用一类可编程的存储器,用于其内部存储程序、执行逻辑运算、顺序控制、定时、计数与算术操作等面向用户的指令,并通过数字或模拟式输入/输出(I/O)控制各种类型的机械或生产过程。可编程控制器及其有关外部设备,都按易于与工业控制系统联成一个整体,易于扩充其功能的原则设计。

早期的可编程控制器称作可编程逻辑控制器(programmable logic controller),它主要用来代替继电器实现逻辑控制。随着技术的发展,这种装置的功能已经大大超过了逻辑控制的范围,因此,今天这种装置称作可编程控制器,简称PC。但是为了避免与个人计算机(personal computer)的简称混淆,所以将可编程控制器简称为PLC。

总之,可编程控制器是一台计算机,它是专为工业环境应用而设计制造的计算机。它具有丰富的输入/输出接口,并且具有较强的驱动能力。但可编程控制器产品并不针对某一具体工业应用,在实际应用时,其硬件需根据实际需要进行选用配置,其软件需根据控制要求进行设计编制。

3.1.2 PLC的产生和发展

1969年,美国数字设备公司(DEC)研制出第一台PLC,并将其成功应用于美国通用汽车自动装配线上。PLC以其简单易懂、操作方便、可靠性高、通用灵活、体积小、使用寿命长等优点,很快在美国其他工业领域得到推广和应用。到了1971年,PLC已经成功应用于食品、饮料、冶金、造纸等工业。

这一新型工业控制装置的出现,也受到了世界其他国家的高度重视。1971年,日本从美国引进了这项新技术,很快研制出了日本第一台PLC。1973年,西欧国家也研制出其第一台PLC。我国从1974年开始研制PLC,并于1977年开始将PLC应用于工业领域。

虽然PLC问世时间不长，但是随着微处理器的出现，大规模、超大规模集成电路技术的迅速发展，以及数据通信技术的不断进步，PLC也迅速发展，其发展过程大致可分三个阶段。

3.1.2.1 早期的PLC(20世纪60年代末至70年代中期)

早期的PLC一般称为可编程逻辑控制器，其主要功能是执行原先由继电器完成的顺序控制、定时等。它在硬件上以准计算机的形式出现，在I/O接口电路上作了改进以适应工业控制现场的要求。装置中的器件主要采用分立元件和中小规模集成电路，存储器采用磁芯存储器。另外还采取了一些措施，以提高其抗干扰的能力。在软件编程上，采用广大电气工程技术人员所熟悉的继电器控制线路的方式——梯形图。因此，早期PLC的性能要优于继电器控制装置，其优点是简单易懂、便于安装、体积小、能耗低、有故障指示、能重复使用等。其中，PLC特有的编程语言——梯形图一直沿用至今。

3.1.2.2 中期的PLC(20世纪70年代中期至80年代中后期)

在20世纪70年代，微处理器的出现使PLC发生了巨大的变化。美国、日本、德国等国家的一些厂家先后开始采用微处理器作为PLC的中央处理器(CPU)，使PLC的功能大大增强。在软件方面，除了保持其原有的逻辑运算、计时、计数等功能以外，还增加了算术运算、数据处理和传送、通信、自诊断等功能。在硬件方面，除了保持其原有的开关模块以外，还增加了模拟量模块、远程I/O模块、各种特殊功能模块，并扩大了存储器的容量，使各种逻辑线圈的数量增加，还增加了一定数量的数据寄存器，使PLC的应用范围得以扩大。

3.1.2.3 近期的PLC(20世纪80年代中后期至今)

进入20世纪80年代中后期，超大规模集成电路技术迅速发展，微处理器的市场价格大幅度下跌，使得各种类型的PLC所采用的微处理器的档次普遍提高。而且，为了进一步提高PLC的处理速度，各制造厂商还纷纷研发了专用逻辑处理芯片。这样，PLC软、硬件功能发生了巨大变化。

3.1.3 PLC的特点

PLC的产生是基于工业控制的需要，是面向工业控制领域的专用设备，它具有以下几个特点：

① 可靠性高。用程序来实现的逻辑顺序和时序，最大限度地取代了传统继电器系统中的硬件线路，大量减少了机械触点和连线的数量，单从这一角度而言，PLC在可靠性上优于继电器系统是明显的。

② 抗干扰能力强。在抗干扰性能方面，PLC在结构设计、内部电路设计、系统程序执行等方面都给予了充分的考虑。例如，对主要器件和部件用导磁良好的材料进行屏蔽，对供电系统和输入电路采用多种形式的滤波，系统软件具有故障检测功能等。

③ 灵活性强，控制系统具有良好的柔性。当生产工艺和流程进行局部调整和改动时，通常只需要对PLC的程序进行改动，或者配合以外围电路的局部调整即可实现对控制系统的改造。

④ 编程简单，使用方便。梯形图语言是PLC最重要也是最普及的一种编程语言，其电路符号和表达方式与继电器电路原理图相似，电气技术人员和技术工人可以很快地掌握梯

形图语言,并用来编制用户程序。

⑤ 控制系统易于实现,开发工作量少,周期短。由于PLC的系列化、模块化、标准化,以及良好的扩展性和联网性能,在大多数情况下,PLC系统都是一个较好的选择,它不仅能够完成多数情况下的控制要求,还能够节省大量系统设计、安装、调试的时间并减轻工作量。

⑥ 维修方便。PLC有完善的故障诊断功能,其可以根据装置上的发光二极管和软件提供的故障信息查明故障源。由于PLC的体积小,并且有些PLC采用模块化结构,因而可以通过更换整机或模块迅速排除故障。

⑦ 体积小,能耗低。由软件实现的逻辑控制可节省大量继电器、定时器,一台小型的PLC只相当于几个继电器的体积,使控制系统所消耗的能量大大降低。

⑧ 功能强,性能价格比高。用户程序实现的逻辑控制所需要的继电器、中间继电器、定时器、计数器等功能元件,都由存储单元来替代,因而数量非常大,一台小型的PLC所具备的元件(软元件)数量可达到成百上千个,相当于过去一个大规模甚至超大规模的继电器控制系统。另外,PLC所提供的软元件的触点(例如软继电器)可以无限次使用,能够方便地实现复杂的控制功能。同时,PLC的联网通信功能有利于其实现分散控制、远程控制、集中管理等功能,与同等规模或成本的继电器控制系统相比,无论在功能还是性能方面,PLC都具有无可比拟的优势。

3.1.4 PLC的分类

3.1.4.1 按I/O点数分类

(1) 小型PLC

小型PLC的I/O点数一般在128点以下,其特点是体积小、结构紧凑、整个硬件融为一体,除了开关量I/O以外,还可以连接模拟量I/O以及其他各种特殊功能模块。它能执行逻辑运算、计时、计数、算术运算、数据处理和传送、通信联网以及各种应用指令。

(2) 中型PLC

中型PLC采用模块化结构,其I/O点数一般在256～1 024点之间。I/O的处理方式除了采用一般PLC通用的扫描处理方式外,还能采用直接处理方式,即在扫描用户程序的过程中,直接读输入,刷新输出。它能连接各种特殊功能模块,使得通信联网功能更强,指令系统更丰富,内存容量更大,扫描速度更快。

(3) 大型PLC

大型PLC的I/O点数一般在1 024点以上。其软、硬件功能极强,具有极强的自诊断功能,通信联网功能强,有各种通信联网的模块,可以构成三级通信网,实现工厂生产管理自动化。大型PLC还可以采用3个CPU构成表决式系统,使机器的可靠性更高。

3.1.4.2 按结构形式分类

根据结构形式不同,可将PLC分为整体式PLC和模块式PLC两类。

整体式PLC是将中央处理器、I/O部件、存储器和电源部件集中于一体,装在一个外壳之中,形成一个整体,通常称为主机或基本单元。I/O接线端子及电源进线分布在机箱的两侧,并有相应的发光二极管显示I/O状态。这种结构的PLC具有结构紧凑、体积小、质量轻、价格低的优点。一般小型PLC多采用这种结构形式。

模块式PLC是把各组成部分做成独立的模块,如主机模块、输入模块、输出模块、电源模块等。各模块做成插件式，组装在一个具有标准尺寸并带有若干插槽的机架内。该结构形式的PLC具有配置灵活、装配和维修方便、易于扩展等优点。一般中、大型PLC都采用这种结构形式。

3.1.4.3 按使用情况分类

根据使用情况不同，可将PLC分为通用型PLC和专用型PLC两类。

通用型PLC可供各工业控制系统选用，通过不同配置和应用软件的编制可满足不同的需要，是用作标准工业控制装置的PLC。

专用型PLC是为某类控制系统专门设计的PLC，如数控机床专用型PLC等。

3.1.5 PLC的组成

PLC是微机技术和控制技术相结合的产物，是一种以微处理器为核心的用于控制的特殊计算机，因此PLC的基本组成与一般的微机系统类似。

PLC的硬件主要由CPU、存储器单元、I/O单元、接口单元、电源单元等部分组成。其中，CPU是PLC的核心，I/O单元是连接现场I/O设备与CPU之间的接口电路，通信接口用于与编程器、上位计算机等外部设备连接。图3-1是S7-200型PLC基本结构图。

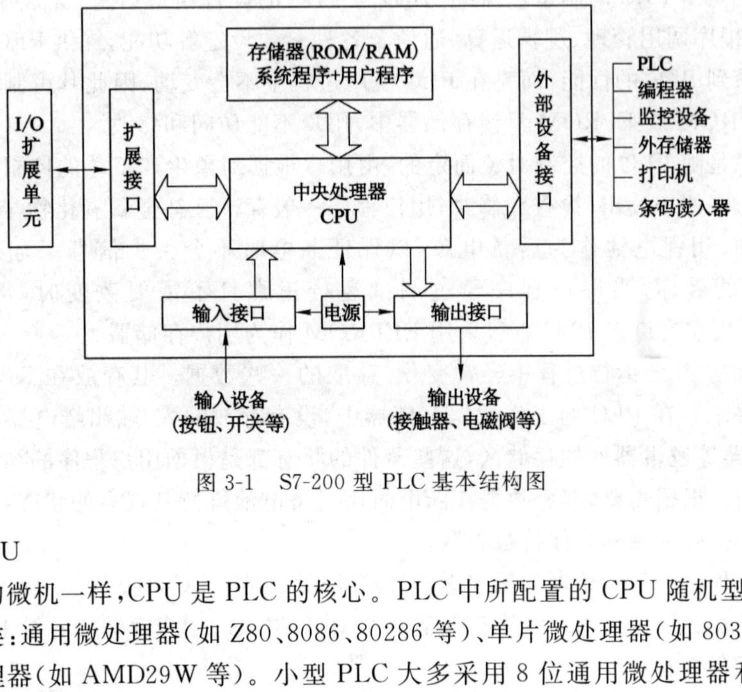

图3-1 S7-200型PLC基本结构图

3.1.5.1 CPU

同一般的微机一样，CPU是PLC的核心。PLC中所配置的CPU随机型不同而不同，常用的有三类：通用微处理器（如Z80、8086、80286等）、单片微处理器（如8031、8096等）和位片式微处理器（如AMD29W等）。小型PLC大多采用8位通用微处理器和单片微处理器；中型PLC大多采用16位通用微处理器或单片微处理器；大型PLC大多采用高速位片式微处理器。

目前，小型PLC为单CPU系统，而中、大型PLC则大多为双CPU系统，甚至有些PLC的CPU多达8个。对于双CPU系统，其中一个CPU为字处理器，通常采用8位或16位处理器；另一个CPU为位处理器，采用由各厂家设计制造的专用芯片。字处理器为主处理器，用于执行编程器接口功能，监视内部定时器，监视扫描时间，处理字节指令以及对系统总线和位处理器进行控制等。位处理器为从处理器，主要用于处理位操作指令和实现PLC编程语言向机器语言的转换。位处理器的采用,提高了PLC的速度,使PLC能够更好地满足实时控制要求。

在PLC中,CPU按系统程序赋予的功能,指挥PLC有条不紊地进行工作,归纳起来主要有以下几个方面:

(1) 接收从编程器输入的用户程序和数据。

(2) 诊断电源、PLC内部电路的工作故障和编程中的语法错误等。

(3) 通过输入接口接收现场的状态或数据,并存入输入映像寄存器或数据寄存器中。

(4) 从存储器逐条读取用户程序,经过解释后执行。

(5) 根据执行的结果,更新有关标志位的状态和输出映像寄存器的内容,通过输出单元实现输出控制。有些PLC还具有制表打印或数据通信等功能。

3.1.5.2 存储器单元

存储器主要有两种:一种是可读/写操作的随机存储器(RAM);另一种是只读存储器(ROM),ROM根据功能不同,又分为可编程只读存储器(PROM)、可擦可编程只读存储器(EPROM)和带电可擦可编程只读存储器(EEPROM)。在PLC中,存储器主要用于存放系统程序、用户程序及工作数据。

系统程序是由PLC的制造厂家编写的,与PLC的硬件组成有关,完成系统诊断、命令解释、功能子程序调用管理、逻辑运算、通信及各种参数设定等功能,提供PLC运行的平台。系统程序关系到PLC的性能,而且在PLC使用过程中不会变动,因此其由制造厂家直接固化在ROM、PROM或EPROM只读存储器中,用户不能访问和修改。

用户程序是随PLC的控制对象而定的,由用户根据对象生产工艺的控制要求而编制的应用程序。为了便于读出、检查和修改,用户程序一般存于互补金属氧化物半导体(CMOS)静态RAM中,用锂电池作为后备电源,以保证断电时不会丢失信息。为了防止干扰对RAM中程序的破坏,当用户程序经过调试运行正常且不需要改变时,可将其固化在EPROM中。现在有许多PLC直接采用EEPROM作为用户存储器。

工作数据是PLC运行过程中经常变化、存取的一些数据。其存放在RAM中,以适应随机存取的要求。在PLC的工作数据存储器中,设有存放输入/输出继电器、辅助继电器、定时器、计数器等逻辑器件的存储区,这些器件的状态都是根据用户程序的初始设置和运行情况而确定的。根据需要,部分数据在断电时用后备电池维持其现有的状态,这种在断电时可保存数据的存储区域称为保持数据区。

由于系统程序及工作数据与用户无直接联系,因此在PLC产品样本或使用手册中所列存储器的形式及容量是指用户程序存储器。当PLC提供的用户存储器容量不够用时,许多PLC还提供存储器扩展功能。

3.1.5.3 电源单元

电源单元将外界提供的交流电源转换为PLC的工作电源后,提供给PLC。有些电源单元也可以作为负载电源,通过PLC的I/O接口向负载提供DC 24 V电源。PLC的电源一般采用开关电源,输入电压范围宽,抗干扰能力强。电源单元的输入与输出之间有可靠的隔离,以确保外界扰动不会影响PLC的正常工作。

电源单元还提供掉电保护电路和后备电池电源,以维持部分RAM的内容在外界电源断电后不会丢失。在面板上通常有发光二极管指示电源的工作状态,便于判断电源工作是否正常。

3.1.5.4　I/O 单元

I/O 单元通常也称 I/O 模块，是 PLC 与工业生产现场之间的连接部件。PLC 通过输入接口可以监测被控对象的各种数据，以这些数据作为 PLC 对被控制对象进行控制的依据；同时，PLC 又通过输出接口将处理结果送给被控制对象，以达到控制的目的。

由于外部输入设备和输出设备所需的信号电平多种多样，而 PLC 内部 CPU 处理的信息只能是标准电平，所以 I/O 接口要实现这种转换。I/O 接口一般都具有光电隔离和滤波功能，以提高 PLC 的抗干扰能力。另外，I/O 接口上通常还有状态指示，工作状况直观，便于维护。PLC 提供了多种操作电平和驱动能力的 I/O 接口，有各种各样功能的 I/O 接口供用户选用。I/O 接口的主要类型有：数字量（开关量）输入、数字量（开关量）输出、模拟量输入、模拟量输出等。

3.1.5.5　接口单元

接口单元包括 I/O 扩展接口、通信接口、编程器接口和存储器接口等。

PLC 的 I/O 单元也属于接口单元的范畴，它完成 PLC 与工业现场之间电信号的往来联系。除此之外，PLC 与其他外界设备和信号的联系都需要相应的接口单元。

（1）I/O 扩展接口

I/O 扩展接口用于扩展 I/O 点数，当主机的 I/O 通道数量不能满足系统要求时，需要增加扩展单元，这时需要用到 I/O 扩展接口将扩展单元与主机连接起来。西门子公司 S7-200 型 PLC 中的接口模块就是专用于连接中央机架和扩展机架的扩展接口。

（2）通信接口

PLC 配有各种通信接口，这些通信接口一般都带有通信处理器。PLC 通过这些通信接口可与监视器、打印机、其他 PLC、计算机等设备实现通信。PLC 与打印机连接，可将过程信息、系统参数等输出打印；与监视器连接，可将控制过程图像显示出来；与其他 PLC 连接，可组成多机系统或联成网络，实现更大规模的控制；与计算机连接，可组成多级分布式控制系统，实现控制与管理相结合。另外，远程 I/O 系统也必须配备相应的通信接口模块。

（3）编程器接口

编程器接口是连接编程器的，PLC 本体通常是不带编程器的。为了能对 PLC 编程和监控，PLC 上专门设置有编程器接口。通过这个接口 PLC 可以连接各种形式的编程装置，还可以利用此接口做通信、监控工作。

（4）存储器接口

存储器接口是为了扩展存储区而设置的，主要用于扩展用户程序存储区和用户数据参数存储区，可以根据使用需要扩展存储器，其内部也是接到总线上的。

3.1.6　常见的 PLC 产品

生产 PLC 的厂家很多，每个厂家的 PLC 都自成体系，用户可根据点数、容量、功能上的需求作出不同的选择。目前常见的 PLC 品牌及型号如表 3-1 所列。

表 3-1 常见 PLC 品牌及型号

品牌	型号系列	主要特点
德国西门子(SIEMENS)	S7-200 系列	小型,最大 256 点,有 221、222、224、226 等 4 个基本型号
	S7-300 系列	中型,模块化,最大 2 048 点,满足中、小规模性能要求
	S7-400 系列	大型,模块化,功能强,用于中高性能控制领域
日本三菱电机(Mitsubishi Electric)	FX 系列	小型,最大 384 点,有 FXINC、FXIN、FXIS、FX2NC、FX2N、FX3UC、FX3U、FX3G 等 8 个型号
	Q 系列	中型,最高可达 4 096 点
	A/QnA 系列	大型,2006 年 9 月停止该系列产品的生产
日本欧姆龙(OMRON)	CP、CPM 系列	小型,最大 356 点,有 CPM1A、CPM2A、CPM2C、CPM2AH、CPM2AH-S、CP1H、CP1L 等 7 种型号
	C200H α 系列	中型,CQM、CJ1M、CJ1、C200Hα 等型号,CJ1 最大 2 560 点
	CV 系列、CS 系列	大型,CS 系列最大 5 120 点
美国 Rockwell A-B(Allen&Bradly)	MicroLogix 系列	微型,有 1000、1200、1500 系列
	SLC500 系列	中型,最大 4 096 点,功能强,配置灵活
	Control Logix 系列	大型,适合顺序、过程、传动和运动等控制
法国施耐德电气(Schneider Electric)	Twido 系列	小型,分一体型、模块型、Extreme
	Modicon M340 系列	中型,适用于复杂设备和中小型项目
	Modicon Premium 系列	中大型,适用于复杂机械及制造业
	Modicon Quantum 系列	大型,功能强,适用于复杂的过程控制
美国通用(GE-Fanuc)	VersaMax 系列	小型,另有 VersaMax Micro 系列
	90-30 系列	中型,型号有 334、331、323、321 等
	90-70 系列	大型,支持结构化编程及多编程语言等

3.1.7 PLC 与计算机之间的连接

连接 S7-200 系列 PLC 和计算机的方式有两种:通过点对点接口(PPI)多主站编程电缆直接连接,或者通过带有多点接口(MPI)电缆的通信处理器(CP)卡连接。使用 PPI 多主站编程电缆是最常用和最经济的方式。它将 S7-200 系列 PLC 的编程口与计算机的 RS-232 标准接口相连。PPI 多主站编程电缆也能用来将其他通信设备连接至 S7-200 系列 PLC。PPI 多主站编程电缆主要有 RS-232/PPI 电缆和 USB/PPI 电缆。PLC 与计算机连接示意图如图 3-2 所示,连接实物图如图 3-3 所示。

3.1.8 PLC 控制系统设计概述

3.1.8.1 PLC 控制系统设计的基本原则

设计任何一个 PLC 控制系统,目的都是通过控制被控对象实现生产工艺的要求,以提高劳动生产率和产品的质量。因此,在设计 PLC 控制系统时,应遵循以下基本原则:

① PLC 控制系统应最大限度地满足被控对象的生产工艺要求。设计前,应深入现场进

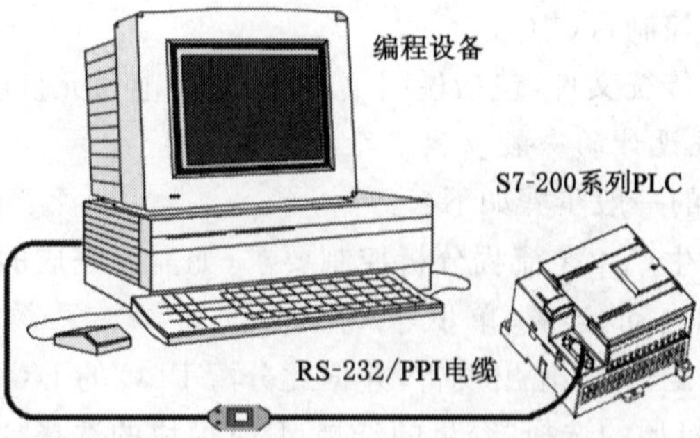

图 3-2　PLC 与计算机连接示意图

(a) 整体图

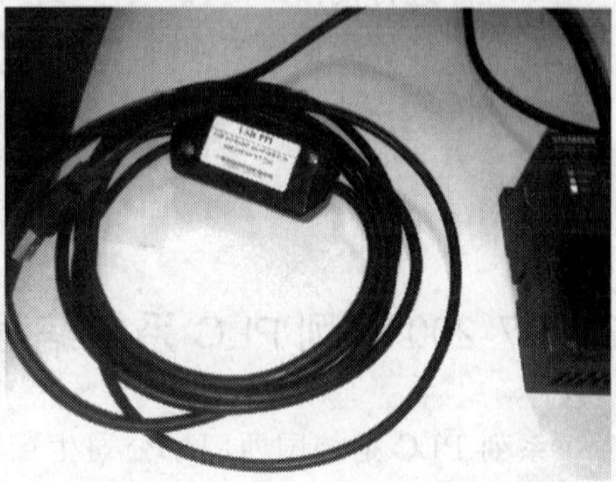

(b) USB/PPI电缆

图 3-3　PLC 与计算机连接实物图

行调查研究，搜集资料，并与机械部分的设计人员和实际操作人员密切配合，拟定出最合理的控制方案。

② 在满足生产工艺要求的前提下，力求使 PLC 控制系统简单、经济、使用和维修方便。

③ 应保证 PLC 控制系统的安全性及可靠性。

④ 考虑到生产的发展和工艺的改进，在配置 PLC 硬件设备时应适当留有一定的裕量。

3.1.8.2　PLC 控制系统设计的基本内容

PLC 控制系统是由 PLC 与用户输入、输出设备连接而成的，因此，PLC 控制系统设计的基本内容包括如下几点：

① 选择用户输入设备（按钮、操作开关、限位开关和传感器等）、输出设备（接触器、电磁阀和伺服电动机等）以及由输出设备驱动的控制对象（电动机、信号灯等）。

② PLC 的选择。PLC 是 PLC 控制系统的核心部件，正确选择 PLC 对于保证整个控制系统的技术性能指标起着极为重要的作用。PLC 的选择包括机型、容量的选择，以及 I/O 模块、电源模块等的选择。

③ 分配 I/O 点，绘制 I/O 连接图。

④ 控制程序设计包括控制系统流程图、梯形图等的设计。PLC 控制系统是通过控制程序

来实现其控制功能的，因此，所设计的控制程序必须经过反复调试、修改，直到满足要求为止。

⑤ 必要时还需设计控制台（柜）。

⑥ 编制控制系统的传统文件，包括说明书、电气图及电气元件明细表等。

3.1.8.3 PLC 控制系统设计的一般步骤

PLC 控制系统设计的一般步骤如下：

① 根据控制系统的生产工艺流程分析控制要求，如需要完成的动作（动作顺序、动作条件等）及操作方式（手动、自动、连续、单步等）等。

② 根据控制要求确定输入、输出设备，并据此分配 PLC 的 I/O 点。

③ 选择 PLC，包括机型的选择、容量的选择、I/O 模块的选择、电源模块的选择等。

④ 编写梯形图程序。控制程序是保证系统工作正常、安全、可靠的关键，对于较复杂的控制系统，需绘制系统控制流程图，以清楚地表明动作的顺序和条件。

⑤ 对程序进行模拟调试、修改，直到满足控制要求。

⑥ 在编写梯形图程序的同时，可进行控制台（柜）的设计和现场施工。

⑦ 在线统调。开始时只带输出设备（如接触器线圈、指示灯等）不带负载进行调试，完毕后，再带负载进行调试。系统统调结束，保存程序。

⑧ 交付使用。

3.2 S7-200 系列 PLC 系统编程方法和技巧

S7 系列 PLC 是德国西门子公司生产的。该系列 PLC 由于体积小、运行速度快、功能强、可靠性高、具有网络通信能力等特点，在冶金、化工、建材、印刷等行业得到了广泛应用。其中的 S7-200 系列 PLC 属于整体式小型 PLC，用于代替继电器的简单场合，也可用于复杂的自动控制系统。

3.2.1 S7-200 系列 PLC 的硬件组成

S7-200 系列 PLC 采用整体式加积木式的结构，即 S7-200 系列 PLC 的 CPU 模块包括一个 CPU、电源及数字量 I/O 点，这些都被集成在一个紧凑、独立的设备中。S7-200 系列 PLC 的 CPU 模块还可提供不同功能的扩展单元。CPU 负责执行程序和存储数据，以便对工业自动控制任务或者进程进行控制；输入和输出是系统的控制点，输入部分从现场设备（例如传感器或开关）中采集信号，输出部分则控制泵、电机以及工业过程中的其他设备；电源向 CPU 及其所连接的任何模块提供电力；通信端口允许将 S7-200 系列 PLC 的 CPU 同编程器或其他一些设备连接起来；状态信号灯显示了 CPU 的工作模式（运行或停止）、本机 I/O 的当前状态以及检查出的系统错误；扩展模块可增加 CPU 的 I/O 点数（CPU221 不可扩展）以及提供通信性能；EEPROM 可以存储 CPU 程序，也可以将一个 CPU 中的程序传送到另一个 CPU 中；可选择的插入式电池盒可延长 RAM 中的数据存储空间。

3.2.1.1 数字量 I/O（DI/DO）

PLC 一般总是将 I/O 分成若干组，每组共用一个 I/O 端口，下面分别介绍数字量输入、输出电路的具体形式。

(1) 数字量输入单元

数字量输入电路有多种形式,能分别适用于直流和交流的数字输入量。而在直流数字量的输入电路中,根据具体的电路形式又有源型和漏型之别。图 3-4 是漏型数字量输入电路示意图。在图 3-4 中,若干个输入点组成一组,共用一个公共端 COM。每一个点都构成一个回路,图中只画出了一路。回路的电流流向是从输入端口流入 PLC,从公共端流出。图中的电阻 R_2 和电容 C 构成 R-C 滤波电路,光耦合器将现场信号与 PLC 内部电路隔离,并且将现场信号的电平(图中为 DC 24 V)转换为 PLC 内部电路可以接受的电平。发光二极管(LED)用来指示当前数字量输入信号的高、低电平状态。

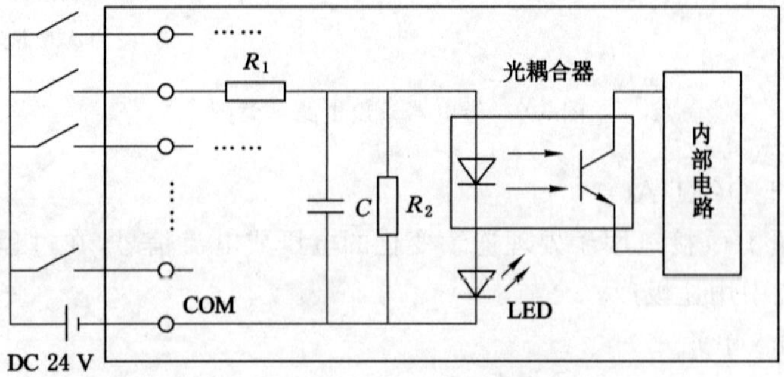

图 3-4　漏型数字量输入电路示意图

源型输入电路的形式与图 3-4 基本相似,不同之处在于光耦合器、发光二极管、DC 24 V 电源均反向,电流流向是从公共端 COM 流入 PLC,从信号端流出。

目前,有很多 PLC 采用双向光耦合器,并且使用两个反向并联的发光二极管,这样一来,DC 24 V 电源的极性可以任意接,电流的流向也可以是任意的。

交流数字量输入电路也有多种形式,有些采用桥式整流电路将交流信号转换成直流,然后经过光耦合器隔离输入内部电路;而有些 PLC 则直接使用双向光耦合器和双向发光二极管,从而省去了桥式整流电路。图 3-5 是带整流桥的输入电路示意图。

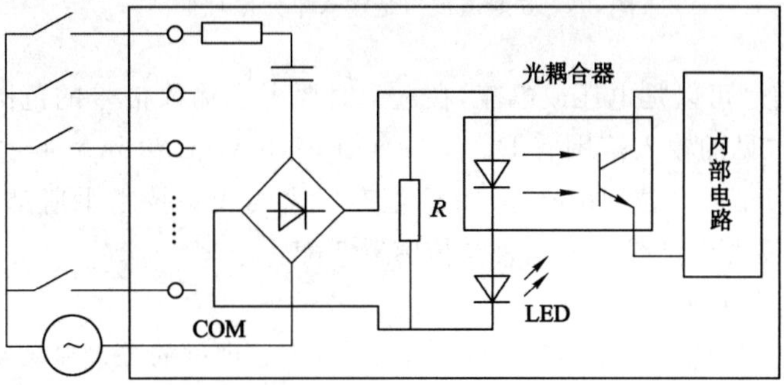

图 3-5　带整流桥的输入电路示意图

(2) 数字量输出单元

PLC 的数字量输出形式有继电器模式、晶体管模式、晶闸管模式三种,分别用于驱动不同形式的负载。图 3-6 给出了继电器输出电路示意图,图中的 KA 为输出继电器,继电器输出模式可以带交流、直流两种负载。

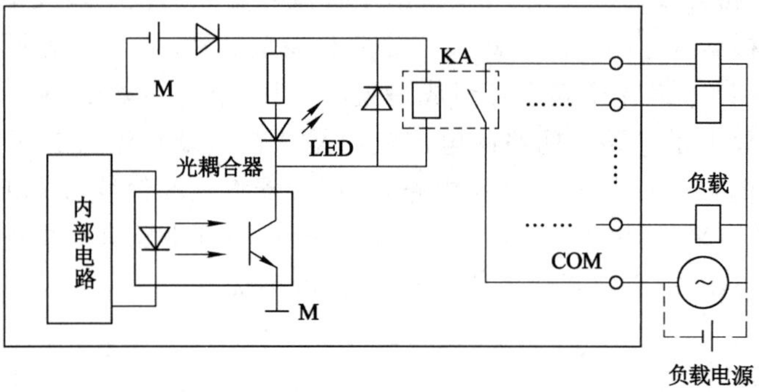

图 3-6 继电器输出电路示意图

3.2.1.2 模拟量 I/O(AI/AO)

PLC 的模拟量 I/O 接口用于处理连续变化的电压或电流信号，在过程控制领域以及数据采集与监控系统中用途极广。

(1) 模拟量输入单元

传感器将被控对象中连续变化的物理量(例如温度、压力、流量、速度等)转换成对应的连续电量(电压或电流)并送给 PLC，PLC 的模拟量输入单元将其转换成数字量后，CPU 可对其进行运算处理。因此，模拟量输入单元的核心部件是 A/D 转换器，对于多路输入的模块，需要多路开关配合使用。图 3-7 为 8 通道模拟量输入单元原理框图。

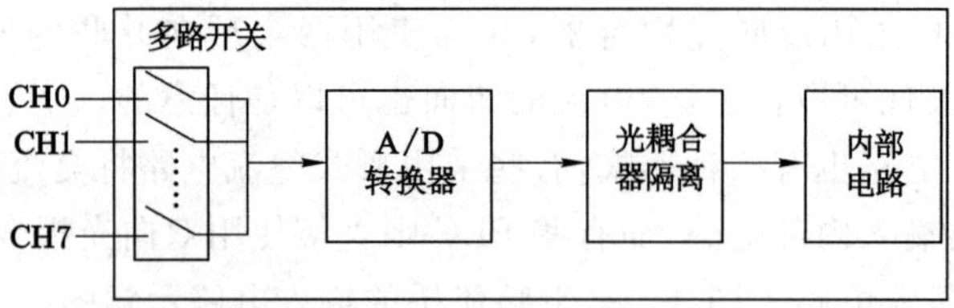

图 3-7 8 通道模拟量输入单元原理框图

模拟量输入信号可以是电压或电流，在选型时要考虑输入信号的范围以及系统要求的 A/D 转换精度。常见的输入范围有 DC ±10 V、0～10 V、±20 mA、4～20 mA 等，转换精度有 8 位、10 位、11 位、12 位、16 位等，PLC 生产厂家的相关技术手册都会提供这些参数。此外，选型时还需要考虑接线形式是否与传感器匹配。

(2) 模拟量输出单元

模拟量输出过程与输入过程相反，它将 PLC 运算处理过的二进制数字转换成相应的电量(如 4～20 mA、0～10 V 等)，输出至现场的执行机构，它的核心部件是 D/A 转换器。图 3-8 为模拟量输出单元原理框图。

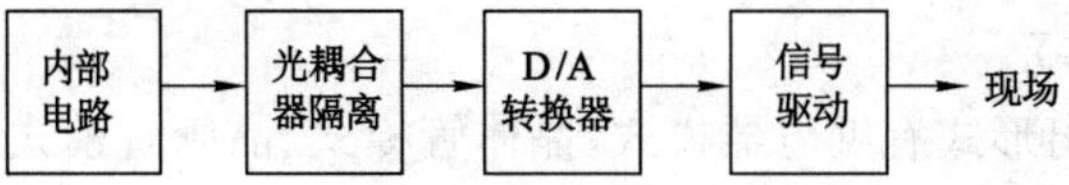

图 3-8 模拟量输出单元原理框图

模拟量输出单元的主要技术指标同样包括输出信号形式(电压或电流)、输出信号范围(如 4～20 mA、0～10 V 等)以及接线形式等,在选型时要充分考虑到这些因素与工业现场执行元件相互结合的问题。

(3) 电源定额

所有的 S7-200 系列 PLC 的 CPU 都有一个内部电源,为 CPU 自身、扩展模块和其他用电设备提供 24 V 直流电源。

S7-200 系列 PLC 的 CPU 为系统中的所有扩展模块提供 5 V 直流逻辑电源,因此必须格外注意其系统配置,要确保 CPU 所提供的 5 V 电源能够满足所选择的所有扩展模块的需要。如果配置要求超出了 CPU 的供电能力,只有去掉一些模块或者选择一个供电能力更强的 CPU。

S7-200 系列 PLC 的所有 CPU 也提供 24 V 直流电,此 DC 24 V 可以为输入点、扩展模块上的继电器线圈或者其他设备供电。如果设备用电量超过了传感器供电定额,必须为系统另配一个外部 DC 24 V 供电电源。

如果使用了外部 DC 24 V 供电电源,要确保该电源没有与 S7-200 系列 PLC 的 CPU 上的传感器电源并联使用。为了加强电子噪声保护,建议将不同电源的公共端连在一起。

3.2.2　S7-200 系列 PLC 的软件组成

在可编程控制器中,软件分为两部分:第一部分为监控程序,它是每一个 PLC 成品必须包括的部分,是由 PLC 的制造者编制的,用于控制 PLC 本身的运行;另一部分为用户程序,由 PLC 的使用者编制,用于控制被控装置的运行。

3.2.2.1　监控程序

监控程序分成管理程序、用户指令解释程序、标准程序模块和系统调用三个部分。

(1) 管理程序是监控程序中最重要的部分,它分为三个部分:① 运行管理,即控制 PLC 何时输入、何时输出、何时运算、何时自检、何时通信等,进行时间上的分配管理。② 存储空间管理,即生成用户环境,由它规定各种参数、程序的存放地址,将用户使用的数据参数存储地址转化为实际的数据格式及物理存放地址。它将有限的资源变为用户可直接使用的很方便的元件。例如,它将有限个数的比较匹配输出(CTC)扩展为几十至上百个用户时钟和计数器。通过这部分程序,用户看到的就不是机器实际存储的地址和 CTC 的地址了,而是按照用户数据结构排列的元件空间和程序存储空间了。③ 系统自检程序。它包括各种系统出错检验、用户程序语法检验、警戒时钟运行等。

(2) 监控程序的第二部分为用户指令解释程序。任何计算机最终都是根据机器语言来执行的,而机器语言的编制又比较麻烦。因此,在 PLC 中采用梯形图编程,从而将人们易懂的梯形图程序变为机器能识别的机器语言程序,这就是解释程序的任务。它将梯形图程序逐条翻译成相应的机器语言,然后通过 CPU 完成这一步的功能。

事实上,为了节省内存、提高解释速度,用户程序是以内码的形式存储在 PLC 中的。用户程序变为内码形式的这一步骤是通过编辑程序实现的,它可以对用户程序进行插入、删除、检查、查错,方便程序的调试。

(3) 监控程序的第三部分就是标准程序模块和系统调用。这部分是由许多独立的程序模块组成的,各自能完成不同的功能,有些完成输入、输出,有些完成特殊运算等。PLC 的各种具体工作都是由这部分程序来完成的，这部分程序的多少就决定了 PLC 性能的强弱。

整个系统监控程序是一个整体，其质量的好坏很大程度上影响了 PLC 的性能。因为通过改进系统监控程序就可在不增加任何硬设备的条件下大大改善 PLC 的性能，所以国外 PLC 厂家对监控程序的编制非常重视。

3.2.2.2　用户程序

用户程序是 PLC 的使用者编制的针对控制问题的程序。它是用梯形图或某种 PLC 指令的助记符编制而成的，其助记符形式随 PLC 型号的不同而略有不同。用户程序是线性地存储在监控程序指令的存储区间内的，它的最大容量也是由监控程序限制的。S7-200 系列 PLC 的主要技术指标见表 3-2。

表 3-2　S7-200 系列 PLC 的主要技术指标

特性		CPU 221	CPU 222	CPU 224	CPU 224XP	CPU 226
外形尺寸/mm		90×80×62	90×80×62	120.5×80×62	140×80×62	190×80×62
程序存储器	带运行模式编辑	4 096 B	4 096 B	8 192 B	12 288 B	16 384 B
	不带运行模式编辑	4 096 B	4 096 B	12 288 B	16 384 B	24 576 B
数据存储器		2 048 B	2 048 B	8 192 B	10 240 B	10 240 B
断电保护时间		50 h	50 h	100 h	100 h	100 h
本机 I/O	数字量	6 输入/4 输出	8 输入/6 输出	14 输入/10 输出	14 输入/10 输出	24 输入/16 输出
	模拟量		—	—	2 输入/1 输出	—
扩展模块数量		0 个模块	2 个模块	7 个模块	7 个模块	7 个模块
高速计数器	单相	4 路 30 kHz	4 路 30 kHz	6 路 30 kHz	4 路 30 kHz 2 路 200 kHz	6 路 30 kHz
	两相	2 路 20 kHz	2 路 20 kHz	4 路 20 kHz	3 路 20 kHz 1 路 100 kHz	4 路 20 kHz
脉冲输出(DC)		2 路 20 kHz	2 路 20 kHz	2 路 20 kHz	2 路 100 kHz	2 路 20 kHz
模拟电位器		1	1	2	2	2
实时时钟		卡件	卡件	内置	内置	内置
通信口		1 个 RS-485 口	1 个 RS-485 口	1 个 RS-485 口	2 个 RS-485 口	2 个 RS-485 口
浮点数运算		是				
数字 I/O 映像大小		256(128 输入/128 输出)				
布尔型执行速度		0.22 ms/指令				

3.2.3　扩展配置

S7-200 系列 PLC 是模块式结构，可以通过配接各种扩展模块来达到扩展功能、扩大控制能力的目的，目前 S7-200 系列 PLC 主要有四类扩展模块：数字量模块、模拟量模块、智能模块、其他模块。

S7-200 系列 PLC 的扩展配置是由 S7-200 系列 PLC 的基本单元(CPU 222、CPU 224 和 CPU 226)和 S7-200 系列 PLC 的扩展模块组成,如图 3-9 所示。其扩展模块的数量受两个条件约束:一个条件是基本单元能带扩展模块的数量;另一个条件是基本单元的电源承受扩展模块消耗 DC 5 V 总线电流的能力。

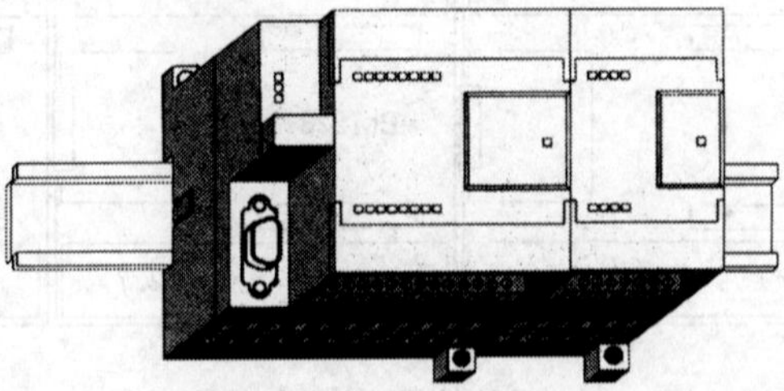

图 3-9 S7-200 系列 PLC 的扩展配置

S7-200 系列 PLC 的扩展配置的地址分配原则有两点:第一是数字量模块和模拟量模块分别编址。数字量输入模块的地址要冠以字母“I”,数字量输出模块的地址要冠以字母“Q”,模拟量输入模块的地址要冠以字母“AI”,模拟量输出模块的地址要冠以字母“AQ”。第二是数字量模块的编址以字节为单位,模拟量模块的编址以字为单位(即以双字节为单位)。数字量模块的地址分配从最靠近 CPU 模块的数字量模块开始从左到右按字节递增。输入地址按字节连续递增,输入字节和输出字节可以重号。模拟量模块的地址分配从最靠近 CPU 模块的模拟量模块开始从左到右按字递增,模拟量输入和模拟量输出字可以重号。

(1) 由 CPU 222 组成的扩展配置

由 CPU 222 组成的扩展配置可以由 CPU 222 基本单元和最多 2 个扩展模块组成,CPU 222 可以向扩展模块提供的 DC 5 V 电流为 340 mA。

【例 3-1】 如果扩展模块由 1 个 16 点数字量输入/16 点数字量输出的 EM223 模块构成。CPU 222 可以提供 DC 5 V 电流为 340 mA,而 EM223 模块消耗 DC 5 V 总线电流为 150 mA /160 mA。扩展模块消耗的 DC 5 V 总电流小于 CPU 222 可以提供 DC 5 V 电流,所以这种配置(组态)是可行的。

地址分配:

CPU 222 基本单元的 I/O 地址:

I0.0,I0.1,…,I0.7;

Q0.0,Q0.1,…,Q0.5。

扩展模块 EM223 的 I/O 地址:

I1.0,I1.1,…,I1.7;

I2.0,I2.1,…,I2.7;

Q1.0,Q1.1,…,Q1.7;

Q2.0,Q2.1,…,Q2.7。

【例 3-2】 如果扩展模块由 1 个 16 点数字量输入/16 点数字量输出的 EM223 模块和 1 个 4 路模拟量输入/1 路模拟量输出的 EM235 模块构成。CPU 222 可以提供 DC 5 V 电流为 340 mA,EM223 模块消耗 DC 5 V 总线电流为 150 mA/160 mA,EM235 模块消耗 DC 5 V

总线电流为 10 mA。可见扩展模块消耗的 DC 5 V 总电流小于 CPU 222 可以提供 DC 5 V 电流，这种配置(组态)也是可行的。此系统共有 24 点输入、22 点输出、4 路模拟量输入、1 路模拟量输出。系统输入/输出地址配置图如图 3-10 所示。

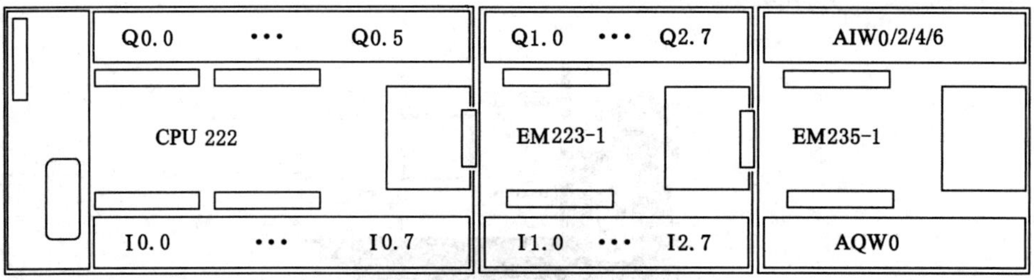

图 3-10 系统输入/输出地址配置图

地址分配：

CPU 222 基本单元的 I/O 地址：

I0.0,I0.1,…,I0.7；

Q0.0,Q0.1,…,Q0.5。

扩展模块 EM223 的 I/O 地址：

I1.0,I1.1,…,I1.7；

I2.0,I2.1,…,I2.7；

Q1.0,Q1.1,…,Q1.7；

Q2.0,Q2.1,…,Q2.7。

扩展模块 EM235 的 I/O 地址：

AIW0,AIW2,AIW4,AIW6；

AQW0。

(2) 由 CPU 224 组成的扩展配置

由 CPU 224 组成的扩展配置可以由 CPU 224 基本单元和最多 7 个扩展模块组成，CPU 224 可以向扩展模块提供的 DC 5 V 电流为 660 mA。

【例 3-3】 如果扩展模块由 4 个 16 点数字量输入/16 点数字量继电器输出的 EM223 模块和 2 个 8 点数字量输入的 EM221 模块构成。CPU 224 可以提供 DC 5 V 电流为 660 mA，而4 个 EM223 模块和 2 个 EM221 模块消耗 DC 5 V 总线电流为 660 mA。可见扩展模块消耗的 DC 5 V 总电流等于 CPU 224 可以提供的 DC 5 V 电流。这种组态还是可行的。此系统共有 94 点输入、74 点输出。如果扩展模块的连接顺序是从 CPU 224 开始分别为 4 个 EM223 模块，而第 5 个和第 6 个为 EM221 模块。

地址分配：

CPU 224 基本单元的 I/O 地址：

I0.0,I0.1,…,I0.7；

I1.0,I1.1,…,I1.5；

Q0.0,Q0.1,…,Q0.7；

Q1.0,Q1.1。

第 1 个扩展模块 EM223 的 I/O 地址：

I2.0,I2.1,…,I2.7；

I3.0,I3.1,…,I3.7；

Q2.0,Q2.1,…,Q2.7；

Q3.0,Q3.1,…,Q3.7。

第 2 个扩展模块 EM223 的 I/O 地址：

I4.0,I4.1,…,I4.7；

I5.0,I5.1,…,I5.7；

Q4.0,Q4.1,…,Q4.7；

Q5.0,Q5.1,…,Q5.7。

第 3 个扩展模块 EM223 的 I/O 地址：

I6.0,I6.1,…,I6.7；

I7.0,I7.1,…,I7.7；

Q6.0,Q6.1,…,Q6.7；

Q7.0,Q7.1,…,Q7.7。

第 4 个扩展模块 EM223 的 I/O 地址：

I8.0,I8.1,…,I8.7；

I9.0,I9.1,…,I9.7；

Q8.0,Q8.1,…,Q8.7；

Q9.0,Q9.1,…,Q9.7。

第 5 个扩展模块 EM221 的 I/O 地址：

I10.0,I10.1,…,I10.7。

第 6 个扩展模块 EM221 的 I/O 地址：

I11.0,I11.1,…,I11.7。

(3) 由 CPU 226 组成的扩展配置

由 CPU 226 组成的扩展配置可以由 CPU 226 基本单元和最多 7 个扩展模块组成，CPU 226 可以向扩展模块提供的 DC 5 V 电流为 1 000 mA。

【例 3-4】 如果扩展模块由 6 个 16 点数字量输入/16 点数字量继电器输出的 EM223 模块和 1 个 8 点数字量输入/8 点数字量输出的 EM223 模块构成。CPU 226 可以提供 DC 5 V 电流为 1 000 mA,6 个 16 点数字量输入/16 点数字量继电器输出的 EM223 模块和 1 个 8 点数字量输入/8 点数字量输出的 EM223 模块消耗 DC 5 V 总线电流为 980 mA。可见扩展模块消耗的 DC 5 V 总电流小于 CPU 226 可以提供的 DC 5 V 电流，这种组态是可行的。此系统共有 248 点数字量输入/输出，具体地址分配可以参阅 CPU 224。

3.2.4 编程器

PLC 正式运行时不需要编程器。编程器主要用来进行用户程序的编制、存储和管理等，并将用户程序送入 PLC 中，在调试过程中进行监控和故障检测。S7-200 系列 PLC 可采用多种编程器，一般可分为简易型编程器和智能型编程器。

简易型编程器是袖珍型的，简单实用，价格低廉，是一种很好的现场编程及监测工具，但其显示功能较差，只能用指令表方式输入，使用不够方便。

智能型编程器采用计算机进行编程操作，S7-200 系列 PLC 使用安装了编程软件 STEP7-Micro/WIN 的个人计算机作为编程设备，在计算机屏幕上直接生成和编译各种文本程序或图形程序，可以实现不同编程语言之间的相互转换。程序被编译后下载到 PLC，也可以将 PLC 中的程序上传到计算机。程序可以存盘或打印，也可以通过网络实现远程编程和传送。编程软件还具有对网络和硬件组态、参数设置、监控和故障诊断等功能。

3.2.5 PLC 的工作原理

PLC 是基于电子计算机的工业控制器，从 PLC 产生的背景来看，PLC 系统与继电器控制系统有着极深的渊源，因此一个继电器控制系统必然包含输入部分、逻辑电路部分和输出部分。输入部分的组成元件是各类按钮、转换开关、行程开关、接近开关、光电开关等；输出部分则是各种电磁阀线圈、接触器、信号指示灯等执行元件。将输入部分与输出部分联系起来的就是逻辑电路部分，它一般由继电器、计数器、定时器等器件的触点、线圈按照要求的逻辑关系连接而成，能够根据一定的输入状态输出所要求的控制动作。

PLC 系统也同样包含这三部分，唯一的区别是 PLC 的逻辑电路部分用软件实现，用户所编制的控制程序体现了特定的输入/输出逻辑关系。举例来说，图 3-11 为一个典型的启动/停止控制电路，由继电器元件组成。电路中有两个输入，分别为启动按钮、停止按钮，输出为接触器 KM，输入/输出逻辑关系由硬件连线实现。

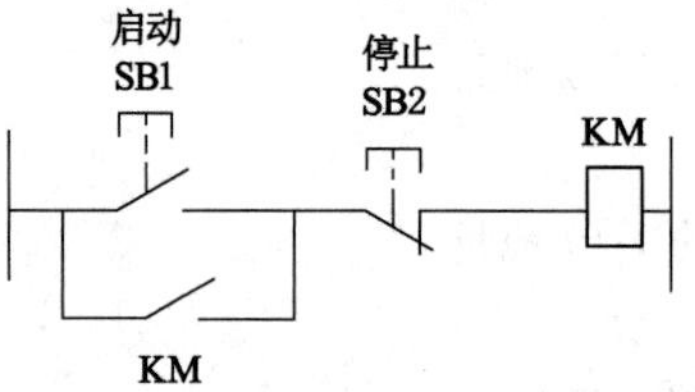

图 3-11 继电器启动/停止控制电路

当用 PLC 来完成这个控制任务时，可将输入条件接入 PLC，用 PLC 的输出单元驱动接触器 KM，它们之间要满足的逻辑关系由程序实现。与图 3-11 等效的 PLC 电路如图 3-12 所示。

两个输入按钮信号经过 PLC 的接线端子进入输入接口电路，PLC 的输出经过输出接口、输出端子驱动接触器 KM；用户程序所采用的编程语言为梯形图语言。两个输入分别接入 X403 和 X407 端口，输出所用端口为 Y432，图中只画出 8 个输入端口和 8 个输出端口，实际使用时可任意选用。输入映像对应的是 PLC 内部的数据存储器，而非实际的继电器线圈。

图 3-12 中的 X400～X407、Y430～Y437 分别表示输入、输出端口的地址，也对应着存储器空间中特定的存储器位，这些存储器位的状态（ON 或者 OFF）表示相应输入、输出端口的状态。每一个输入、输出端口的地址是唯一固定的，PLC 的接线端子号与这些地址一一对应。由于所有的输入、输出状态都是由存储器位来表示的，它们并不是物理上实际存在的继电器线圈，所以常称它们为“软元件”，它们的常开、常闭触点可以在程序中无限次使用。

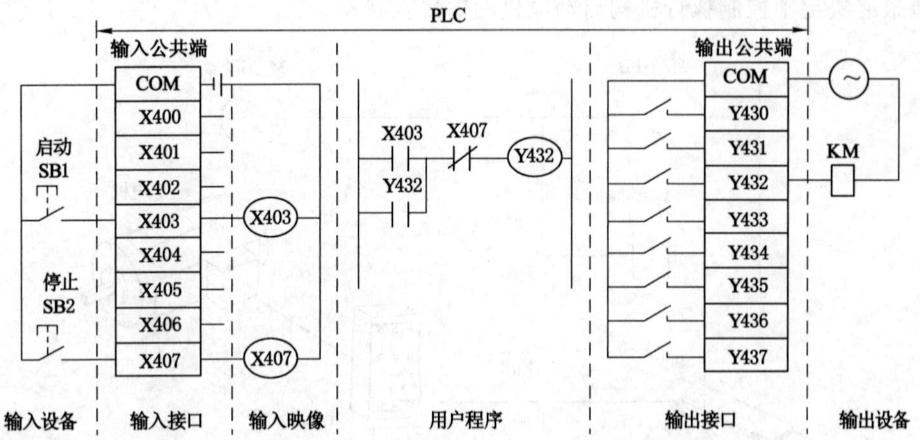

图 3-12　PLC 等效电路

PLC 的工作过程以循环扫描的方式进行，当 PLC 处于运行状态时，它的运行周期可以划分为 3 个基本阶段：输入采样阶段、程序执行阶段、输出刷新阶段。

3.2.5.1　S7-200 系列 PLC 的 CPU 的工作模式

S7-200 系列 PLC 的 CPU 有两种工作模式：STOP 模式和 RUN 模式。CPU 前面板上的 LED 状态显示了其当前的工作模式。在 STOP 模式下，S7-200 系列 PLC 的 CPU 不执行程序，此时可以下载程序和 CPU 组态；在 RUN 模式下，S7-200 系列 PLC 的 CPU 将运行程序。

工作模式的改变方法有以下三种：

(1) S7-200 系列 PLC 的 CPU 提供一个模式开关来改变工作模式。可使用模式开关（位于 S7-200 系列 PLC 的 CPU 前检修门的下面）手动选择工作模式：将模式开关设为 STOP 模式停止程序执行；将模式开关设为 RUN 模式启动程序执行；将模式开关设为 TERM（终端）模式不更改操作模式。如果模式开关设为 STOP 模式或者 TERM 模式，且电源状态发生变化，则当电源恢复时，CPU 会自动进入 STOP 模式；如果模式开关设为 RUN 模式，且电源状态发生变化，则当电源恢复时，CPU 会进入 RUN 模式。

(2) STEP7-Micro/WIN 可以改变与之相连的 S7-200 系列 PLC 的 CPU 的操作模式。如果希望用软件来改变操作模式，CPU 上的模式开关必须设为 RUN 模式或者 TERM 模式，用菜单命令中的“PLC”→“STOP”和“PLC”→“RUN”或者工具栏中的相关按钮来改变操作模式。

(3) 可以在应用程序中插入 STOP 指令将 S7-200 系列 PLC 的 CPU 工作模式设置为 STOP 模式，这样可以使逻辑程序停止运行。

3.2.5.2　S7-200 系列 PLC 的 CPU 执行程序的过程

(1) S7-200 系列 PLC 的 CPU 将程序和物理 I/O 点联系

S7-200 系列 PLC 的 CPU 的基本操作非常简单，分为三个过程：

① CPU 读取输入状态。

② CPU 中存储的程序利用输入执行控制逻辑。当程序运行时，CPU 刷新有关数据。

③ CPU 将数据写入输出。

图 3-13 给出了输入和输出的控制简图，说明一个继电器图如何与 S7-200 系列 PLC 的 CPU 联系起来。在图中，电机启动开关的状态和其他输入点的状态结合在一起。它们计算

的结果最终决定了控制执行机构启动电机的输出点状态。

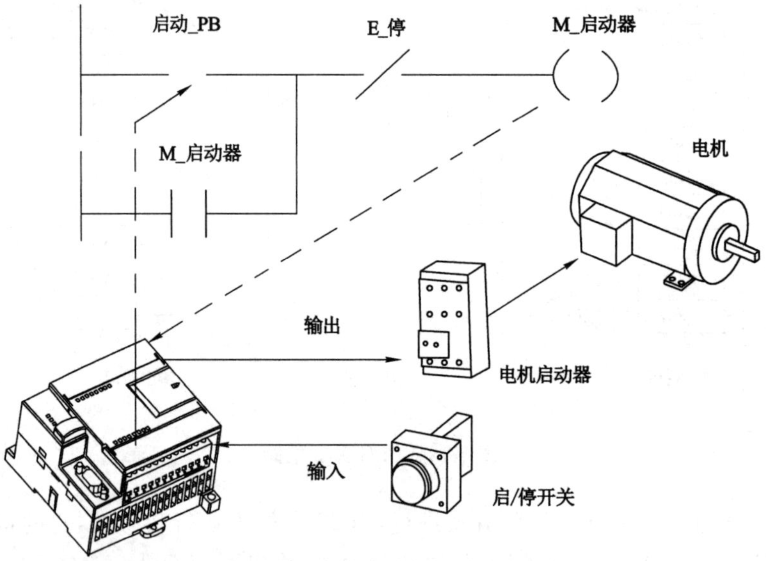

图 3-13 输入和输出的控制

(2) S7-200 系列 PLC 的 CPU 扫描周期

S7-200 系列 PLC 的 CPU 周而复始地执行一系列任务。任务循环执行一次称为一个扫描周期。如图 3-14 所示,在一个扫描周期中,S7-200 系列 PLC 的 CPU 将执行部分或全部下列操作:

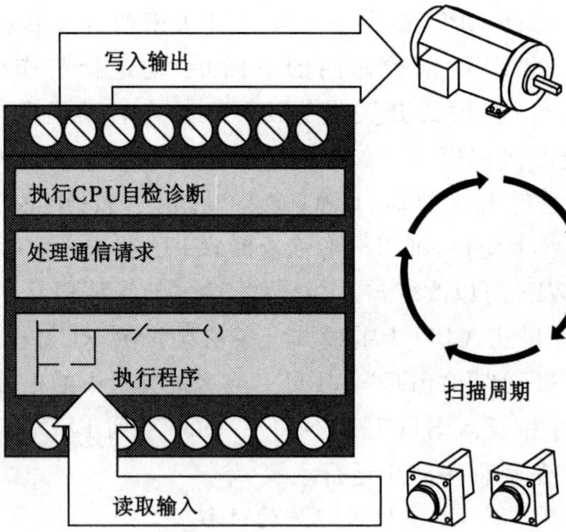

图 3-14 S7-200 系列 PLC 的 CPU 扫描周期

① 读取输入。S7-200 系列 PLC 的 CPU 将实际输入的状态复制到过程映像输入寄存器。

② 执行程序中的控制逻辑。S7-200 系列 PLC 的 CPU 执行程序指令,并在不同的存储区存储数值。

③ 处理通信请求。S7-200 系列 PLC 的 CPU 执行通信所需的所有任务。

④ 执行 CPU 自检诊断。S7-200 系列 PLC 的 CPU 可确保固件、程序存储器和所有扩展模块正确工作。

⑤ 写入输出。S7-200 系列 PLC 的 CPU 将存储在过程映像输出寄存器中的数值写入实际输出。

图 3-15 描述了一个典型的扫描流程，该流程包括局部存储器应用和两个中断事件（一个事件发生在程序执行阶段，另一个事件发生在扫描周期的通信阶段）。子程序由下一个较高级别调用，并在调用时得到执行。不调用中断程序，中断程序是发生相关中断事件的结果。

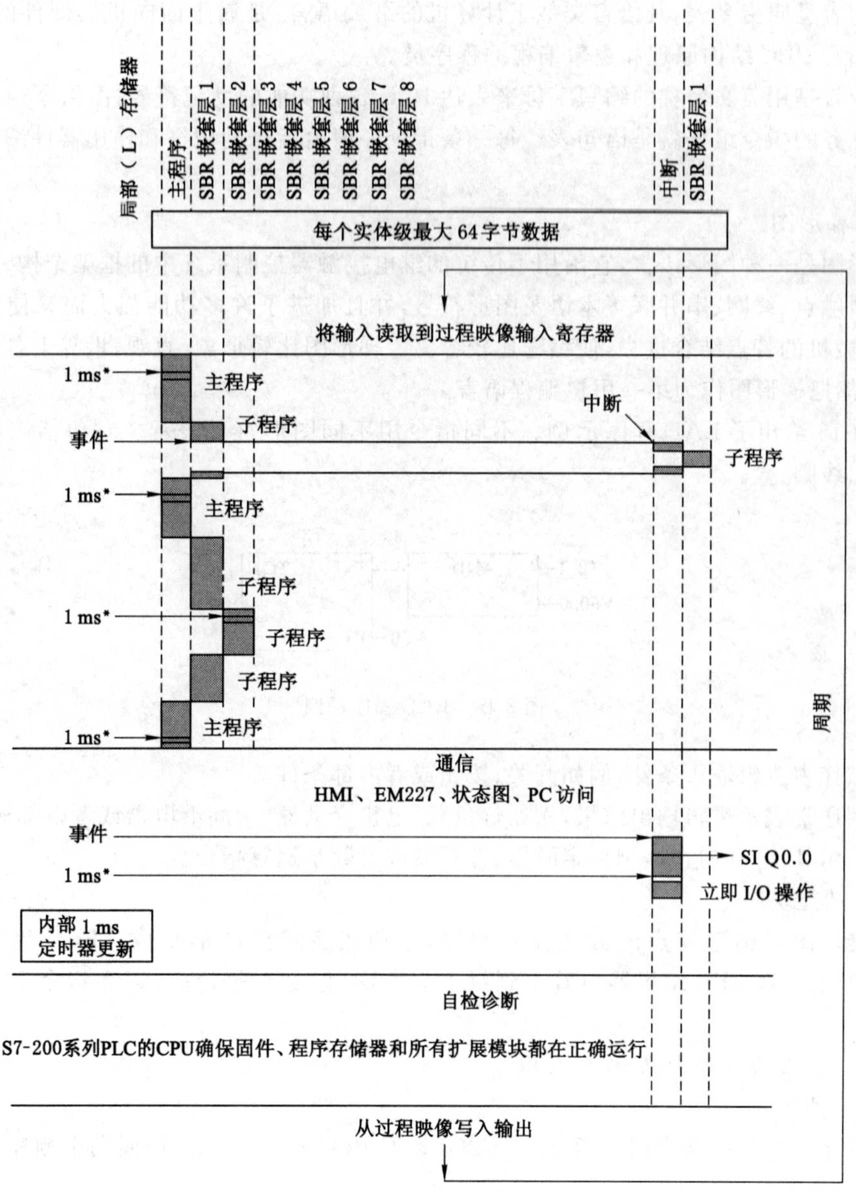

图 3-15　典型的扫描流程

3.2.6 PLC 程序设计概述

3.2.6.1 编辑器

PLC 是按照用户的控制要求编写程序来进行工作的，程序的编制就是用一定的编辑器把一个控制任务描述出来。STEP7-Micro/WIN 提供三种编辑器来创建程序：语句表(STL)、梯形图(LAD)和功能块图(FBD)。尽管有一定限制，但是用任何一种程序编辑器编写的程序都可以用另外一种程序编辑器来浏览和编辑。

(1) 语句表

语句表又叫指令表，其语言类似于计算机的汇编语言，是属于面向机器硬件的语言，更适合于熟悉 PLC 结构原理和逻辑编程的程序员。

指令就是用英文名称的缩写字母来表达 PLC 各种功能的助记符号，由指令构成的能完成控制任务的指令组合就是语句表。每一条指令一般由指令助记符和作用器件编号两部分组成。

(2) 梯形图

梯形图是一种图形语言，它沿用了传统的继电接触器控制系统中的框架结构、逻辑关系和继电器触点、线圈、串并联等术语及图形符号，并且加进了许多功能强大而又使用灵活的指令，将微机的特点结合进去，使编程比较容易。梯形图比较形象、直观，世界上各生产厂家的 PLC 都把梯形图作为第一用户编程语言。

图 3-16 给出了 LAD 程序示例。不同指令用不同图形符号表示。它包括三种基本形式：触点、线圈、盒。

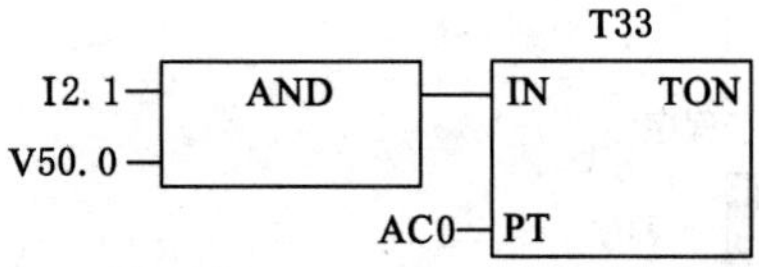

图 3-16　LAD 程序示例

触点代表逻辑输入条件，例如开关、按钮或者内部条件等。

线圈通常表示逻辑输出结果，例如灯负载、电机启动器、中间继电器或者内部输出条件。

盒表示其他一些指令，例如定时器、计数器或者数学运算指令。

(3) 功能块图

功能块图以图形特点的方式显示程序，由通用逻辑门图形组成。FBD 程序示例如图 3-17 所示。在 FBD 编辑器中看不到触点和线圈，但是有等价的、以盒指令形式出现的指令。

3.2.6.2 S7-200 系列 PLC 程序结构

(1) 主程序

主程序中包括控制应用的指令。S7-200 系列 PLC 在每一个扫描周期中顺序执行这些指令。

(2) 子程序

子程序是应用程序中的可选组件。只有被主程序、中断程序或者其他子程序调用时，子

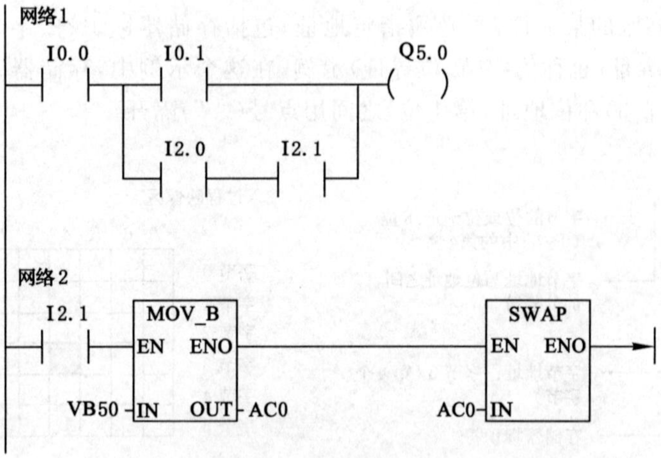

图 3-17　FBD 程序示例

程序才会执行。当希望重复执行某项功能时,子程序是非常有用的。调用子程序有如下优点:用子程序可以减小程序的长度;子程序只有在被调用的情况下才会起作用,因而用子程序可以缩短程序扫描周期;用子程序创建的程序代码是可移植的。

(3) 中断服务程序

中断服务程序是应用程序中的可选组件。中断服务程序不会被主程序调用,只有当中断服务程序与一个中断事件相关联,且在该中断事件发生时,S7-200 系列 PLC 才会执行中断服务程序。

3.2.7　S7-200 系列 PLC 系统存储器

S7-200 系列 PLC 将信息存储于不同的存储器单元,每个单元都有唯一的地址。用户程序可以明确指出要存取的存储器地址。表 3-3 列出了不同长度数据表示的十进制和十六进制数范围。

表 3-3　不同长度数据表示的十进制和十六进制数范围

数制	字节(B)	字(W)	双字(D)
无符号整数	0 到 255	0 到 65 535	0 到 4 294 967 295
	0 到 FF	0 到 FFFF	0 到 FFFF FFFF
符号整数	－128 到＋127	－32 768 到＋32 767	－2 147 483 648 到＋2 147 483 647
	80 到 7F	8 000 到 7FFF	80 000 000 到 7FFF FFFF
实数 IEEE 32 位浮点数	不适用	不适用	＋1.175 495E－38 到＋3.402 823E＋38(正数)
			－1.175 495E－38 到－3.402 823E＋38(负数)

3.2.7.1 数据的存取方式

若要存取存储区的某一位,则必须指定地址,包括存储器标识符、字节地址和位地址。图 3-18 是一个位寻址(也称为字节.位寻址)示例,在这个示例中,存储器区、字节地址(I 代表输入,3 代表字节 3)和位地址(第 4 位)之间用点号(".")隔开。

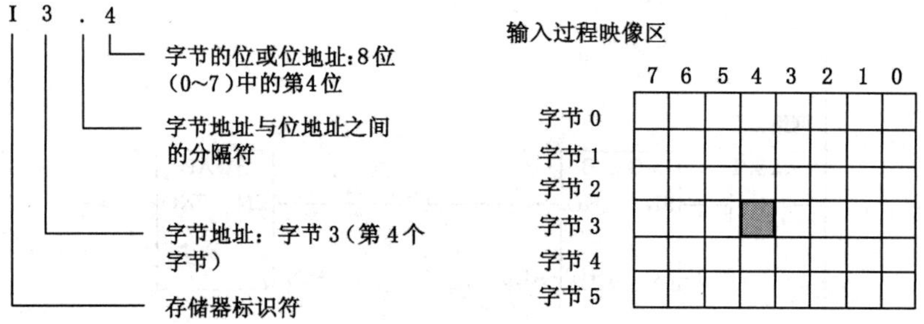

图 3-18 字节.位寻址示例

使用这种字节.位寻址方式,可以按照字节、字或双字来存取许多存储区(V、I、Q、M、S、L 及 SM)中的数据。若要存取 CPU 中的一个字节、字或双字数据,则必须以类似字节.位寻址的方式给出地址,包括存储器标识符、数据大小以及该字节、字或双字的起始字节地址,如图 3-19 所示。

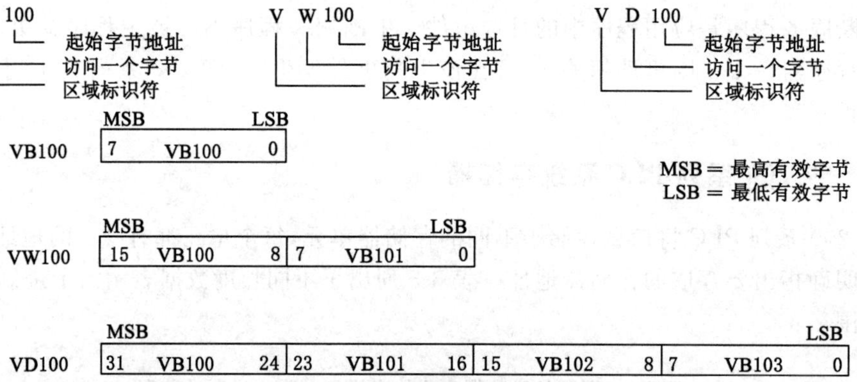

图 3-19 对同一地址进行字节、字和双字存取操作的比较

其他 CPU 存储区[如定时器(T)、计数器(C)、高速计数器(HC)和累加器(AC)]中存取数据使用的地址格式包括区域标识符和设备号。

3.2.7.2 存储区数据的存取

(1) 输入过程映像寄存器 I

在每次扫描周期的开始,CPU 对物理输入点进行采样,并将采样值写入输入过程映像寄存器中。可以按位、字节、字或双字来存取输入过程映像寄存器中的数据。

存取格式:

位:I[字节地址].[位地址],如 I0.1。

字节、字或双字:I[长度][起始字节地址],如 IB4。

(2) 输出过程映像寄存器 Q

在每次扫描周期的结尾,CPU 将输出过程映像寄存器中的数值复制到物理输出点上。可以按位、字节、字或双字来存取输出过程映像寄存器中的数据。

存取格式:

位:Q[字节地址].[位地址],如 Q1.1。

字节、字或双字:Q[长度][起始字节地址],如 QB5。

(3) 变量存储器 V

变量存储器可以用于存储程序执行过程中控制逻辑操作的中间结果,也可以用于保存与工序或任务相关的其他数据。可以按位、字节、字或双字来存取变量存储器中的数据。

存取格式:

位:V[字节地址].[位地址],如 V10.2。

字节、字或双字:V[长度][起始字节地址],如 VW100。

(4) 位存储器 M

位存储器可以作为控制继电器来存储中间操作状态和控制信息。可以按位、字节、字或双字来存取位存储器中的数据。

存取格式:

位:M[字节地址].[位地址],如 M26.7。

字节、字或双字:M[长度][起始字节地址],如 MD20。

(5) 定时器 T

S7-200 系列 PLC 的 CPU 中,定时器可用于时间累计,其分辨率(时基增量)分为 1 ms、10 ms 和 100 ms 三种。

每个定时器有两个相关的数据(变量):

① 定时器当前值:16 位带符号的整数,存储定时器所累计的时间。

② 定时器位:按照当前值和预置值的比较结果置位或者复位。预置值是定时器指令的一部分。

定时器使用的数据形式取决于其所使用的指令:如果使用位操作指令,则是存取定时器位;如果使用字操作指令,则是存取定时器当前值。常开触点指令是存取定时器位;而字移动指令则是存取定时器的当前值。

存取格式:T[定时器号],如 T24。

(6) 计数器 C

在 S7-200 系列 PLC 的 CPU 中,计数器可以用于累计其输入端脉冲电平由低到高的次数。CPU 提供了三种类型的计数器:一种只能增计数;一种只能减计数;另外一种既可以增计数,又可以减计数。

计数器有两种数据形式:

① 计数器当前值:16 位带符号整数,存储计数器累计值。

② 计数器位:按照当前值和预置值的比较结果置位或者复位。预置值是计数器指令的一部分。

计数器使用的数据形式取决于所使用的指令:如果使用位操作指令,则是存取计数器位;如果使用字操作指令,则是存取计数器当前值。如图 3-20 所示,常开触点指令是存取计数器位;而字移动指令则是存取计数器的当前值。

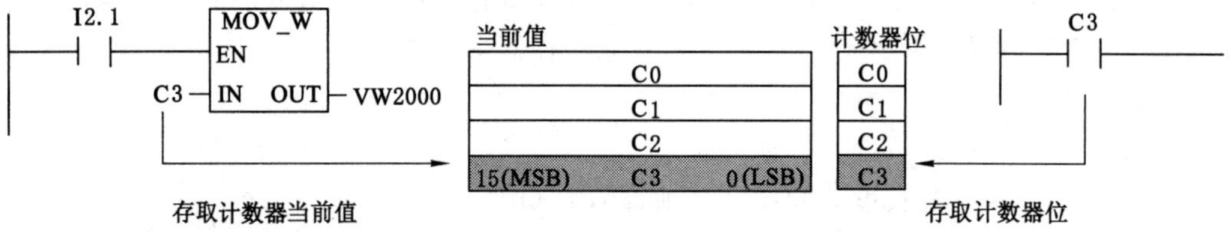

图 3-20 存取计数器位或者计数器当前值

存取格式:C[计数器号],如 C24。

(7) 高速计数器 HC

高速计数器对高速事件计数,它独立于 CPU 的扫描周期。高速计数器有一个 32 位的带符号整数计数值(或当前值)。若要存取高速计数器中的值,则应给出高速计数器的地址,即存储器类型(HC)加上计数器号,如 HC0。高速计数器当前值是只读数据,仅可以作为双字(32 位)来寻址。

存取格式:HC[高速计数器号],如 HC1。

(8) 累加器 AC

累加器是可以像存储器一样使用的读写设备。例如,可以用它来向子程序传递参数,也可以从子程序返回参数,以及用来存储计算的中间结果。S7-200 系列 PLC 提供 4 个 32 位累加器(AC0,AC1,AC2 和 AC3),并且可以按字节、字或双字的形式来存取累加器中的数值。被访问的数据长度取决于存取累加器时所使用的指令。如图 3-21 所示,当以字节或者字的形式存取累加器时,使用的是数值的低 8 位或低 16 位;当以双字的形式存取累加器时,使用全部 32 位。

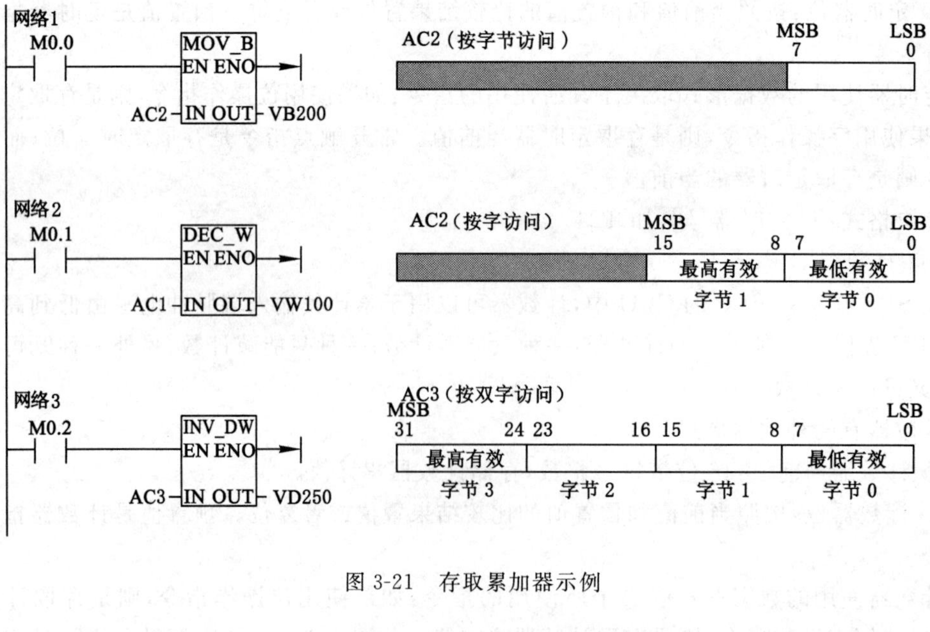

图 3-21 存取累加器示例

存取格式：AC[累加器号]，如 AC0。

(9) 特殊存储器 SM

SM 位为 CPU 与用户程序之间传递信息提供了一种手段。可以用这些位选择和控制 S7-200 系列 PLC 的 CPU 的一些特殊功能。例如：首次扫描标志位、按照固定频率开关的标志位或者显示数学运算或操作指令状态的标志位。可以按位、字节、字或双字来存取 SM 位。

存取格式：

位：SM[字节地址].[位地址]，如 SM0.1。

字节、字或者双字：SM[长度][起始字节地址]，如 SMB86。

(10) 局部存储器 L

局部存储器和变量存储器很相似，但只有一处区别：变量存储器是全局有效的，而局部存储器只在局部有效。全局是指同一个存储器可以被任何程序存取(包括主程序、子程序和中断服务程序)；局部是指存储器区和特定的程序相关联。S7-200 系列 PLC 给主程序分配 64 个局部存储器；给每一级子程序嵌套分配 64 个字节局部存储器；同样给中断服务程序分配 64 个字节局部存储器。

子程序或者中断服务程序不能访问分配给主程序的局部存储器。子程序不能访问分配给主程序、中断服务程序或者其他子程序的局部存储器。同样地，中断服务程序也不能访问分配给主程序或子程序的局部存储器。

S7-200 系列 PLC 根据需要分配局部存储器。也就是说，当主程序执行时，分配给子程序或中断服务程序的局部存储器是不存在的。当发生中断或者调用一个子程序时，需要分配局部存储器。新的局部存储器地址可能会覆盖另一个子程序或中断服务程序的局部存储器地址。

局部存储器在分配时 PLC 不进行初始化，初值可能是任意的。当在子程序调用中传递参数时，在被调用子程序的局部存储器中，由 CPU 替换其被传递的参数的值。局部存储器在参数传递过程中不传递值，在分配时不被初始化，可能包含任意数值。

存取格式：

位：L[字节地址].[位地址]，如 L0.0。

字节、字或双字：L[长度][起始字节地址]，如 LB33。

(11) 模拟量输入映像寄存器 AI

S7-200 系列 PLC 将模拟量值(如温度或电压)转换为 1 个字长(16 位)的数字量。可以用区域标识符(AI)、数据长度(W)及字节的起始地址来存取这些值。因为模拟输入量为 1 个字长，且从偶数位字节(如 0，2，4)开始，所以必须用偶数字节地址(如 AIW0，AIW2，AIW4)来存取这些值。模拟量输入值为只读数据。

存取形式：AIW[起始字节地址]，如 AIW4。

(12) 模拟量输出映像寄存器 AQ

S7-200 系列 PLC 把 1 个字长(16 位)数字值按比例转换为电流或电压。可以用区域标识符(AQ)、数据长度(W)及字节的起始地址来改变这些值。因为模拟量为一个字长，且从偶数字节(如 0，2，4)开始，所以必须用偶数字节地址(如 AQW0，AQW2，AQW4)来改变这些值。模拟量输出值是只写数据。

存取格式：AQW[起始字节地址]，如 AQW4。

(13) 顺序控制继电器 S

顺序控制继电器适用于顺序控制和步进控制等场合，可以按位、字节、字和双字等寻址方式来存取数据。

存取格式：

位：S[字节地址].[位地址]，如 S3.1。

字节、字或者双字：S[长度][起始字节地址]，如 SB4。

3.2.8 S7-200 系列 PLC 的常用指令

S7-200 系列 PLC 的指令系统包括位逻辑指令、时钟指令、通信指令、比较指令、转换指令、计数器指令、高速计数器指令、脉冲输出指令、数字运算指令、比例/积分/微分(PID)回路控制指令、中断指令、逻辑操作指令、传送指令、程序控制指令、移位和循环指令、字符串指令、表指令、定时器指令、子程序指令等，这里主要介绍一些常用的指令。

3.2.8.1 位逻辑指令

位逻辑指令的基础是触点和线圈。触点是对二进制位的状态进行测试，测试的结果用于进行位逻辑运算；线圈是用来改变二进制位的状态，其状态根据它前面的逻辑运算结果而定。下面介绍触点和线圈的常用指令。

(1) 触点的常用指令

① 标准触点指令。

标准触点包括常开触点和常闭触点两类，常开触点指令(LD、A 和 O)与常闭触点指令(LDN、AN 和 ON)从存储器或者过程映像寄存器中得到参考值。当位值为 1 时，常开触点闭合；当位值为 0 时，常闭触点闭合。

② 取反指令。

取反指令(NOT)的作用是改变它前面逻辑运算结果的状态，即将运算结果"1"变成"0"，将运算结果"0"变成"1"。

③ 正、负跳变指令。

正跳变触点指令(EU)检测到每一次正跳变(由 0 到 1)，让能流接通一个扫描周期。

负跳变触点指令(ED)检测到每一次负跳变(由 1 到 0)，让能流接通一个扫描周期。

(2) 线圈的常用指令

① 输出指令。

输出指令执行时，将新值写入输出点的过程映像寄存器。当输出指令执行时，S7-200 系列 PLC 将输出过程映像寄存器中的位接通或者断开。

② 置位和复位指令。

置位(S)和复位(R)指令将从指定地址开始的 N 个点置位或者复位，可以一次置位或者复位 1～255 个点。如果复位指令指定的是定时器或者计数器，指令不但复位定时器位或者计数器位，而且清除定时器或者计数器的当前值。

位逻辑指令的主要功能如表 3-4 所列。

表 3-4　位逻辑指令的主要功能

指令名称	LAD	功能
常开触点指令	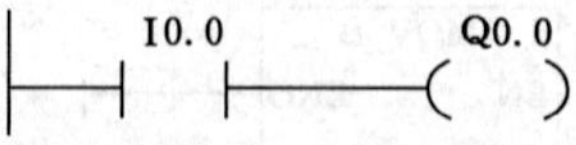	I0.0 为“1”时，Q0.0 为“1”
常闭触点指令	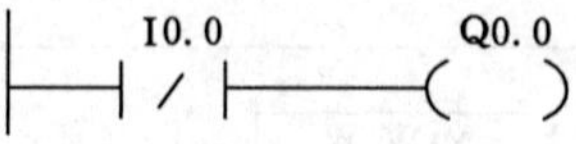	I0.0 为“0”时，Q0.0 为“1”
取反指令	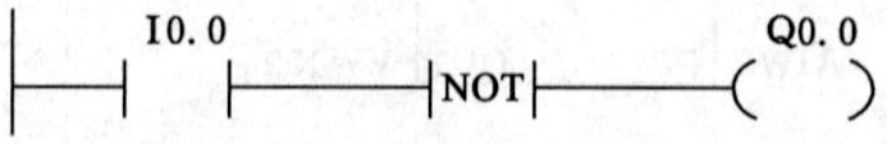	I0.0 为“0”时，Q0.0 为“1”
正跳变指令	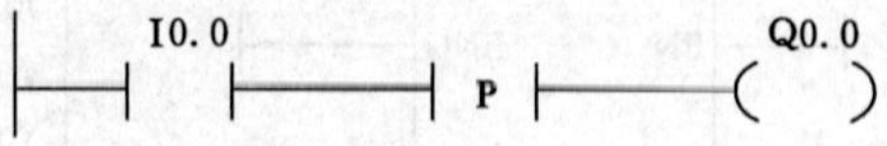	I0.0 由“0”变为“1”时，一个周期内，Q0.0 为“1”
复位指令	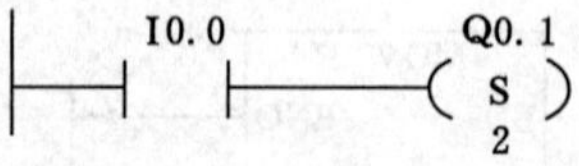	I0.0 为“1”时，从 Q0.1 开始的两个位(Q0.1、Q0.2)被置位为“1”
置位指令	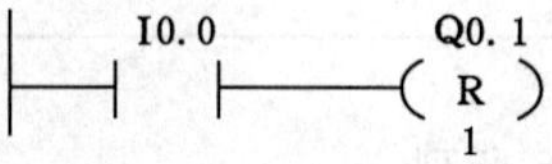	I0.0 为“1”时，从 Q0.1 开始的“1”位被复位为“0”

位逻辑输入指令的有效操作数如表 3-5 所列。

表 3-5　位逻辑输入指令的有效操作数

输入/输出	数据类型	操作数
位	布尔型	I、Q、V、M、SM、S、T、C、L、功率流

位逻辑输出指令的有效操作数如表 3-6 所列。

表 3-6　位逻辑输出指令的有效操作数

输入/输出	数据类型	操作数
位	布尔型	I、Q、V、M、SM、S、T、C、L
N	字节型	IB、QB、VB、MB、SMB、SB、LB、AC、* VD、* LD、* AC、常数

3.2.8.2　传送指令

字节、字、双字或者实数传送指令指在不改变原值的情况下将 IN 中的值传送到 OUT。传送指令的主要功能如表 3-7 所列。

表 3-7 传送指令的主要功能

<table>
<tr><th>指令名称</th><th>LAD</th><th>功能</th></tr>
<tr><td>字节传送指令</td><td>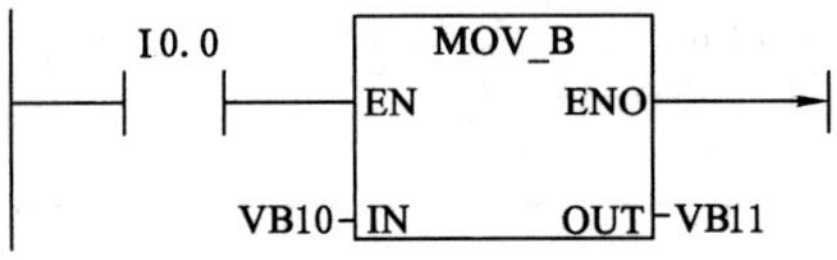
</td><td>I0.0 为“1”时，VB10 中的内容被传送到 VB11 中</td></tr>
<tr><td>字传送指令</td><td>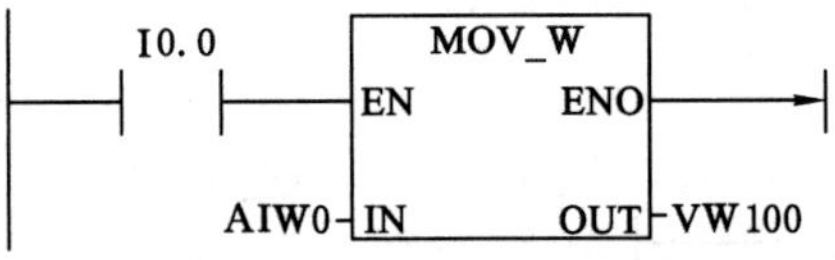
</td><td>I0.0 为“1”时，模拟量输入 AIW0 中的内容被传送到 VW100 中</td></tr>
<tr><td>双字传送指令</td><td>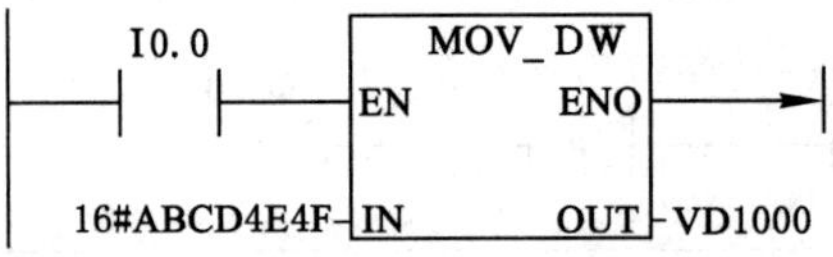
</td><td>I0.0 为“1”时，16 进制数(16 # ABCD4E4F)中的内容被传送到 VD1000 中</td></tr>
<tr><td>实数传送指令</td><td>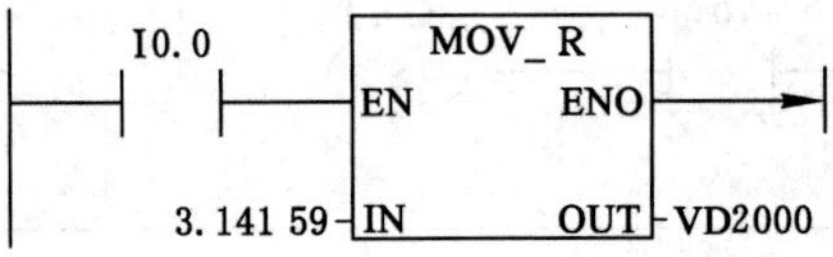
</td><td>I0.0 为“1”时，实数 3.141 59 被传送到 VD2000 中</td></tr>
</table>

传送指令的有效操作数如表 3-8 所列。

表 3-8 传送指令的有效操作数

输入/输出	数据类型	操作数
IN	字节、字、双字、实型	IB、QB、VB、MB、SMB、SB、LB、AC、* VD、* LD、* AC、常数； IW、QW、VW、MW、SMW、SW、T、C、LW、AC、AIW、* VD、* AC、* LD、常数； ID、QD、VD、MD、SMD、SD、LD、HC、&VB、&IB、&QB、&MB、&SB、&T、&C、&SMB、&AIW、&AQW、AC、* VD、* LD、* AC、常数； ID、QD、VD、MD、SMD、SD、LD、AC、* VD、* LD、* AC、常数
OUT	字节、字、双字、实型	IB、QB、VB、MB、SMB、SB、LB、AC、* VD、* LD、* AC； IW、QW、VW、MW、SMW、SW、T、C、LW、AC、AQW； * VD、* LD、* AC； ID、QD、VD、MD、SMD、SD、LD、AC、* VD、* LD、* AC

3.2.8.3 比较指令

比较指令用来比较两个数值，结果反映了比较表达式是否成立。

比较指令的主要功能如表 3-9 所列。

表 3-9　比较指令的主要功能

指令名称	LAD	功能
字节比较指令	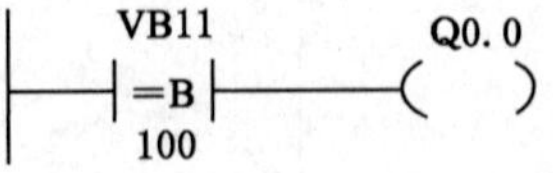	VB11 的内容等于 100 时，Q0.0 为“1”
字比较指令	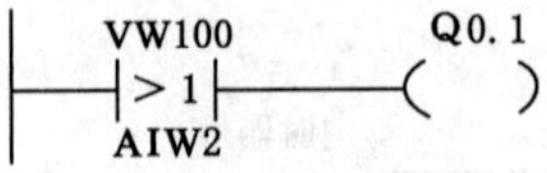	VW100 的内容大于 AIW2 的内容时，Q0.1 为“1”
双字比较指令	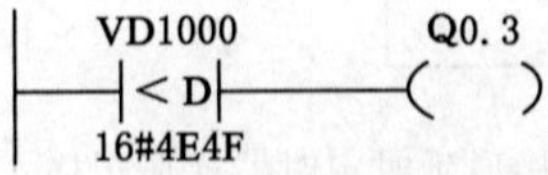	VD1000 的内容小于 16＃4E4F 时，Q0.3 为“1”
实数比较指令	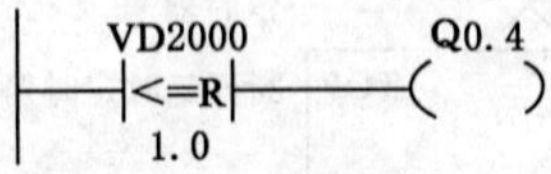	VD2000 的内容小于或等于 1.0 时，Q0.4为“1”

比较指令的有效操作数如表 3-10 所列。

表 3-10　比较指令的有效操作数

输入/输出	类型	操作数
IN1、IN2	字节、字、双字、实型	IB、QB、VB、MB、SMB、SB、LB、AC、* VD、* LD、* AC、常数； IW、QW、VW、MW、SMW、SW、LW、T、C、AC、AIW、* VD、* LD、* AC、常数； ID、QD、VD、MD、SMD、SD、LD、AC、HC、* VD、* LD、* AC、常数； ID、QD、VD、MD、SMD、SD、LD、AC、* VD、* LD、* AC、常数
OUT	布尔型	I、Q、V、M、SM、S、T、C、L、功率流

3.2.8.4　定时器指令

接通延时定时器(TON)：使能输入端接通后，定时器延时接通；用于单一间隔的定时。其梯形图格式如图 3-22 所示。

有记忆接通延时定时器(TONR)：使能输入端接通时定时器计时，断开时定时器计时停止；除非复位端接通后，计时值才会累计；用于累计许多时间间隔。其梯形图格式如图 3-23 所示。

断开延时定时器(TOF)：在输入断开后延时一段时间断开输出；用于关断或者故障事件后的延时。其梯形图格式如图 3-24 所示。

定时器指令的工作规律如表 3-11 所列。

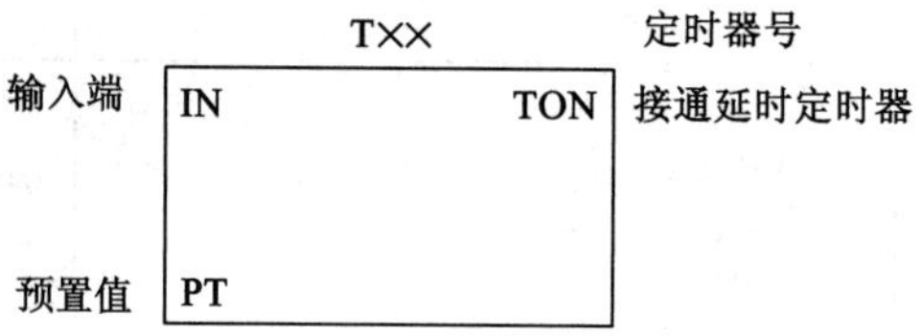

图 3-22　接通延时定时器梯形图格式

图 3-23　有记忆接通延时定时器梯形图格式

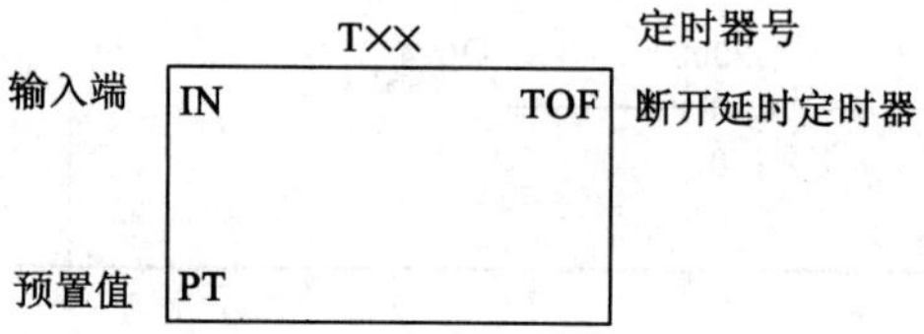

图 3-24　断开延时定时器梯形图格式

表 3-11　定时器指令的工作规律

定时器类型	当前值≥预设值	使能输入端接通	使能输入端断开	上电周期/首次扫描
TON	定时器位 ON，当前连续计数到 32 767	当前值计数时间	定时器位 OFF，当前值＝0	定时器位 OFF，当前值＝0
TONR	定时器位 ON，当前连续计数到 32 767	当前值计数时间	定时器位和当前值保持最后状态	定时器位 OFF，当前值保持
TOF	定时器位 OFF，当前值＝预设值，停止计数	定时器位 ON，当前值＝0	发生 ON 到 OFF 的跳变之后，定时器计数	定时器位 OFF，当前值＝0

定时器对时间间隔计数，时间间隔又称分辨率(或时基)。S7-200 系列 PLC 的 CPU 提供三种定时器分辨率：1 ms、10 ms、100 ms。定时器使用一个字长的有符号整数对时基记数，最大值为 32 767，定时器的最长值为所选时基和最大定时计数值 32 767 的乘积。定时器号决定了定时器的类型和分辨率。定时器号和分辨率如表 3-12 所列。

表 3-12　定时器号和分辨率

定时器类型	分辨率/ms	最大当前值/s	定时器号
TONR	1	32.767	T0,T64
	10	327.67	T1～T4,T65～T68
	100	3 276.7	T5～T31,T69～T95
TON、TOF	1	32.767	T32,T96
	10	327.67	T33～T36,T97～T100
	100	3 276.7	T37～T63,T101～T255

定时器指令的有效操作数如表 3-13 所列。

表 3-13　定时器指令的有效操作数

输入/输出	数据类型	操作数
T××	字	常数(T0 到 T255)
IN	布尔型	I、Q、V、M、SM、S、T、C、L、能流
PT	整数型	IW、QW 、VW 、MW 、SMW、T 、C 、LW 、AC 、AIW 、* VD、* LD、* AC、常数

接通延时定时器指令程序举例如图 3-25 所示。

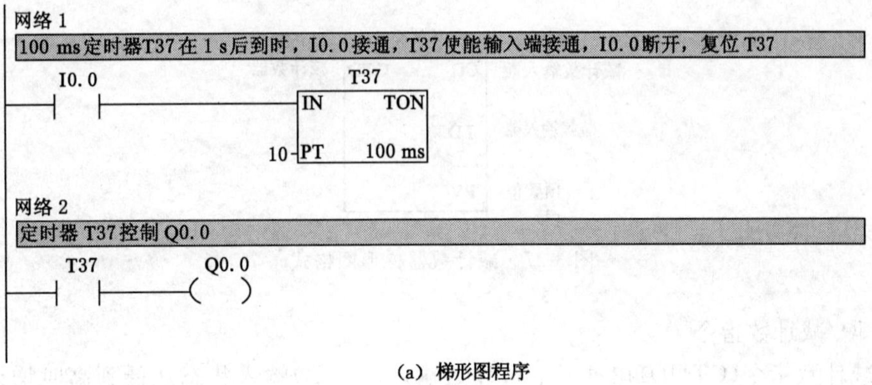

(a) 梯形图程序

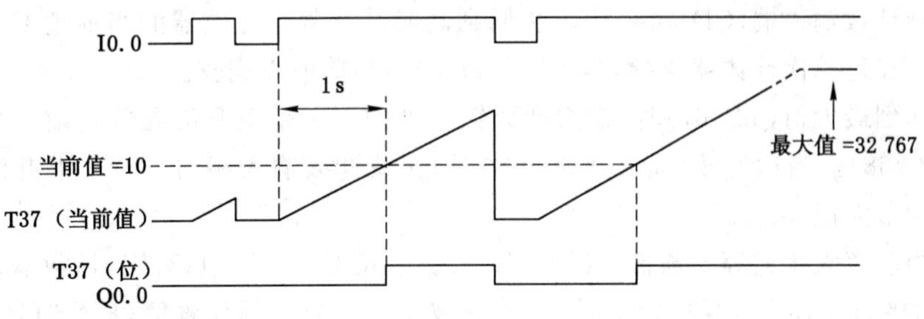

(b) 时序图

图 3-25　接通延时定时器指令程序举例

3.2.8.5 计数器指令

(1) 增计数指令

增计数指令(CTU)从当前计数值开始,在每一个增计数输入端(CU)输入状态从低到高时递增计数。当C××的当前值大于或等于预置值(PV)时,计数器位C××置位。当复位端(R)接通或者执行复位指令后,计数器被复位。当它达到最大值(32 767)后,计数器停止计数。其梯形图格式如图 3-26 所示。

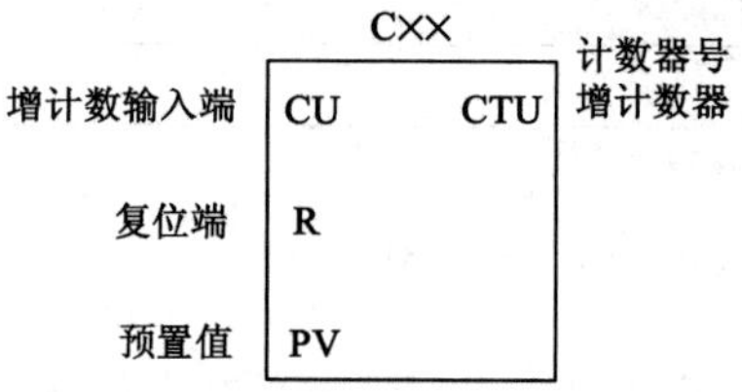

图 3-26 增计数器梯形图格式

(2) 减计数指令

减计数指令(CTD)从当前计数值开始,在每一个减计数输入端(CD)输入状态从低到高时递减计数。当C××的当前值等于0时,计数器位C××置位。当装载输入端(LD)接通时,计数器被复位,并将计数器的当前值设为预置值(PV)。当计数值到0时,计数器停止计数,计数器位C××接通。其梯形图格式如图 3-27 所示。

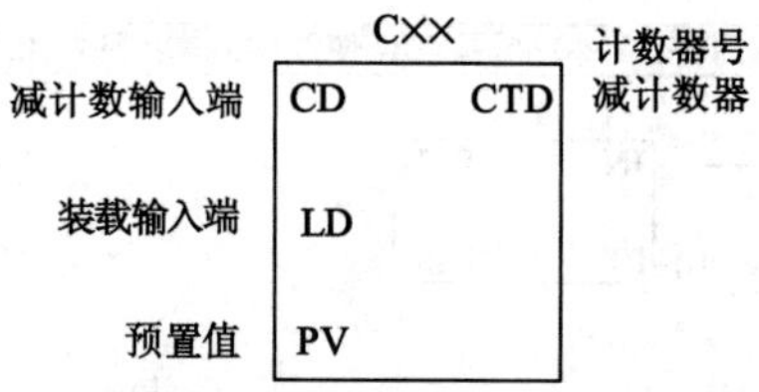

图 3-27 减计数器梯形图格式

(3) 增/减计数指令

增/减计数指令(CTUD)在每一个增计数输入端(CU)输入状态从低到高时增计数,在每一个减计数输入端(CD)输入状态从低到高时减计数。计数器的当前值C××保存当前计数值。在每一次计数器执行时,预置值(PV)与当前值作比较。

当达到最大值(32 767)时,在增计数输入处的下一个上升沿导致当前计数值变为最小值(−32 768)。当达到最小值(−32 768)时,在减计数输入端的下一个上升沿导致当前计数值变为最大值(32 767)。

当当前值大于或等于预置值(PV)时,计数器位C××接通;否则,计数器位关断。当复位端(R)接通或者执行复位指令时,计数器被复位。当达到预置值(PV)时,CTUD计数器停止计数。其梯形图格式如图 3-28 所示。

计数器工作规律如表 3-14 所列。

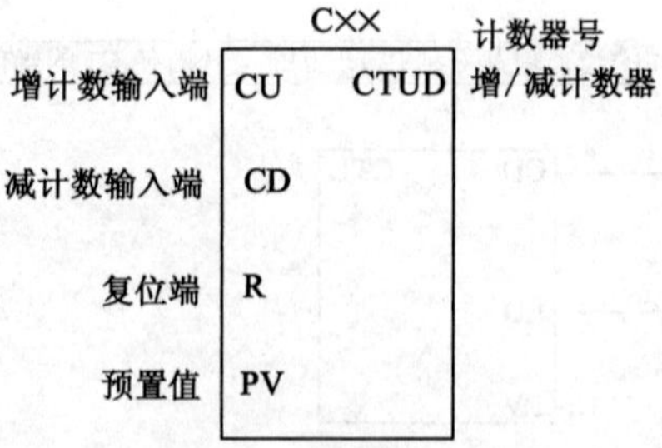

图 3-28　增/减计数器梯形图格式

表 3-14　计数器的工作规律

类型	操作	计数器位	上电周期/首次扫描
CTU	CU 使当前值递增，当前值持续递增直至 32 767	当当前值≥预置值时，计数器位接通	计数器位关断，当前值可以保留
CTUD	CU 使当前值递增；CD 使当前值递减；R 使当前值复位	当当前值≥预置值时，计数器位接通	计数器位关断，当前值可以保留
CTD	CD 使当前值递减，直至当前值为 0	当当前值＝0 时，计数器位接通	计数器位关断，当前值可以保留

计数器指令的有效操作数如表 3-15 所列。

表 3-15　计数器指令的有效操作数

输入/输出	数据类型	操作数
C××	字	常数（C0 到 C255）
CU、CD、LD、R	布尔型	I、Q、V、M、SM、S、T、C、L、能流
PV	整数型	IW、QW、VW、MW、SMW、SW、LW、T、C、AC、AIW、* VD、* LD、* AC、常数

减计数器指令程序举例如图 3-29 所示。

3.2.8.6　脉冲输出指令

脉冲输出指令（PLS）具有在高速输出（Q0.0 和 Q0.1）上控制脉冲串输出（PTO）和脉宽调制（PWM）功能。PTO 可以输出脉冲串（占空比为 50%），脉冲的周期和个数是可控的。PWM 可以输出连续的、占空比可调的脉冲串，脉冲的周期和脉宽也是可控的。脉冲输出指令的梯形图格式如图 3-30 所示。脉冲输出指令的有效操作数如表 3-16 所列。

S7-200 系列 PLC 有两个 PTO/PWM 发生器，它们可以产生一个高速脉冲串或者一个脉宽调制信号波形。一个发生器分配给数字输出点 Q0.0，另一个发生器分配给数字输出点 Q0.1。一个指定的特殊存储器（SM）位置存储每个发生器的下列数据：一个控制字节（8 位数值）、一个脉冲计数值（无符号 32 位数值）、一个周期和脉冲宽度值（无符号 16 位数值）。

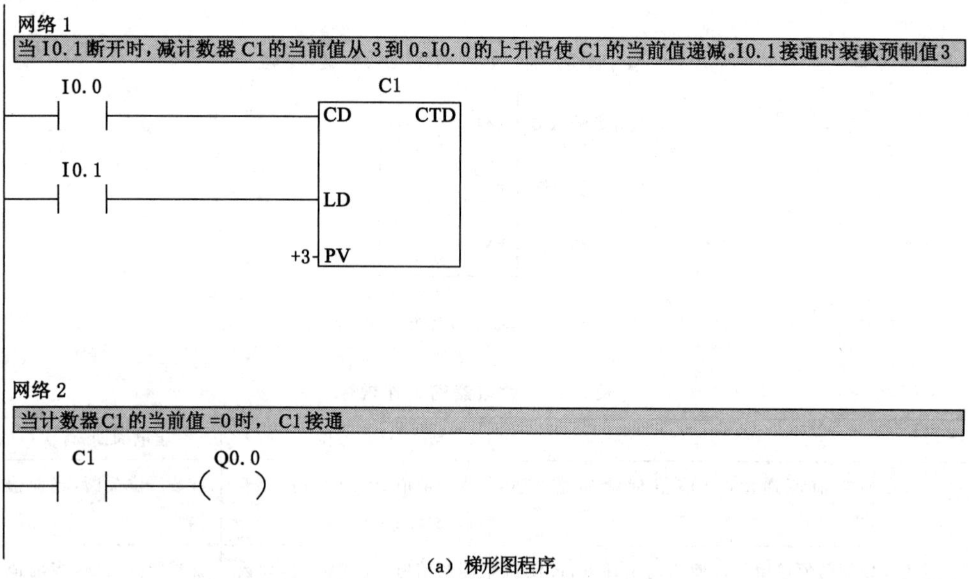

(a) 梯形图程序

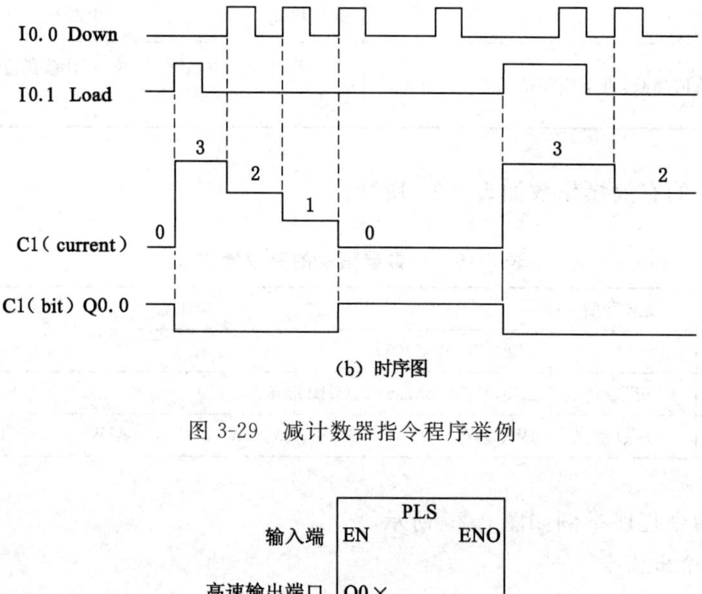

(b) 时序图

图 3-29 减计数器指令程序举例

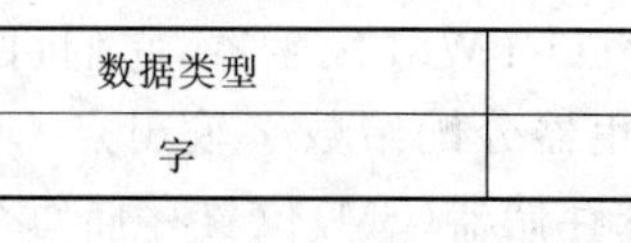

图 3-30 脉冲输出指令的梯形图格式

表 3-16 脉冲输出指令的有效操作数

输入/输出	数据类型	操作数
Q0.×	字	常数:0(=Q0.0) 或 1(=Q0.1)

当在 Q0.0 或 Q0.1 上激活 PTO 或 PWM 功能时，PTO/PWM 发生器对输出拥有控制权，同时普通输出点功能被禁止。输出信号波形不受过程映像区状态、输出点强制值或者立即输出指令执行的影响。当不使用 PTO/PWM 发生器功能时，对输出点的控制权交回到

过程映像寄存器。过程映像寄存器决定输出信号波形的起始和结束状态，即决定脉冲输出波形以高低电平启动和结束。

(1) 脉宽调制(PWM)

PWM 产生一个占空比变化周期固定的脉冲输出。如图 3-31 所示，其周期和脉宽时间可以以微秒(μs)或者毫秒(ms)为单位进行指定。周期：10～65 535 μs 或2～65 535 ms。脉宽时间：0～65 535 μs 或 0～65 535 ms。

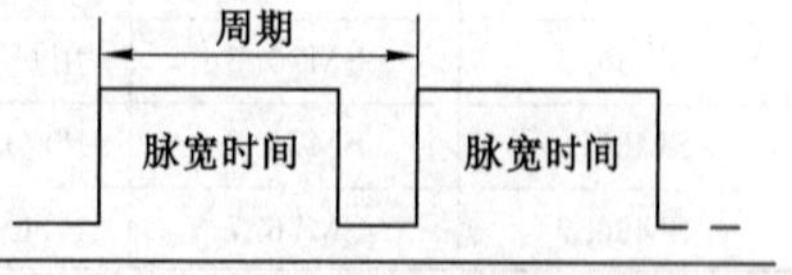

图 3-31 脉宽调制(PWM)

如表 3-17 所列，设定脉宽时间≥周期值(使占空比为 100%)，输出连续接通。设定脉宽时间等于 0 (使占空比为 0%)，输出连续关闭。

表 3-17 脉宽时间、周期和 PWM 功能的执行结果

脉宽时间/周期	结果
脉宽时间≥周期值	占空比是 100%：输出连续接通
脉宽时间＝0	占空比是 0%：输出连续关闭
周期＜2 个时间单位	将周期缺省地设定为 2 个时间单位

(2) 改变 PWM 信号波形特性的方法

为了控制的需要，PWM 信号波形的特性需要更新。更新有两个方法：同步更新和异步更新。

同步更新：如果不要求改变时间基准，则可以使用同步更新。利用同步更新，信号波形特性的变化发生在周期边沿，提供平滑转换。

异步更新：通常，对于 PWM 操作，脉冲宽度在周期保持不变时变化，因此不要求改变时间基准。但是，如果需要改变 PTO/PWM 发生器的时间基准，就要使用异步更新。异步更新会造成 PTO/PWM 功能被瞬时禁止和 PWM 信号波形不同步，这会引起被控设备的振动。由于这个原因，建议采用 PWM 同步更新，选择一个适合于所有周期时间的时间基准。

控制字节中的 PWM 更新方式位(SM67.4 或 SM77.4)用于指定更新方式。当 PLS 指令执行时变化生效。如果改变了时间基准，会产生一个异步更新，而与 PWM 更新方式位的状态无关。

(3) 使用特殊存储器(SM)来配置和控制 PTO/PWM 发生器

PLS 指令会从特殊存储器(SM)中读取数据，使程序按照其存储值控制 PTO/PWM 发生器。SMB67 控制 PTO0 或者 PWM0，SMB77 控制 PTO1 或者 PWM1。表 3-18 作为一个快速参考，用其中的数值作为 PTO/PWM 控制寄存器的值来实现需要的操作。PTO 或 PWM 信号波形的特性可以通过修改 SM 存储区(包括控制字节)，然后执行 PLS 指令来改变。PTO 或者 PWM 信号波形可以在任意时刻禁止，方法为：首先将控制字节中的使能位(SM67.7 或者 SM77.7)清零，然后执行 PLS 指令。注意：如果要装入新的脉冲数(SMD72 或 SMD82)、脉冲宽度(SMW70 或 SMW80)或周期(SMW68 或 SMW78)，应该在执行 PLS 指令前装入这些值和控制寄存器。

表 3-18 PTO/PWM 控制寄存器的 SM 标志

Q0.0	Q0.1	状态位
SM66.4	SM76.4	PTO 包络是否被中止(增量计算错误):0=无错;1=中止
SM66.5	SM76.5	用户是否中止了 PTO 包络:0=不中止;1=中止
SM66.6	SM76.6	PTO/PWM 是否管线上溢/下溢:0=无上溢;1=溢出/下溢
SM66.7	SM76.7	PTO 是否空闲:0=在进程中;1=PTO 空闲
Q0.0	Q0.1	控制字节
SM67.0	SM77.0	PTO/PWM 更新周期:0=无更新;1=更新周期请求
SM67.1	SM77.1	PWM 更新脉宽时间:0=无更新;1=更新脉宽请求
SM67.2	SM77.2	PTO 更新脉冲计数值:0=无更新;1=更新脉冲计数请求
SM67.3	SM77.3	PTO/PWM 时间基准:0=1 μs;1=1 ms
SM67.4	SM77.4	PWM 更新方法:0=异步;1=同步
SM67.5	SM77.5	PTO 单个/多个段操作:0=单个;1=多个
SM67.6	SM77.6	PTO/PWM 模式选择:0=PTO;1=PWM
SM67.7	SM77.7	PTO/PWM 启用:0=禁止;1=启用
Q0.0	Q0.1	其他 PTO/PWM 寄存器
SMW68	SMW78	PTO/PWM 周期数值范围:2～65 535
SMW70	SMW80	PWM 脉宽数值范围:0～65 535
SMD72	SMD82	PTO 脉冲计数值范围:1～4 294 967 295
SMB166	SMB176	进行中的段数(仅用在多段 PTO 操作中)
SMW168	SMW178	包络表的起始位置,用从 V0 开始的字节偏移表示(仅在多段 PTO 操作中)
SMB170	SMB180	线性包络状态字节
SMB171	SMB181	线性包络结果寄存器
SMD172	SMD182	手动模式频率寄存器

3.2.8.7 中断指令

中断指令包括中断允许指令和中断禁止指令。

中断允许指令(EN)全局地允许所有被连接的中断事件。中断禁止指令(DISI)全局地禁止处理所有中断事件。

当进入 RUN 模式时,初始状态为禁止中断。在 RUN 模式下,可以执行全局中断允许指令(ENI)允许所有中断。执行中断禁用指令可禁止中断过程;然而,激活的中断事件仍继续排队。

3.2.8.8 移位和循环移位指令

(1) 移位指令

移位指令将输入值 IN 右移或左移 N 位,并将结果装载到输出 OUT 中。

移位指令对移出的位自动补零。如果位数 N 大于或等于最大允许值(对于字节操作为 8,对于字操作为 16,对于双字操作为 32),那么移位操作的次数为最大允许值。如果移位次数大于 0,溢出标志位(SM1.1)上就是最近移出的位值。如果移位操作的结果为 0,零存储器位(SM1.0)置位。

字节操作是无符号的。对于字和双字操作,当使用有符号数据类型时,符号位也被移动。

(2) 循环移位指令

循环移位指令将输入值 IN 循环右移或者循环左移 N 位,并将输出结果装载到 OUT 中。

如果位数 N 大于或者等于最大允许值(对于字节操作为 8,对于字操作为 16,对于双字操作为 32),S7-200 系列 PLC 在执行循环移位之前,会执行取模操作,得到一个有效的移位位数。移位位数的取模操作的结果,对于字节操作是 0～7,对于字操作是 0～15,而对于双字操作是 0～31。

如果移位位数为 0,循环移位指令不执行。如果循环移位指令执行,最后一个移位的值会复制到溢出标志位(SM1.1)。

如果移位位数不是 8(对于字节操作)、16(对于字操作)和 32(对于双字操作)的整数倍,最后被移出的位会被复制到溢出标志位(SM1.1)。当要被循环移位的值是零时,零标志位(SM1.0)被置位。

字节操作是无符号的。对于字和双字操作,当使用有符号数据类型时,符号位也被移位。

移位和循环移位指令如图 3-32 所示。

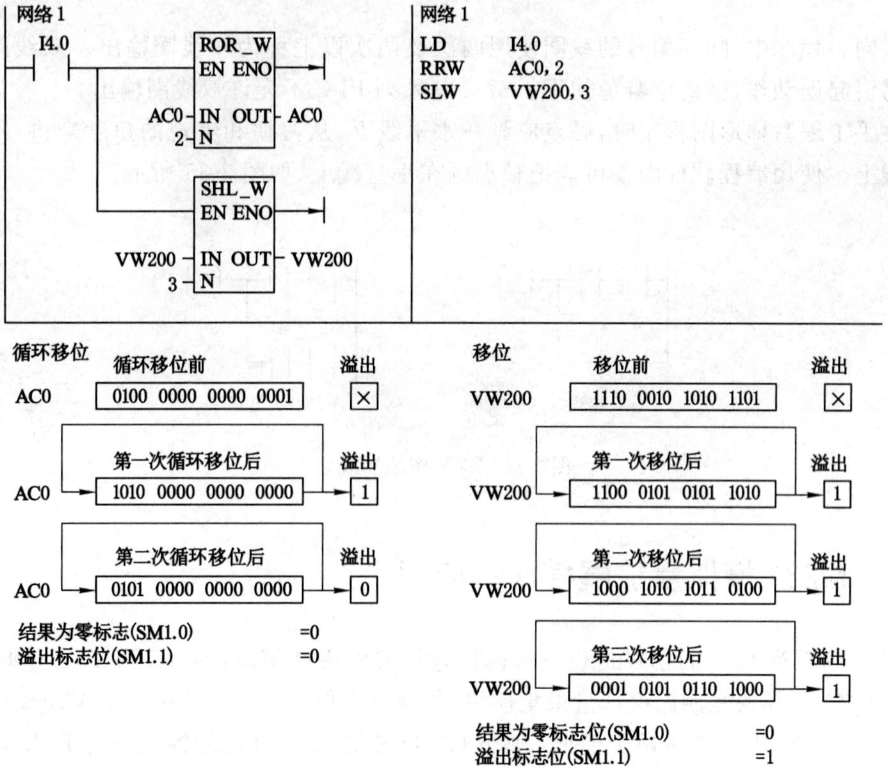

图 3-32　移位和循环移位指令

3.2.9 梯形图绘制规则

梯形图的每一行都是从左边母线开始，然后是各种触点的逻辑连接，最后以线圈或指令盒结束，如图 3-33 所示。

图 3-33 梯形图绘制规则一

线圈和指令盒一般不能直接连接在左边的母线上，如需要的话可通过特殊的中间继电器 SM0.0 完成，如图 3-34 所示。

图 3-34 梯形图绘制规则二

在同一程序中，同一编号的线圈使用两次及两次以上称为双线圈输出。双线圈输出非常容易引起误动作，因此应避免使用。S7-200 系列 PLC 不允许双线圈输出。

在手工编写梯形图程序时，触点应画在水平线上，从习惯和美观的角度来讲，不要画在垂直线上。使用编程软件则不可能把触点画在垂直线上，如图 3-35 所示。

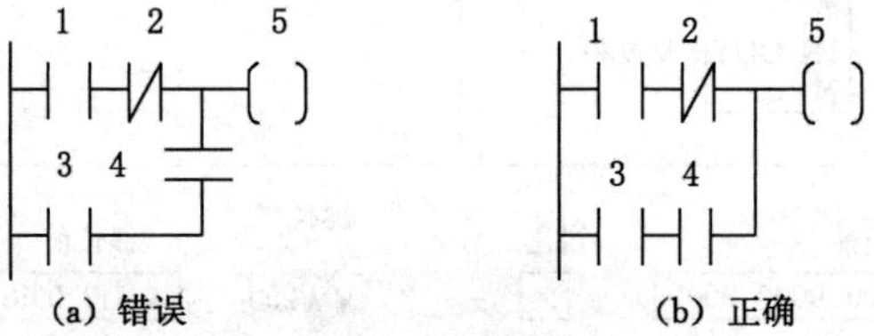

图 3-35 梯形图绘制规则三

3.3 EM231 模拟量扩展模块的应用

S7-200 系列 PLC 目前可提供三种模拟量扩展模块：EM231 模块、EM232 模块、EM235 模块。EM231 模块是四路模拟量采集模块，每路可采集±2.5 V、±5 V、10V、0～20 mA 信号，S7-200 系列 PLC 单独用于模拟量输入（A/D 转换）的特殊功能模块只有 EM231 一种规格，EM231 模拟量扩展模块可以将外部输入的 4 通道模拟量（模拟电压或电流）转换为 PLC 内部处理需要的 12 位数字量。

3.3.1　EM231 模拟量扩展模块的特点

EM231 模拟量扩展模块是价格适中、高速 12 位四路模拟量输入模块。这种模块能在 149 μs 内将模拟量输入转换成相应的数字值。这种模块是高速模块，它们可以跟踪模拟量信号中的快速变化（包括内部和外部噪声）。对一个恒定或缓慢变化的模拟量输入，由噪声引起的信号读数之间的差异，可通过对读数值取平均值的方法使其影响最小。但由于计算平均值而增加读取信号的次数（即采样次数），会相应地降低对外部输入信号的响应速度。其电气连接图如图 3-36 所示。

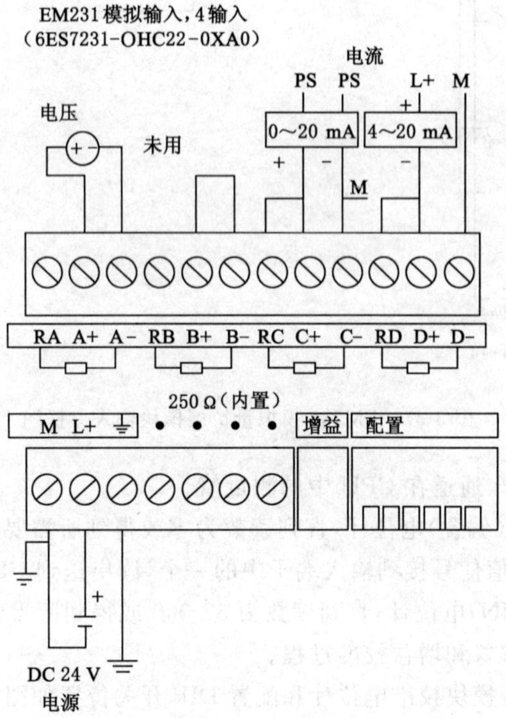

图 3-36　EM231 模拟量扩展模块电气连接图

3.3.2　EM231 模拟量扩展模块的输入校准

校准调节影响模拟多路转换器运算的放大器。因此，校准影响所有的用户输入通道。即使在校准后，在模拟多路转换器前面的输入电路中，由于每个输入通道电路元件的参数发生变化，也会使同一输入信号在不同通道之间的读数存在轻微差异。为了达到所要求的技术参数，应启动用于模块输入的模拟输入滤波器。计算平均值时，选择 64 次或更多的采样次数。EM231 模拟量扩展模块输入方框图如图 3-37 所示。

校准输入时，其步骤如下：

（1）切断模块电源，选择需要的输入范围。

（2）接通 CPU 和模块电源，使模块稳定 15 min。

（3）用一个变送器、一个电压源或一个电流源将零值信号加到一个输入端。

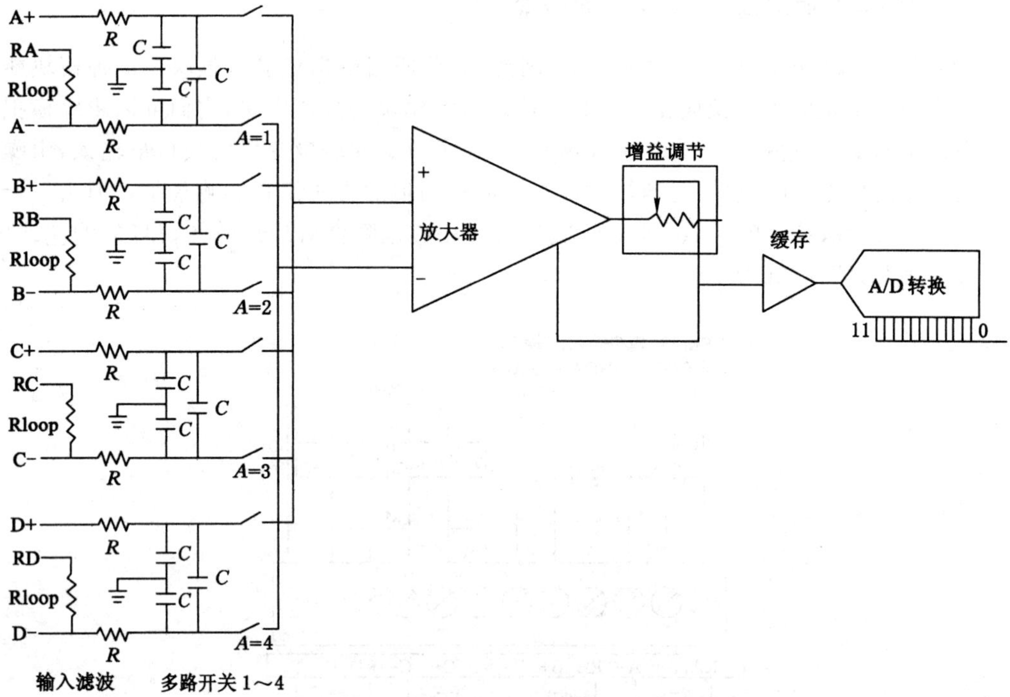

图 3-37　EM231 模拟量扩展模块输入方框图

（4）读取适当的输入通道在 CPU 中的测量值。

（5）调节 OFFSET（偏置）电位计，直到读数为零或得到所需要的数字数据值。

（6）将一个满刻度值信号接到输入端子中的一个，读出送到 CPU 的值。

（7）调节增益（GAIN）电位计，直到读数为 32 000 或得到所需要的数字数据值。

（8）必要时，重复偏置和增益校准过程。

EM231 模拟量扩展模块校准电位计和配置 DIP 开关位置如图 3-38 所示。

3.3.3　EM231 模拟量扩展模块的配置

用于选择模拟量输入量程的 EM231 模块配置开关表如表 3-19 所列。该表中，ON 是闭合，OFF 是断开。

表 3-19　用于选择模拟量输入量程的 EM231 模块配置开关表

单极性			满量程输入	分辨率
SW1	SW2	SW3		
ON	OFF	ON	0～10 V	2.5 mV
	ON	OFF	0～5 V	1.25 mV
			0～20 mA	5 μA
双极性			满量程输入	分辨率
SW1	SW2	SW3		

表 3-19(续)

双极性			满量程输入	分辨率
SW1	SW2	SW3		
OFF	OFF	ON	±5 V	2.5 mV
	ON	OFF	±2.5 V	1.25 mV

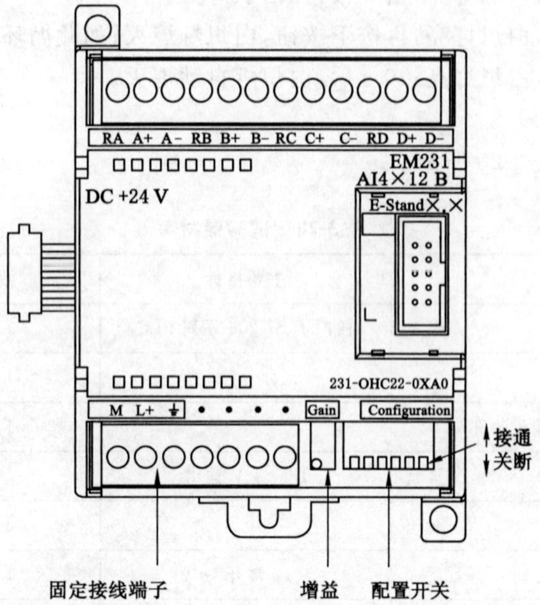

图 3-38 EM231 模拟量扩展模块校准电位计和配置 DIP 开关位置

3.3.4 EM231 模拟量扩展模块模拟量输入数据格式

图 3-39 为 EM231 模块和 EM235 模块输入数据格式。对于模拟量输入，A/D 转换后的 12 位读数，其数据格式是左端对齐的。最高有效位是符号位：0 表示正值数据，1 表示负值数据。对于单极性数据，其存储单元的低 3 位为 0，数据值的 12 位存放在第 3～14 位，最高位为 0，数据范围为 0～32 000。对于双极性数据，其存储单元的低 4 位为 0，数据值的 12 位存放在第 4～15 位，数据范围为－32 000～＋32 000。

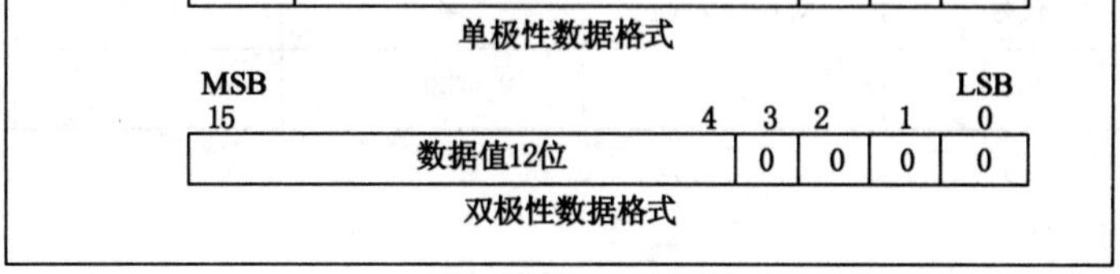

图 3-39 EM231 模块和 EM235 模块输入数据格式

3.4 S7-200系列PLC应用系统设计与实现

3.4.1 用按钮实现对白炽灯的控制

3.4.1.1 任务描述

任务一：按下按钮，白炽灯亮；松开按钮，白炽灯灭。

任务二：按下按钮，白炽灯亮，再按下按钮，白炽灯熄灭；如此循环。

任务三：按下按钮，白炽灯亮；10 s后，白炽灯自动熄灭。

3.4.1.2 试验器材

所需试验器材如表3-20所列。

表3-20 试验器材

器材名称	主要指标	数量	备注
PLC	西门子S7-200系列PLC	1台	
万用表		1块	
计算机和连接电缆、编程软件		1套	
交流开关电源	DC 24 V输出		
断路器		3块	
按钮无锁开关	常开	1个	
电磁继电器	DC 24 V输入	1个	
白炽灯		1个	
电工工具		1套	
导线		若干	

3.4.1.3 电路连接

(1) I/O点的分配

I/O点的分配见表3-21。

表3-21 I/O点的分配

输入信号			输出信号		
名称	代号	对应输入点	名称	代号	对应输出点
按钮	SB1	I0.0	电磁继电器	KR1	Q0.0

(2) 电路连接图

电路连接图如图3-40所示。

(3) 实物连接图

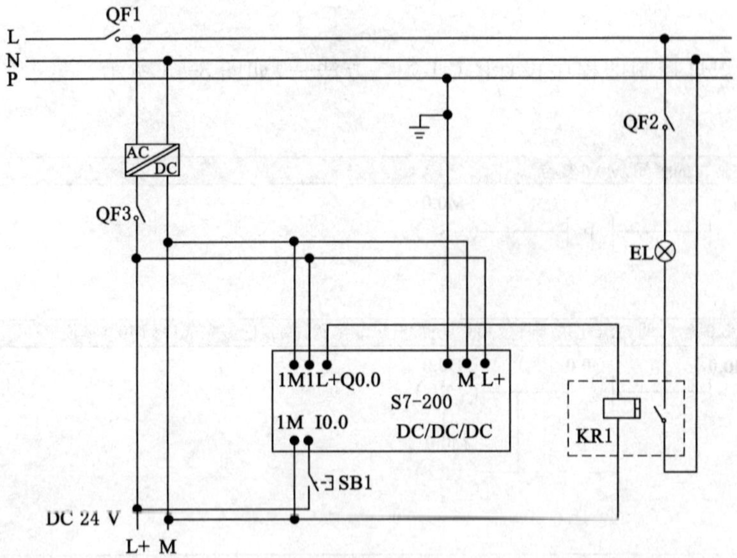

图 3-40　电路连接图

实物连接图如图 3-41 所示。

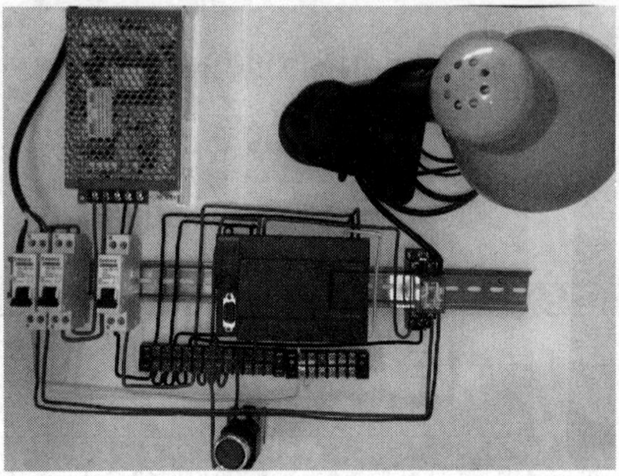

图 3-41　实物连接图

3.4.1.4　程序设计

(1) 任务一

按钮对白炽灯控制的程序设计图(任务一)如图 3-42 所示。

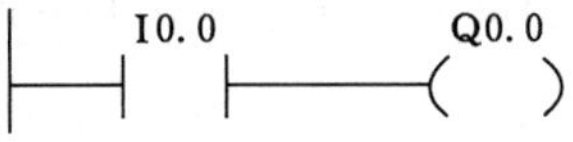

图 3-42　按钮对白炽灯控制的程序设计图(任务一)

(2) 任务二

方法一：

按钮对白炽灯控制的程序设计图(任务二方法一)如图 3-43 所示。

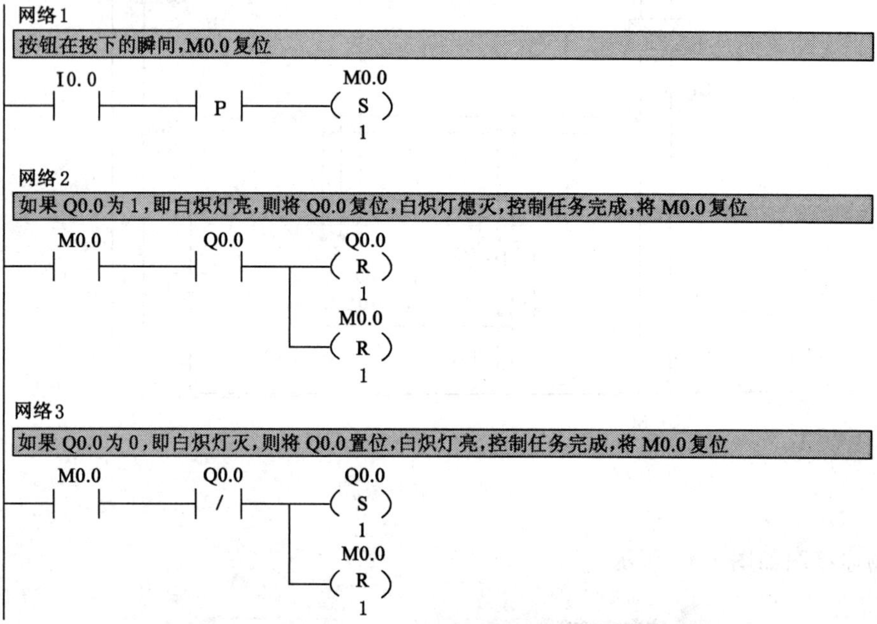

图 3-43 按钮对白炽灯控制的程序设计图(任务二方法一)

方法二：

按钮对白炽灯控制的程序设计图(任务二方法二)如图 3-44 所示。

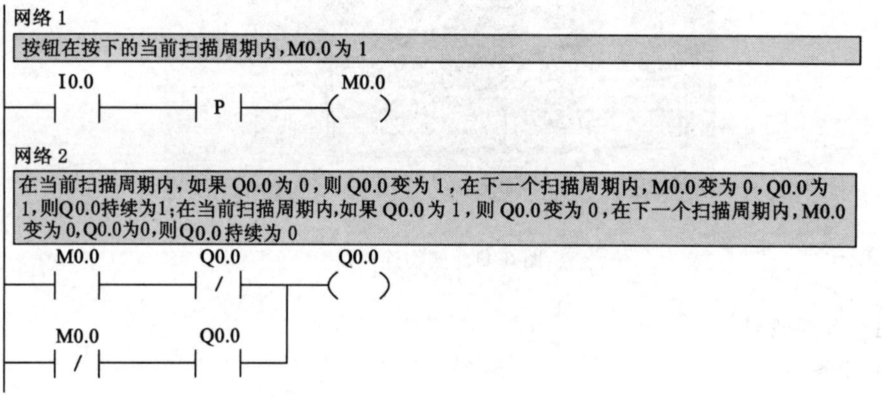

图 3-44 按钮对白炽灯控制的程序设计图(任务二方法二)

(3) 任务三

方法一：

按钮对白炽灯控制的程序设计图(任务三方法一)如图 3-45 所示。

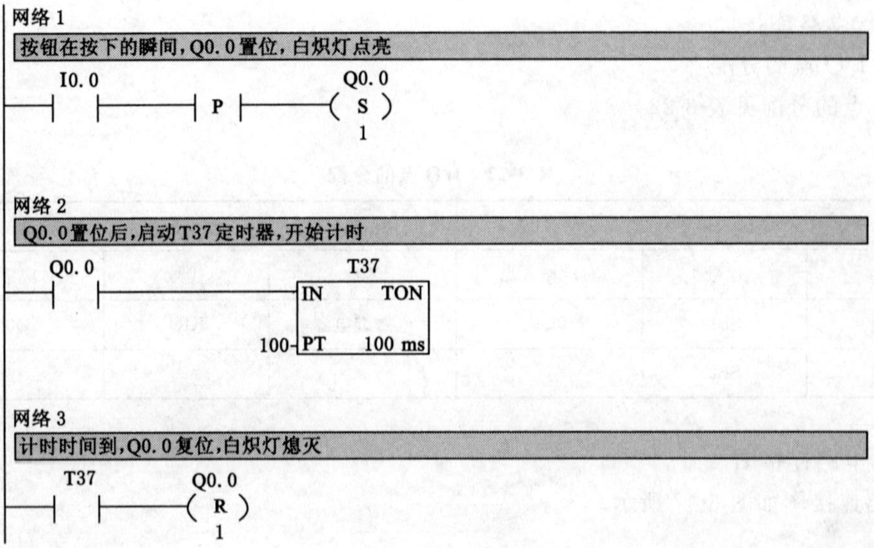

图 3-45　按钮对白炽灯控制的程序设计图(任务三方法一)

方法二:

按钮对白炽灯控制的程序设计图(任务三方法二)如图 3-46 所示。

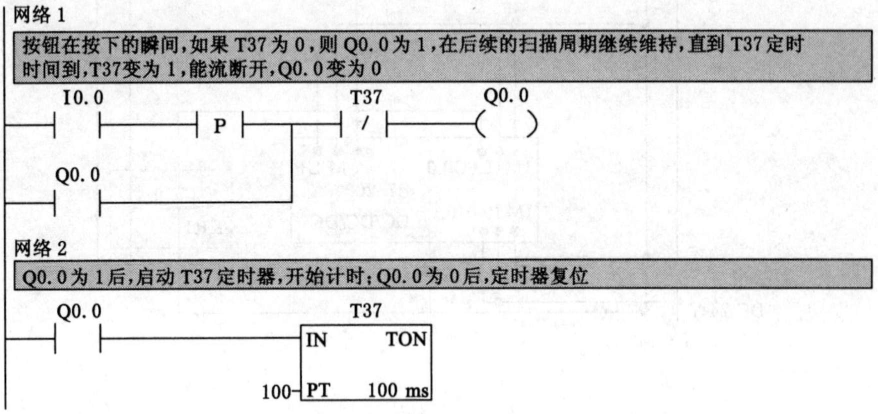

图 3-46　按钮对白炽灯控制的程序设计图(任务三方法二)

3.4.2　用按钮实现对楼道灯的控制

3.4.2.1　任务描述

任务一:两个按钮可以分别控制楼道灯的接通和断开。

任务二:两个按钮可以分别控制楼道灯的接通和断开,同时当白炽灯点亮一定时间后,即使没有按下按钮,白炽灯也会自动熄灭。

3.4.2.2 试验器材

所需试验器材如表 3-20 所列。

3.4.2.3 电路连接

(1) I/O 点的分配

I/O 点的分配见表 3-22。

表 3-22 I/O 点的分配

输入信号			输出信号		
名称	代号	对应输入点	名称	代号	对应输出点
按钮	SB1	I0.0	电磁继电器	KR1	Q0.0
按钮	SB2				

(2) 电路连接图

电路连接图如图 3-47 所示。

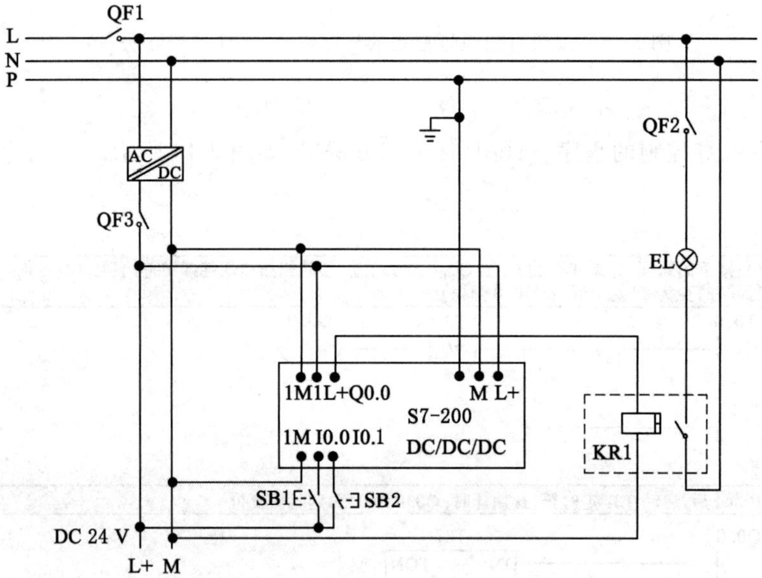

图 3-47 电路连接图

(3) 实物连接图

实物连接图如图 3-48 所示。

3.4.2.4 程序设计

任务一:

按钮对楼道灯控制的程序设计图(任务一)如图 3-49 所示。

任务二:

按钮对楼道灯控制的程序设计图(任务二)如图 3-50 所示。

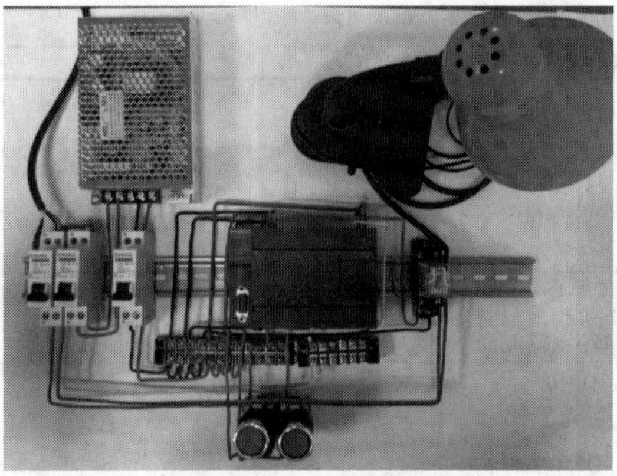

图 3-48　实物连接图

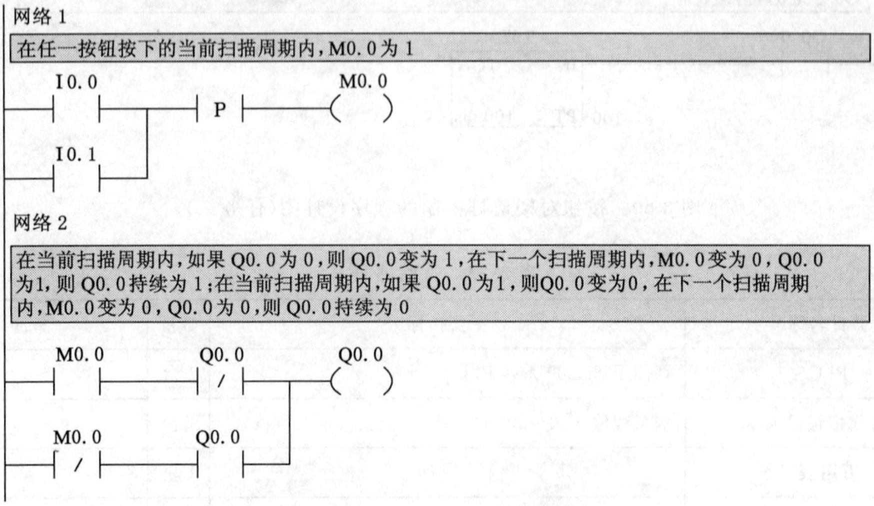

图 3-49　按钮对楼道灯控制的程序设计图（任务一）

3.4.3　电热水器的温度调节控制

3.4.3.1　任务描述

任务一：启动和停止两个按钮分别控制程序的运行和停止，当程序运行后，控制水温在 80～90 ℃之间。

任务二：启动和停止两个按钮分别控制程序的运行和停止，当程序运行后，控制水温保持在 85±1 ℃。

任务二需要用 PID 调节控制水温，控制系统对继电器的控制频率很高，电磁继电器在高频率的接通和关闭中容易损坏，所以任务二中的继电器要选用固态继电器。

3.4.3.2　试验器材

所需试验器材如表 3-23 所列。

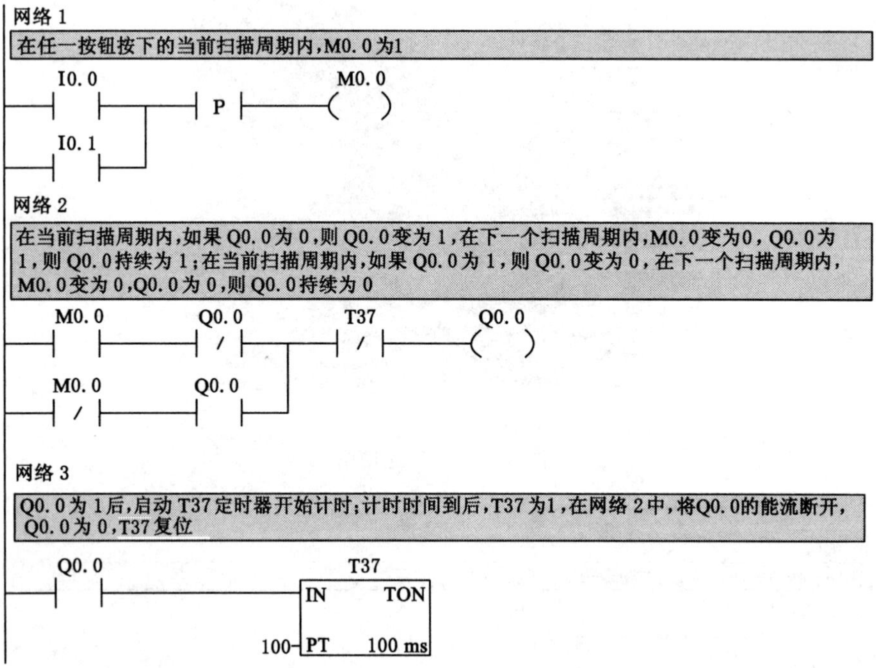

图 3-50 按钮对楼道灯控制的程序设计图(任务二)

表 3-23 试验器材

器材名称	主要指标	数量	备注
PLC	西门子 S7-200 系列 PLC	1 台	
EM231 模拟量输入模块	满量程输入：0～20 mA	1 台	
万用表		1 块	
计算机和连接电缆、编程软件		1 套	
交流开关电源	DC 24 V 输出		
断路器		3 块	
按钮无锁开关	常开	2 个	
电磁继电器	控制电压 DC 24 V，负载电压交流 220 V，常开触点	1 个	仅在任务一中使用
固态继电器	控制电压 DC 24 V，负载电压交流 220 V，常开触点	1 个	任务一和任务二可通用
电热水器		1 个	
温度传感器	PT100		
温度变送器	分度号 PT100，量程 0～250 ℃，输出 4～20 mA		
电工工具		1 套	
导线		若干	

3.4.3.3　电路连接

（1）I/O 点的分配

I/O 点的分配见表 3-24。

表 3-24　I/O 点的分配

输入信号			输出信号		
名称	代号	对应输入点	名称	代号	对应输出点
启动按钮	SB1	I0.0	电磁继电器(任务一)	KR1	Q0.0
停止按钮	SB2	I0.1	固态继电器(任务二)	KS1	Q0.0

（2）电路连接图

电路连接图如图 3-51 所示。

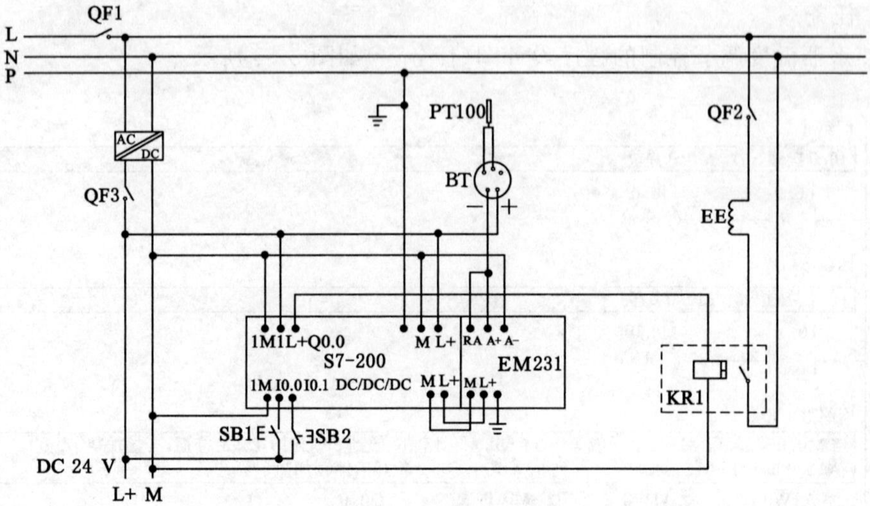

图 3-51　电路连接图

（3）实物连接图

实物连接图如图 3-52 所示。

3.4.3.4　程序设计

EM231 将温度值 T 转化为数字量 AIW0 的转化关系为：

温度 T 对应的输入电流 I 为：$I=4+\dfrac{20-4}{250-0}\cdot T$

电流 I 与 AIW0 的关系为：$\text{AIW0}=\dfrac{32\ 000}{20-0}\cdot I$

因此，80 ℃对应的 AIW0 的值为 14 592；85 ℃对应的 AIW0 的值为 15 104；90 ℃对应的 AIW0 的值为 15 616；100 ℃对应的 AIW0 的值为 16 640；0 ℃对应的 AIW0 的值为 6 400。

PID 回路输入的计算公式如下：

RRaw= AIW0－6 400

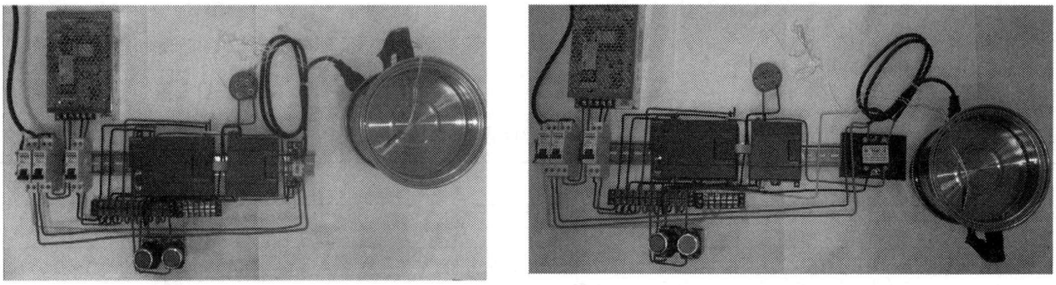

(a) 任务一　　(b) 任务二

图 3-52　实物连接图

$$\text{RNorm}=\frac{\text{RRaw}}{16\ 640-6\ 400}$$

(1) 任务一

电热水器温度调节控制的程序设计图(任务一)如图 3-53 所示。

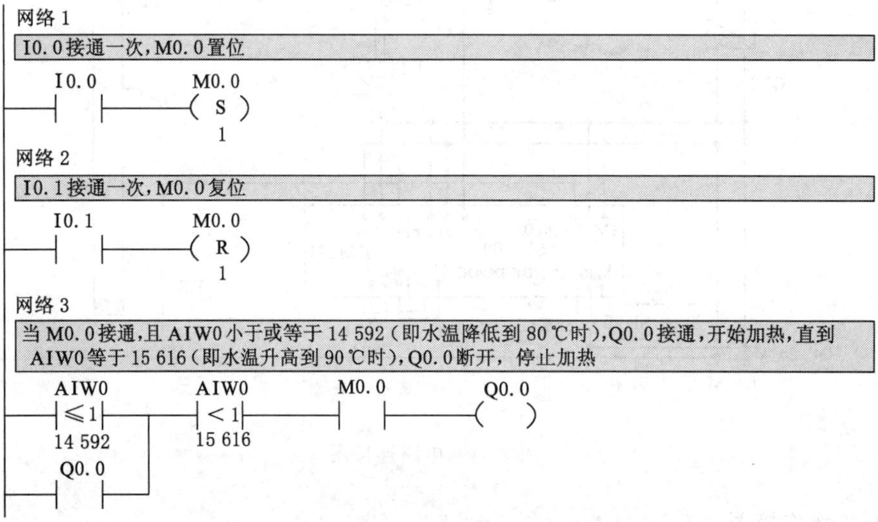

图 3-53　电热水器温度调节控制的程序设计图(任务一)

(2) 任务二

① 主程序:

电热水器温度调节控制的程序设计图(任务二主程序)如图 3-54 所示。

② 子程序:

电热水器温度调节控制的程序设计图(任务二子程序)如图 3-55 所示。

③ 中断程序:

电热水器温度调节控制的程序设计图(任务二中断程序)如图 3-56 所示。

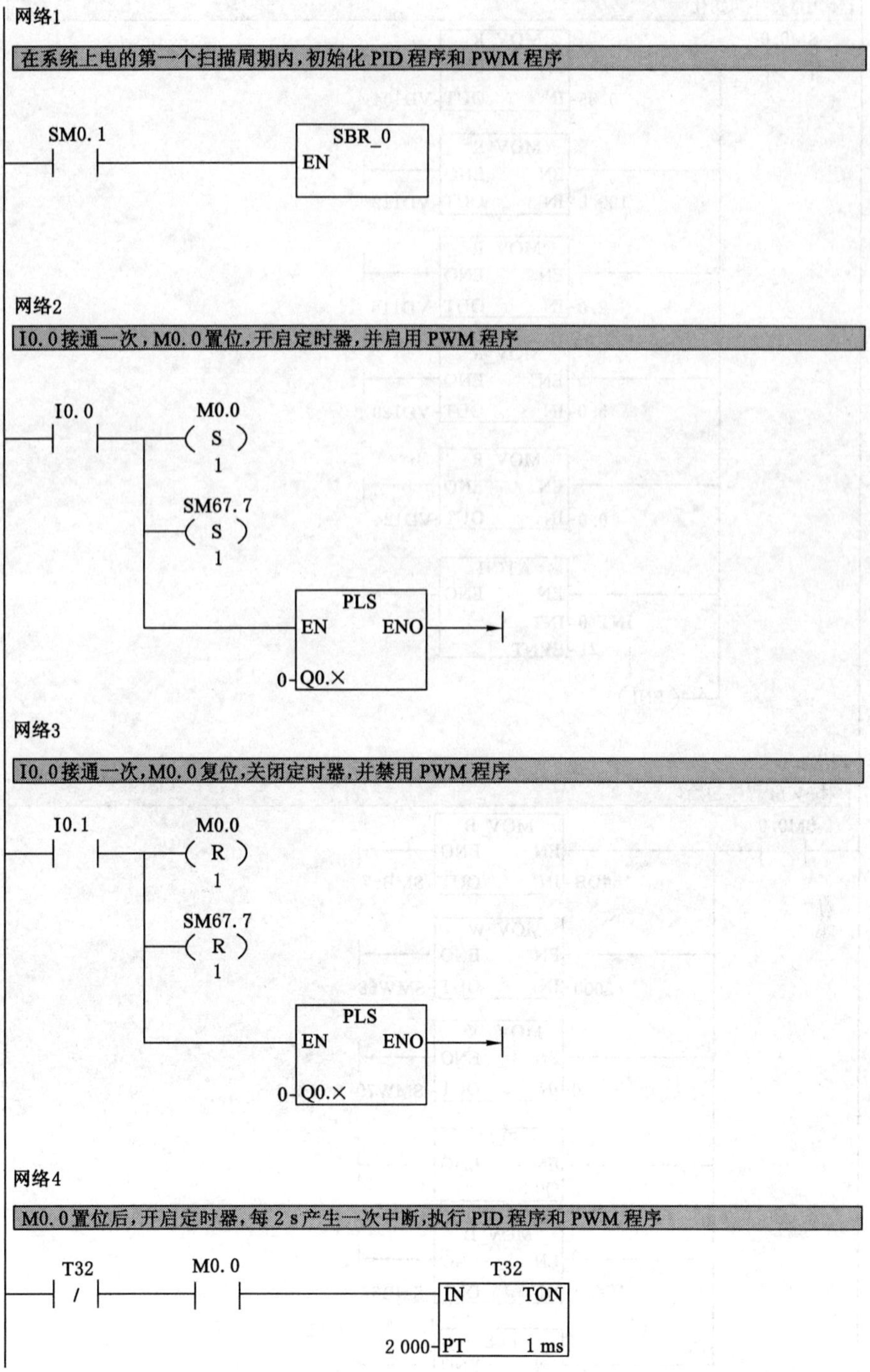

图 3-54　电热水器温度调节控制的程序设计图（任务二主程序）

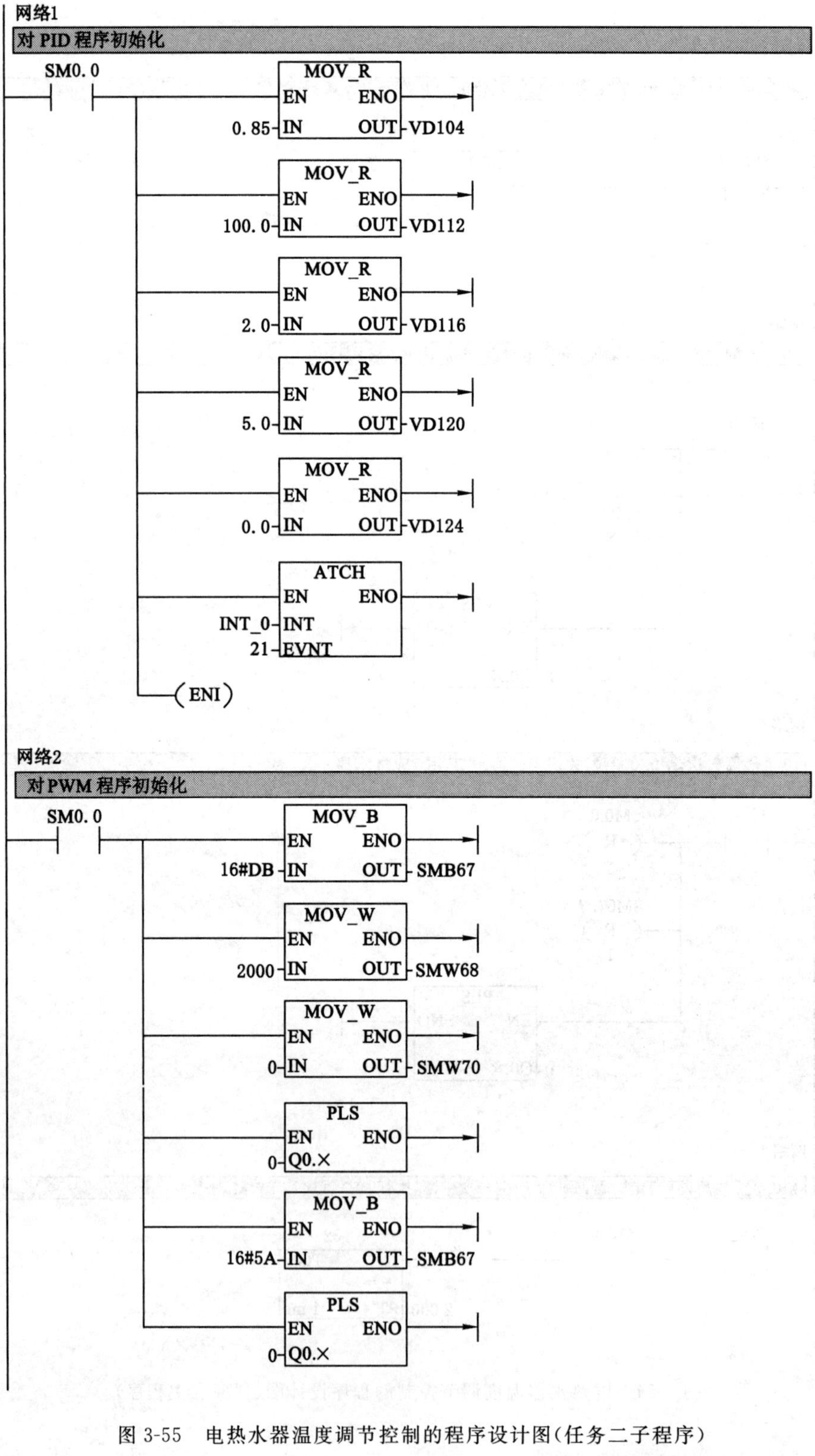

图 3-55 电热水器温度调节控制的程序设计图(任务二子程序)

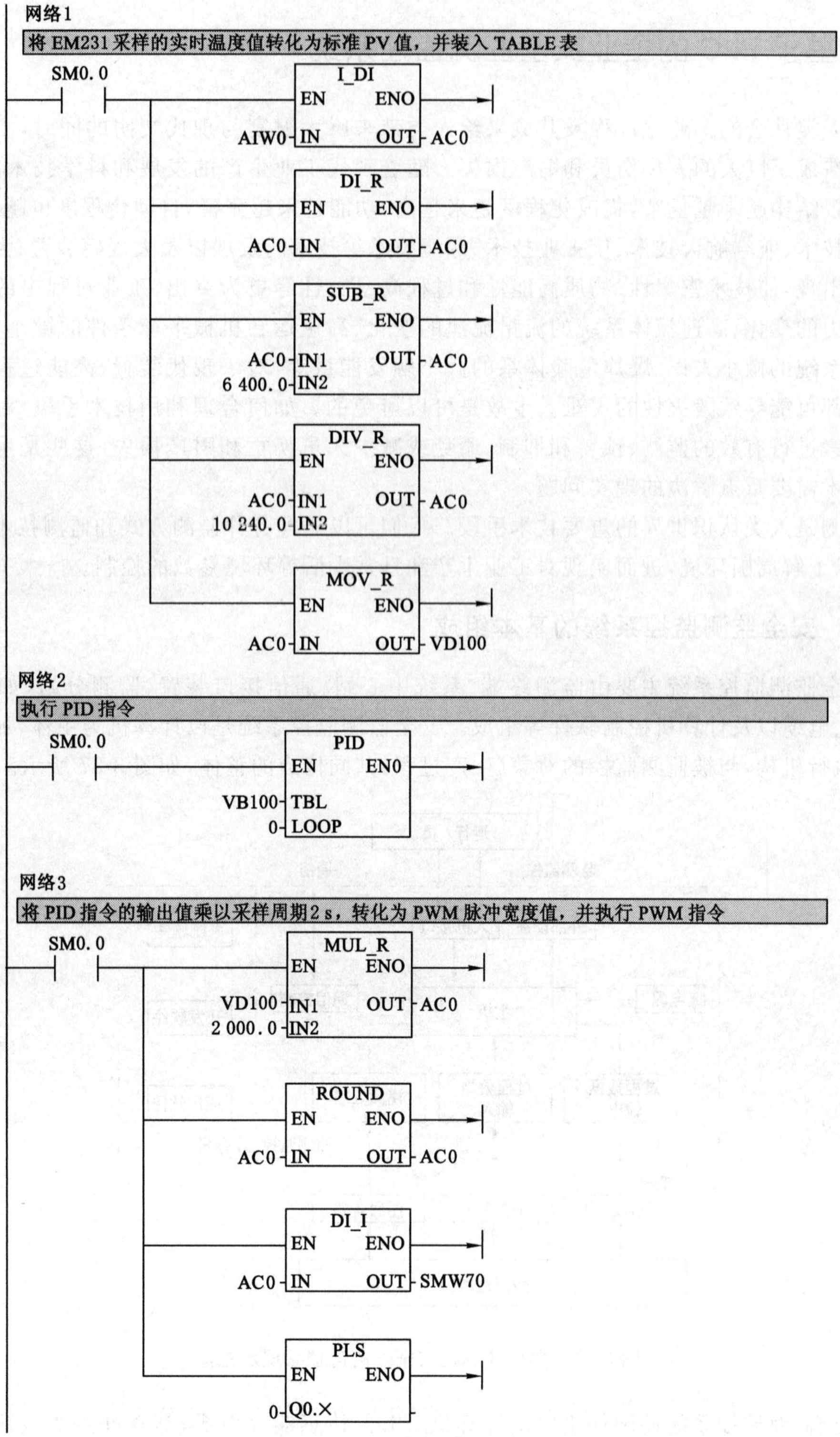

图 3-56　电热水器温度调节控制的程序设计图(任务二中断程序)

3.5 基于 PLC 的企业安全监测监控系统

在人类社会的工业化进程及其成果给人类带来巨大财富与现代文明的同时,工业灾害给人类造成了巨大的人员伤员和财产损失。随着现代工业生产的发展和科学技术的进步,生产装置结构越来越复杂,集成化程度越来越高,功能越来越完善,自动化程度也越来越高,如高新技术、航空航天技术、核工业技术、深海技术等技术的发展以及大规模装置、大型联合装置的出现,使技术密集性、物质高能性和过程高参数性等更为突出,工业过程中的微小温度或压力的变化、高速流体系统的流量流速的变化、高速运转机械平衡条件的微小变化、物料配比系统的微小失误、爆炸危险体系的微小触发能量等,对于现代装置、高能过程和高技术系统都可能导致毁灭性的灾难。事故是可以避免的。如何合理利用技术手段,对危险和有害因素进行有效的监测、预警和抑制,避免或减少人员伤亡和财产损失,这些是生产安全关键技术需要重点解决的现实问题。

监测是人类认识世界的重要技术手段。人们可以通过各种监测方式和监测技术来获取信息,以了解周围环境,进而实现对工业生产和日常生活等环境参数的控制。

3.5.1 安全监测监控系统的基本组成

安全监测监控系统主要由监测终端、系统中心站、通信接口装置、监测分站(如 PLC)、传感器、电缆以及计算机控制软件等组成。安全监测监控系统是以计算机为主体,加上监测装置、执行机构,与被监测监控的对象(生产过程)共同构成的整体,如图 3-57 所示。

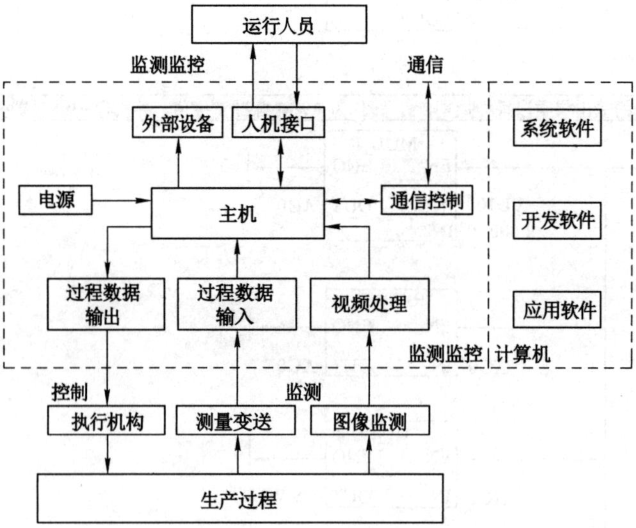

图 3-57 典型计算机安全监测监控系统示意图

安全监测监控系统的硬件主要由计算机、PLC、传感器等组成;其软件主要包括系统软件、开发软件和应用软件三部分。系统软件一般为一个操作系统,对于比较简单的计算机安全监控系统则为一个监控程序。开发软件包括高级语言、组态软件和数据库等。应用软件通常包括输入/输出处理模块、控制算法模块、逻辑控制模块、通信模块、报警处理模块、数据处理模块或数据库、显示模块、打印模块等。目前，工业企业中的安全监测监控系统可使监测的模拟量和开关量达上千个，巡检周期短，能同时完成信号的自动处理、记录、报警、连锁动作、打印、计算等；监测参数除可燃气体成分和浓度、可燃粉尘浓度、可燃液体泄漏量之外，还有压力、压差、风速、火灾特征（包括烟、温度、光）等环境参数和生产过程参数。企业可以从连续监测数据、屏幕显示图形和经过数据处理得到各种图表及时掌握整个生产过程的过程参数、环境参数和生产设备的状态，因此保证了生产的连续与均衡，保障了作业环境的安全、卫生。

3.5.1.1　系统中心站

系统中心站主要由中心站软件监测监控系统进行生产环境和生产状态监测。生产环境监测主要监测各种有毒有害气体及工作地点的安全卫生条件，如甲烷气体浓度、一氧化碳浓度、氧气浓度、风速、负压、温度、压力、烟雾等。生产状态监测主要监测各主要生产环节的生产参数和重要设备的运行状态参数，如水仓水位、供电电压、供电电流、功率等模拟量以及水泵、提升机、通风机、胶带机、开关、磁力启动器运行状态和参数等。中心站软件大多采用模块设计，其具有测点定义、测量参数显示、曲线显示、图形生成、数据存储、故障统计、报表和报告打印等功能。

3.5.1.2　局域网络

以计算机为基础的安全监测监控系统连接采用 TCP/IP 网络协议，以实现局域网络终端与系统中心站之间的实时通信和实时数据查询。局域网络管理主要靠网络系统应用软件来支撑。

3.5.1.3　监测分站

安全监测监测系统的监测分站形式多样，其基本功能主要有：① 开机自检和本机初始化功能；② 通信测试功能；③ 程控功能（实现断电功能、闭锁功能、可燃气体管道监测功能和一般的环境监测功能等）；④ 死机自复位功能且通知中心站；⑤ 接收中心站初始化本监测分站参数设置功能（如传感器配接通道号、量程、断电点、报警上限和报警下限等）；⑥ 自动识别配接传感器类型（电压型、电流型或频率型等）；⑦ 超限报警功能；⑧ 接收中心站对本监测分站指定通道输出控制继电器实施手控操作功能和异地断电功能。

3.5.1.4　传感器

信息技术的三大支柱是监测技术、通信技术和计算机技术，而传感器技术是监测技术的基础。信息处理技术取得的进展以及微处理器和计算机技术的高速发展，都需要在传感器开发方面有相应的进展。安全监测监控是事故预防的基本技术手段，传感器是安全监测监控的基础。

传感器主要有甲烷、一氧化碳、风速、压力、温度、水位等模拟量传感器，以及机电设备开停、机电设备馈电状态、开关状态等开关量传感器。传感器的稳定性和可靠性是安全监测监控系统能否正确反映被测环境和设备参数的关键技术。

3.5.2　火灾自动报警系统

火灾自动报警系统是探测火灾早期特征、发出火灾报警信号，为人员疏散、防止火灾蔓延和启动自动灭火设备提供控制与指示的消防系统，是一种以传感器技术、计算机技术、电子通信技术等为基础的自动消防设施，具有能在火灾初期将燃烧产生的烟雾、热量、火焰等物理量，通过火灾探测器变成电信号，传输到火灾报警控制器，并同时显示出火灾发生的位置、时间等，使人们能够及时发现火灾，并及时采取有效措施扑灭初期火灾，最大限度地减少因火灾造成的生命和财产的损失。

火灾自动报警系统的组成设施多种多样，具体组成部分的名称也有所不同。但是无论怎么划分，火灾自动报警系统基本可概括为由触发装置、报警装置、警报装置和电源四部分组成，如图 3-58 所示。复杂火灾报警系统则包括火灾探测器、消防联动控制器、灭火设备、排烟设备、声光设备、通风空调、防火门及防火卷帘、消防应急照明和疏散指示、消防广播、消防电话、火灾报警控制器等。火灾自动报警控制系统原理框图如图 3-59 所示。

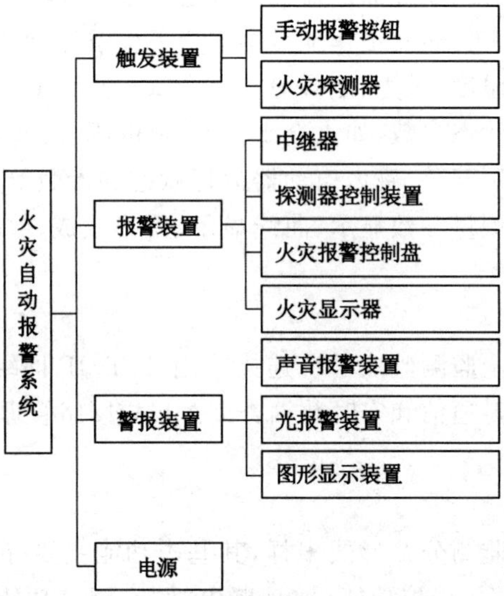

图 3-58 火灾自动报警系统的基本组成

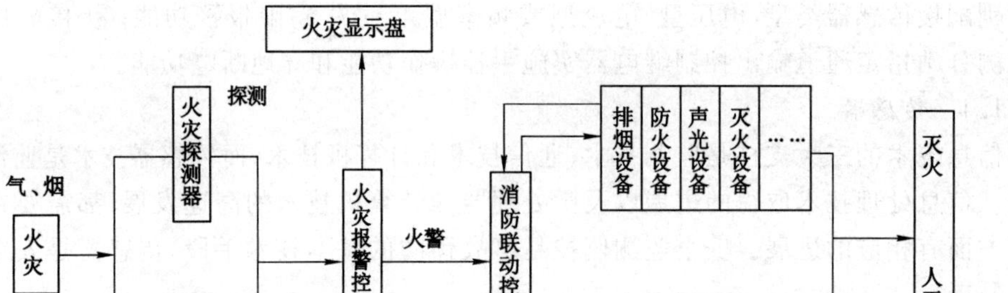

图 3-59 火灾自动报警控制系统原理框图

火灾探测部分主要由监测器组成，是火灾自动报警系统的检测元件，它将火灾发生初期所产生的烟、热、光转变成电信号,然后送入报警系统。火灾监测器根据对不同火灾参量的响应及不同的响应方法,可分为感烟式监测器、感温式监测器、感光式监测器、复合式监测器和可燃气体监测器。不同类型的监测器适用于不同的场合和不同的环境条件。火灾监测器通过对火灾现场发出燃烧气体、烟雾粒子、温升、火焰的探测,将探测到的火情信号转化为火警电信号。现场人员若发现火情后,也可立即按动手动报警按钮,发出火警电信号。

3.5.3　入侵报警系统

入侵报警系统就是用探测器对建筑内外重要地点和区域进行布防。它可以及时探测非法入侵,并且在探测到非法入侵时及时向有关人员示警。随着通信技术、传感器技术和计算机技术的发展,入侵报警系统作为防入侵、防盗窃、防抢劫、防破坏的有力手段已得到越来越广泛的应用。入侵报警系统的建设不仅是公安部门维护社会安定的需要,也是广大公民保护自身安全的需求。

3.5.3.1　入侵报警系统的基本组成

(1) 入侵报警系统的组成

入侵报警系统是指用来探测非法入侵者的移动或其他行动的报警系统。当系统运行时,只要有非法入侵行为的出现,系统就能发出报警信号。入侵报警系统通常由前端设备(包括探测器和紧急报警装置)、传输设备、处理/控制/管理设备和显示/记录设备四部分构成。

根据不同的防范场所,应选用不同的信号传感器,如气压、温度、振动、幅度传感器等,以此来探测和预报各种危险情况。如红外监测器中的红外传感器能探测出被测物体表面的热变化率,从而判断被测物体的运动情况而引起报警;振动电磁传感器能探测出物体的振动,通过将其固定在地面或保险柜上,就能探测出入侵者走动或撬挖保险柜的动作。

(2) 入侵报警控制器的基本功能

入侵报警控制器直接或间接接收来自入侵监测器发出的报警信号,经分析判断,确定报警电信号的性质,能及时发出性质不同的声光信号。入侵报警控制器应有防破坏功能,当连接入侵监测器和控制器的传输线发生断路、短路、缺电等系统故障时,应能发出显示系统故障的声、光报警信号,告知系统管理人员进行检查、维护。若确定是报警电信号,入侵报警控制器应能指示入侵发生的地点、时间,及时通知保安人员采取相应措施,避免产生更大的损失。声、光报警信号应能保持到手动复位,复位后,如果再有入侵报警信号输入时,应能重新发出声光报警信号。报警信号应能保持到引起报警的原因排除后,才能实现复位;而在该报警信号存在期间,如有其他入侵信号输入,仍能发出相应的报警信号。

将探测器与报警控制器相连并接通电源,就组成了报警系统。在用户已完成对报警控制器编程的情况下,操作人员即可在键盘上按规定的操作码进行操作。只要输入不同的操作码,就可通过报警控制器对探测器的工作状态进行控制。

3.5.3.2　入侵报警系统设计流程

入侵报警系统工程的设计应按照"设计任务书的编制→现场勘察→初步设计→方案论证→施工图设计文件的编制(正式设计)"的流程进行。对于新建建筑的入侵报警系统工程,建设单位应向入侵报警系统设计单位提供有关建筑概况、电气和管槽路由等设计资料。

3.6 PLC 通信技术

什么是通信？简单地说，通信就是两个人（物）之间的沟通，也可以说是两个设备之间的数据交换。人类使用诸如电话、书信等工具进行通信，而设备则使用电（光、磁）信号进行通信。

最简单的信息传送方式是使用一条信号线路来传送电压的变化而达到传送信息的目的，只要准备沟通的双方事先定义好什么样的状态代表什么样的意思，那么就可以通过这一条线路让双方进行数据交换。

在计算机内部，所有的数据都是使用位来存储的，每一位都是电位的一个状态（计算机中以 0、1 表示）；计算机内部使用组合在一起的 8 位数代表一般所使用的字符、数字及一些符号，例如 01000001 就表示一个字符。一般来说，必须传递这些字符、数字或符号才能算是数据交换。

3.6.1 通信技术基础

3.6.1.1 数据传输方式

终端与其他设备（例如其他终端、计算机和外部设备）通过数据传输进行通信。数据传输可以通过两种方式进行：并行通信和串行通信。

（1）并行通信

在计算机和终端之间的数据传输通常是靠电缆或信道上的电流或电压变化实现的。如果一组数据的各数据位在多条线上同时被传输，这种传输称为并行通信。并行通信如图 3-60 所示。

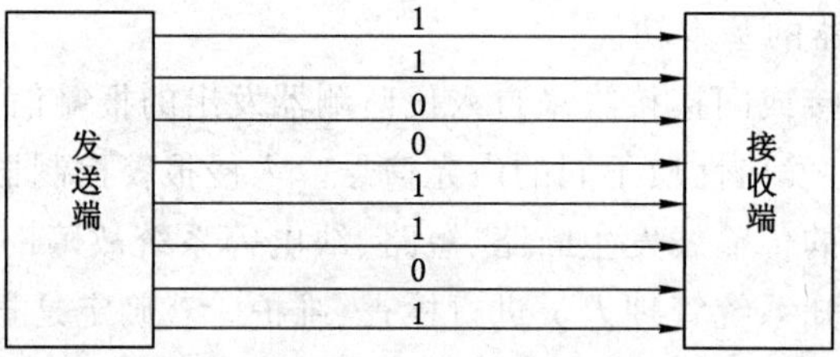

图 3-60 并行通信

并行通信的特点是：各数据位同时传送，传送速度快、效率高，多用在实时、快速的场合。

并行通信传输的数据宽度可以是 1～128 位，甚至更宽，但是有多少数据位就需要多少根数据线，因此传输成本高。在集成电路芯片的内部、同一插件板上各部件之间、同一机箱内各插件板之间的数据传输都是并行的。

并行数据传输只适用于近距离的通信，距离通常小于 30 m。

（2）串行通信

串行通信是指通信的发送端和接收端之间数据信息的传输是在单根数据线上，以每次一个二进制的 0、1 为最小单位逐位进行传输。串行通信如图 3-61 所示。

串行通信的特点是：数据传输按位顺序进行，最少需要一根传输线即可完成，节省传输

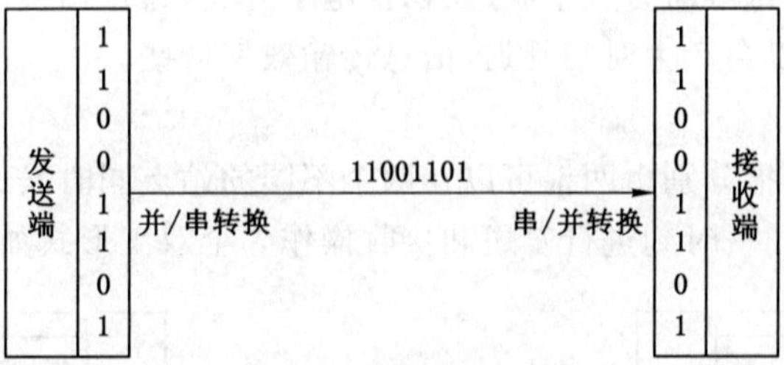

图 3-61　串行通信

线。与并行通信相比，串行通信还有较为显著的优点：传输距离长，可以从几米到几千米；在长距离内串行数据传送速率会比并行数据传送速率快；串行通信的通信时钟频率容易提高：串行通信的抗干扰能力十分强，其信号间的互相干扰完全可以忽略。

正是由于串行通信的接线少、成本低，因此它在数据采集和控制系统中得到了广泛应用，产品也多种多样。计算机和 PLC 间都采用串行通信方式。

3.6.1.2　串行通信工作模式

通过单线传输信息是串行通信的基础。数据通常是在二个站(点对点)之间进行传输，按照数据流的方向可分成三种传输形式：单工形式、半双工形式、全双工形式。

(1) 单工形式

单工形式的数据传输是单向的。通信双方中，一方固定为发送端，另一方则固定为接收端。信息只能沿一个方向传输，使用一根传输线。单工形式如图 3-62 所示。

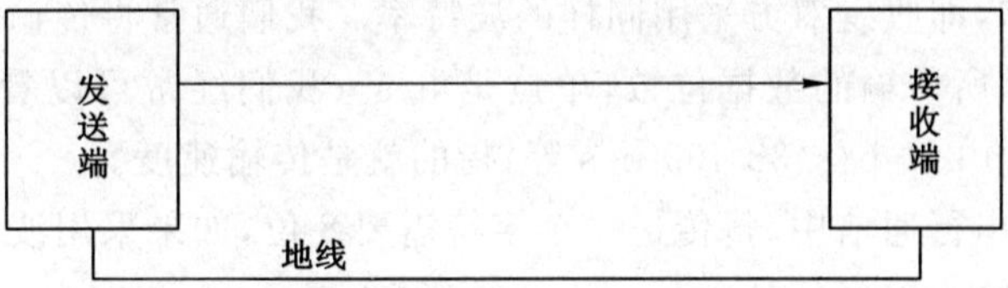

图 3-62　单工形式

单工形式一般用在只向一个方向传输数据的场合。例如，计算机与打印机之间的通信是单工形式，因为只有计算机向打印机传输数据，而没有相反的数据传输。在某些通信信道中，还存在单工无线发送等单工模式。

(2) 半双工形式

半双工形式通信是指使用同一根传输线，既可以发送数据又可以接收数据，但不能同时发送和接收。在任何时刻，只能由其中的一方发送数据，另一方接收数据。因此半双工形式既可以使用一条数据线，也可以使用两条数据线。半双工形式如图 3-63 所示。

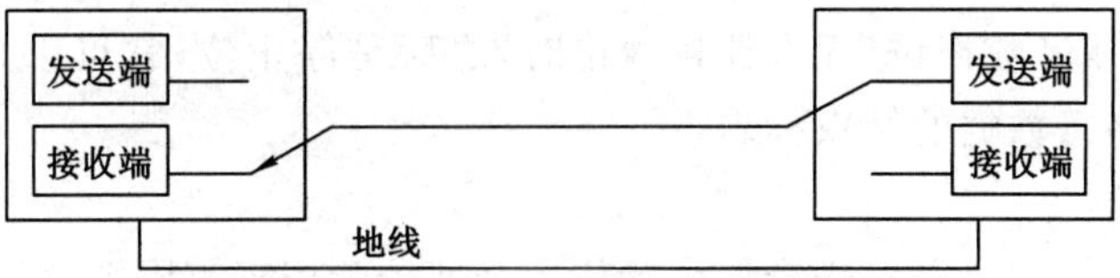

图 3-63　半双工形式

半双工形式通信中每端需有一个收/发切换电子开关，通过切换来决定数据向哪个方向传输。因为有切换，所以会产生时间延迟，信息传输效率低些。

(3) 全双工形式

全双工形式通信是指分别由两根可以在两个不同的站点同时发送和接收的传输线进行传输，通信双方都能在同一时刻进行发送和接收操作。全双工形式如图 3-64 所示。

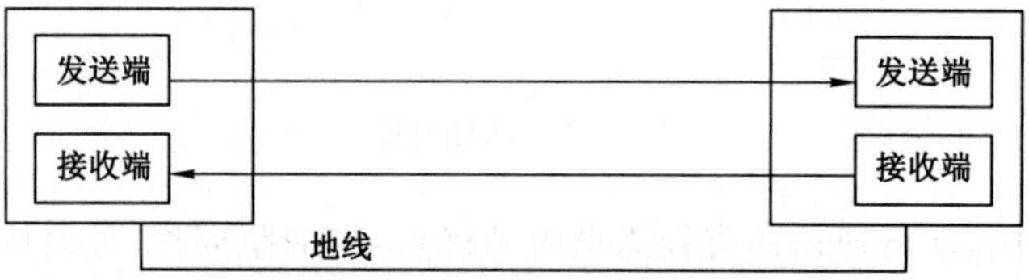

图 3-64 全双工形式

在全双工形式中，每一端都有发送端和接收端，有两条传送线，可在交互式应用和远程监控系统中使用，信息传输效率较高。

3.6.1.3 串行通信的基本参数

串行端口的通信方式是将字节拆分成一个接着一个的位再传送出去，接到此电位信号的一方再将这些一个一个的位组合成原来的字节，即可形成一个字节的完整传送，在数据传送时，应在通信端口进行初始化时设置几个通信参数。

(1) 波特率

串行通信的传输受通信双方配备性能及通信线路特性的影响，收发双方必须按照同样的速率进行串行通信，即收发双方采用同样的波特率。我们通常将传输速度称为波特率，是指串行通信中每一秒所传输的数据位数，单位是 b/s。我们经常可以看到仪器或调制解调器的规格书上写着 19 200 b/s、38 400 b/s 等，指的就是传输速度。

例如，在某异步串行通信中，每传送一个字符需要 8 位，如果采用波特率 9 600 b/s 进行传输，则每秒可以传输 1 200 个字符。

(2) 数据位

当接收设备收到起始位后，紧接着就会收到数据位，数据位的可以是 5、6、7 或 8 位数据。在字符数据传输过程中，数据位从最低有效位开始传输。

(3) 起始位

在通信线上，没有数据传输时处于逻辑“1”状态。当发送设备要发送一个字符数据时，首先发出一个逻辑“0”信号，这个逻辑低电平就是起始位。起始位通过通信线传向接收设备，当接收设备检测到这个逻辑低电平后，就开始准备接收数据位信号。因此，起始位所起的作用就是表示字符传输的开始。

(4) 停止位

在奇偶校验位或者数据位(无奇偶校验位时)之后是停止位，它可以是 1 位、1.5 位或 2 位，停止位是一个字符数据的结束标志。

(5) 奇偶校验位

数据位发送完后，就可以发送奇偶校验位。奇偶校验用于有限差错检验，通信双方在通信时应约定一致的奇偶校验方式。就数据传输而言，奇偶校验位是冗余位，但它表示数据的一种性质,这种性质用于检错,虽然有限但很容易实现。

3.6.2 串行通信的接口标准

目前计算机的串行通信应用十分广泛,串口已成为计算机的必需部件和接口之一。

串行接口一般包括 RS-232、RS-485,其技术简单成熟,性能可靠,价格低廉,所要求的软、硬件环境或条件都很低,广泛应用于计算机及相关领域,遍及调制解调器、各种监控模块、PLC、摄像头云台、数控机床、单片机及相关智能设备。

3.6.2.1 RS-232 接口标准

RS-232 接口标准是美国电子工业协会 EIA(Electronic Industries Association)制定的物理接口标准,也是目前数据通信中应用最广泛的一种标准。RS(Recommended Standard)是推荐标准词头的缩写,表示是 EIA 的一种"推荐标准",232 是标准号。RS-232-C 是 RS-232 标准的第 3 版,是一种应用十分广泛的物理接口标准。经 1987 年 1 月修改后,定名为 EIA-232-D,由于两者相差不大,因此 EIA-232-D 与 RS-232-C 在物理接口标准中基本成为等同的标准,人们经常简称它们为"RS-232 标准"。

(1) RS-232 的机械特性

在机械特性方面,RS-232 规定使用一个 25 根插针(DB-25)的标准连接器。这一点与 ISO 2110 标准是一致的。RS-232 对 DB-25 连接器的机械尺寸及每根插针排列的位置均作了明确的规定,从而保证符合 RS-232 标准的接口在国际上是通用的。后来为了节省空间,又产生了 9 针标准,称为 DB-9,目前使用较多的是 9 针标准,后续试验中也采用 9 针标准。采用 9 针标准的 RS-232 连接器结构如图 3-65 所示。

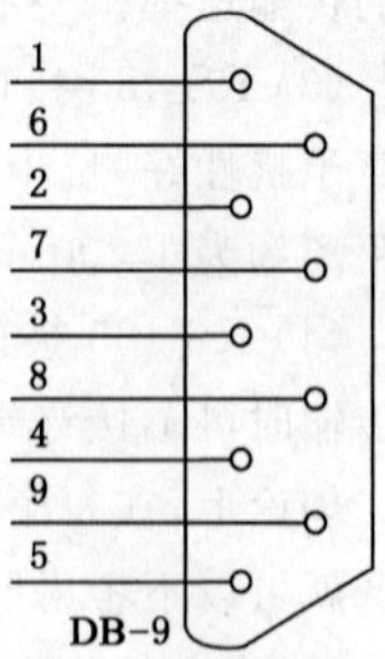

图 3-65 采用 9 针标准的 RS-232 连接器结构

(2) RS-232 的电气特性

在电气特性方面,RS-232 采用负逻辑,即逻辑 0 用+5～+15 V 表示,逻辑 1 用−5～−15 V 表示。由于 RS-232 电平与 TTL 电平是不一致的,目前是采用专用的电平转换器实现 TTL 电平与 RS-232 电平的转换,RS-232 的发送器和接收器均采用非平衡电路,这就决定了数据终端设备(DTE)与数据电路终端设备(DCE)之间的 RS-232 连接电缆的长度、数据传输速率与抗干扰能力。当非平衡的 RS-232 发送器与接收器电缆长度为 15 m 时,数据传输速率最大为 20 kb/s,抗共模干扰能力较差。RS-232 的电气连接图如图 3-66 所示。

3.6.2.2 RS-485 接口标准

RS-485 接口标准是美国电气工业协会(EIA)制定的通信标准。最早的 RS-232 标准存在通信距离短、传输速率低的问题。接下来定义了 RS-422 标准,该标准提高了通信距离和传输速率。但 RS-422 标准带负载能力不能满足要求。为了扩展应用范围,在 RS-422 标准协议基础上又定义了 RS-485 标准,增加了多点、双向通信能力。RS-485 标准正是针对远距离、高灵敏度、多点通信制定的标准。

RS-485 接口可以采用二线制与四线制连接,二线制可实现真正的多点双向通信。其主要特点有:

(1) RS-485 的接口信号电平比 RS-232-C 的接口信号电平降低了,就不易损坏接口电

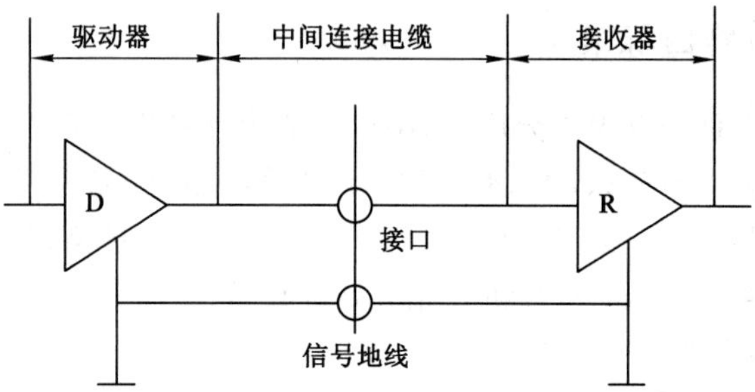

图 3-66 RS-232 的电气连接图

路的芯片，且该电平与 TTL 电平兼容，可方便与 TTL 电路连接。

（2）RS-485 的数据最高传输速率为 10 Mb/s。其平衡双绞线的长度与传输速率成反比，在 100 kb/s 速率以下，才可能使用规定的最长电缆，即只有在很短的距离下才能获得最高的传输速率。一般 100 m 长的双绞线最大传输速率仅为 1 Mb/s。

（3）RS-485 接口是采用平衡驱动器和差分接收器的组合，抗共模干扰能力增强，即抗噪声干扰性好，抗干扰性能大大高于 RS-232 接口，因此通信距离远。RS-485 接口的最大传输距离约为 1 200 m，实际可达 3 000 m。

（4）RS-485 接口需要接两个终端电阻，其阻值要求等于传输电缆的特性阻抗。在短距离传输时可不接终端电阻，即在 300 m 以下可不接终端电阻，终端电阻接在传输总线的两端。理论上，在每个接收数据信号的中点进行采样时，只要反射信号在开始采样时衰减到足够低就可以不考虑匹配。

（5）RS-485 接口在总线上允许连接多达 128 个收发器，即具有多站能力，这样用户就可以利用单一的 RS-485 接口方便地建立起设备网络。

RS-485 标准可以看成 RS-232 标准的替代标准，与传统的 RS-232 标准相比，其在传输速率、传输距离、多机连接等方面均有了非常大的提高，这也是工业系统中使用 RS-485 总线的主要原因。

3.6.3 个人计算机中的串行端口

3.6.3.1 查看串行端口信息

在 PC 主机箱后面板上，有各种各样的接口，其中有两个 9 针的接头区，如图 3-67 所示，这就是 RS-232-C 串行通信端口。PC 主板箱后面板上的串行接口有多个名称，如 232 口、串口、通信口、COM 口、异步口等。

进入 Windows10 操作系统，右键单击“电源”。在“系统属性”对话框中选择单击“设备管理器”按钮，出现“设备管理器”对话框。在列表中有端口 COM 和 LPT 设备信息，如图 3-68 所示。

选择“通信端口（COM1）”，单击右键，选择“属性”，进入“通信端口（COM1）属性”对话框，在这里可以查看端口的低级设置，也可查看其资源。在“端口设置”选项卡中，可以看到默认的波特率和其他设置，这些设置可以在这里改变，也可以在应用程序中很方便

图 3-67　PC 主板箱后面板上的串行端口

地修改。在“资源”选项卡中，可以看到 COM1 口的 I/O 范围（03F8～03FF）和中断请求号（04），如图 3-69 所示。

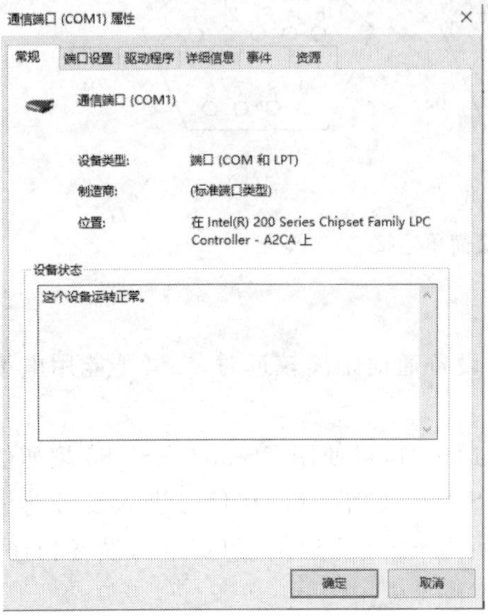

图 3-68　查看端口设置

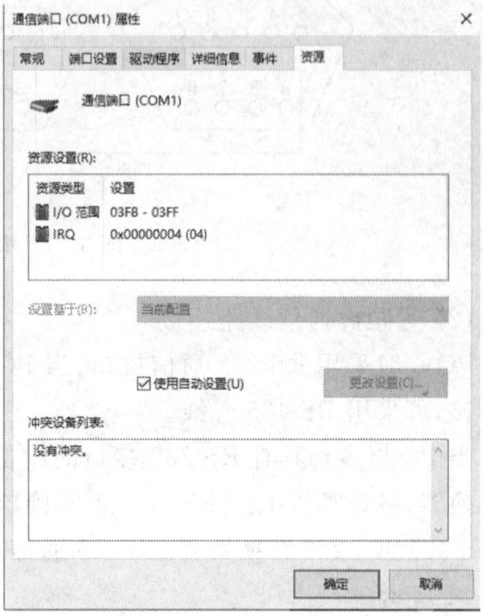

图 3-69　查看端口资源

3.6.3.2　串口通信线路连接

（1）近距离通信线路连接

当两台 RS-232 串口设备通信距离较近时（<15 m），可以用电缆线直接将 2 台设备的 RS-232 端口连接，若通信距离较远（215 m）时，需附加调制解调器。

在 RS-232 接口的应用中，很少严格按照 RS-232 标准，其主要原因是许多定义的信号在大多数的应用中并没有用上。在许多应用中，例如调制解调器，只用了 9 个信号(2 条数据线、6 条控制线、1 条地线)；在其他一些应用中，可能只需要 5 个信号(2 条数据线、2 条握手线、1 条地线)；还有一些应用中，可能只需要数据线，而不需要握手线，即只需要 3 条信号线。因为在控制领域，在近距离通信时常采用 RS-232 接口，所以这里只对近距离通信的线路连接进行讨论。

当通信距离较近时，通信双方不需要调制解调器，可以直接连接，这种情况下，只需使用少数几根信号线。在最简单的情况下，在通信中根本不需要 RS-232-C 标准的控制联络信号，只需 3 根线(发送线、接收线、信号地线)便可实现全双工异步串行通信。

图 3-70(a)是两台串口通信设备之间的最简单连接(即三线连接)，图中的 2 号接收针脚与 3 号发送针脚交叉连接，是因为在直连方式时，把通信双方都当成数据终端设备，双方都可发也可收。在这种方式下，通信双方的任何一方，只要请求发送 RTS 有效和数据终端准备好 DTR 有效就能开始发送和接收。

如果只有一部计算机，而且也没有两个串行通信端口可以使用，则将第 2 针脚与第 3 针脚短路，见图 3-70(b)，那么由第 3 针脚输出的信号就会被传送到第 2 针脚而送到同一串行端口的输入缓冲区，程序只要在相同的串行端口上进行读取的操作，即可将数据读入，一样可以形成一个测试环境。

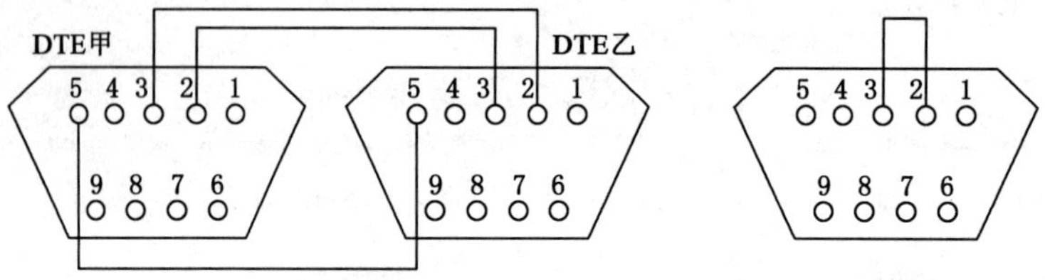

(a) (b)

图 3-70 串口设备最简单连接

(2) 远距离通信线路连接

PC 一般采用 RS-232 通信接口，当 PC 与串口设备通信距离较远时，二者不能用电缆直接连接，可采用 RS-485 总线。

当 PC 与多台具有 RS-232 接口的设备远距离通信时，可使用 RS-232/RS-485 型通信接口转换器，将计算机上的 RS-232 通信接口转为 RS-485 通信接口，在信号进入设备前再使用 RS-485/RS-232 转换器将 RS-485 通信接口转换为 RS-232 通信接口，再与设备相连，如图 3-71 所示。

当 PC 与多台具有 RS-485 接口的设备通信时，由于两端设备接口电气特性不一，不能直接相连，因此，也采用 RS-232/RS-485 型通信接口转换器将 RS-232 接口转换为 RS-485 通信接口，再与串口设备相连。如果 PC 直接提供 RS-485 通信接口，与多台具有 RS-485 通信接口的设备通信时不用转换器可直接相连。

RS-485 通信接口只有两根线要连接，有＋、－端(或称为 A、B 端)区分，用双绞线将所有串口设备的通信接口并联在一起即可。

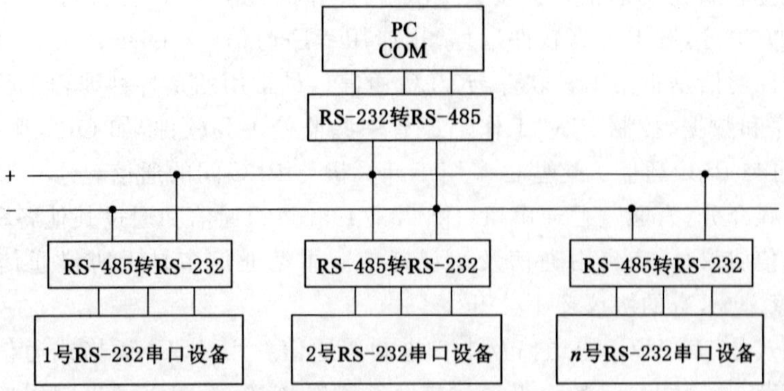

图 3-71　PC 与多个 RS-232 串口设备远距离连接

3.6.4　PLC 数据通信的类型

3.6.4.1　按通信方法分类

PLC 联网的目的是与通信对象通信及交换数据，得以与通信对象进行信息沟通或相互控制。怎样运用这些网络与通信对象通信、交换数据，具体将取决于运用什么网络、与什么对象通信，以及 PLC 的型号、性能。PLC 数据通信的类型主要包括用通信协议通信、用 PLC 的通信指令或通信函数通信、用互联等通信技术通信等。

(1) 用通信协议通信

任何网络除了要按物理层协议接线外，还要弄清有关高层协议。如 OMRON C/CS 系列机串口通信可使用 Host Link 协议(CS 机还可用 FINS 协议)，网络通信可用 FINS 协议；再如西门子 PPI 网可用 PPI 协议，MPI 网可用 MPI 协议(但这些协议未公开，但可使用基于此协议的 AP 函数、Activex 控件、OPC 等)；还如三菱 FX 机可用串口通信或编程口通信协议，Q 型机 PLC 可用 MC 协议等。一般情况下，网络不同，协议也将不同。

(2) 用 PLC 的通信指令或通信函数通信

早期的 PLC 通信指令或通信函数主要用于高级网络通信，没有用于串口的通信指令。随着 PLC 技术的进步，开始有了用于串口通信的指令，而且这两类通信指令都还在不断地丰富着。

用协议或用指令、函数通信时，要发送通信命令或执行通信指令(或函数)，如果没有通信命令发送，就没有通信指令执行(或通信函数调用)。

(3) 用互联网等技术通信

当今，以太网技术发展很快，有的 PLC 的以太网模块除了有自身的 CPU 外，还有很大的内存，可编辑、存储网页程序，也可设置 IP 地址，这样它就成为互联网的一个服务器。人们可用浏览器访问这个服务器，实现远程通信，交换数据。“透明工厂”就是用这种通信方式实现的。

人们可以通过发送、接收电子邮件进行通信；如果有无线通信系统，也可通过发送、接收手机短信的方式进行通信；有的还可利用公网(如移动通信网)，采取发送短信的方式通信。

3.6.4.2　按其他方法分类

按通信发起方分，有 PLC 主动通信与被动通信。计算机方发起的通信称被动通信，而

PLC方发起的通信称主动通信。大多数PLC与计算机通信为被动通信。

按通信的方法分，有用工具软件通信、用应用程序通信(含DDE、OPC)、用组态软件通信。用工具软件通信是指用工具软件与PLC通信。最常用的是各种编程工具软件，用它可下载、上载程序和数据，控制PLC工作。还有一些监控工具软件，如OPC服务器或其他工具软件，也都可与PLC通信。这些也多用于计算机与PLC间的通信。

按通信的媒介分，有通过普通串口(RS-232/485/422)通信和通过其他各种网络通信。

按有无通信协议分，有自由通信及协议通信。主动通信多是无协议通信；PLC的通信协议很多，一家一个，有的协议还不公开。

按通信格式分，有ASCI码通信及十六进制码通信。用ASCI码格式通信时，一个字只能传送2个字节，所有可用ASCI码表达的字符都可传送；而用十六进制码格式通信时，一个字可传送4个字节，通信效率高，但只能传送0～9及A～F这样的十六进制数。

3.6.5 S7-200 PLC数据通信的连接方式

3.6.5.1 计算机与PLC之间的连接

用户在用带异步通信适配器的计算机与PLC互连通信时，通常采用两种结构形式：一种为点对点结构，即一台计算机的COM口与PLC的编程器接口或其他异步通信口之间实现点对点连接，如图3-72(a)所示；另一种为多点结构，即一台计算机与多台PLC通过一条通信总线相连接，如图3-72(b)所示。多点结构采用主/从式存取控制方法，通常以计算机为主站，多台PLC为从站，通过周期轮询进行通信管理。

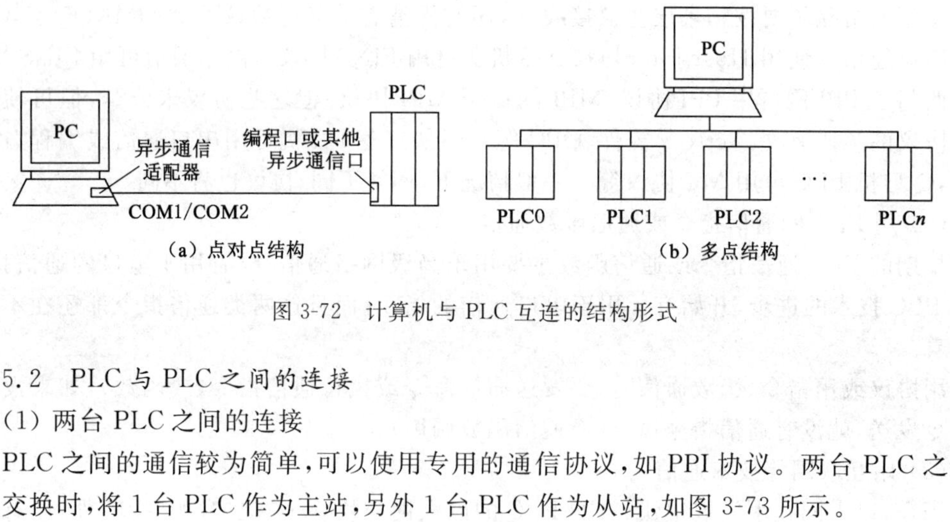

图3-72 计算机与PLC互连的结构形式

3.6.5.2 PLC与PLC之间的连接

(1) 两台PLC之间的连接

PLC之间的通信较为简单，可以使用专用的通信协议，如PPI协议。两台PLC之间的信息交换时，将1台PLC作为主站，另外1台PLC作为从站，如图3-73所示。

图3-73 两台PLC之间的连接

(2) 多台 PLC 之间的网络连接

两台以上的 PLC 实现连接时，将 1 台 PLC 作为主站，其余的 PLC 作为从站，如图 3-74 所示(其中，PROFIBUS 电缆含 3 个网络总线连接器)，从站之间不直接通信，从站之间的信息沟通都必须通过主站进行。

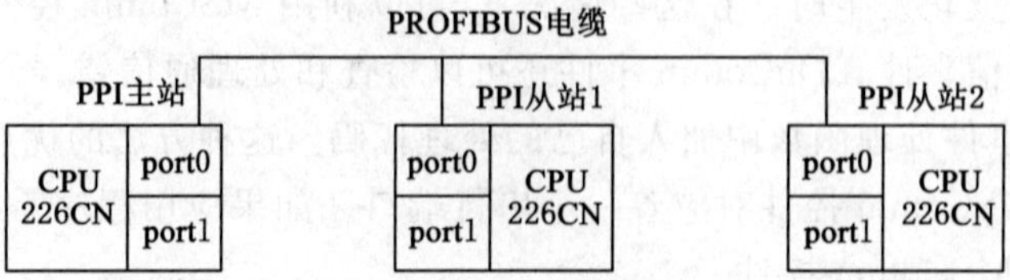

图 3-74　多台 PLC 之间的网络连接

S7-200 系列 PLC 支持的 PPI、MPI 和 PROFIBUS-DP 协议，以 RS-485 接口为硬件基础。S7-200 系列 PLC 通信接口是非隔离性的 RS-485 接口，共模抑制电压为 12 V。对于这类通信接口，它们之间的信号地等电位是非常重要的，最好将它们的信号参考点连接在一起(不一定要接地)。在 S7-200 系列 PLC 联网时，应将所有 CPU 模块输出的传感器电源的 M 端子用导线连接起来。M 端子实际上是 A、B 线信号的 0 V 参考点。在 S7-200 系列 PLC 与变频器通信时，应将所有变频器通信端口的 M 端子连接起来，并与 CPU 上的传感器电源的 M 端子连接。

3.7　通信编程实例

自由端口通信协议的应用使可通信的范围大大增加，控制系统配置更加灵活、方便。应用此种方式，可以使 S7-200 系列 PLC 使用任何公开的通信协议，并能与具有串口的外设智能设备和控制器进行通信，如打印机、条码阅读器、调制解调器、变频器和上位机等。

本章应用自由端口模式，采用 VB 语言编写 PC 与 S7-200 系列 PLC 数据通信程序，实现 PLC 模拟量输入、开关量输入与输出。

3.7.1　基于 VB 的计算机通信程序设计

为了充分利用计算机数据处理的强大功能，可以在上位机编写程序来实现计算机与 PLC 的通信。

Visual Basic 语言(简称 VB)是 Microsoft 公司推出的面向对象和事件的 Windows 应用程序开发工具，它继承了 Basic 简便易学的优点，同时又具有较好的可视化编程界面，是一种集成开发环境(IDE)。考虑到 VB 的以上优点，本书拟采用 VB 语言来编写 PLC 与计算机间的通信程序。

3.7.1.1　MSComm 控件简介

在 Windows 环境下，操作系统通过驱动程序控制各硬件资源，不允许用户像在 DOS 环境下那样直接对串口进行底层操作。为此，Visual Basic 提供了一个串行通信控件 Microsoft Comm Control(简称 MSComm 控件)。程序员只需设置和监视 MSComm 控件的属性和事件，就可以轻而易举地实现串行通信。

3.7.1.2 MSComm 控件处理接收信息的方式

(1) 事件驱动方式

事件驱动通信是处理串行端口交互作用的一种非常有效的方法。在许多情况下,在事件发生时需要得到通知,例如,在串行端口接收缓冲区中有字符,或者 CD 线、RTS 线上一个字符到达或一个变化发生时。在这些情况下,可以利用 MSComm 控件的 OnComm 事件捕获并处理这些通信事件。OnComm 事件还可以检查和处理通信错误。在编程过程中,就可以在 OnComm 事件处理函数中加入自己的处理代码。这种方法的优点是程序响应及时,可靠性高。每个 MSComm 控件对应着一个串行端口。如果应用程序需要访问多个串行端口,必须使用多个 MSComm 控件。

(2) 查询方式

查询方式实质上还是事件驱动,但在有些情况下,这种方式显得更为便捷。在程序的每个关键功能之后,可以通过检查 CommEvent 属性的值来查询事件和错误。如果应用程序较小,并且是自保持的,这种方法可能是更可取的。例如,如果写一个简单的电话拨号程序,则没有必要对每接收一个字符都产生事件,因为唯一等待接收的字符是调制解调器的"确定"响应。

3.7.1.3 MSComm 控件的常用属性

MSComm 控件有很多重要的属性,但首先必须熟悉以下几个属性:

CommPort:设置并返回通信端口号。

Settings:以字符串的形式设置并返回波特率、奇偶校验、数据位、停止位。

PortOpen:设置并返回通信端口的状态,也可以打开和关闭端口。

Input:从接收缓冲区返回和删除字符。

Output:向传输缓冲区写一个字符串。

(1) CommPort 属性

【语法】 object.CommPort[=value]

部分	描述
object	对象表达式,其值是"应用于"列表中的对象
value	整型值,说明端口号

【说明】

① 在设计时,value 可以设置成为 1～16 的任何数(缺省值为 1)。但是如果用 PortOpen 属性打开一个并不存在的端口时,MSComm 控件会产生错误 68(设备无效)。

② 必须在打开端口之前设置 CommPort 属性。

③ 数据类型为 Integer。

(2) Settings 属性

【语法】 object.Settings[=value]

部分	描述
object	对象表达式,其值是"应用于"列表中的对象
value	字符串表达式,说明通信端口的设置值

【说明】

① 当端口打开时,如果 value 非法,则 MSComm 控件产生错误 380(非法属性值)。

② value 由 4 个设置值组成:"BBBB,P,D,S"。BBBB 为波特率,P 为奇偶校验,D 为数据位数,S 为停止位数。value 的缺省值是:"9600,N,8,1"。

【Settings 属性示例】

下面的例子设置控件端口通信,波特率为 9 600,无奇偶校验检查,8 个数据位,1 个停止位:

MSComm1. Settings="9600,N,8,1"

(3) PortOpen 属性

【语法】 object. PortOpen[=value]

部分	描述
object	对象表达式,其值是“应用于”列表中的对象
value	布尔表达式,说明通信端口的状态;value 的设置值是 True(端口开)和 False(端口关)

【说明】

① 设置 PortOpen 属性为 True,则打开端口;设置 PortOpen 属性为 False,则关闭端口并清除接收和传输缓冲区。当应用程序终止时,MSComm 控件自动关闭串行端口。

② 在打开端口之前,确定 CommPort 属性设置为一个合法的端口号。如果 CommPort 属性设置为一个非法的端口号,则当打开该端口时,MSComm 控件产生错误 68(设备无效)。

③ 串行端口设备必须支持 Settings 属性当前的设置值。如果 Settings 属性包含硬件不支持的通信设置值,那么硬件可能不会正常工作。

④ 如果在端口打开之前,DTREnable 或 RTSEnable 属性设置为 True,当关闭端口时,该属性设置为 False。否则,DTR 线和 RTS 线保持其先前的状态。

⑤ 数据类型为 Boolean。

【PortOpen 属性示例】 下例以波特率 9 600 打开 1 号通信端口,没有奇偶检查,8 个数据位,1 个停止位。

MSComm1. Settings="9600,n,8,1"

MSComm1. CommPort=1

MSComm1. PortOpen=True

(4) Input 属性

【语法】 object. Input

部分	描述
object	对象表达式,其值是“应用于”列表中的对象

【说明】

① InputLen 属性确定被 Input 属性读取的字符数。设置 InputLen 为 0,则 Input 属性

读取缓冲区中全部的内容。

② InputMode 属性确定用 Input 属性读取的数据类型。如果设置 InputMode 为 comInputModeText，那么 Input 属性通过一个 Variant 返回文本数据；如果设置 InputMode 为 comInputModeBinary，那么 Input 属性通过一个 Variant 返回一个二进制数据的数组。

③ 数据类型为 Variant。

【Input 属性示例】 该例子说明如何从接收缓冲区读取数据。

```
Private Sub Command1_Click()
  Dim InString as String
  MSComm1.InputLen=0                          '读取所有可用数据
  If MSComm1.InBufferCount Then               '检查数据
  InString = MSComm1.Input                    '读入数据
  End If
End Sub
```

(5) Output 属性

【语法】 object.Output[=value]

部分	描述
object	对象表达式，其值是"应用于"列表中的对象
value	要写到传输缓冲区中的一个字符串

【说明】

① Output 属性可以传输文本数据或二进制数据。用 Output 属性传输文本数据，必须定义一个包含一个字符串的 Variant；发送二进制数据，必须传递一个包含字节数组的 Variant 到 Output 属性。

② 正常情况下，如果发送一个 ANSI 字符串到应用程序，可以以文本数据的形式发送；如果发送包含嵌入控制字符、Null 字符等的数据，要以二进制形式发送。

③ 数据类型为 Variant。

【Output 属性示例】 下面的例子说明如何将用户键入的每一个字符送到串行端口：

```
Private Sub Form_KeyPress (KeyAscii As Integer)
  Dim Buffer as Variant
  MSComm1.CommPort=1                          '设置并打开串行端口
  MSComm1.PortOpen=True
  Buffer=Chr$(KeyAscii)
  MSComm1.Output=Buffer
End Sub
```

3.7.2 基于 VB 的计算机通信程序设计实例

下面用一个简单的实例介绍如何使用 MSComm 控件来收发数据。因为查询方式占用 CPU 的时间太多，本例采用事件驱动方式。本例采用主从方式通信，计算机作主机，PLC 作从机。点击"发送"按钮,计算机发送数组 Array 中的数据。计算机接收到 PLC 返回的数据后存放在数组 rev 内,并在文本框中显示出来。

(1) 串行端口及通信参数初始化

```
Dim revlenth                       '定义模块级变量-接收字符的数组下标
Dim rev()As Byte                   '定义接收字符的动态数组
Private Sub Form_Load ()
  With MSComm2
    CommPort=2                     '根据用户具体情况选择串行端口,在此使用串行端口 2
    Settings="19200,n,8,1"         '19.2 kb/s,无校验,8 位数据位,1 位停止位
    InputMode=comInputModeBinary   '以二进制格式读取接收缓冲区
    RThreshold=1                   '接收到的字符数大于或等于 1 就会产生接收事件
    Inputlen=0                     '读出接收缓冲区中的所有内容
    OutBufferCount=0               '清空发送缓冲区
    InBufferCount=0                '清空接收缓冲区
  End With
  If Not MSComm1. PortOpen Then    '打开串行端口 1
    MSComm1. PortOpen =True
  End If
End Sub
```

(2) 送程序

要发送的报文的格式为:

起始字符	数据字节数	数据区	校验码	结束字符

约定起始字符为 0,结束字符为十六进制数 &HFF,校验码为报文中第二个字节与数据区内各字节的异或和。

下面是发送程序的代码:

```
Private Sub Command1_Click()           '点击界面中的"发送"按钮时执行发送程序
  Revlenth=-1                          '设置接收字符的数组下标初值
  Adata=Array(1,2,3)                   '待发送数据为 1,2,3,可以修改其个数和内容
  Dim nByte() As Byte
  ReDim nByte(Ubound(sdata)+4) As Byte '定义发送报文的数组
  nByte(0)=0                           '送起始字符
  nByte(1)=UBound(sdata)+1             '送数据区字节数
  fcs=nByte(1)                         '校验码初始化
  For i=2 To UBound(sdata)+2
    nByte(i)=sdata(i-2)                '待发送数据送报文数组的数据区
    fcs=fcs Xor nByte(i)               '异或运算,求校验码
  Next
  nByte(i)=fcs                         '送校验码
  nByte(i+1)=&HFF                      '送结束字节
```

```
  MSComm1.Output=nByte                                  '发送报文
End Sub
```

(3) 接收数据

PLC 只有在接收到计算机发送的信息后才能发送数据，故可以将发送完成后接收到的第一个字节作为接收报文的开始，直到串行端口无接收事件时方认为报文结束。下面是接收程序的代码：

```
Private Sub MSComml _ OnComm()                          'OnComm 事件
  Dim revtemp() As Byte                   '定义存放每次接收的数据的暂存数组
  ReDim Preserve rev(100) As Byte         '预设接收字符的数组 rev(最大 101 字节)
  Text1="  "                                            '清除文本框
  Select Case MSComm1.CommEvent
      Case comEvReceive                                 '如果接收到字符
        revtemp=MSComm1.Input          '将接收缓冲区的内容放入暂存数组 revtemp
        For i=LBound(revtemp) To UBound(revtemp)
          revlenth=revlenth+1
          rev(revlenth)=revtemp(i)         '将接收到的各字节放入接收字节数组 rev
        Next i
        ReDim Preserve rev(revlenth) As Byte        '得到接收字节数组的实际大小
  End Select
  For i=LBound(rev) To UBound(rev)
    Text1=Text1 & Str $(rev(i))             '在文本框 Text1 中显示接收到的数据
  Next i
End Sub
```

运行程序，计算机就能实现简单的发送和接收数据的功能了。编程者可以改变发送程序中函数 Array 的参数列表(即改变数据的个数和数值)来改变发送内容。

以上初步介绍了用 VB 的 MSComm 控件设计串行通信程序的方法，编程者可以根据实际需要改变报文的输入和显示方式，制作更友好的用户通信界面；还可以在接收程序中检测报文的起始字符和结束字符，并对接收数据进行异或校验。

思考题

1. 简要说明 PLC 的特点、功能和分类。
2. 简要说明 PLC 的工作原理。
3. 简要说明组成最简单的 PLC 系统所需要的硬件和软件，并画出电气连接图。
4. 设计简易的水泵房自动排水系统，包括系统硬件组成、电气原理图及程序设计。
5. 设计简易的巷道火灾喷淋系统，包括系统硬件组成、电气原理图及程序设计。
6. 设计简易的自动风门系统，包括系统硬件组成、电气原理图及程序设计。

第 4 章　安全监测监控系统

随着社会经济的发展，各种灾害事故层出不穷，为了预防这些事故的发生，人们在不同领域研究开发出不同的监测监控系统，且取得了较好的防灾减灾效果，降低了事故发生率和经济损失。本章主要介绍了煤矿安全监测监控系统、隧道安全监测监控系统、城市轨道交通智能综合监控系统、建筑消防安全监测监控系统、危险品运输车辆监控预警系统、油罐区安全监控系统和重大危险源安全监管信息系统。

4.1　煤矿安全监测监控系统

随着国家对煤矿安全生产要求的不断提高，煤矿安全监测监控系统得到了普遍应用，对煤矿安全生产起到了推动作用。

煤矿安全监测监控系统是安全生产的保障，是现代化煤矿井下安全管理的重要手段，主要作用是：对煤矿的甲烷浓度、一氧化碳浓度、风速、温度等环境参数和矿井生产、运输、提升、排水等环节的机电设备工作状态进行采集、监测和控制，用计算机分析处理取得的数据并进行规范化管理；为各级生产管理者和业务部门提供环境参数和设备动态信息，为生产指挥调度提供第一手资料；通过对被测参数的比较和分析，为预防灾害事故提供技术数据，及时实现自动报警、断电和闭锁，便于提前采取防范措施，防止事故的发生或扩大；在发生事故的情况下，能及时指示最佳救灾和避灾路线，为抢救和疏散人员、器材提供决策信息。2016 年国家煤矿安监局组织制定了《煤矿安全监控系统升级改造技术方案》，要求各煤矿的安全监测监控系统全面升级，相关企业和科研机构研发了煤矿综合自动化监控系统，将安全监控全面数字化，大幅度提高了系统可靠性。下面介绍几种典型的煤矿安全监测监控系统。

4.1.1　KJ95N 型煤矿综合监控系统

煤炭科学研究总院常州自动化研究院[天地（常州）自动化股份有限公司]是我国煤炭行业最早研发煤矿安全监测监控系统的单位。

20 世纪 80 年代以来，该单位先后研发和推广了 KJ1、KJ2、KJ22、KJ12A 和 KJ95N 型等煤矿安全监测监控系统，多次获得国家、部和省级科技进步奖。其中，KJ95N 型煤矿综合监控系统是“八五”科技攻关的最新科研成果，充分吸取了该单位先期开发的煤矿安全监测监控系统和国内外其他同类煤矿安全监测监控系统的优点，采用先进的计算机网络技术、ARM 嵌入式技术和 EMC 抗干扰技术等最新研制推出的矿井综合监控系统，可实现矿井上下各类环境参数和生产参数的监测与显示、报警与控制，以及瓦斯抽采过程的监测与显示，适用于大、中、小各类矿井。

4.1.1.1　系统组成

KJ95N 型煤矿综合监控系统将计算机网络、高速传输通道、矿井安全和生产监控及其他子系统综合在一起，形成一个完整、实用的矿井综合监控系统。根据需要，各部分既可以集成在一起使用，又可以单独使用，可满足各个矿井的不同需求。系统为分散控制系统(DCS)结构，其信息检测及分站等设备的布置完全按照矿井特点设置，使各部分设备都能被充分合理地运用，以满足矿井管理的要求。

整个系统采用3级网络结构形式，监控部分为两级管理系统：第一级为地面监控主机；第二级为分站和传感器。

该系统由地面中心站、计算机网络、传输接口或光端机、分站设备、电源、传感器、执行器及其他配套产品组成。高速传输通道有电缆、光纤、工业以太网3种方式可供选择。下面以光纤高速传输通道为例简要介绍KJ95N型煤矿综合监控系统的构成。光纤高速传输通道主要由地面光端机、井下光端机以及光缆组成。地面光端机将电信号变成光信号通过光纤传输，井下光端机将光信号转换成电信号与井下分站级设备相连。以光纤为主传输信道的KJ95N型煤矿综合监控系统组成框图如图4-1所示。

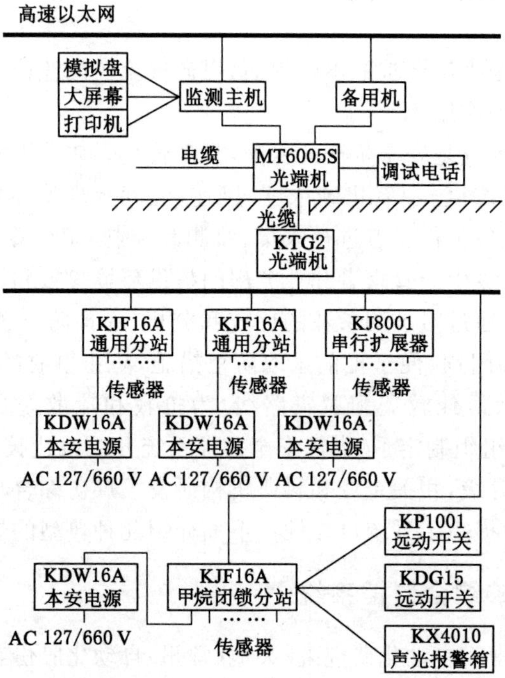

图4-1 光纤为主传输信道的KJ95N型煤矿综合监控系统组成框图

(1) 地面中心站

地面中心站由监测主机、打印机、大屏幕、模拟盘等组成。

(2) 计算机网络

计算机网络由服务器、工作站和集线器组成。网络速度为10/100 Mb/s。

(3) 传输接口

传输接口放置在地面中心站内，在地面主机与井下分站之间的信息交换中完成信号的传递和安全隔离；用于由电缆构成主传输通道的系统。

(4) 光端机

光端机包括 MT6005S 型数据传输光端机和 KTG2 型本安数据传输光端机，它们和光缆一起构成光纤高速传输通道；用于由光缆构成主传输通道的系统。

(5) 分站设备

分站设备包括 KJF16A 型通用监控分站和 KJ8001 型串行扩展器，主要具有数据采集和传输的功能。

(6) 电源

电源有 KDW15A 隔爆兼本安型电源箱和 KDW16A 隔爆兼本安型不间断电源箱，提供直流稳压电源及供电状态输出信号。

(7) 传感器

传感器用于监测井下各种环境参数和生产参数，主要包括甲烷传感器、一氧化碳传感器、风速传感器、风门开关传感器、负压传感器、水位传感器、温度传感器、烟雾传感器、设备开停传感器、提升指示传感器等。

(8) 执行器

执行器包括各类通信信号装置和远动开关。通信信号装置提供扩音通话、打点联络、声光报警等功能；远动开关可控制设备的开停。

(9) 其他配套产品

其他配套产品包括 KT1013 型双工调试电话、各种接线盒、电缆和光缆等。KT1013 型双工调试电话是维修工在井下校正监测监控参数时与地面中心站相互通话的联络装置。KJ95N 型煤矿综合监控系统主要设备配置如表 4-1 所列。

表 4-1　煤矿综合监控系统主要设备配置表

序号	名称	型号规格	结构形式	使用地点
1	监控主机	P4	地面一般型	调度室
2	网络服务器	P4	地面一般型	调度室
3	不间断电源	STK	地面一般型	调度室
4	集线器	HUB 8	地面一般型	调度室
5	电源避雷器	GPU1-25/4(3)I	地面一般型	调度室
6	信号避雷器	GPU1-JP6/2S	地面一般型	地面入井处
7	数据光端机	MT6005S	地面一般型	调度室
8	地面环网接入器	CJJ02	地面一般型	调度室
9	矿用本安数据光端传输机	KTG2	本质安全型	井下
10	安全隔离器	KJA9	本质安全型	井下
11	传输接口	KJJ14	地面本安型	井下
12	矿用环网接入器	KJJ31	隔爆兼本安型	井下
13	矿用环网接入器	KJJ58	隔爆兼本安型	井下
14	通用监控分站	KJF16A	本质安全型	地面/井下
15	串行扩展器	KJ8001	本质安全型	地面/井下

表 4-1(续)

序号	名称	型号规格	结构形式	使用地点
16	矿用隔爆兼本安型多路电源	KDW65	隔爆兼本安型	井下
17	矿用隔爆兼本安电源箱	KDW15A	隔爆兼本安型	井下
18	矿用隔爆兼本安不间断电源箱	KDW16A	防爆兼本安型	井下
19	矿用直流稳压电源	KDW26	浇封本安型	井下
20	矿用本安接线盒	LH11	本质安全型	井下
21	风筒风量开关	KG5009	本质安全型	井下
22	远动开关	KP1001	隔爆兼本安型	井下
23	温度传感器	KG3007A-1	本质安全型	井下
24	温度传感器	KG3007A-3	本质安全型	井下
25	遥控甲烷传感器	KGJ16A	本质安全型	井下
26	风速传感器	KGF3	本质安全型	井下
27	负压传感器	KGY3	本质安全型	井下
28	矿用水位传感器	KGU9	本质安全型	井下
29	机电设备开停传感器	KGT15	本质安全型	井下
30	矿用风门开闭状态传感器	KGE22	本质安全型	井下
31	矿用一氧化碳传感器	KGA5	本质安全型	井下
32	信号转换器	KZ6001	本质安全型	井下
33	远程控制开关	KDG15-K220	浇封本安型	井下
34	远程控制开关	KDG15-B660	浇封本安型	井下
35	矿用电量变送器	KGD5	本质安全型	井下
36	传感器电缆	MHYVR	本质安全型	井下
37	主传输电缆	MHYBV	本质安全型	井下
38	矿用电缆	MGTJSV	本质安全型	井下
39	矿用信号电缆分线盒	LH2	本质安全型	井下
40	矿用信号电缆连接器	KC2	本质安全型	井下
41	温度传感器	KG05	本质安全型	井下
42	压力传感器	KG03	本质安全型	井下
43	一氧化碳传感器	GTH500(B)	本质安全型	井下

4.1.1.2 系统功能

(1) 系统具有甲烷浓度、风速、风压、一氧化碳浓度、温度等模拟量的采集、显示及报警功能，具有馈电状态、风机开停、风筒状态、风门开关、烟雾等开关量的采集、显示及报警功能，具有瓦斯抽采量的监测、显示功能。

(2) 可以配接胶带集中控制系统、轨道运输信集闭系统(“信号、集中、闭塞”系统，其主要作用是合理调度机车，提高运输效率，确保行车安全，实现大巷运输现代化)、电力监测系统和火灾监测等系统，实现局部环节的自动化。

(3) 可以在全监控系统范围内通过便携式调试电话机与地面中心站或分站、传感器处的维护人员进行语言通信。

(4) 系统操作平台采用 Windows 2000/XP，所有功能操作均有在线帮助，在中文菜单提示下完成；并可方便地点击图形，即点即得所需信息；可随时显示监测数据、图形、曲线、报警点及数值。

(5) 系统显示功能：

① 模拟量显示内容包括地点、名称、单位、报警门限、断电门限、复电门限、监测值、最大值、最小值、平均值、断电/复电命令、馈电状态、超限报警、馈电异常报警、传感器工作状态等。

② 开关量显示内容包括地点、名称、开/停时刻、状态、工作时间、开停次数、传感器工作状态、报警及解除报警状态及时刻等。

③ 显示量显示内容包括地点、名称、单位、累计量值等。

④ 系统能在同一时间坐标上同时显示模拟量曲线和开关状态图等。

⑤ 系统具有模拟量实时曲线和历史曲线显示功能，能在同一坐标上用不同颜色显示最大值、平均值、最小值等曲线。

⑥ 系统具有开关量状态图和柱状图显示功能。

⑦ 系统具有模拟动画显示功能，显示内容包括通风系统模拟图、相应设备开停状态、相应模拟量数值等；还具有漫游、总图加局部放大、分页显示等功能。

⑧ 系统具有系统设备布置图显示功能，显示内容包括传感器、分站、电源箱、断电控制器、传输接口和电缆等设备的设备名称、相对位置和运行状态等。若系统庞大而使一屏无法容纳，可采用漫游、分页或总图加局部放大等方式。

(6) 系统支持多种图形格式，配备简便的绘图工具，可以方便地在屏幕上绘制各种模拟图形。绘图室不影响系统传输。

(7) 系统具有报表、曲线、柱状图、模拟图等打印功能。可方便地由用户自行生成各类表格，打印所要求的各类数据表格、图形及曲线。报表包括模拟量日(班)报表、模拟量报警日(班)报表、模拟量断电日(班)报表、模拟量馈电异常日(班)报表、开关量报警及断电日(班)报表、开关量馈电异常日(班)报表、开关量状态变动日(班)报表、监控设备故障日(班)报表、模拟量统计值历史记录查询报表等。

(8) 系统软件具有实时存盘功能，存盘内容包括：甲烷浓度、风速、一氧化碳浓度等重要测点模拟量的实时监测值；模拟量统计值(最大值、平均值、最小值)；报警及解除报警时间及状态；断电/复电时间及状态；断电/复电逻辑关系不符合报警时间及状态；设备开/停时间及状态；累计量值；设备故障/恢复正常工作时间及状态等。在这些存盘项目中，所有被测参数每 2 min 存盘一次(硬盘)，开/停信息及累计量按小时累计、存储，并可持续保持一年，如有特殊情况可保存更长时间，这些数据可随时用表格、曲线、矩形图(一维、二维、三维)、圆饼图等形式显示出来，也可打印保存。对重要设备，用户能够调整模拟量或设备开停信息和存储时间。

(9) 可以配接大屏幕或投影机，以便在更大的面积上显示更多的工艺流程模拟图、监测曲线、表格和文字，以及主机阴极射线管(CRT)显示器上所能显示的全部内容。

(10) 对各类报警信息进行处理，并实时存储和进行报警。传感器超限时有声光报警显示，并在主机屏幕上有醒目的报警条，显示传感器的数值、地点及报警时间。

（11）传感器报警断电通过软件设定或修改，也可以在分站上直接设定。断电形式包括局部区域断电和全矿范围内异地断电等。

（12）系统控制功能：

① 系统由现场设备完成甲烷浓度超限声光报警和断电/复电控制功能。

a. 甲烷浓度达到或超过报警浓度时，声光报警。

b. 甲烷浓度达到或超过断电浓度时，切断被控设备电源并闭锁；甲烷浓度低于复电浓度时，自动解锁。

c. 与闭锁控制有关的设备（含甲烷传感器、分站、电源、断电控制器、电缆、接线盒等）未投入正常运行或故障时，切断该设备所监控区域的全部非本质安全型电气设备的电源并闭锁；与闭锁控制有关的设备工作正常并稳定运行后，自动解锁。

② 系统由现场设备完成甲烷风电闭锁功能。

a. 掘进工作面甲烷浓度达到或超过1.0%时，声光报警；掘进工作面甲烷浓度达到或超过1.5%时，切断掘进巷道内全部非本质安全型电气设备的电源并闭锁；掘进工作面甲烷浓度低于1.0%时，自动解锁。

b. 掘进工作面回风流中的甲烷浓度达到或超过1.0%时，声光报警、切断掘进巷道内全部非本质安全型电气设备的电源并闭锁；掘进工作面回风流中的甲烷浓度低于1.0%时，自动解锁。

c. 被串掘进工作面入风流中的甲烷浓度达到或超过0.5%时，声光报警、切断被串掘进巷道内全部非本质安全型电气设备的电源并闭锁；被串掘进工作面入风流中的甲烷浓度低于0.5%时，自动解锁。

d. 局部通风机停止运转或风筒风量低于规定值时，声光报警、切断供风区域的全部非本质安全型电气设备的电源并闭锁；局部通风机或风筒恢复正常工作时，自动解锁。

e. 局部通风机停止运转，掘进工作面或回风流中甲烷浓度大于3.0%时，必须对局部通风机进行闭锁使之不能启动，只有通过密码操作软件或使用专用工具方可人工解锁；掘进工作面或回风流中甲烷浓度低于1.5%时，自动解锁。

f. 与闭锁控制有关的设备（含分站、甲烷传感器、设备开停传感器、电源、断电控制器、电缆、接线盒等）故障或断电时，声光报警、切断该设备所监控区域的全部非本质安全型电气设备的电源并闭锁；与闭锁控制有关的设备接通电源1 min内，继续闭锁该设备所监控区域的全部非本质安全型电气设备的电源并闭锁；与闭锁控制有关的设备工作正常并稳定运行后，自动解锁。严禁对局部通风机进行故障闭锁控制。

（13）高智能分站的功能：

① 具有初始化参数断电保护功能，分站停电后初始化参数不会丢失。

② 具备接收其他设备接口信息的能力。

③ 电网停电后分站在满负荷情况下，供电电源连续供电时间大于2 h。

④ 具有甲烷风电闭锁功能和故障闭锁功能。

⑤ 分站具有逻辑判断、数据处理功能和存储功能，当分站与地面主机脱机时，能独立工作，并能实现全部原有功能。

⑥ 大屏幕液晶显示，一次显示32个汉字或64个字符，显示分站接口所接传感器类型、

实测值，报警、断电值，以及模拟量24小时变化曲线。

⑦ 使用键盘和红外遥控器显示或修改传感器类型、报警值、断电点等参数。

⑧ 具有显示报警和输出控制功能。

⑨ 具有分站的工作状态和传感器的故障显示功能。

(14) 系统能扩展，并可方便地与计算机网络联网，以实现资源共享，形成全矿井的监测信息管理中心；还可以与公司或煤管局进行网间互联，以实现监测数据实时地传到公司或其他相关地方。

(15) 系统提供多种诊断功能，除实时指示各种设备的故障类型、位置并报警外，还提供故障统计功能，包括系统的传输校验、误码率测试、传感器故障统计、分站故障统计等。

(16) 其他功能

① 系统具有网络通信功能。

② 系统具有软件自监视功能。

③ 系统具有软件容错功能。

④ 系统具有实时多任务功能，能实时传输、处理、存储和显示信息，并根据要求实时控制，能周期地循环运行而不中断。

4.1.1.3　系统的主要技术指标

系统容量：128台分站级设备；

系统传输速率：1 200/2 400 b/s；

传输方式：RS-485；

传输介质：单模光缆或2芯电缆；

中心站到传感器之间信号的最大传输距离：2 km(电源传输线芯线直径≥0.52 mm)；

模拟量传感器信号制式：200～1 000 Hz；

开关量传感器信号：0～5 mA，无电位接点；

供电：地面中心站为AC 220 V，井下设备为AC 127 V、AC 380 V或AC 660 V。

4.1.1.4　系统的工作原理

KJ95N型煤矿综合监控系统的监控主机连续不断地轮流与各个分站进行通信，每个分站接收到主机的询问后，立即将该分站接收到的各测点的信号传给主机，各分站又不停地对接收到的各传感器信号(开关量、模拟量和累计量)进行检测变换和处理，时刻等待主机的询问，以便把检测的参数送到地面。需要对井下设备进行控制时，主机将控制命令与分站巡检信号一起传给分站，由分站通过远动开关控制设备。监测主机将接收到的实时信号进行处理和存盘，并通过本机显示器、大屏幕、模拟盘等外部设备显示出来。该系统可显示各种工艺过程模拟盘、测量参数表、各种参数的实时或历史曲线、柱状图、圆饼图等，也可通过打印机打印各种报表，或通过绘图仪绘制各种图表和曲线。

KJ95N型煤矿综合监控系统在地面建立了一套局域网络，配置服务器和若干台工作站。中心站主机都插有网卡，作为计算机网络的一个工作站，监测主机的信息可以全部上网。其余的工作站分别放置在有关职能部门。KJ95N型煤矿综合监控系统主要设备配置示意图如图4-2所示。

(1) 地面中心站

地面中心站及网络终端是整个监控系统的核心，负责整个系统设备的管理、定义配置及

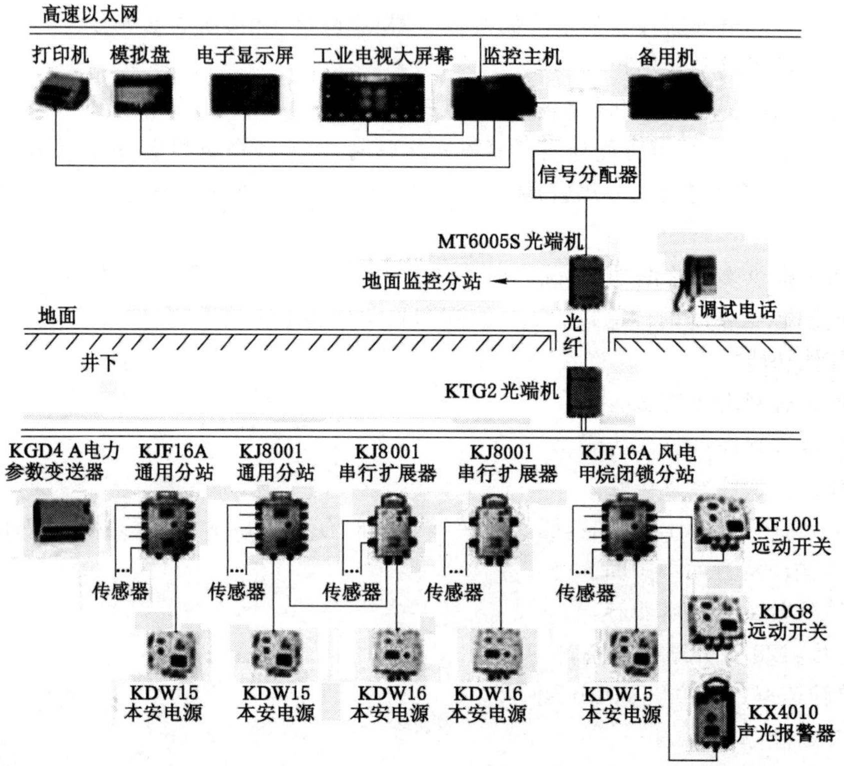

图 4-2 KJ95N 型煤矿综合监控系统主要设备配置示意图

监测数据的实时采集、分析处理、统计存储、屏幕显示、查询打印、实时控制、远程传输等任务。网络终端完成系统监测信息异地实时共享，能够以文本或图形方式显示安全生产信息，查询各类报表数据。地面中心站及网络终端等设备之间采用局域网连接。

① 地面中心站主要技术参数。

a. 监控主机、备用主机（工控机）。

额定工作电压：AC 220 V；

电源波动范围：－10%～＋10%；

CPU：Intel 奔腾Ⅳ处理器，主频 1.0 GHz 以上；

内存：128 MB 以上；

硬盘：20 GB 以上；

显卡：标准 VGA，16 位真彩色；

显示器分辨率：1 024×768 以上。

b. 打印机：激光、喷墨或针式打印机。

c. UPS：STK1/2 kV · A · h。

② 中心站软件特点。

系统软件基于微软 COM/DCOM 组件技术，采用客户/服务器体系结构，兼容性与开放性能好。

a. 它可以和具有工业标准通信接口(OPC接口)、其他标准接口(如RS-232、RS-422、RS-485等采用标准协议的接口)的设备无缝连接,非标准接口的其他监控设备可通过协议转换连接于系统中。

b. 具有丰富的组态、画面编辑及报表(数据图)生成功能。

c. 支持数据、开关量状态的模拟盘显示,以及图形、曲线、数量的大屏幕或多屏显示。

d. 对所有监测数据和重要操作事件均采用数据库(如Access、SQLserver等)保存,用户可根据需要自行设定保存期限,为用户二次开发和事件的追述提供良好的条件。

e. 各种操作(包括测点定义、参数设置、图形生成、报表制作、数据浏览等)不影响系统传输,保证系统监测的实时性。

f. 具有强大的数据采集功能、先进的数据处理技术,每隔2 min形成模拟量传感器的最大、最小及平均值记录,随时统计各分站的通信、供电、报警、断电、复电状态,以及机电设备开停和运行状态。

g. 报警与控制功能完备:可实现中心站程控或手动强行控制异地断电、分站和传感器就地断电及分站区域断电功能;具有声光报警、报警联动及可通过控制调度通信网对井下局部或全矿井进行语音扩播报警等多种类型的报警功能。

h. 具有传输故障、设备故障、供/断电状况和软件运行故障等的自诊断功能,还具有远程维护功能。

③ 中心站主控软件。

主控软件安装在KJ95N主控机上。运行KJ95N主控包中的"SETUP"就可以进行安装。软件安装完成后,进行开工生成,运行开工生成目录中的"NEWKG"进行系统配置并存盘。

安装并配置完成后,在KJ95N主控机上单击"开始"菜单,然后单击"程序"到"KJ95N型煤矿综合监控系统",单击"KJ95N运行"运行软件,或运行安装目录下的KJ95N. exe程序即开始运行系统。

KJ95N型煤矿综合监控系统主界面上有以下主菜单:系统生成、召唤显示、辅助操作、瓦斯抽采、水泵控制、简要说明、拷贝配置、关于计算机等。主菜单下方是一行图标,鼠标在相应图标上停留3 s以上的时间,系统将会在鼠标下方提示用户该图标的用途,依次单击这些图标,会依次显示系统动态图、分站及端口、测点分类显示、模拟量柱状图、三班统计、系统当前报警、系统当前故障、系统历史数据曲线、系统报警数量、系统开关状态时间分布、系统开关量状态变化统计、系统历史报警统计、系统历史故障统计、系统测试、系统配置等。

下面对其中一些主菜单进行介绍:

a. 系统生成。该主菜单下具有4个子菜单项:配置生成、图形生成、报表生成、安全天数输入。

(a) 配置生成子菜单项下包括监测名称生成、传感器定义、分站及端口生成、变量特性设置、频率制设置、导出量生成、区域断电配置、异地断电设置、声音编辑。

监测名称生成:完成系统中所有需监测的设备名称、环境地点、设备安装地点以及导出的其他名称的定义输入。

传感器定义:完成对系统所接传感器的名称、单位、性质等参数的定义。

分站及端口生成:完成对系统所接分站和传感器的定义。

变量特性设置:对同一种传感器设置不同的断电值、复电值、报警值、解报值等参数,使同种类传感器适用于不同的环境或地点。

频率制设置:通过追加新的频率制,可把一些非标传感器接入系统。

导出量生成:根据系统中所接传感器,通过计算公式生成一些新的量。

区域断电配置:完成对同一区域关联分站之间的非本分站的断电设置。

异地断电设置:实现没有关联的分站之间的控制口断电。

声音编辑:完成对系统所接测点的语音录入。

(b) 图形生成子菜单项下包括背景图生成、动态图生成、报警弹出图设置。

背景图生成:生成监测系统背景图。

动态图生成:生成监测系统动态图。

报警弹出图设置:通过设置报警点与模拟图相连,若此报警点报警,系统将自动弹出对应的模拟图。

(c) 报表生成:利用模板技术,通过筛选条件,可生成不同时期、多个维度、多种格式的数据报表,同时可对监测系统采集的信息进行统计、分析、筛选,并自动生成报表。

(d) 安全天数输入:通过输入安全生产日期自动计算出距今的安全生产天数。

b. 召唤显示。该主菜单下共有 5 个子菜单项:图形显示、实时信息显示、历史信息记录、通信数据规格化显示、通信端口数据显示。

(a) 图形显示子菜单项下包括图形单显和图形轮显两种方式。图形单显:单独显示监测系统图形。图形轮显:轮番显示监测系统图形。

(b) 实时信息显示子菜单项下包括分站及端口显示、测点分类显示、模拟量动态显示、三班统计、当前报警统计、当前故障统计、实时曲线显示等。

分站及端口显示:实时显示系统所接所有分站的端口的当前信息及配置情况。

测点分类显示:按照测点的分类或按分站实时显示系统所监测的各种数据,以及通过运算得到的导出量的和。

模拟量动态显示:以矩形图的形式实时显示系统所接所有模拟量的当前状态和数值。

三班统计:显示累计量、开关量当前的或以前各班和全天的统计数据。

当前报警统计:实时显示所有当前系统正在报警的各种测点的明细。

当前故障统计:实时显示当前系统所有故障测点的明细。

实时曲线显示:以曲线的形式实时显示系统所有模拟量的趋势走向及当前状态和数值。

(c) 历史信息记录子菜单项下包括历史数据分类显示、报表显示、开关状态时间分布、开关状态变化、报警统计、故障统计等。

历史数据分类显示:按年、月、日的不同分类要求以曲线和表格显示系统所接模拟量的历史信息。对开关量和累计量,则用班的形式显示出它们的历史运行情况。

报表显示:显示用户通过报表生成的自定义报表。

开关状态时间分布:显示开关量测点所监测的设备运行状态在时间轴上的分布情况。

开关状态变化:显示开关量测点"变化时刻""状态变化"等明细以及统计表。

报警统计:显示报警测点的报警"起始时间""结束时间""持续时间"等明细以及统计表。

故障统计:显示测点故障"起始时间""结束时间""持续时间"等明细以及统计表。

(d) 通信数据规格化显示:按照主机正常的发送、接收查看当前系统上下行数据的传输情况。

(e) 通信端口数据显示：实时显示主机接收到的任何数据。

c. 辅助操作。该主菜单下包括5个子菜单项：系统维护、分站操作、显示分站栏、报警弹出图、滴答报警。

(a) 系统维护子菜单项下包括口令设置、日期时钟设置、数据库维护、系统测试等。

口令设置：修改系统口令。

日期时钟设置：核对计算机的日期、时钟。

数据库维护：维护、查看系统中各数据表的状态。

系统测试：查看当前系统的运行情况。

(b) 分站操作子菜单项下包括定点巡检、撤销定点巡检、分站初始化、分站开出控制等。

定点巡检：只对用户选定的分站进行通信，其他分站暂时不通信，直到用户撤销为止。

撤销定点巡检：恢复系统对所有分站的正常巡检。

分站初始化：将用户选定分站的配置以及一些参数立即发往该分站。

分站开出控制：用户手动控制选定分站开出口所接设备的开启或关断。

(c) 显示分站栏：显示当前系统巡检分站状态。

(d) 报警弹出图：如果当前系统有报警，则自动弹出与此报警对应的模拟图。

(e) 滴答报警：用计算机的蜂鸣器提示当前系统报警。

d. 关于计算机。该主菜单下包括系统配置、目录、关于 KJ95N System Software（KJ95N 系统软件）等。

(a) 系统配置：查看当前系统的基本配置参数以及一些系统资源的使用情况。

(b) 目录：查看与 KJ95N 系统运行有关的文件放置情况，以及一些文件的简要说明。

(c) 关于 KJ95N System Software：查看 KJ95N 系统运行的日期、时间，以及使用单位和本系统开发的一些情况。

(2) 传输接口

① KJJ16 型传输接口。

a. 概述。KJJ16 型传输接口是地面一般型产品，适用于地面控制室环境，接于地面计算机与其他设备之间，实现地面计算机与其他设备的信息交换，用于以电缆为主传输通道的监控系统。

b. 主要技术参数。

供电电源额定值：AC 220 V，工频为 50 Hz，允许波动范围为 80%～115%；

接口与地面计算机通信制式：RS-232C；

接口与 KJ3005 型传输接口通信制式：RS-232C；

接口与地面计算机通信波特率：9 600 b/s；

接口与 KJ3005 型传输口通信波特率：600 b/s、1 200 b/s。

c. 功能：具备各种传输制式、多种波特率的转接功能；具备电源、下行及上行传输指示功能。

d. 工作原理。

(a) KJJ16 型传输接口内有 2 个单片机，分别与地面计算机和 KJ3005 型传输接口通信。

(b) KJJ16 型传输接口选择与地面计算机和 KJ3005 型传输接口通信的制式和波特率。

(c) KJJ16 型传输接口接收地面计算机的信息,并通过 KJ3005 型传输接口分站发送接收到的地面计算机的信息。

(d) KJJ16 型传输接口接收分站信息,并将接收到的分站信息回送给地面计算机。

(e) KJJ16 型传输接口接口在与地面计算机和 KJ3005 型传输接口通信时,主机侧和用户侧的上行、下行指示灯会闪亮。

e. 连接方式。KJJ16 型传输接口设置在地面控制室内的台面上,连接方式如图 4-3 所示。

图 4-3 KJJ16 型传输接口连接方式图

② KJJ14 型传输接口。

a. 概述。KJJ14 型传输接口是 KJ95N 型煤矿综合监控系统的主要配套产品,为地面一般型兼本安输出设备,适用于地面控制室环境。该接口在地面主机与井下分站之间的信息交换中,完成信号的传递和安全隔离;用于以电缆为主传输通道的监控系统。

b. 主要技术参数。

供电电源额定值:AC 220 V,工频为 50 Hz,允许波动范围为 80%~115%;

传输距离:20 km(传输电缆为 PUYVR31 型或 PUYVR39 型);

传输方式:标准网络传输方式;

接口与主机通信:RS-232 信号制;

接口与分站通信:信号为本质安全型,RS-485 信号制;

输出本安直流电源:电压为 24 V,最大短路电流为 500 mA;

传输速率:1 200 b/s,2 400 b/s;

容量:126 台分站。

c. 功能:具备监测监控输入、输出信号的转接功能;具备 RS-232 串行口二合一的功能或从机热备用的功能;具备电源、下行及上行传输指示功能;可提供具有过压、限流和短路保护功能的直流本安电源。

d. 工作原理。

下行工作原理。主机发送的下行信号先经过信号转换,将 RS-232 信号转换为晶体管-晶体管(TTL)信号,并通过光电隔离元件隔离主机与分站间的电联系,避免相互间的干扰,同时信号送指示灯显示;然后由专有芯片将 TTL 信号转换为 RS-485 信号的本质安全型信号输出给分站。

上行工作原理。分站发送的上行信号(本质安全型信号)先经过信号转换,将 RS-485 信号转换为 TTL 信号,并通过光电隔离元件隔离主机与分站间的电联系,避免相互间的干扰,同时信号送指示灯显示;然后由专有芯片将 TTL 信号转换为 RS-232 信号输出给主机或从机。

以上传输上、下行信号的切换,由单片机 CPU 完成控制。单片机根据主机发送线上信号的有无来判断信号的方向。当有信号时单片机认为信号是下行的,则将 RS-485 芯片置于发送态;反之,则将 RS-485 芯片置于接收态。

传输接口输出(往分站)有两路,分为地面和井下,工作原理完全相同。这样可以避免地面分站遭雷击时影响井下分站的传输。

e. 连接方式。KJJ14 型传输接口设置在地面控制室内的台面上,连接方式如图 4-4 所示。

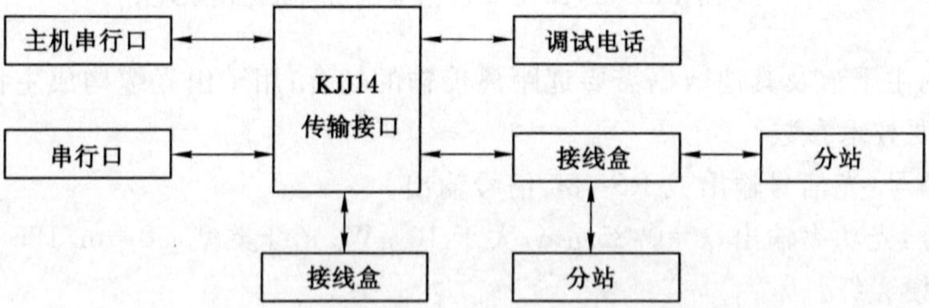

图 4-4　KJJ14 型传输接口与系统中关联设备的连接图

(3) 光端机

① MT6005 型数据传输光端机。

a. 概述。MT6005 型数据传输光端机是一种可将 RS-232 信号转换为可在光纤中传输的光信号,并可将 RS-232 信号转换为 RS-485 信号的产品。它与 KTG2 本安型数据光端机配套使用,主要用于各种监控系统的主干道及其他数据需要远距离传输的场合。它具有 2 路光信号传输接口及 1 路 RS-485 传输接口;用于由光缆构成主传输通道的系统。

b. 主要技术参数。

输出信号:2 路光信号传输接口及 1 路 RS-485 传输接口。

光信号:光功率输出,$\lambda=0.85\ \mu m$,大于 10 μW;光纤类型,50 μm/125 μm 或 62.5 μm/125 μm 多模光纤。

RS-485 信号:符合 RS-485 标准,速率为 1 200 b/s 时传输距离为 15 km。

传输距离:3 km(光信号);15 km(RS-485 信号)。

光纤接收灵敏度:不小于 1.5 μW。

供电电源:12 V 电源,电流小于 400 mA。

c. 工作原理。RS-232 传输接口采用电平方式传输,适用于点-点通信,无须专门的收发使能控制。而 RS-485 传输接口则不同,由于采用差分电平方式传输,且允许在一条通信总线上挂接多个节点,必然要求各个节点能够独立控制总线驱动器的关断或打开,保证不会影响其他节点的正常通信。本光端机内置微处理器,采用独特的收发使能智能控制,因此具有通用性和灵活性(即插即用,无须用户更改任何相关软件和硬件)。MT6005 型数据传输光端机工作原理如图 4-5 所示。

② KTG2 型矿用本安数据传输光端机。

a. 概述。KTG2 型矿用本安数据传输光端机可实现 RS-485 信号与光信号的相互转换;按《爆炸性环境 第 1 部分:设备 通用要求》(GB 3836.1—2010)要求制造,主要用于各种

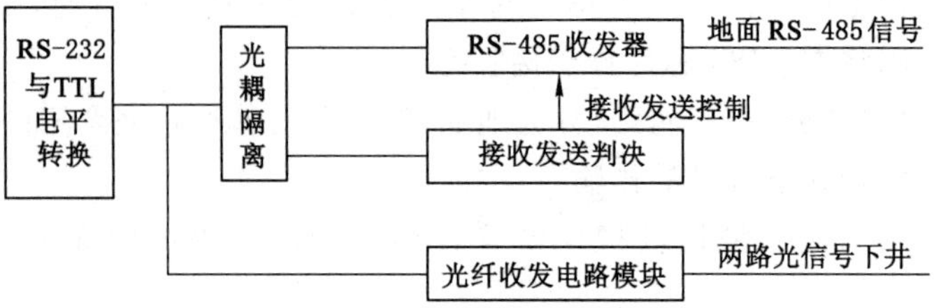

图 4-5 MT6005 型数据传输光端机工作原理图

监控系统的主干道及其他数据需要远距离传输的场合；用于由光缆构成主传输通道的系统。

b. 主要技术参数。

输出信号：光信号输出或 RS-485 信号输出。

光信号：光功率输出，$\lambda=0.85$ μm，大于 10 μW；光纤类型，50 μm/125 μm 或 62.5 μm/125 μm 多模光纤。

RS-485 信号：符合 RS-485 标准，速率为 1 200 b/s 时传输距离为 15 km。

传输距离：3 km（光信号）；15 km（RS-485 信号）。

光接收灵敏度：不小于 1.5 μW。

供电电源：本安 15 V 电源，电流<400 mA。

防爆类型：Ex ib Ⅰ。

c. 工作原理。KTG2 型矿用本安数据传输光端机的工作原理如图 4-6 所示。

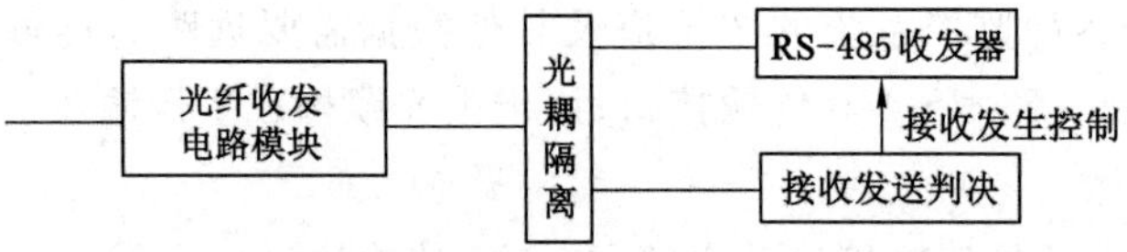

图 4-6 KTG2 型矿用本安数据传输光端机工作原理图

智能控制收发。由地面到井下的光纤采用两芯，信号传输方式为全双工。而对分站通信的 RS-485 传输接口，为总线式半双工通信方式，且允许在一条通信总线上挂接多个节点，因此配置有一个控制器控制 RS-485 传输接口的通信方式。本光端机内置微处理器，采用独特的收发使能的智能控制，因此具有通用性和灵活性（即插即用，无须用户更改任何相关软件和硬件）。

接收信号合成。RS-485 信号在无信号时输出“1”，而光纤接收信号在无信号时输出也是“1”，因此采用一个与门电路将信号合成。

工作方式：可将下行的光纤信号转换为 RS-485 信号，同时将上行的 RS-485 信号转换为光纤信号。

d. 连接方式。KTG2 型矿用本安数据传输光端机与 MT6005 型数据传输光端机之间的光缆连接如图 4-7 所示。

（4）分站设备

① KJF16 型通用分站。

a. 概述。KJF16 型通用分站是以 80C31 微控器为核心的智能化矿用电子设备，能方便

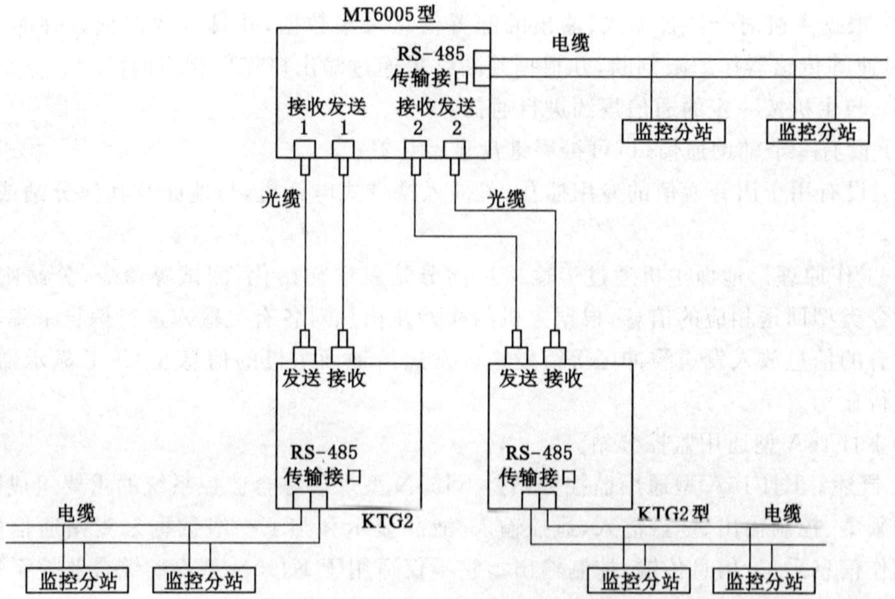

图4-7　光端机光缆连接示意图

地与多种传感器、执行器配接，构成矿用监控站或矿用监控子系统，完成数据采集处理、信号编码传输、超限报警断电、远程控制、就地控制、自检测试、就地显示、就地设备检修等功能。它既可以与KJ95N型煤矿综合监控系统配套使用，又可以在没有监控系统的矿井中单独使用。

该分站为矿用本质安全型，适用于除采掘工作面以外的煤矿井下有瓦斯、煤尘爆炸危险的环境。

b. 主要技术参数。

传输速率：1 200 b/s。

传输距离：不小于15 km(指与分站主机接口之间的最大距离)。

传输信道：两芯矿用屏蔽低频通信电缆。

大巷：PUYV39-1型或PUYV31型电缆。

井筒：PUYV39型电缆。

传输制式：异步时分制基带传输。

转换误差：不大于0.5%(相当于1 bit)。

容量：16路模拟量或开光量信号输入；6路开光量输出。

模拟量输入信号：200～1 000 Hz频率信号，其幅值不低于3 V，正负脉冲宽度不小于0.3 ms。

开关量输入信号：无电位接点或高低电平，高电平不小于3 V，低电平不大于1 V。

开关量输出信号：输出电流大于2 mA时，输出电压不小于6 V；输入电流为2 mA时，输出端电压不大于1 V。

供电电源：KF1016电源(12 V，0.5 A；18 V，0.5 A；18 V，0.5 A)。

c. 主要功能：

(a) 根据主机对分站各输入、输出的配置信息采集数据，并具有数据预处理能力，可对甲烷、风速等传感器作超限判断，并根据判断结果通过输出口作出相应的控制。

(b) 与主机按一定的通信规约进行通信。

(c) 设有一个辅助通信口，可扩展键盘显示装置。

(d) 设有用于语音通信的专用插孔，可插入携带式电话机，与地面及其他分站或传感器等通话。

d. 工作原理。地面主机通过传输接口向分站发送初始化、测试等命令，分站则根据主机的命令类型回送相应的信息，根据主机的初始化信息对各有关输入进行信息采集和处理，并将所有的信息放入发送缓冲区等待发送。发送给地面主机的信息在CRT显示器或模拟盘上进行显示。

② KJF16A型通用监控分站。

a. 概述。KJF16A型通用监控分站是KJ95N型煤矿综合监控系统的重要组成部分，具有数据采集、控制输出、键盘输入、遥控输入、液晶显示和与下一级数据采集站通信的功能；主要用作信息采集、信息传输、控制输出。它不仅适用于KJ95N型煤矿综合监控系统，而且适用于KJ2型、KJ22型煤矿监控系统以及KJ36型电力监测系统等，还可单独使用。该类型分站具有键盘、遥控器、液晶显示器等人机对话工具。

该类型分站采用多个MCS51系列单片机，每个单片机负责管理相对独立的任务，从而使分站工作更可靠、使用更灵活。其不仅能作为一般的数据采集站使用，还能作为风电甲烷闭锁装置等有特殊要求的监控站使用。

按照系统要求，该类型分站的工作状态可设置为普通的数据采集站或具有风电甲烷闭锁功能的监控站。

b. 主要技术参数。

电源电压：直流15×(1±20%) V；

工作电流：不大于250 mA。

输入输出容量：16(8)路模拟量或开关量信号输入；8路开关量信号输出。

与上级计算机传输：制式是异步时分制基带传输或RS-485方式传输，速率是1 200 b/s或2 400 b/s，最大距离是15 km(传输电缆为PUYVR31型)。

输入输出信号：电压应不大于0.5 V，电流应不大于0.1 mA。

模拟量输入信号：200～1 000 Hz频率信号，脉宽大于0.3 ms，信号幅度不小于3 V，电流应不小于1 mA。

开关量输出信号：高电平空载时电压不低于10 V，负载拉出电流2 mA时电压不低于5 V；低电平时电压不大于0.7 V。

与KJ8001型串行扩展器等下级数据采集站传输：制式，RS-485方式传输，速率为1 200 b/s，最大距离为3 km(传输电缆为PUYVR31型)。

测量误差：满量程时不低于0.4%(不包括传感器的测量误差)。

功耗：小于5 W。

供电电源：KDW15A/KDW65/KDW16A，DC 12～18 V，300 mA。

c. 工作原理。

(a) KJF16A 型通用监控分站安装完毕后由电源箱供电，分站的 4 个指示灯亮（红色指示灯为向上一级计算机发送信号的指示灯，绿色指示灯为接收上一级计算机信号的指示灯，黄色指示灯为向下一级数据采集器发送信号的指示灯，白发红色指示灯为接收下一级数据采集器信号的指示灯），并同时进行分站本机初始化、禁止本分站控制的设备工作。

(b) 上一级计算机发送命令，分站接收（分站的红色指示灯闪烁），该分站判断接收的命令是否是本分站应该接收的，如是，将其接收到的本分站的信息存储；如不是，则放弃。

(c) 分站根据接收到的命令采集各传感器输入口的信号，并将其转换、存储。

(d) 分站根据接收到的命令判断是否需要巡检 KJ8001 型串行扩展器等下一级数据采集器：分站需巡检下一级数据采集器时，分站的黄色指示灯闪烁；下一级数据采集器回送分站信息时，分站的红色指示灯闪烁；下一级数据采集器不回送分站信息的，分站的红色指示灯长亮；如分站不需巡检下一级数据采集器时，分站的黄色指示灯、红色指示灯长亮。

(e) 分站根据接收到的命令判断是否需要直接输出控制信号，或根据传感器的输入自动输出控制信号。在分站工作大约 1 min 后，分站自动开始起作用；并根据检查风电甲烷闭锁所需的传感器信号，允许本分站控制的某些设备或全部设备工作。

(f) 分站根据接收到的命令判断在分站管理区域内是否需要输出区域控制信号。分站需要输出区域控制信号时，分站的黄色指示灯闪烁；下一级数据采集器回送分站信息时，分站的白色指示灯闪烁；下一级数据采集器不回送分站信息时，分站的红色指示灯长亮；分站不需要输出区域控制信号时，分站的黄色指示灯、红色指示灯长亮。

(g) 分站将所能采集到的各种信息经处理后回送上一级计算机，这时分站的绿色指示灯闪烁。

(h) 分站将采集的分站本机的各传感器信号和各下一级数据采集器采集的各传感器信号送给分站显示板（在异步时分制基带传输分站则不显示下一级数据采集器采集的信号）。

(i) 分站显示板的液晶显示器可以轮流显示分站本机及下一级数据采集的各传感器信号和下一级数据采集器的状态，或通过键盘、遥控器固定显示分站本机及下一级数据采集器的各传感器信号。

(j) 分站在单独使用时，可通过分站显示板上的按键修改分站的参量。

(k) 分站在单独使用时，可在分站正前方不超过 1 m 正对分站观察窗的地点，用遥控器修改分站的参量。

(l) 分站在基带传输时，可通过键盘、遥控器选择分站上配置的开关量测点、累计量测点、模拟量测点所对应的传感器。

(m) 分站可以按照风电甲烷闭锁的要求监控由本分站管理的区域。

(n) 分站在工作过程中，工作状态随时可以在普通数据采集站与风电甲烷闭锁分站之间转换。

d. 分站使用方式。

(a) 作为普通数据采集站使用。

· 分站的所有接入口没有区别，既可接入模拟量传感器，又可接入开关量或累计量传感器。

· 全部开关量输出按照上一级计算机的要求进行控制输出，或按自动断电的方式进行量制输出，或按区域断电的方式进行控制输出。

(b) 作为风电甲烷闭锁分站使用。

· 配置方法。根据《煤矿用风电甲烷闭锁装置通用技术条件》(MT 631—1996)的要求，将分站的 16 路传感器输入中的 5 路作为风电甲烷闭锁检测的输入；将分站的 8 路开关量输出中的 4 路作为风电甲烷闭锁控制。具体配置如下：

传感器输入信号的配置：第一路传感器输入设置为工作面甲烷传感器输入；第二路传感器输入设置为回风流甲烷传感器输入；第三路传感器输入设置为串联通风工作面入风流甲烷传感器输入；第四路传感器输入设置为局部通风机风筒中的风速开关；第五路传感器输入设置为局部通风机开停。

开关量输出的配置：第一路开关量输出控制工作面设备；第二路开关量输出控制回风流设备；第三路开关量输出控制串联通风工作面设备；第四路开关量输出控制声、光报警。

分站的其他传感器输入和其他开关量输出按普通数据采集站的要求进行工作。

· 风电甲烷闭锁功能。

分站发生故障而失电时，切断整个监视区域的动力电源并闭锁。

分站上电 1 min 以内，切断整个监视区域的动力电源并闭锁。

甲烷传感器故障或断电时，分站切断相应被控设备的动力电源并闭锁。

掘进工作面甲烷浓度超过 1.5%时，分站切断工作面被控设备、回风流被控设备的动力电源并闭锁。工作面甲烷浓度低于 1.0%时，分站对工作面被控设备、回风流被控设备的动力电源解锁。

掘进工作面回风流甲烷浓度超过 1.0%时，分站切断工作面被控设备、回风流被控设备的动力电源并闭锁，同时驱动声、光报警。工作面甲烷浓度低于 1.0%时，分站对工作面被控设备、回风流被控设备的动力电源解锁，同时解除声、光报警驱动。

串联通风工作面入风流甲烷浓度超过 0.5%时，分站切断串联通风工作面被控设备的动力电源并闭锁，同时驱动声、光报警。串联通风工作面甲烷浓度低于 0.4%时，分站对串联通风工作面被控设备的动力电源解锁，同时解除声、光报警驱动。

局部通风机风筒中的风速开关低于预置值时，分站切断工作面被控设备、回风流被控设备、串联通风工作面被控设备的动力电源并闭锁，同时驱动声、光报警。局部通风机风筒中的风速开关高于预置值时，分站对工作面被控设备、回风流被控设备、串联通风工作面被控设备的动力电源解锁，同时解除声、光报警驱动。

局部通风机停止时，分站切断工作面被控设备、回风流被控设备、串联通风工作面被控设备的动力电源并闭锁，同时驱动声、光报警。局部通风机开启时，分站对工作面被控设备、回风流被控设备、串联通风工作面被控设备的动力电源解锁，同时解除声、光报警驱动。

· 风电甲烷闭锁分站的工作流程。

分站上电前和上电后 1 min 内，分站中用于风电甲烷闭锁中的 4 路开关量输出保持低电平，切断所有被控设备的动力电源并闭锁，允许声、光报警。

分站上电 1 min 后，若工作面甲烷浓度低于 1.5%、回风流甲烷浓度低于 1.0%、串联通风工作面入风流甲烷浓度低于 0.5%，且局部通风机风筒中的风速开关大于预置值、局部通风机开机时，分站用于风电甲烷闭锁的 4 路开关量输出为高电平，解锁被控设备的动力电源，并禁止声、光报警。

分站上电 1 min 后，若工作面甲烷浓度高于 1.5%、工作面甲烷传感器故障、工作面甲烷传感器断电、回风流甲烷浓度低于1.0%、串联通风工作面入风流甲烷浓度低于0.5%，且局部通风机风筒中的风速开关大于预置值、局部通风机开时，分站用于风电甲烷闭锁的4路开关量输出中的第一路开关量输出和第二路开关量输出为低电平，第三路开关量输出和第四路开关量输出为高电平，切断工作面被控设备、回风流被控设备的动力电源并闭锁。工作面甲烷浓度低于1%时，分站用于风电甲烷闭锁的4路开关量输出中的第一路开关量输出和第二路开关量输出为高电平，对工作面被控设备、回风流被控设备的动力电源解锁。

分站上电1 min后，若工作面甲烷浓度低于1.5%、回风流甲烷浓度高于1.0%、回风流甲烷传感器故障、回风流甲烷传感器断电、串联通风工作面入风流甲烷浓度低于0.5%，且局部通风机风筒中的风速开关大于预置值、局部通风机开机时，分站用于风电甲烷闭锁的4路开关量输出中的第一路开关量输出、第二路开关量输出和第四路开关量输出为低电平，第三路开关量输出为高电平，切断工作面被控设备、回风流被控设备的动力电源并闭锁，允许声、光报警。回风流甲烷浓度低于1%时，分站用于风电甲烷闭锁的4路开关量输出中的第一路开关量输出、第二路开关量输出和第四路开关量输出为高电平，对工作面被控设备、回风流被控设备的动力电源解锁，并禁止声、光报警。

分站上电1 min后，工作面甲烷浓度低于1.5%、回风流甲烷浓度低于1.0%、串联通风工作面入风流甲烷浓度高于0.5%、串联通风工作面入风流甲烷传感器故障或串联通风工作面入风流甲烷传感器断电，且局部通风机风筒中的风速开关大于预置值、局部通风机开机时，分站用于风电甲烷闭锁的4路开关量输出的第三路开关量输出为低电平，第一路开关量输出、第二路开关量输出和第四路开关量输出为高电平，切断串联通风工作面被控设备的动力电源并闭锁。串联通风工作面入风流甲烷浓度低于0.5%时，分站用于风电甲烷闭锁的4路开关量输出中的第三路开关量输出为高电平，对串联通风工作面被控设备的动力电源解锁。

分站上电1 min后，工作面甲烷浓度低于1.5%、回风流甲烷浓度低于1.0%、串联通风工作面入风流甲烷浓度低于0.5%，且局部通风机风筒中的风速开关小于预置值、局部通风机开机时，分站用于风电甲烷闭锁的4路开关量输出为低电平，切断工作面被控设备、回风流被控设备和串联通风工作面被控设备的动力电源并闭锁，允许声、光报警。局部通风机风筒中的风速开关大于预置值时，分站用于风电甲烷闭锁的4路开关量输出全部为高电平，对工作面被控设备、回风流被控设备和串联通风工作面被控设备的动力电源解锁，并禁止声、光报警。

分站上电1 min后，工作面甲烷浓度低于1.5%、回风流甲烷浓度低于1.0%、串联通风工作面入风流甲烷浓度低于0.5%，且局部通风机风筒中的风速开关大于预置值、局部通风机停机时，分站用于风电甲烷闭锁的4路开关量输出为低电平，切断工作面被控设备、回风流被控设备和串联通风工作面被控设备的动力电源并闭锁，允许声、光报警。局部通风机开机时，分站用于风电甲烷闭锁的4路开关量输出全部为高电平，对工作面被控设备、回风流被控设备和串联通风工作面被控设备的动力电源解锁，并禁止声、光报警。

(5) 电源

① KDW65矿用隔爆兼本安型多路电源。

a. 概述。KDW65矿用隔爆兼本安型多路电源是直流稳压型电源，适用于在有瓦斯、煤尘爆炸危险的环境中向矿用本质安全型设备供电。该电源提供3路本安电源输出信号、供电状态输出信号、1路本安电源的电压和电流。蓄电池工作状态、供电状态输出信号可在液晶显示板上显示,同时可以上传。

b. 主要技术参数。

(a) 输入:

输入电压:AC 127 V/220 V/380 V/660 V;

输入频率:50 Hz;

输入电压变化范围:75%~110%。

(b) 输出

电源输出:3路直流本质安全型稳压电源,具体参数如表4-2所列。

表4-2 3路直流本质安全型稳压电源参数

参数	24 V输出	18 V输出	16 V输出
额定输出电压 Ue	24 V	18 V	16 V
额定输出电流 Ie	180 mA	300 mA	540 mA
过流保护值 Ig	410 mA	810 mA	1 000 mA
过压保护值 Ug	27 V	21 V	19 V
负载效应	≤5%		
源效应	≤5%		
周期与随机偏移	≤250 mV		
输出电压偏离值	不超过标称值的5%		

信号输出:本安输出供电状态信号为光耦无源输出,其输出正与输出负之间截止时的电阻不小于100 kΩ,导通且灌入电流为2 mA时,输出电压不大于0.5 V。输出信号为RS-485,其波特率为1200 b/S,传输距离为2 km,通信介质采用矿用阻燃屏蔽信号电缆MHYVR 1×5×7/0.52,每千米的信号电缆分布参数应符合:$R \leqslant 12.8\ \Omega/\text{km}$,$L \leqslant 0.8\ \text{mH/km}$,$C \leqslant 0.06\ \mu\text{F/km}$。

(c) 保护方式:截止式双重化过压、过流保护。

(d) 防爆型式:隔爆兼本质安全型,标志为Ex ibⅠ。

c. 工作原理。不同电压等级的交流电经保险管输入隔离变压器,隔离变压器的输出端连接到AC/DC转换器,输出稳定的直流电压。该直流电压1路经电池通过管理电路连接到备用蓄电池,另3路经DC/DC转换器和本安处理得到稳定的电源输出。为满足本质安全性能要求,采用双重过流过压保护。当交流电停止时,蓄电池中储存的电能通过DC/DC转换器和本安处理放电,保持稳定的电流输出,实现不间断供电功能。开关的作用是电源开盖后,将电池和电路断开。3路本安输出电源的电压和电流、蓄电池工作状态、交流电状态在液晶显示板上显示的同时可以远传。KDW65矿用隔爆兼本安型多路电源工作原理图如图4-8所示。

② KDW16A隔爆兼本质安全型不间断电源箱。

a. 概述。

KDW16A隔爆兼本质安全型不间断电源箱是直流稳压电源,适用于有瓦斯、煤尘爆炸

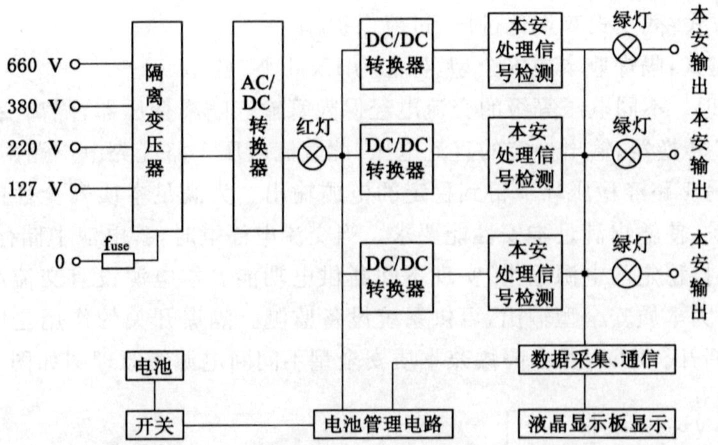

图 4-8　KDW65 矿用隔爆兼本安型多路电源工作原理图

危险的环境中向矿用本质安全型设备供电。它还提供供电状态输出信号，供监测系统监视电源的供电情况。

b. 主要技术参数。

(a) 输入：AC 127 V/220 V/380 V/660 V(用户可通过选择相应接线端子来实现)，频率为 50 Hz，电压变化范围为 75%～115%。

(b) 电源输出：单路直流本质安全型稳压电源，具体参数如表 4-3 所列。

表 4-3　单路直流本质安全型稳压电源参数

输出参数	本安电源输出		
	15 V	18 V	18 V
输出电压/V	直流 15	直流 18	直流 18
输出电压偏离值/%	8	8	8
输出电流/mA	1 000	900	900
源效应/%	5	5	5
负载效应/%	10	8	8
周期与随机偏移，峰峰值 V_{p-p}/mV	≤250	≤250	≤250
本安输出最大电流/mA	≤1 050	≤1 000	≤1 000
短路电流/mA	250	100	100
本安输出最高断路电压/V	16.0	19.0	19.0
本安输出过压保护动作值/V	≤16.0	≤19.0	≤19.0
本安输出最大电容/μF	≤22	≤4.7	≤4.7
本安输出最大电感/mH	≤0.1	≤0.1	≤0.1

供电状态信号输出：输出为光耦无源输出，其输出正与输出负之间截止时的电阻不小于 100 kΩ，对应电池供电状态；导通且灌入电流为 2 mA 时，输出电压不小于 0.5 V，对应交流

供电状态。

(c) 保护方式:截止式双重化过压、过流保护。

(d) 防爆型式:隔爆兼本质安全型,标志为 Ex ibⅠ。

c. 工作原理。不同电压等级的交流电经保险管输入隔离变压器,隔离变压器的输出端连接到 AC/DC 转换器,输出稳定的直流电压,此直流电压 1 路经充电电路对备用蓄电池充电,贮存电能;另 1 路经稳压环节得到稳定的电源输出。为满足本质安全性能要求,采用双重过流过压保护,使输出满足本安性能要求。当交流电停电时,蓄电池中储存的电能通过稳压环节放电,保持稳定的电源输出,实现不间断供电功能。本电源设有交流/电池供电状态信号输出,信号为本质安全型输出,可供系统设备监测。隔爆开关的作用是电源箱开盖后,将电池和电路断开。KDW16A 隔爆兼本质安全型不间断电源箱原理图如图 4-9 所示。

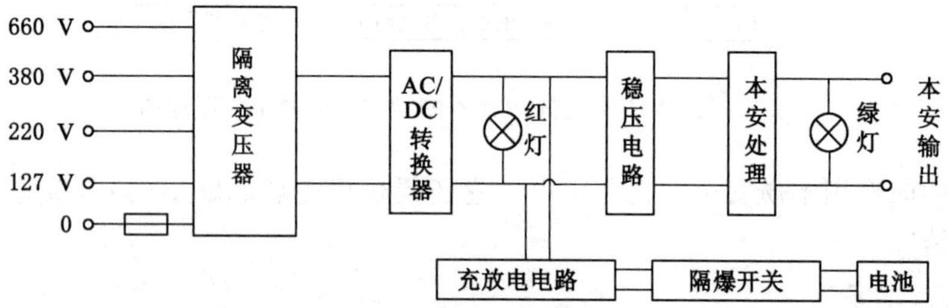

图 4-9 KDW16A 隔爆兼本质安全型不间断电源箱原理图

(6) 传感器

本系统所用的传感器是以微处理器构成的智能传感器,由主电路与一次传感元件配接而成。传感器用于监测井下各种环境参数和生产参数,主要有甲烷传感器、一氧化碳传感器、风速传感器、风门开关传感器、负压传感器、水位传感器、温度传感器、烟雾传感器、设备开停传感器等。

(7) 执行器

① KP1001 型远动开关。

a. 概述。KP1001 型远动开关是 KJ95N 型煤矿综合监控系统的配套产品,可将系统的本安控制信号转换为无电位触点输出,控制设备的开停,也可以与其他具有类似技术要求的产品配套使用。

b. 主要技术参数。

(a) 输入:与 KJF16A 型分站、KJ8001 型串行扩展器或其他类似的产品配套使用时,输入信号电压幅值不低于 4 V,电源电压为 DC 15 V(波动范围为−5%～+20%)。

(b) 输出:

非本安侧输出为一对常开常闭触点开关,负载电压等级为 AC 36 V 和 AC 127 V,频率为 50 Hz,负载电流为 1.5 A。

本安侧反馈信号输出:控制输出闭合时,空载时高电平不低于 10 V,带负载拉出 5 mA 电流时不低于 5 V;控制输出断路时,低电平不高于 1 V;反馈信号输出端短路时电流不大于 12 mA。

c. 工作原理。KP1001 型远动开关原理图如图 4-10 所示。

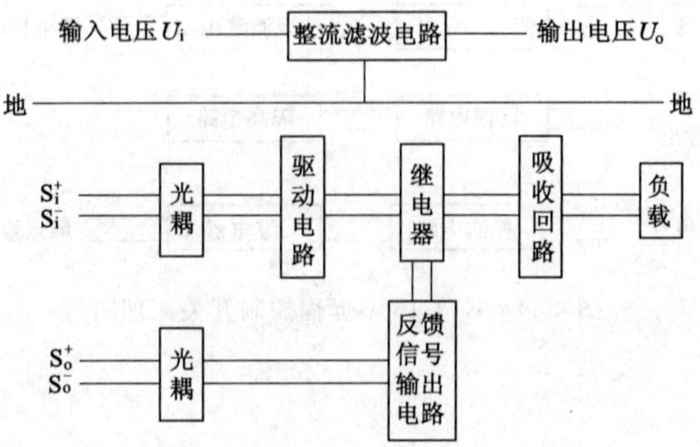

图 4-10　KP1001 型远动开关原理图

在一般情况下,远动开关的输入信号为分站发出控制信号,该信号通过远动开关的驱动电路控制继电器触点的开合。当继电器的线圈有电流流过时,发光二极管 L_1 将点亮,以表示驱动电路工作正常。

远动开关的反馈信号为输出电路提供一个输出信号,该信号送至分站的开入口,并由分站将其传给主机,以使主机知道远动开关的工作状态。当继电器的线圈有电流流过时,发光二极管 L_2 也将点亮,以表示反馈输出电路工作正常。

交流侧采用灭弧吸收电路以起到消弧保护作用。

② KDG15 型远程控制开关。

a. 概述。KDG15 型远程控制开关是一种用于远距离控制设备的开关,同时带有馈电状态检测功能,能反映被控设备的状态,可与 KJ95N 型煤矿综合监控系统和有类似技术要求的设备配套使用。

b. 主要技术参数。

电源输入:本安直流 12～18 V,电流不大于 200 mA。

控制输入本安信号:

高电平:输入电压不小于直流 3 V(输入电压为 3 V 时本机吸入电流≤2 mA);

低电平:不大于直流 0.7 V。

馈电检测信号输入:输入 AC 660 V 或 AC 1 140 V 非本安信号时对应有电。

馈电检测信号输出:当输入有电时,本安信号输出为低电平,输出电压不大于 1 V,同时反馈信号指示灯 L_3 亮;当输入无电时,本安信号输出为高电平,在输出电流为 2 mA 时,输出电压不低于 5 V,同时反馈信号指示灯 L_3 灭。

防爆型式:矿用浇封兼本质安全型,标志为 Ex mⅠ。

c. 工作原理。KDG15 型远程控制开关原理图如图 4-11 所示。当有控制信号输入时,继电器触点执行相应动作,用于控制被控设备的开停;同时,本设备还可通过检测被控设备 AC 660 V 或 AC 1 140 V 电压的有无,输出被控设备有电/无电的本安信号。

③ KX4010 型声光报警器。

a. 概述。KX4010 型声光报警器是 KJ95N 型煤矿综合监控系统的配套产品,也可以与其他有类似技术要求的产品配套使用,具备声光报警功能。它可在煤矿井下及其他场合进

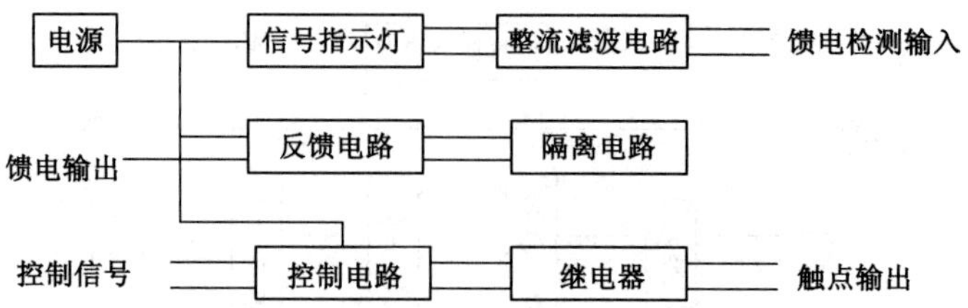

图 4-11 KDG15 型远程控制开关原理图

行声光报警。

b. 主要技术参数。

(a) 供电电源：

输入电源：本安电源(KDW15 型或其他本安电源)；

电压：直流 14～18 V；

报警最大工作电流：不大于 50 mA；

静态工作电流：不大于 3.5 mA。

(b) 控制信号：

电平信号：电压为 4～14 V(电流 2 mA)时能正常工作。

(c) 输出信号：

光信号强度应在黑暗中 20 m 处可见，交替时间为 0.5±0.1 s 的闪烁光信号。

声信号采用变调，频率分别为 3.4±0.5 kHz 和 2.8±0.5 kHz 的报警信号；音响响度大于 90 dB。

c. 工作原理。由分站或其他设备输入控制信号，通过光耦隔离后，触发 CD4060 及 NE555 时基电路产生振荡，从而启动蜂鸣和发光管进行声光报警。

(8) 其他配套产品

① KT1013 型矿用调试电话装置。

a. 概述。KT1013 型矿用调试电话装置是专为煤矿安全监测监控系统设计的最新电气产品，允许在有煤尘、瓦斯爆炸危险的场合使用，可作为井下维修工在校正监测监控参数时与地面中心站相互通话的联络装置。

b. 主要技术参数。

(a) 主机：

调试状态供电：馈电电压为 24 V，工作电流不大于 120 mA，a、b 输出端短路电流不大于 65 mA；

语音输出幅度：0.7～3.5 V；

免提状态下扩音功能：不小于 15 mW/8 Ω；

耳机输出幅度：不小于 35 mV。

(b) 辅机：

馈电电压：24 V；

语音输出幅度：0.7～1.5 V；

耳机输出幅度：不大于 150～250 mV。

(c) 通信距离为 15 km 的条件下,主、辅机之间能正常会话。

(d) 可用辅机数 1～3 台。

c. 功能特点。主机具有自动会话与调试会话两种功能;在会话时可采用免提式或非免提式。辅机为便携式的无源装置,外壳保护等级为 IP54,采用两芯插头引入。主、辅机通话距离可达 15 km;主、辅机采用集成电路可靠元件,故障率低。

d. 工作原理。本装置包括主机、辅机两部分。采用有线传输,在音频上迭加直流,实现主、辅机的供电与相互会话。KT1013 型矿用调试电话工作原理如图 4-12 所示。

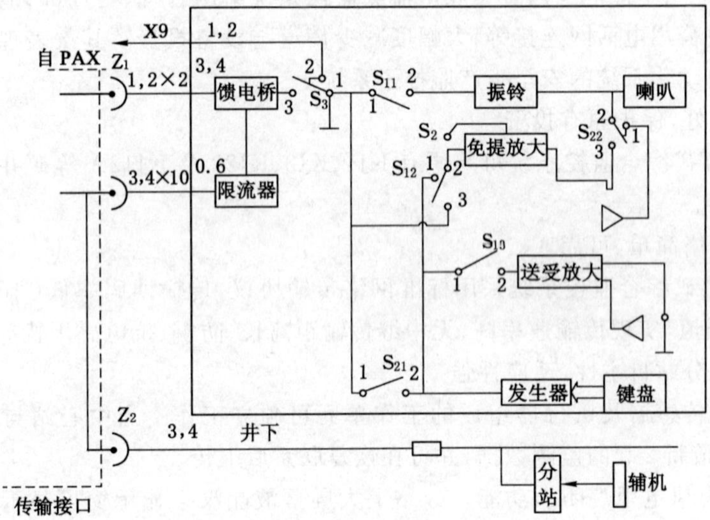

图 4-12　KT1013 型矿用调试电话工作原理图

主机由振铃、免提放大、脉码发生器、键盘及限流器等组成。

一般情况下,主机与交换机(PAX)相连,摘机时交换机的直流电经线排 X_9(1,2)、S_3(1,2)、S_{21}(1,2)、S_{12}(1,2)、S_{13}(1,2)给送受放大,脉码供电,如欲向外打电话,只在键盘按相应号码即可[注意摘机时 S_{11}(1,2)已断开]。如果是来自 PAX 的呼叫,其过程为:振铃呼叫经线排 X_9(1,2)→S_{11}(1,2)→振铃→S_{22}(1,2)→喇叭。主机还具有免提式会话功能,按下 S_2 即可。其过程为:PAX 的直流电经线排 X_9(1,2)→S_3(1,2)→S_{21}(1,2)→S_{22}(1,2)→喇叭,为免提放大,脉冲供电,此时在键盘上按相应号码即可。

调试会话状态时,首先必须合上 S_3 开关(S_3 中 1,3 两点闭合),此时主机由传输接口内的 24 V 电源供电。其过程为:传输接口 24 V 经 Z_1 插头座中(1,3)→馈电桥→S_3(3,1)为主机供电,主机工作状态可以为免提或非免提两种状态之一。如主机用于监听辅机的呼叫,可工作在免提状态,此时应该合上 S_2;如其只是与辅机会话,可工作在非免提状态。

辅机由传输接口供电,其过程:传输接口 24 V 经 Z_1 插头座中(1,2)→限流器(a,b)→Z_1 插头座(3,4)[注意 Z_2 插头座中(3,4)也要符合本安要求]→传输接口 Z_2 插头座中(3,4)→传输电缆→分站→分站的相应插头座(或传感器,或专用接线盒相应插头座),辅机插入后,即可与主机进行语言通信。

② KLH11 型矿用本安接线盒。

a. 概述。KLH11 型矿用本安接线盒可用于煤矿井下有爆炸性气体环境,作为控制系统、通信系统本质安全线路的分线及汇接。

防爆型式：矿用本质安全型，标志为 Ex ibⅠ。

b. 主要技术参数：工作电压不大于 60 V；额定电流不大于 3 A。

4.1.1.5　系统的主要特点

(1) 技术先进、组合方式多样

技术先进、组合方式多样首先表现为综合能力强。KJ95N 型煤矿综合监控系统融安全与生产监测监控系统、工业电视监视系统、电力监测系统和人员安全监测系统于一体，实现井下传输信道合一、全矿范围内各类煤矿监测监控系统组网管理、与局部计算机网络联网、与远程终端通过公用电话网连接等，大幅度减少信道与设备投资。其次表现为该系统可用作全矿井综合自动化系统的安全生产监控子系统。

(2) 兼容性好，保护原有投资

KJ95N 型煤矿综合监控系统可与原有 KJ1、KJ2、KJ22 及 KJ12A 等矿井安全与生产监测监控系统兼容。

(3) 传输网络简单、可靠

KJ95N 型煤矿综合监控系统采用标准网络传输协议，传输误码率低(小于 10^{-8})，还可选用光纤传输通道，实现传输速率高、无中继传输距离长、防雷、抗电磁干扰等功能。

(4) 系统内分站自主性、适应性强

① 由分站、传感器及执行器组成的工作单元可独立工作。当中心站与分站失去联系时，分站能存储最新 2 h 的监测数据，并可在恢复联系后上传。

② 分站具有风电甲烷闭锁功能。分站上大屏幕液晶汉字显示窗可显示分站所接传感器类型、实时参数及模拟量变化曲线。

③ 可在分站上红外遥控设定或修改传感器类型、报警、断电值等参数。分站的模拟量端口与开关量端口可互换，可按需增加某类端口的数量，端口支持多种标准或非标准信号制式，如电压、电流、频率和触点信号等。

④ 分站可以作为主站继续挂接小分站，应用于局部安全生产环节的监测控制，扩大了系统的应用范围。

(5) 系统软件功能强大

① 系统软件基于微软 COM/DCOM 组件技术，采用客户/服务器体系结构，兼容性与开放性好。

② 它可以和具有 OPC 标准接口、其他标准接口(如 RS-232、RS-422、RS-485 等采用标准协议)的设备无缝连接，非标准接口的其他监控设备可通过协议转换连接于系统中。

③ 具有丰富的组态、画面编辑及报表(数据图)生成功能。

④ 支持数据、开关量状态的模拟盘显示，而且支持图形、曲线、数据的大屏幕或多屏幕显示。

⑤ 对所有监测数据和重要操作事件均采用数据库(如 SQL Server 等)保存，用户可根据需要自行设定保存期限，为进行二次开发和事件的追述提供良好的条件。

⑥ 各种操作(包括测点定义、参数设置、图形生成、报表制作、数据浏览等)不影响系统的传输，保证系统的监测实时性。

⑦ 具有强大的数据采集功能、先进的数据处理技术，每隔 2 min 形成模拟量传感器的

最大、最小及平均值记录，随时统计各分站的通信、供电、报警、断电和复电状态及机电设备开停和运行状态。

⑧ 报警与控制功能完备。可实现中心站程控或手动强行异地断电、分站和传感器就地断电及分站区域断电功能；具有声光报警、语音报警、报警联动及可通过程控调度通信网对井下局部或全矿井进行语音扩播报警等多种类型的报警功能。

⑨ 具有传输故障、设备故障、供/断电状况和软件运行故障等的自诊断功能，还具有远程维护功能。

4.1.2　TF-200 型监控系统

TF-200 型监控系统是从德国引进图纸及技术设备，由重庆煤矿安全仪表厂生产的。采用微型机控制的音频信息传输系统，用于矿井环境和工况信息的集中、连续监测。系统除具有遥测、遥信功能外，还具有控制量输出功能。

4.1.2.1　系统组成及其主要功能

(1) 系统的组成

TF-200 型监控系统由数据处理系统、信息传输系统、传感器和执行装置等四部分组成。TF-200 型监控系统总示意图如图 4-13 所示。

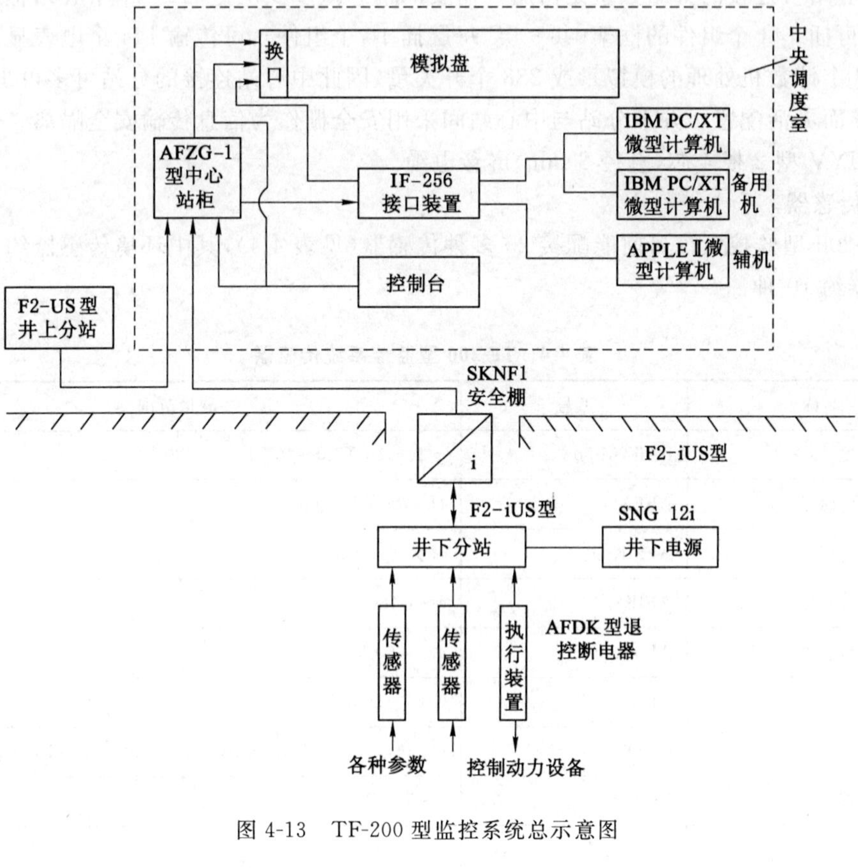

图 4-13　TF-200 型监控系统总示意图

① 数据处理系统。

数据处理系统设在矿井地面中央调度室，其用途是分析、处理由信息传输系统传来的矿井模拟量、开关量以及指令，由 1 台 IF-256 接口装置、2 台微机及工作软件组成。计算机可以全部或部分运行，作为热备用或冷备用，当有 1 台计算机出故障时系统不会停止运行。系统还可以配接多个副显示器，在 200 m 引线范围内引至其他需要观察监视数据的地方。系统应用的计算机语言为编译 BASIC。主机通过 IF-256 接口装置与模拟盘和中心站对接，实现开关量的对位显示和煤仓煤位、机组位置、煤炭产量等的数字显示；通过控制台接口电路和控制台连接，读取遥测遥信的实时数据。该系统除有国产监控系统共有功能外，还具有以下特殊功能：

a. 系统各传感器的配置情况及参数可随时输入和修改；

b. 可以绘制传感器安装位置模拟图，能实时显示传感器的监测值报警、预警，并用颜色区分，模拟图分为 16 个画面，用户可随时移动画面观察任一局部画面；

c. 可将各通道的报警信号及开关量输出信号实时地控制模拟屏进行显示或控制其他设备；

d. 除按通道顺序显示外，还可按分站集中显示；

e. 可按用户提供的一氧化碳自然发火参数进行自然发火趋势预报。

② 信息传输系统。

信息传输系统主要由中心站、分站、井下安全栅和电缆组成。中心站可由多个中心站柜组成，中心站可连接的分站数量是由用户需要的信息量多少决定的，一个中心站柜内除电源外，装有可插 144 个组件的框架(共 9 层，每层插 16 个组件)，可传输 144 个电表显示的模拟量或 288 个计数机处理的模拟量或 288 个开关量，因此中心站连接的分站可多可少，根据用户的要求而灵活配置。井下分站与中心站间采用安全栅作为信息传输安全隔离。信道传输采用 HUYV 型 2 根 4 芯(直径 8 mm)屏蔽电缆。

③ 传感器。

TF-200 型监控系统目前能配接 20 多种传感器(见表 4-4)，其中环境传感器约 10 种，工况传感器约 10 种。

表 4-4 TF-200 型监控系统传感器

名称	型号	测量范围
温度传感器	BAFTM-50	−10～10 ℃、0～40 ℃、50～120 ℃
风筒开关传感器	AFFK-1	D=700～800 mm
风门开关传感器	AFMK-80	最大 100 mm
电流开关传感器	AFIK-4	4～1 180 A
电压开关传感器	AFVK-600	42～660 V
风速传感器	AFG-1	0.26～15 m/s
烟雾传感器	GQQ5	(0.35%～15.5%)obs/ft(1 ft=0.304 8 m，obs 是减光率)
负压传感器	KG4003	0～500 Pa
一氧化碳传感器	KG3002 Ⅰ	$0\sim10^{-4}$
甲烷传感器	AYJ-2	0～40%CH_4

表 4-4(续)

名称	型号	测量范围
温度传感器	KG3004	0～400 ℃
0.5～4 in 流量传感器	AFL-1,2,3,4,5	0.01～22.5 m^3/min
固定插入式流量传感器	AFL-6	1.4～56 m/s×管道内截面积
伸缩插入式流量传感器	AFL-7	1.4～56 m/s×管道内截面积
胶带称(地面)	K-GGP-85	0～700 t/h
皮带称(井下)	K-GGP-85-KBH	0～1 000 t/h
煤仓煤位(地面)	KG1004	$D \geqslant 0.2L$(1～5 mA)
煤仓煤位(井下)	KG1003	$D \geqslant 0.2L$(1～5 mA)
机组位置	KG1001	170,300 机组
甲烷传感器	ADJ-2	0～4%CH_4

传感器可采用四种信号制(电压、电流、电阻、频率)。新研制的传感器只要是这四种信号制中的一种,并经防爆检验部门核准,均可纳入本系统使用。传感器到分站的最大传输距离根据传感器本身的输出功能确定,一般为1～2 km。

④ 执行装置。

执行装置用于控制井下机电设备的断电。本系统可以采用两种方式控制设备断电:一种是瓦斯超限自动断电;另一种是采用 AFDK-127/380/660 型执行装置远程控制断电器。该产品可由井下传感器或分站发出本质安全信号实现远距离(采用 1 mm^2 电缆可达 7 km)断电,也可由井上中心站调度室发出指令信号通过远程控制断电器实现对井下设备的控制。

(2) 系统的主要功能

① 地面的中心调度室能对下列数据进行监测并分析。

通风安全系统:CH_4浓度、CO 浓度、风速、负压、环境温度等。

生产系统:采煤机及工作面刮板输送机的工况参数,掘进机和局部通风机的工况参数,各个泵的工况参数,胶带机工况参数,煤流及煤量参数,连接煤仓或溜煤眼的煤位,提升机和运输机等工况状态。

供电系统:电压、电流、电功率及高压开关状态。

② 对于上述实时参数能够进行统计、存贮、分析、报警和提示等处理,并以汉字方式显示和打印各种图形和报表;可以定时自动实现,也可以通过功能键随意召唤显示和打印。主机本身发生故障时,备用机投入运用并维持原功能,主机和备用机也可同时使用,显示不同画面和打印不同图表。

③ 系统可以根据处理结果控制其他电气设备(如模拟盘、继电器、中心站柜、发送器组件等),在参数超限或设备故障时具有及时报警、优先显示和打印的功能,实现自动断电。

④ 系统终端配有模拟盘,模拟盘由 25 mm×25 mm 塑料小方块镶嵌组成。整体外形尺

寸可随用户要求而定，在上面可镶制矿区监测系统布置图、控制系统布置图及运输路线布置图等，并有各种工作状态显示器、时间显示器等。

⑤ 系统每对线可同时传输 52 路频率的信号，系统简单，且采用标准级件组合，扩展性好。当需要改变分站或中心站容量时，无须改变线路而仅用换插组件板的种类即可满足要求。当需要扩充传输信号通道时，增加一对传输线即可增加 52 路信号的传输。因此该系统从理论上讲可以通过无限制地扩展来满足用户需要。

⑥ 由于接收器有较高的输入阻抗和较宽的接收通频带，因此可在沿传输线的任何一个地点设置 1～15 个装有同一频率接收器的分站，即可同时接收一个发送器发出的信号，以实现多点控制。

⑦ 井下分站具有就地供电和远程供电两种方式。远程供电是利用信息传输线本身实现，该装置具有对传输线短路、断路等进行监视和故障显示等功能。当井下停电时，可通过远程供电耦合器直接向分站供电。

4.1.2.2 技术特征及参数

(1) 数据处理系统

① 主控计算机部分：采用 IBMPC/XT 型(或 GW0530B 型)微型计算机。

配置：1 MB 内存，30 MB 硬盘，1.2 MB+360 kB 软盘，DOS3.2 以上版本，CEGA 显示卡，NEC9400 型 24 针打印机，根据用户需要可接 20 in JVC 监视器作彩色显示器。

② 备用机：IBMPC/XT 型(或 GW0520A 型、GW0520CH 型)微型计算机。

③ 辅助终端机：APPLEⅡ型微型计算机。

④ IF-256 接口设备：256 个 I/O 通道，输入及输出类型可自由选择配置。

⑤ 控制台、模拟盘接口：

开关量对位显示：无限；

模拟量显示：数码对位显示为无限，报警状态对位显示为无限；

模拟盘上光带流动显示：20 A(灯光显示)(24 V 电源)，20 A(数码显示)(5 V 电源)。

(2) 信息传输系统

① 容量。

中心站容量：输入和输出可以无限，每个中心站柜有 144 个电流型模拟量输出或 288 个脉冲型模拟量输出或 288 个开关量输出；可多个中心站柜组合。

分站容量：采用 16 个组件的分站其容量如下：

全传输模拟量：16 路；

全传输脉冲型模拟量：32 路；

全传输开关量输入：32 路；

全传输开关量输出：32 路；

全传输指令量输出：80 路。

② 信道：采用一对普通矿用电话线传输 52 个频道，可多对线进行传输。

③ 传输距离：中心站柜至分站传输距离为 18～24 km。

④ 巡检周期：传输系统巡检周期为一对一时实显示；计算机处理系统巡检周期约为 10 s。

⑤ 输入输出信号。

模拟量输入：

电压型：0～100 mV、0～5 V、0～10 V；

电流型：0～1 mA、0～2.5 mA 、0～5 mA、0～10 mA 或 0～20 mA；

电阻型：0～100 Ω、0～1 kΩ 或 0～10 kΩ 或 Pt100 铂电阻；

脉冲型：5～15 Hz。

模拟量输出：

恒流源输出，可在 0～1 mA、0～2.5 mA、0～5 mA、0～10 mA、0～20 mA 或可调最大 20 mA 等 6 种输出值范围中任选，也可直接输出 5～15 Hz 脉冲型模拟量。

开关量输入：

a. 无电位接点(本质安全型)：直接输入；

b. 继电器输入组件(F_2-ER_2)：本质安全型组件，有电压触点输入；

c. 光电耦合(有电压触点)：电压范围为 17～260 V、12～30 V、12～60 V。

开关量和指令：

a. 直接输出(本质安全型)信号：12 V/40 mA；

b. 继电器组件(F_2-AR_2-2、F_2-AR_2-22)输出本质安全型无电压触点信号：28 V/250 mA；

c. 继电器组件(F_2-AR_2-1、F_2-AR_2-3、F_2-AR_2-4)输出非本质安全型无电压触点信号：220 V/3 A、30 V/1 A。

⑥ 电源(电源参数见表 4-5)。

表 4-5　电源参数表

使用设备	参数				
	输入电压/V	输出电压/V	输出电流/A	供电设备型号	输出类型
中心站	220	12	12	中心站电源	一般电源
井上分站	220/110	12	0.6	F_2-NG12 型井上电源	一般电源
井下分站	30	11～12.5	0.5	SNG12i 型井下电源	本质安全型电源
	127	11～12.5	0.5	SNG12i 型井下电源	本质安全型电源
	380	11～12.5	0.5	SNG12i 型井下电源	本质安全型电源
	660	11～12.5	0.5	SNG12i 型井下电源	本质安全型电源
远程供电	10～30	60	0.1	FEG10 型远程供电耦合器	一般电源
远程供电	60	20	0.05	iFEG10 型远程供电耦合器	本质安全型电源
远程供电	60	12	0.2	iFEG11 型远程供电耦合器	本质安全型电源

(3) 传感器

传感的主要参数见表 4-4。

(4) 其他主要系统设备

除传感器以外的主要系统设备外部特征见表 4-6。

表 4-6 系统设备外部特征

名称	防爆类型	外形尺寸(长×宽×高)/mm	质量/kg	使用地点
井上分站(8 组件)	非本质安全型	643×480×230	24	井上
井上分站(16 组件)	非本质安全型	643×480×230	25	井上
中心站	非本质安全型	750×570×1 600	约 100	地面机房
接口柜	—	—	—	地面机房
主计算机	—	—	—	地面机房
打印机	—	—	—	地面机房或调度室
井下分站(4 组件)	本质安全型	360×270×200	7	井下
井下分站(8 组件)	本质安全型	643×480×230	24	井下
井下分站(16 组件)	本质安全型	643×480×230	25	井下

4.1.2.3 工作原理

TF-200 型监控系统是一种由计算机控制的遥测遥信系统。它采用并联频分多路工作方式,在 420～9 780 Hz 的频率范围内设置了 52 个信号传输通道,而每个信号都具有自己的固定频率。双发送器(每个组件可发送 2 个相邻信号)受电流开关控制或调制频率控制产生或停止发送频率信号,由选频的双接收器(每个组件接收 2 个相邻信号)接收后输出相应的测量值信号或开关信号等。

在 420～3 180 Hz 的频率范围内,系统采用国际电报电话咨询委员会(CCITT)交流电报推荐标准规定的频率间隔,即每通道的频率间隔为 120 Hz,因此,在这段频率范围内分为 24 个信号通道;在 3 300～9 780 Hz 这段频率范围内,每通道的频率间隔为 240 Hz,在这段频率范围内又分为 28 个信号通道;共为 52 个信号通道。

利用这些通道可以把传感器所收集的信息传输到中心调度室并把有关的指令由控制室下达传输到受控设备。数据处理系统将这些信息进行数据处理,按照设计要求或调度人员的键盘命令,借助输出设备进行显示、报警、打印、存储等操作。

TF-200 型监控系统运行框图如图 4-14 所示。

4.1.2.4 系统特点

TF-200 型监控系统具有如下特点:

(1) 主机可以实现汉字显示和打印。

(2) 环境监测、工况监测兼备,并能按大型调度模拟盘实现地面集中监测监控。

(3) 可配接各类本质安全型信号制输出的传感器。

(4) 分站类型多,可以分为 4 个、8 个和 16 个组件三种型式。组件互换性强,系统采用标准化、积木化,其组合设计、组件均为双功能组件。

(5) 可与电话复用传输线,传输线路简单,采用普通矿用电话电缆。

(6) 辅助装置完备,现场维护检查方便。

(7) 应用软件具有较强的容错能力和系统故障检测功能。

(8) 当使用远程供电时井下电网停电,监测不会间断。

(9) 系统配置方便灵活,适用于我国大、中、小型煤矿。

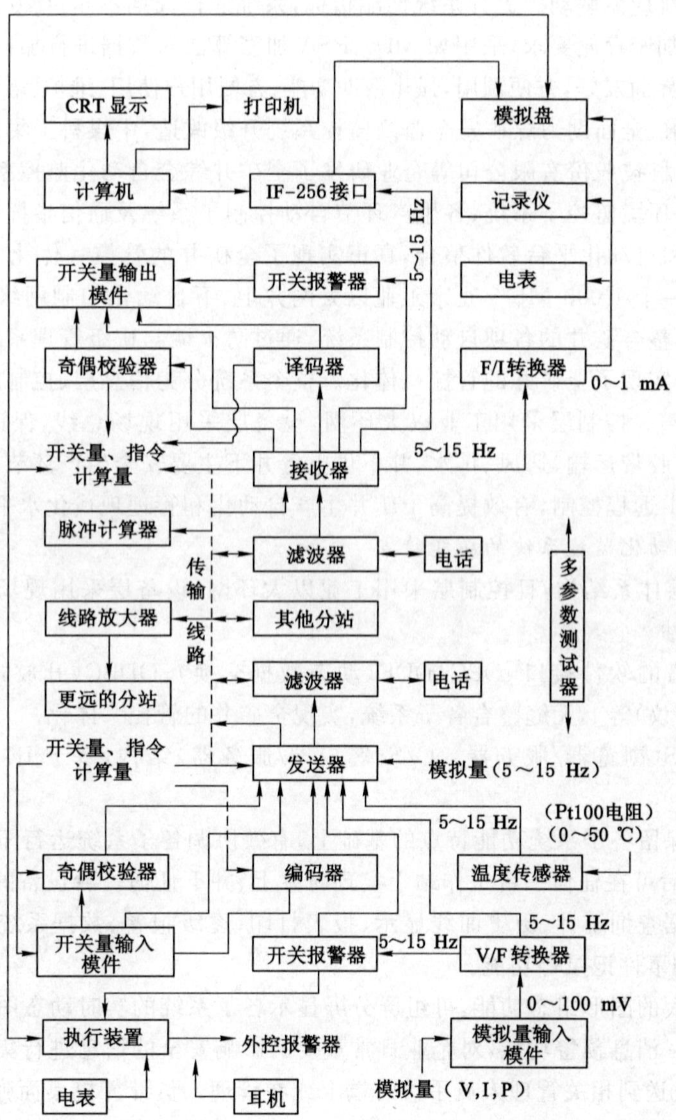

图 4-14　TF-200 型监控系统运行框图

4.1.3　全矿井综合自动化系统

为提高煤矿安全监测监控系统的准确性、灵敏性、可靠性、稳定性和易维护性，增强煤矿安全保障能力，国家煤矿安监局下发了《关于印发〈煤矿安全监控系统升级改造技术方案〉的通知》(煤安监函〔2016〕5 号)。文件要求：煤矿安全践行系统信息传输数字化，增强抗电磁干扰能力；推广应用先进传感技术及装备；将采掘工作面传感器的防护等级由 IP54 提升到 IP65；完善报警、断电等控制功能；支持多网、多系统融合，系统主干网应采用工业以太网，分站至主干网之间宜采用工业以太网，系统改造后支持联网并按要求数据格式上传；增加自诊断、自评估功能；加强数据应用分析；在瓦斯超限、断电等需立即撤人的紧急情况下，可自动与应急广播、通信、人员定位等系统应急联动。提升系统性能指标，系统巡检周期不超过 20 s，异地断电时间不超过 40 s；增加加密存储要求，采用如 MD5、RSA 加密算法对数据进行加密，确保数据无法被破解篡改；软件界面友好，方便调用，强化帮助功能；方便用户使用、维护、培训。

针对国家要求，全面助力煤矿安全监测监控系统升级改造，中煤科工集团常州研究院有限公司、江苏三恒科技股份有限公司等企业研发了全矿井综合自动化监控系统，将地面信息管理子系统、矿井环境监控子系统、各生产环节自动控制子系统及通信指挥调度子系统通过高速工业以太网和自动化平台软件整合，真正实现了全矿井的管控一体化。全矿井综合自动化监控系统是一个 1 000 Mb/s 冗余工业以太网井上、下自动化控制网络平台，是以工业以太环网为核心，整合矿井的各项自动控制系统，通过防火墙与矿级管理系统组成高速统一的整体网络结构，实现了全矿井的管控一体化。整个系统分为信息层、控制层和设备层三层体系结构(图 4-15)。控制层采用工业以太环网，设备层采用现场总线，保证了现场子系统的实时性，实现了胶带运输、通风、排水、井下供电等井下主要安全生产环节和装备运行状况的实时监测与集中远程控制，有效提高了矿井生产自动化和管理现代化水平。

4.1.3.1 综合自动化监控系统的功能特点

(1) 采用三层体系结构，且控制层采用工业以太环网，设备层采用现场总线，保证了现场子系统的实时性。

(2) 具有丰富的软件接口[OPC、DDE(动态数据交换)、ODBC(开放式数据库连接)、FTP(文件传输协议)等]，无缝整合各子系统，实现全矿井的管控一体化。

(3) 采用 B/S(浏览器/服务器)、C/S(客户端/服务器)结构，基于 IE 浏览，客户端零配置。

(4) 在充分保留各子系统功能特点的基础上，有效协调各子系统运行于最佳状态，通过严格的安全认证后可在任何一台工作站上实现对井上、井下任何一台设备的控制。

(5) 具有数据查询统计、历史曲线显示、报表打印、逐级报警、数据系统分级管理、报警故障记录、完整的事件记录等功能。

(6) 具有强大的图形组态功能，可组屏分屏显示各子系统的实时动态图形。

(7) 具有统一消息预警功能，对企业日常重要的影响安全的信息进行集中管理、分级处理，并根据需要发送到相关管理人员手机终端上或在管理人员计算机桌面弹出信息提示。

(8) 最多可接入 64 个系统，并发用户数＞100 个；交互响应时间＜1 s；环网冗余，可快速建立连接及连接恢复，恢复时间＜20 ms(500 ms)；主干冗余网采用单模光纤，传输速率为 100/1 000/10 000 Mb/s。

4.1.3.2 综合自动化监控系统的组成

(1) 煤矿工业以太环网主要由三部分组成：地面部分、井下部分及传输信道部分。

(2) 地面部分由地面环网接口、监控主机、监控备机、监控服务器、地面数据服务器(可扩展)、防火墙(可扩展)、地面交换机(可扩展)及客户端(可扩展)等组成。

(3) 井下部分由防爆交换机(环网接口)、各种监控分站或装置(可扩展)等组成。

(4) 传输信道部分由环网主传输干道(阻燃光缆)、地面网络数据传输通道(网线)、井下防爆交换机连接各种监控分站或装置及传感器的阻燃电缆等组成。

4.1.3.3 综合自动化监控系统的主要功能指标

(1) 产品全部采用工业级产品，确保系统 24 h 连续、可靠运行。

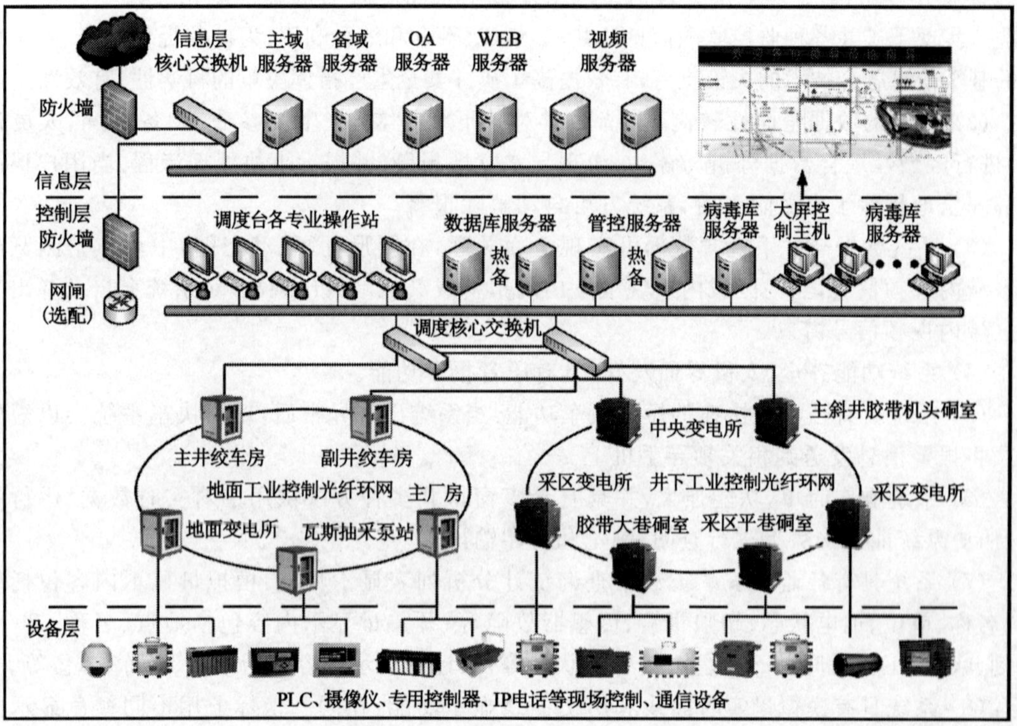

图 4-15　全矿井综合自动化监控系统结构图

(2) 工作时整个网络呈链状结构，环网冗余，快速建立网络工作拓扑结构以及连接恢复，恢复时间<300 ms。

(3) 系统提供了多种符合国际主流标准的接口方式(OPC、DDE、ODBC、FTP)，便于各种子系统的接入。

(4) 采用 B/S 结构，基于 IE 浏览，客户端零配置。

(5) 采用硬件、软件等多种安全措施，保证了系统运行的安全性和可靠性。

(6) 采用合理实用的分级控制模式，在充分保留各子系统功能特点的基础上，有效整合各子系统，通过严格的认证后，可在任何一台工作站上实现对井上、井下所有设备的控制。

(7) 具有各种数据查询、曲线显示、报表输出、逐级报警、数据分级管理、报警记录、故障记录及完整的事件记录等功能。

(8) 强大的数据整合及处理功能为整个矿的现代化综合管理提供数据基础，真正意义上实现全矿井的综合自动化管控一体化。

(9) 系统数据与井下视频数据可实现全面关联：在图形动画(动态图)中可点击浏览当前区域内视频信号，当一区域内甲烷浓度出现报警或其他参数出现故障，系统会自动弹出当前区域内视频信号窗口。

(10) 系统以工业以太环网为核心，实现了各子系统的无缝集成及安全生产实时数据的 Web 浏览和显示。

4.1.3.4　综合自动化监控系统的具体功能

(1) 系统解决了各种安全生产监测监控系统各自独立、相互封闭、传输速率低、不能实现综合业务传输、与企业上层管理信息网络连接困难而导致的信息不能相互共享和融合等问题。实现了矿井各种监控监测信息的共享、集成、融合和综合利用，为矿井提供生产、安全层面的基于信息融合技术的决策支持，有效提高了矿井安全生产指挥决策的科学性、有效性。

(2) 系统的数据全面性较高，系统随时对井下环境参数(生产参数、设备状况、人员位置)进行区域性综合数据分析与评估，出现异常立即报警，并提示事故处理流程，当用户根据流程安全地排除了事故隐患后，系统方可自动解除报警。

(3) 系统数据与井下视频数据可实现全面关联：在图形动画(动态图)中可点击浏览当前区域内视频信号，当一区域内甲烷浓度出现报警或其他参数出现故障，系统会自动弹出当前区域内视频信号窗口。

(4) 系统功能齐全、人机界面友好，具有语音报警功能。

(5) 系统具有强大而快速的短信快车功能：当系统出现异常后，短信快车系统会以短信方式将报警信息发送到相关领导手机上。

(6) 系统操作简单，功能强大，并具有众多窗口和多种方法供用户对实时数据、运行状态、历史系统曲线趋势等进行查阅、浏览和打印输出。

(7) 系统具有各监测子系统数据查询统计分析列表显示功能：模拟量显示内容包括地点、名称、单位、馈电状态、超限报警、传感器故障等；开关量显示内容包括地点、名称、开/停时刻、状态、工作时间、开停次数、传感器状态等；累计量显示内容包括地点、名称、单位等。

(8) 系统具有模拟量实时曲线和历史曲线显示功能：在同一坐标上用不同颜色显示曲线的最大值、最小值；在一屏上，同时显示 6 个模拟量曲线，并设时间标尺，可显示出对应时间标尺的模拟量。

(9) 系统有简便的绘图工具：所有动态、静态图都可由一般操作人员绘制(绘图时不影响主机实时监测功能)。

(10) 系统提供用户自行绘制模拟图平台，简单、易学，用户可以根据实地情况绘制全矿井和具体某些采区实况的实时模拟图，使矿井的全部实时信息一目了然地显示出来，并且具有丰富的动感显示方式。

(11) 系统具有柱状图显示功能：能直观地反映开机率、开/停次数、传感器状态等，并设有时间标尺。

(12) 系统方便用户自行生成各类表格，打印所要求的各类数据表格、图形及曲线。

(13) 系统具有网络故障处理功能：当子系统出现通信异常后，系统会提示报警，并实时进行存储。

(14) 系统可配接显示屏(可分 8 屏)，在显示屏中显示动(静)态模拟图形、数据表格、历史曲线、分层显示采掘平面图等。

(15) 系统所有被检测的参数可连续存储保持 1 年，这些数据可随时用表格、曲线等形式显示出来，并可打印保存。

(16) 系统可及时发现并解决煤矿存在的安全隐患，有效减少安全事故的发生。

4.1.3.5 综合自动化监控系统冗余环网的特点与工作原理

(1) 系统采用工业冗余以太环网是为了适应恶劣的现场工作环境。如果在系统工作时交换机的连接介质发生故障，环网结构将在小于 300 ms 的时间内切换网络工作拓扑结构，以不影响整个网络的工作，从而保证系统的可靠性。而且在同样的冗余度下，冗余环网结构不仅减少了风险集中，更降低了实现成本。

(2) 工作时整个网络呈链状结构，其中有一段网络是不传输数据的，只传输硬件间的数据流，用来相互通知各自的工作状态给其他设备，环网上的每个设备都知道并随时通知其他设备自己的状态。

(3) 一旦一段网络发生故障，邻近交换机会马上通知其他交换机，在极短的时间内这一信息就会传遍整个网络，作为“根”的交换机就会实行切换，就是用原来没有数据传输的链路进行数据交换，整个切换时间小于 300 ms，整个网络还是处于链状工作状态，从而实现冗余。

4.2 隧道安全监测监控系统

近年来，随着公路隧道工程规模的不断加大，很大程度上促进了我国交通事业的发展，给人们的出行带来了很大的便利。与此同时，受隧道长度比较大、结构比较复杂等因素的影响，隧道存在火灾方面的安全隐患。隧道火灾事故会造成重大的经济损失，甚至人员伤亡。

隧道属于封闭式特殊结构建筑，具有行车危险系数大、事故发生率高且事故不易处理等特征。如何保障公路隧道的健康运营，更科学、更合理地对隧道进行管理，已经成了公路管理问题中的重中之重。因此，隧道安全监测监控系统是实现隧道内车辆稳定、安全流通的必要保证。为了满足高速公路隧道监控与管理自动化的需要，提升隧道信息化水平，以下介绍基于 ABB 公司 AC500 系列 PLC 与 iFIX5.0 组态软件的隧道安全监测监控系统。

隧道区段的监控设施主要由隧道交通环境信息采集设施、隧道交通信息发布设施、火灾报警设施、隧道本地控制设施等组成。

4.2.1 系统设计目标

隧道安全监测监控系统的实施，应达到以下基本目标：

(1) 提供安全、畅通的隧道内行车环境。

(2) 对隧道内的运营状况和机电设施的工作状态进行监测，并按需控制隧道内的各种监控设备。

(3) 降低事故发生率，净化隧道空气环境，提高隧道行车能力，方便隧道运营管理。

(4) 最大限度地降低异常事故的发生率，提升隧道的应急处理能力。

(5) 保证隧道内各种机电设备稳定有效运行，降低隧道运营及后期维护成本，提高经济效益。

4.2.2 系统主要运用设备的技术指标

4.2.2.1 本地控制器

(1) CPU 单元型号为 PM583-ETH；采用 32 位 RISC 精简指令集结构；1 024 kB 程序内存，支持分布式输入输出扩展；内置 1 个以太网通信网口和 2 个串行接口，支持以太网通信方式，其中 COM1 集成 CS31 主站功能，RS-232/485 可设；数据处理速度最快可达 0.002 μs。

(2) 电源模块型号为 CP-E24/5.0；低功耗、低散热，效率高达 87%～89%；工作温度范围为－10～70 ℃；额定输出电压/电流为 DC 24 V/5 A。

(3) 开关量输入模块型号为 DI524;输入点数为 32 点;连接方式为拆卸式端子排。

(4) 开关量 I/O 模块型号为 DC522;输入/输出可设置,晶体管输出;连接方式为拆卸式端子排。

(5) 模拟量输入模块型号为 AI561;输入点数为 4 点;连接方式为拆卸式端子排。

(6) 以太网通信模块型号为 CM577-ETH;两个标准 RJ45 端口;集成 HUB 功能;通信速率为 10/100 Mb/s;支持 TCP/IP、UDP 和 Modbus TCP 协议。

4.2.2.2 隧道管理站

(1) 中央操作工作站型号为 DELL 系列 Precision T1650;搭载酷睿 i3-3220 处理器,主频达 3.3 GHz;配备 2 GB DDR3 内存,最高支持 32 GB;配备一块 500 GB SATA 硬盘;性能优于普通计算机,能够满足工业控制需求。

(2) 网络交换机:模块化结构;至少 24 个 10/100 Mb/s 以太网口,2 个 10/100 Mb/s 光口和 1 个 10/100/1 000 Mb/s 光口;不仅具备三层交换功能,而且还支持 VLAN(虚拟局域网)划分;环与环之间耦合,支持 100 台交换机组成环网,且当一条链路发生故障时,其切换到备用链路的最大时间为 200 ms。

4.2.3 系统组网

该隧道安全监测监控系统的网络搭建配备的是三层网络交换机,它可以通过内置式光纤接口以光纤为媒介将整个系统网络首尾相接搭建成环形结构,不仅可以对流量进行控制,还可以对通信数据进行管理。此三层网络交换机支持 100 台交换机组成环网,支持超级冗余环网(HIPER-Ring)技术,支持 Dual-Homing 冗余连接,当某一条通信链路发生异常时可切换至备用网络,能够很好地保证网络通信的稳定,且网络恢复时长小于 200 ms。和总线型网络相比,环形网络使数据通信更稳定、更安全。为了便于集中管理,在隧道进口 2.5 km 处设置隧道管理站,与收费站同址修建,负责隧道的日常运营管理。隧道安全监测监控系统通过以太网技术实现环形网络拓扑结构,易于上下层网络的数据交换。隧道管理站设有隧道监控室,监控机房内配备多台 DELL(戴尔)图形工作站,变电站配备的主站 PLC 和隧道内分布低压柜内的从站 PLC 测控单元,都分配唯一的 IP 地址,利用以太网模块耦合到与隧道机房工作站组成的以太网光纤环网结构中,实现在以太环网中对现场所有 PLC 进行在线编程以及远程实时监控隧道现场运营状况,方便现场调试和日常维护。

变电所和隧道内的主、从控制单元 AC500PM583-ETH 和 AC500PM573-ETH 植入工作运行程序,并通过硬件组态配置 DI524、DC522、AI561 等 I/O 模块,实现各分布子系统外场低压系统的微波车检器、CO/VI 检测器(隧道一氧化碳和能见度检测专用装置)、风速风向检测器、光强探测器等设备的数据采集以及对外围机电设备交通信号灯、行车指示标志、横洞防火门等的远程控制功能。变电站的主站 PLC 不仅可以独立控制隧道内的风机和照明设备,还可以通过 Modbus 通信协议实时地读写隧道内从站 PLC 中的数据,并将其上传到监控机房的图形工作站中,同时监控机房的图形工作站下发的控制命令也是先写入主站 PLC,再传达给隧道分布区域的从站 PLC,从而实现远程控制。系统网络结构如图 4-16 所示。

系统组网完成后,为了实现现场 PLC 的运行以及主站 PLC 的冗余,首先需要对 PLC 进行硬件组态。在此监测监控系统应用中,每个分布子站 PLC 基本由 CPU 单元、供电单元、信号输入输出单元、以太网通信单元 CM_577 等构成。下位机硬件组态需在 Control

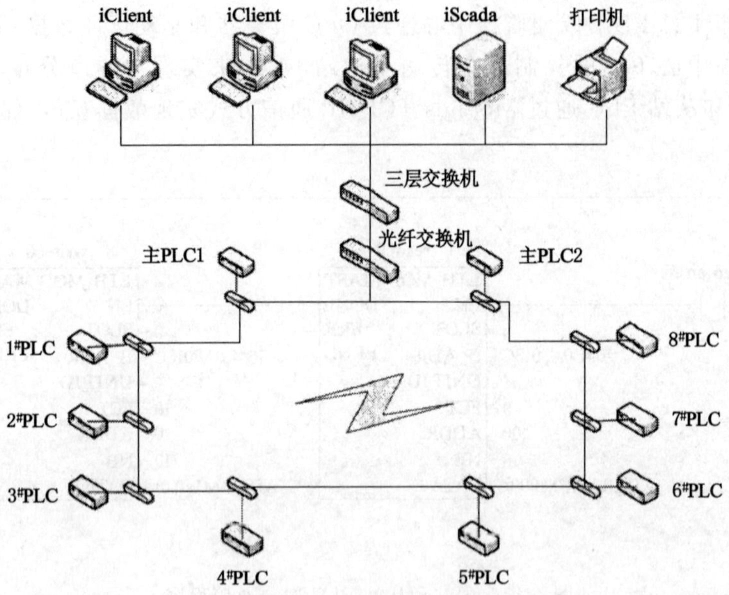

图 4-16　系统网络结构

Builder Plus 编程软件中实现，通过扫描并修改每个 PLC 的 IP 地址，将其设置在同一个网段上，以实现网络互联。

PLC 主站需建立冗余系统，完成硬件组态后，需要进入程序编写界面，添加 HA_CS31_CONTROL 和 HA_CS31_DIAG 两个功能模块，同时根据硬件接口选择情况以及冗余 PLC 的 IP 地址设置两个功能模块的参数，下载编译后即可实现下位机主备 PLC 的冗余。主备 PLC 冗余配置如图 4-17 所示。

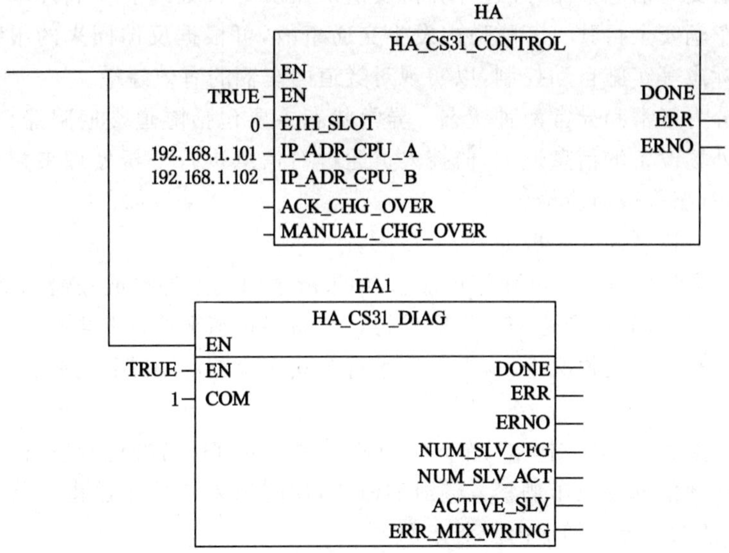

图 4-17　主备 PLC 冗余配置

主备 PLC 实现冗余后，隧道分布子站 PLC 需要实时将现场采集的数据和外场设备状态等信息上传至主站 PLC，以便监控中心通过 OPC 服务器和驱动读取数据；而主站 PLC 也需要实时将监控中心下达的控制命令传送至从站 PLC，来实现对隧道分布区域设备的控制。主站 PLC 和从站 PLC 通过 Modbus TCP/IP 通信方式实现数据互传，部分通信程序如图 4-18 所示。

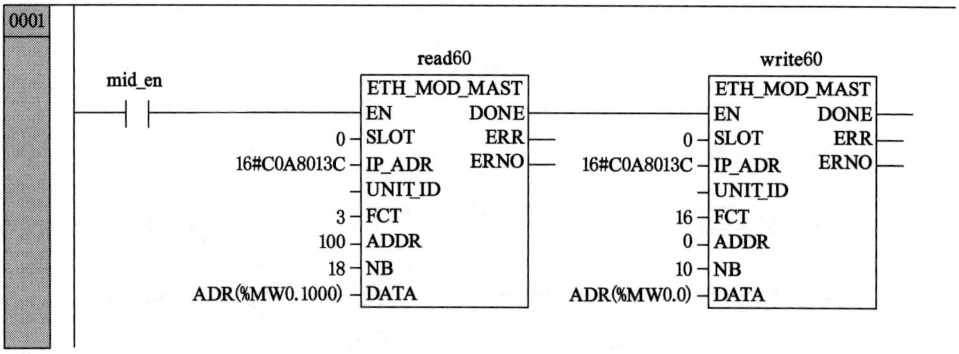

图 4-18 主站和从站 PLC 部分通信程序

4.2.4 系统控制模式

4.2.4.1 交通控制子系统

交通控制子系统主要由监控中心站、隧道分布 PLC、各种监测报警装置以及交通指示设备组成。系统在隧道进出口设置了交通信号灯，在洞口和车行横洞处布置车道指示标志，用来对驶入隧道的车辆和车速进行控制。

现场 PLC 对车辆监测信息和其他各类信息进行实时监测，并将其上传至计算机综合处理后得到相应的交通信息数据，经过计算机及值班人员综合处理后控制外场交通诱导设备的显示来诱导车辆安全行驶。若隧道内发生交通事故，可根据反馈回来的报警信息对交通信号灯和指示标志等实施自动控制，以实现对隧道内车辆的有效疏散。

隧道交通分为正常和异常两种状态。异常状态主要包括隧道交通阻滞、事故或火灾发生。根据隧道外场设备的信息反馈，监控人员通过对信息进行分析处理来判定当前交通状态，并针对不同状态采取对应措施。

交通阻滞下的控制模式一般如下：

(1) 隧道口设置了门架式可变信息标志，如果隧道内交通拥挤或缓慢，系统应及时发布交通道路实际情况。同时，交通信号灯应维持黄色频闪状态来传达警告指示，以限制行车速度。交通阻滞比较严重的情况下，应严禁后来行车驶入隧道，并利用广播对隧道内车辆进行疏散。

(2) 如果交通阻滞，监控中心工作人员应使交通信号灯保持红色状态，同时向可变信息标志发布道路交通信息以及车辆禁入隧道的命令，使隧道入口处车道指示器双面显示为红“×”，并配合广播系统疏散隧道内阻滞车辆。

(3) 若隧道内有交通事故发生，应根据实际情况决定是否允许关停另一隧道以方便援助车辆。

(4) 当隧道阻滞情况解决完毕，监控中心工作人员可通过闭路电视系统或现场人员报告确认隧道当前状态，并恢复隧道交通。

火灾发生时的控制模式一般如下：

(1) 当隧道现场火灾探测警报器探知火灾信息，并将信息及时反馈至监控中心时，工作人员应立即调用隧道内监控设备，定位火灾区段，确认灾情并将情况及时地自动记录下来。

(2) 操作人员可通过监控中心定位火灾发生区段，并利用播音设备传达火灾情况，及时采取应对策略。

(3) 收到火灾报警信号后，监控中心应及时启用消防水泵，向可变信息情报板发送交通信息及禁入隧道命令，自动改变交通诱导标志，开启车行横洞，引导车辆及人员安全疏散。

(4) 现场控制优先级高于监控中心，隧道管理人员可通过现场区域控制器对现场设备进行紧急控制。

(5) 隧道脱离火灾后，报警信号由工作人员手动控制消除，恢复隧道交通正常运行。

高速公路隧道属于封闭式结构，火灾探测报警设备就显得至关重要。这就要求探测设备的先进性、可靠性和高度灵敏性，并能够及时地传达隧道火灾信息，使工作人员能够有充足的时间采取对应策略，这样才能保证隧道的安全运行。

4.2.4.2　照明控制子系统

照明控制子系统主要由监控工作站、外场分布 PLC、光强检测器、照明低压配电回路及隧道内照明设备组成。隧道主洞照明灯具采用数字高频耦合灯，横洞照明灯具采用荧光灯。

照明控制子系统主要实现如下功能：

(1) 对隧道内外光强度进行检测。

(2) 将隧道照明灯具的运行状态进行检测，灯具反馈状态包括运行、停止和故障三种。

(3) 监控计算机处理隧道内外亮度信号后，通过按需对照明低压配电回路进行控制来实现亮度控制，即控制照明灯具的开关。

(4) 给每个照明回路均配置相同的配电回路和控制电路，对所有配电回路进行控制组合即可实现对照明的分级控制。通过手动和自动控制都可达到控制配电回路通断的目的。

(5) 手动控制优先级高于监控中心，集中控制由现场授权。在集中控制状态下，工作人员可在监控中心实现现场灯具的远程控制；否则，不允许。

在具体的方案设计中，隧道照明控制方案包括正常和非正常两种情况。

(1) 正常情况下的照明控制方案

正常情况下的控制模式主要包括手动控制、自动控制和定时控制三种，照明设备按布置区域不同主要分为加强段照明、过渡段照明和基本段照明三种类型。手动控制模式下，监控中心操作人员可结合天气情况、外场监控设备以及上位机监控画面光照反馈值，综合考虑隧道气候环境，对隧道内照度进行控制。自动控制模式下，监控中心操作人员根据当前季节将每天划分为 4 个时间段，并设置时间范围和对应照度参数，系统根据当前时间所属的时间段来自动决定隧道内照度。

(2) 非正常情况下的照明控制方案

在隧道非正常运行情况下，为了避免危险升级而造成二次事故，保证现场人员及车辆安全撤离隧道，应加强隧道照度，将照明设备全部开启。

隧道照明控制的高效运行不仅与照明控制模式有关，而且与现场设备的选择有很大关系。这里的照明控制只是按照设计规范和项目需求提出的一些常规方案,还需在长时间的实际运行中不断升级和完善。

4.2.4.3 通风控制子系统

公路隧道因其封闭式的特殊构造导致隧道内外空气难于实现高效对流,从而不易将隧道内汽车排放的尾气、烟雾以及隧道内粉尘顺利排出,加大了隧道空气净化难度,严重时甚至会导致交通事故。项目部应全面考虑交通条件、环境因素、防火救灾、工程造价、维护和运营管理水平等方面来设计隧道通风方案。我国公路隧道的通风方式主要以纵向通风方式为主。纵向通风方式能充分利用汽车活塞风,且造价较低,是国际上公路隧道通风技术应用的发展方向。因此根据本项目中隧道的实际情况,选用全射流纵向通风方式,将每组风机布设在隧道的同一横断面和中心线两侧,2.5 m 的水平间距,150 m 的纵向间距,在距洞口 200 m 范围内不设置风机。

隧道风机启停的设计规则为:最靠近污染区域的风机最先启动;需要多台风机同时运行的情况下,累计运行时间最短的风机最先启动,以均衡风机寿命;为避免多台风机同时启动造成对电网的冲击,应有序延时启动风机;风机启停频率不宜太高,以免风机发生振荡现象。

(1) 主要功能

通风控制子系统对隧道内射流风机实施控制,由中央控制室监控计算机及现场 PLC、CO/VI 检测器、风速风向检测器、风机现场控制箱和隧道内通风机组成。

系统实现功能如下:

① 对隧道内 CO/VI 值、风速值以及隧道内风向信息进行采集。

② 对射流风机正传、反转、停止和故障四种运行状态进行采集。

③ 对射流风机进行远程控制。

④ 现场电气控制柜都设有风机的手动开关,就地控制优先级高于远程控制,若授予上位机集中控制权限,则可实现风机的远程控制。在设备检修、通信中断及其他需要就地控制的情况下,可进行就地手动控制。

(2) 通风控制方案

风机控制电路是通过交流接触器控制风机配电回路的通与断,达到控制风机运行或关闭、正转或反转的目的。在风机控制电路中同时设置了手动控制按钮,无论是手动控制方式还是自动控制方式均可实现对风机的控制。自动控制状态下,监控计算机根据隧道内的环境情况通过现场 PLC 来控制风机的运行状态。风机之间的延时启动由计算机软件实现,或由人工手动控制。

目前,直接控制方式普遍应用于国内隧道。此种控制方式就是对分布于隧道内的 CO/VI 检测器所反馈回来的 CO/VI 值进行比较分析后作出控制决策,按需启停隧道内射流风机,以满足不同情况下隧道的需风量。这在一定程度上消除了隧道内的有害物质,稀释了隧道内的 CO、烟雾浓度及隧道内异味,为驾驶车辆提供一个健康安全的行车环境,以符合《公路隧道设计规范 第一册 土建工程》(JTG 3370.1—2018)所提出的环保标准。风机直接控制方式下的控制流程如图 4-19 所示。

图 4-19 风机直接控制方式下的控制流程

由于 CO 和烟雾浓度受隧道内行驶车辆影响，流动性较大，不均匀分布于隧道各段，而且一般随车辆行驶距离的增加呈上升趋势。因此，CO/VI 检测器的布置是非均匀的，其布设数量随着隧道长度的增加而增加。

CO/VI 值直接影响风机的开启台数，可通过上位机软件编程来实现根据 CO/VI 监测器的反馈参数对隧道风机进行控制。风机控制方案如图 4-20 所示，监控中心计算机系统的功能是实现对各分布子系统的集中控制。区域控制器则是按隧道设计需求合理分布安置，不同的控制器对应不同的外场控制对象，且多个被控对象共用一台控制器。

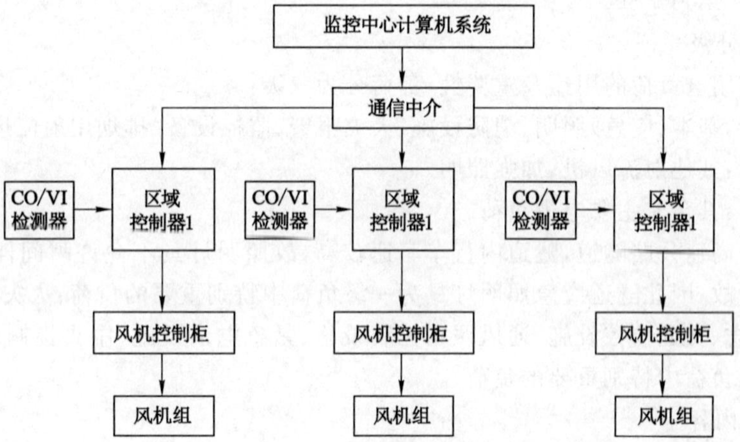

图 4-20 风机控制方案

在这种控制模式下，国内外在隧道通风控制子系统中采用的主要方法有手动控制、时序控制和实时控制。而实时控制方式使用最广泛，其控制模式是利用外场分布的 CO/VI 检测器反馈隧道环境信息，将检测到的 CO 浓度值和能见度值与预设的目标阈值进行比较，最后在上位机上对数据进行处理，并运行植入的程序方案，按需实现对隧道风机的控制。但是阈值控制方式比较简单，无法合理定量风机开启台数，且风机运行功率较高，无形中造成了电力资源的浪费。

模糊控制是一种非线性控制，模糊控制器通过模糊集合来描述控制规则的那些模糊条件语句，具有对不肯定、不确实等模糊信息的处理能力。故可以利用模糊控制的这种能力选取最合适的控制方式来改善风机的控制效果，从而降低能源消耗，延长设备运行寿命。

4.2.4.4 消防子系统

(1) 消防配置

隧道配置室内消火栓、固定式水成膜泡沫灭火装置、手提式灭火器、室外给水栓、消防给水管道、消防水泵，以及消防高、低位水池等消防设备。消防低位水池为消火栓系统和自动灭火系统提供应急水源；两台消防水泵发挥着重要的枢纽作用，在紧急情况下将消防低位水池中的储备水输送至消防高位水池，以供消防人员灭火使用。

(2) 消防处置

接到火灾信息后，计算机系统根据火灾报警信息联动闭路电视、交通控制子系统、通风控制子系统、照明控制子系统、消防子系统等进入火灾控制模式。报警信号消除由操作台手动控制。

(3) 监控内容

消防子系统的监控对象主要包括对消防低位水池水位信息和两台消防水泵运行状态的监测。

4.2.4.5 供配电子系统

(1) 变电所设置

为提高供电可靠性,确保隧道能安全、可靠运行,并综合场地环境等因素的影响,在隧道两端各设置一座10 kV/0.4 kV室内变电所。隧道进口端变电所桩号为YK7+850,出口端变电所桩号为ZK11+800。

(2) 负荷分级

根据隧道用电负荷的用途及重要性,负荷分为三级:

一级负荷:基本(应急)照明、消防设施、火灾报警、监控设备、排烟用射流风机。

二级负荷:其他射流风机、加强照明。

三级负荷:其余非主要电力负荷。

本隧道为高速公路隧道,隧道内行车车速较高,故照明灯具不允许瞬间停电,否则可能会发生重大事故,因此隧道应急照明灯具为一级负荷中特别重要的负荷:火灾监测报警控制设施、电光标志、交通监控设施、通风照明控制设施、紧急电话设施、中央控制设施等部分监控设施为一级负荷中特别重要的负荷。

(3) 监控内容

供配电子系统监控对象主要是2座变电所10 kV/0.4 kV变配电系统。监控内容主要包括对10 kV进线回路、10 kV馈出回路、0.4 kV进线回路、无功功率补偿柜、0.4 kV馈出回路、EPS、UPS、柴油发电机、变压器及其他智能电气设备运行状态进行监控。

4.2.5 隧道火灾监测系统

隧道火灾自动报警技术主要包括两类:一类是感温技术;另一类是感光技术。感温技术主要是通过探测火灾位置周围温度场的异常来判断火灾情况;感光技术主要是通过判断火灾发生后探测火源的光谱来判断火灾情况。

感温技术和感光技术各有其特点。火灾初期,如果感温技术能及时、准确探测火灾险情那无疑是最好的技术,传统的感温技术对初期的火灾状况反应不是太敏感,只有当燃烧较充分时才会有反应。而感光技术主要是在燃烧充分、烟雾比较少的情况下判断火灾,在火灾初期也不太会有反应。

传统的感温技术主要有两类:一类是感温电缆技术(主要是热敏合金线技术);另一类是感温光缆技术(分布式光纤温度探测技术)。而感光技术主要是目前市场上采用的双波长火焰探测技术。

感温电缆技术过去在隧道中应用比较多,但由于是电信号传输,实际使用中无法排除各类电磁干扰,无论是差温技术还是定温技术都很难达到理想效果,而且误报率高,现在已经基本不被采用。

4.2.5.1 隧道火灾的探测方式

根据公路隧道结构和火灾特点,如果在火灾发生初期就能发现并采取相关措施,采用温度探测方式无疑是最好的方式,而双波长火焰探测技术从时间上来讲已经比较迟了。尽管温度探测是比较好的方式，但是温度探测技术的优劣是影响温度探测效果特别是火灾初期探测效果好坏的关键。

隧道火灾温度探测技术并非完全是定温探测技术，最主要的是在火灾初期的温度变化探测技术，只要能把火灾发生初期的温度变化趋势准确探测出来就是最好的火灾探测技术，只有这样我们才能达到最好的防灾减灾效果。尽管分布式光纤温度探测技术和感温电缆技术也在追求这一目标，但是由于其技术方面存在先天性缺陷，要实现这一目标的确有很大的难度。

随着温度测试技术的不断进步和发展，特别是随着光通信技术在传感领域里的不断发展，温度精确测试技术得到前所未有的进步，这种先进技术开始在消防领域得到应用。因此，在实现火灾发生初期准确探测温度变化趋势的技术有了真正的突破，这就是基于波分复用技术的光纤光栅传感技术。

光纤光栅传感器特别适合于建筑、桥梁、大坝、公路、隧道等大型建筑物应变、温度、振动等多参数的实时监测。一般桥梁、公路、隧道的测试点到仪表监控室都有几百米至几千米的距离，传统传感器的信号无法传输到如此远，其传感器测试点一般要增加现场仪表，而且每个传感器都需要两根导线引出，系统结构复杂，抗干扰能力差，可靠性不高，不适于长期实时监测。而光纤光栅传感器能克服这些缺点，每根单芯光纤可串联几个至几十个传感器，且可引出到几十千米外进行异地监测；多根光纤连接到同一台解调仪的不同通道上组成分布式传感网络，解调仪对传感器进行同步实时监测、分析；不同种类的光纤光栅传感器（如应变、温度、位移、加速度等）可连接到同一台解调仪上进行实时的综合监测与分析。

(1) 光纤光栅感温火灾探测器

光纤光栅感温火灾探测器（图 4-21）适合长期安装在建筑物或其他混凝土建筑物里，如地基、桥梁、隧道、大坝、铁路、石油、公路等，进行结构物内部的温度测量。

图 4-21　光纤光栅感温火灾探测器

(2) 光纤光栅感温火灾探测信号处理器

光纤光栅感温火灾探测信号处理器（图 4-22）是传感系统中的核心部件，也是光学探测的数据转换部件。光纤光栅感温火灾探测信号处理器可以显示每点的温度情况，也可以将数据传送到监控中心的消防报警主机上进行数据分析、查询、保存等。

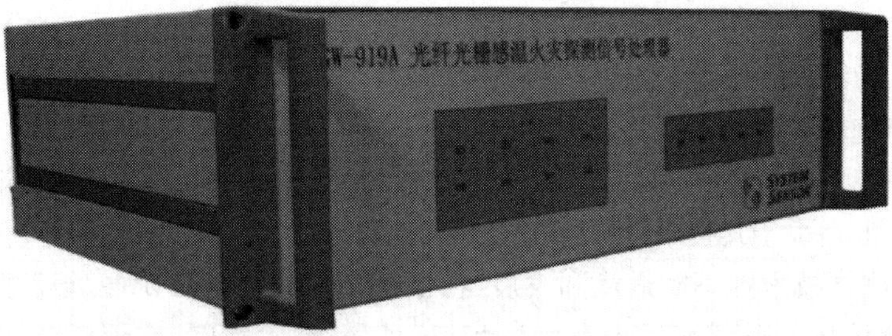

图 4-22 光纤光栅感温火灾探测信号处理器

光纤光栅感温火灾探测信号处理器实时自检、实时校准，保证系统的可靠性和正确性，最大限度地杜绝误报警。基于升温梯度的差温报警技术，实现在火灾初期阶段及时报警。

光纤光栅感温火灾探测信号处理器具有以下优点：

① 仪器软件可显示每个火灾探测器的当前温度，形象显示隧道的温度场分布曲线。

② 可输出每一个火灾探测器的温度。

③ 仪器实时校准，确保准确性，杜绝误报警。

④ 仪器实时自检，任何链路故障或仪器内部故障能及时响应，链路断纤定位指示。

⑤ 可精确定位报警，火灾预警告/报警/故障定位到每个火灾探测器。

⑥ 通过各点光纤光栅感温火灾探测器温度的变化特性（如 3 ℃/min）或相邻温差（如 5 ℃）等技术，确保及时报警。

⑦ 丰富的输出信号接口功能，当前信号接口有多路报警开关量信号输出端子、一路自检报警开关信号接口、RS-232/RS-485 通信接口（或者通过网口进行数据输出）、Modbus 或者 OPC 工业接口，确保数据和系统其他设备共享。

各隧道信号处理器温度分布数据和报警状态信息实时传送到管理中心。

4.2.5.2 系统拓扑结构

隧道火灾监测系统包括以下几个互相关联的子系统。

（1）光纤光栅感温火灾探测系统

光纤光栅感温火灾探测系统由光纤光栅感温火灾探测器、光纤光栅感温火灾探测信号处理器、传输光缆组成。系统实时监测隧道温度，光纤光栅感温火灾探测信号处理器直观地显示出当前隧道的温度分布曲线。当隧道温度达到预先设定的阈值时，系统会自动发出声光报警，同时会向监测中心发出报警触点闭合信号。

（2）数据通信、数据库管理系统

为了达到实时监测或远程监测的目的，还要将系统状态信号和报警信号通过合理的传输方式传送到监控室，或在计算机终端显示或直接进入监测数据库。这些数据通过恰当的组织被有效地储存起来，同时根据需要由监控中心人员启动应急措施。

① 光缆走线方法。光纤光栅感温火灾探测器每 8 m 布置 1 支，22 支传感器串接成一串进入信号处理器一个通道中。光缆悬吊安装在隧道顶部，距离隧道顶部 100～300 mm，以保持良好的通风与快速响应时间。光纤光栅感温火灾探测系统的信号传输采用标准 G652 型光缆，光缆从隧道侧面底部光纤接续盒至隧道设备洞，线缆槽盒采用镀锌管保护。

② 系统软件。系统软件直观地显示隧道温度分布情况以及手动报警按钮的当前状态，并将隧道内手动报警按钮、光纤光栅感温火灾探测器的报警信息和工作状态上传到管理中心的火灾报警工作站计算机上实现集中监控。线路故障导致监控分中心对隧道火灾报警子系统不能进行通信或控制的情况下，在隧道变电站的机柜控制系统具有子系统的本地监视和操作控制的功能，并连续记录隧道状态。

系统软件还提供 Modbus、OPC、I/O 等标准的工业接口，以确保火灾监测系统和隧道其他控制系统实现数据交换。

4.3　城市轨道交通智能综合监控系统

随着社会经济的发展，我国的城市化进程加快，人口大量聚集到城市，这给城市的交通带来了非常大的压力，交通拥堵问题愈发严重，交通事故的发生率也在上升，为了解决这一现状，城市轨道交通监控设备被广泛铺设。监控系统可以获取大量信息，并将其集合到数字信息共享平台上，使得整个系统更加高效，全面建设完善的城市轨道交通智能综合监控系统（简称“智能综合监控系统”），从而促进城市公共交通的建设，改善拥堵等交通问题。

4.3.1　系统的功能

城市轨道交通智能综合监控系统是指彼此孤立的各种控制系统利用网络相互连接，对其他子系统设备的工作进行协调及监控使各个设备效率能够提高，并且使城市轨道运营成本降低，提高系统在运行过程中的综合决策水平，从而使乘客能够在乘车过程中感到更加舒适和方便。另外，该系统还能够在灾害出现的时候，对人类和财产的安全进行保护，使城市轨道交通更加智能化，安全性、效率和品质更高。城市轨道交通智能综合监控系统的主要特点为：

(1) 集中化管理。利用智能节点及传感器节点将各种监控信息发送到监控中心设备，集中化管理运行参数和状态参数。

(2) 合理化运行。实现设备的时序性操作，比如在节假日或者周末，以及每天上下班过程中通过控制系统自动实现定时启动和关闭，从而有效提高系统运行的可靠性。

(3) 节能运行。环境负载的变化关系着多种因素，比如人员变化、空气冷热、设备开停等，人工管理无法使此种调整需求得到满足，要求智能化综合监控系统满足节能运行需求。

(4) 信息和设置的智能决策及高度共享。

(5) 一体化运行。系统在运行过程中监测到火警信号的时候，空调、电梯和相应的供电设备在连接过程中都比较经济，在消防系统中打开其中的高压水泵，从而实现系统的一体化运行和相互协调。

4.3.2　系统的构成

城市轨道交通智能综合监控系统除了供电系统和常规环控通风系统、给排水系统和动力照明系统以外，还具有多种其他系统，如综合安防、设备监控、屏蔽门、电力监控及自动售检票等系统，这些系统都能够融入智能综合监控系统集成及互联范围中。图 4-23 为城市轨道交通智能综合监控系统的集成及互联。集成是指使各个接入子系统信息通过智能综合监控系统进行传输，子系统中央级和车站级功能通过智能综合监控系统实现，子系统不只是具备自身独立传输网络。互联是指被联子系统传输网络独立，属于独立系统。智能综合监控系统和其在不同监控级别接口实现信息交互，以及设备监视和模式联动。

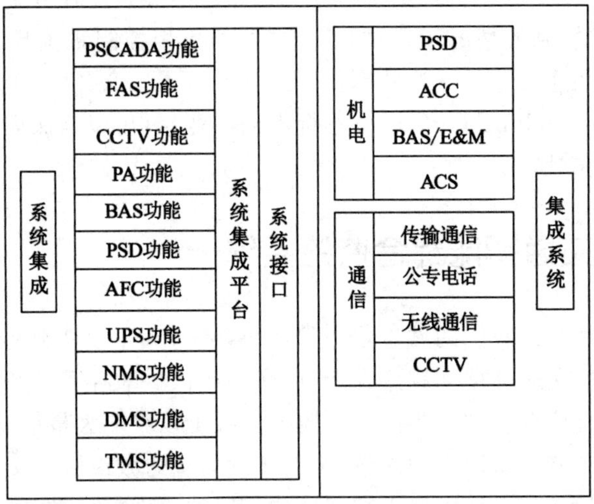

图 4-23 城市轨道交通智能综合监控系统的集成及互联

注：PSCADA—电力监控与数据采集；FAA—火灾报警系统；CCTV—闭路电视；PA—设备监控；BAS—制动辅助系统；PSD—屏蔽门控制；AFC—自动售检票；UPS—不间断电源；NMS—网络管理系统；DMS—配电管理系统；TMS—运输管理系统；ACC—自适应巡航控制；ACS—电机传动控制；BAS/E&M—模拟量信号连续控制。

若要使其中的设备系统都融入智能综合监控系统中，在实际设计过程中，则要以不同系统的特点和运营管理模式进行具体的设计，简单分析为：

机电设备监控属于共享平台基础，是智能综合监控系统的主要功能，因此包括电力监控系统、火灾自动报警系统、环境和设备监控系统。火灾自动报警系统要根据地方消防管理部门规定进行决策。机电设备监控结构如图 4-24 所示。

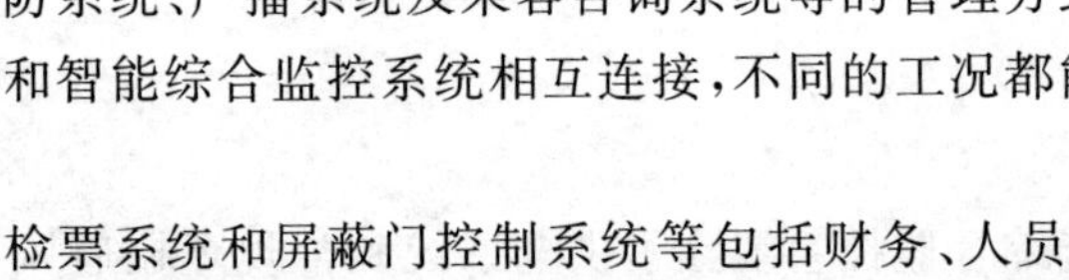

图 4-24 机电设备监控结构

通信系统、综合安防系统、广播系统及乘客咨询系统等的管理方式、信息类型、业务类型等都各有不同，要求其和智能综合监控系统相互连接，不同的工况都能够和智能综合监控系统进行模式联动。

信号系统、自动售检票系统和屏蔽门控制系统等包括财务、人员、行车等安全属于互联系统的接入，智能综合监控系统和客流、行车、牵引供电、火灾等信息相关。

上述只是综合监控系统中的基本集成及互联范围，在实际实施过程中要以具体线路的实际情况和技术发展设计。在设计过程中，不仅要保证智能综合监控系统满足信息共享平台信息量需求，还要避免因提高技术难度而为工程实施带来困难。

4.3.3　系统的设计

4.3.3.1　硬件构成

Web 服务器属于本书设计城市轨道交通智能综合监控系统的核心，也是浏览器客户端实现数据信息交互的桥梁。在设计过程中，使 Web 服务器成为综合监控系统的客户端，使用网络接口和综合监控系统网络相互连接，并且不同网络接口之间都是相互冗余的，这样做能够避免系统中单点故障的出现，数据也都各不相同。由于网络接口原因，Web 服务器得到 CCTV 网络视频组播数据。此接口和轨道交通信息网络相互连接，利用此网络访问外部数据。图 4-25 为 Web 系统的网络结构示意图。在轨道交通网络及 Web 服务器中实现防火墙的设置，将企业网络层及运营商两者的网络进行隔离，如果外界数据对 Web 数据进行访问，就要降低智能综合监控系统的影响，有效保证智能综合监控系统的可靠性。

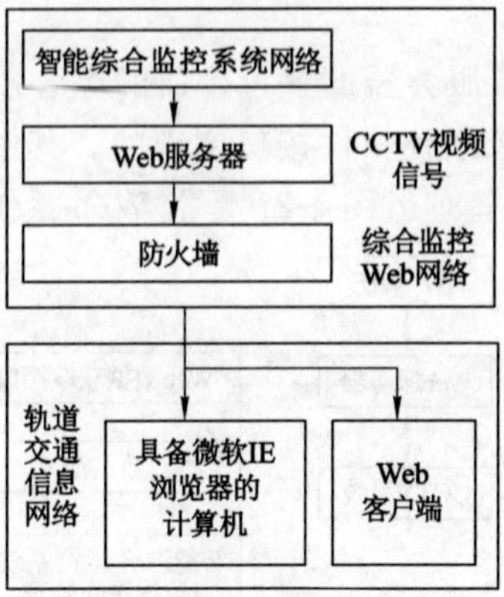

图 4-25　Web 系统的网络结构示意图

4.3.3.2　信息发布

Web 服务器利用智能综合监控系统中央级服务器获得需要的实时数据，并存储至系统实时数据库中。利用客户端发送实时的数据请求，并且在客户端中进行展现。Web 服务器中发送的实时信息主要是指风机运行过程、智能综合监控系统工作过程、接触网带电信息及刀闸工作过程等信息。

通过 Web 客户端实现 CCTV 视频的发布，能够使视频监控成为基础 Web 系统，对 CCTV 系统影响最小，并且还要保证视频的安全性，使其不被非法查看。Web 系统的功能基本和 CCTV 系统与智能综合监控系统类似，能够利用浏览器对全线各个站中的视频查看。对用户进行授权，从而能够使用户利用摄像机的平面布点图选择摄像机的位置，利用浏览器对摄像机中视频图像进行查看。视频的采样流程如图 4-26 所示。

4.3.3.3　基础平台设计

系统基础平台使用 Solaris 方案，此方案具有多种优势，比如性能比较高、具有较高的脚本执行率、运行过程较为安全等。此系统使用 Solaris 方案，在服务器软件中使用现代使用率比较高的 Apache 软件。此软件在运行过程中具有较快的速度，并且还能够存储用户信息数据、配置参数等信息。Web 系统数据库通过 Postrws 建模实现，此数据库被广泛应用到系统设计过程中。其软件架构主要包括 Web 服务模块、数据池管理模块和智能综合监控

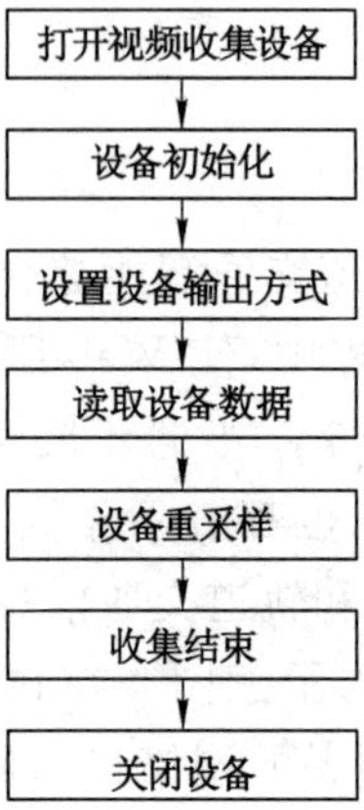

图 4-26 视频的采样流程

系统数据更新管理模块，将 Web 服务器设置为普通的综合监控系统工作站，得出实时数据的过程主要是利用智能综合监控系统软件接口实现的。其中的 Web 服务模块能够实现系统用户权限、配置及有限服务的管理。图 4-27 是指 Web 系统软件构成结构。

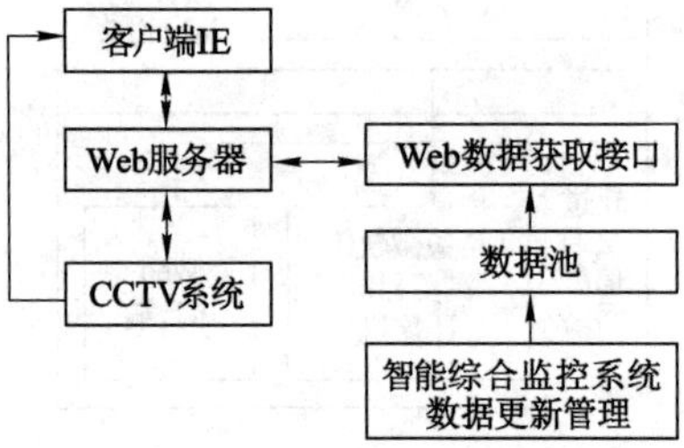

图 4-27 Web 系统软件构成结构

Web 服务器还能够转发 CCTV 视频。Web 客户端发送视频请求，利用摄像机抓取视频数据，以此能够得到摄像机组播的视频流，从而使其能够向客户端浏览器中发送；客户端的设置是通过浏览器视频插件实现的，其能够播放实时的画面。

4.3.3.4 系统集成设计

图 4-28 为城市轨道交通智能综合监控系统的物理框架。在智能综合监控系统集成过程中，要通过多厂家设备实现，在系统集成过程中由集成商提供开放系统，其中的解决方案也不只是通过产品实现。那么，在实现智能综合监控系统设计过程中要集成系统，通过工业计算机网络连接多家设备，此方案属于系统创建过程中的主要工作。

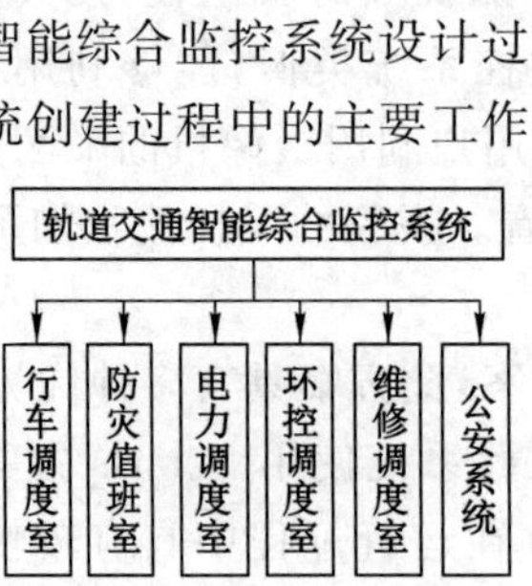

图 4-28 城市轨道交通智能综合监控系统的物理框架

4.4　建筑消防安全监测监控系统

目前我国城市化水平迅速提高，建筑业得到了突飞猛进的发展，各种建筑物数量增加，并且出现了许多新型、大型、高层的特殊类型建筑，如高层建筑、地下建筑、奥运场馆以及大型商场、剧场、仓库等；建筑物内使用的电力、热力设施以及各种装饰、装修材料使火灾危险程度发生了很大变化。高大建筑空间内发生的火灾在烟囱效应的作用下蔓延很快，消防救助困难，会造成严重的财产损失和人员伤亡。为避免或减少建筑火灾的发生，根据"预防为主，防消结合"的方针，针对建筑设计可靠的消防安全监测监控系统就显得十分重要。

4.4.1　火灾探测方法

火灾的探测是以物质燃烧过程中产生的各种现象为依据的。因此，根据物质燃烧过程中发生的能量转换和物质转换所产生的不同火灾现象与特征，产生了不同的火灾探测方法，如图 4-29 所示。

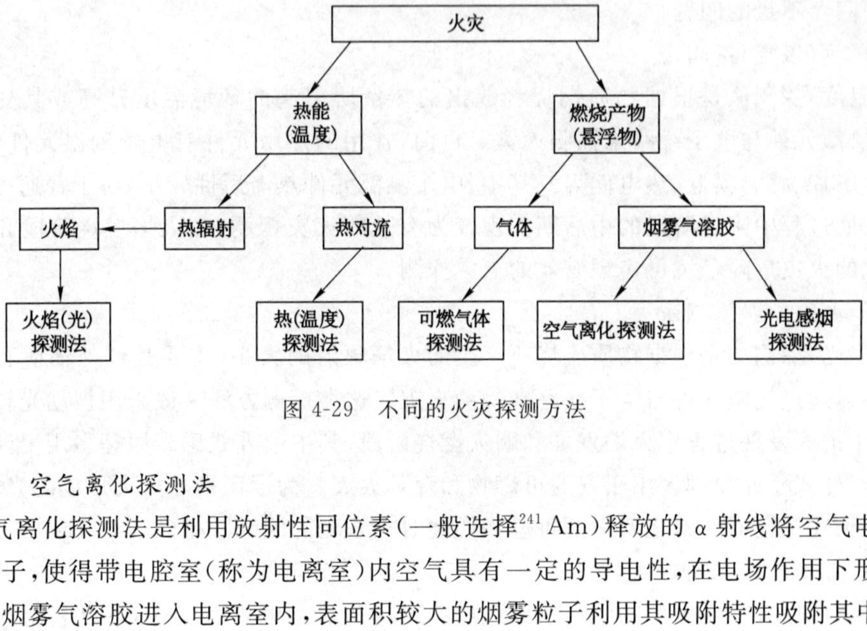

图 4-29　不同的火灾探测方法

4.4.1.1　空气离化探测法

空气离化探测法是利用放射性同位素（一般选择^{241}Am）释放的 α 射线将空气电离产生正、负离子，使得带电腔室（称为电离室）内空气具有一定的导电性，在电场作用下形成离子电流；当烟雾气溶胶进入电离室内，表面积较大的烟雾粒子利用其吸附特性吸附其中的带电离子，产生离子电流变化。这种离子电流变化与烟雾浓度有直接线性关系，并可用电子线路加以检测，从而获得与烟雾浓度有直接关系的电信号，用于火灾确认和报警。

采用空气离化探测法实现的火灾烟雾浓度探测一般称作离子感烟探测，它对火灾初起和阴燃阶段的烟雾气溶胶检测非常灵敏有效，可检测烟雾粒径范围为 0.03～10 μm。这类火灾探测器在正常使用和良好维护条件下，寿命一般可达 10～15 年。应指出，从环境保护角度考虑，这类火灾探测器报废后需集中由专业机构或部门处理放射源，绝不能随意丢弃。

4.4.1.2　光电感烟探测法

光电感烟探测法根据火灾所产生的烟雾颗粒对光线的阻挡或散射作用来实现火灾探测。根据烟雾颗粒对光线的作用原理，光电感烟探测法分为减光式和散射光式两类。减光式光电感烟探测法是根据烟雾颗粒对光线(一般采用红外光)的阻挡作用形成的光通量的减少量,来实现对烟雾浓度的有效探测,一般是构成发光与收光部分分离的对射式或者反射式线状火灾探测。散射光式光电感烟探测法是根据光散射定律,在点状结构的火灾探测器通气暗箱内用发光元件产生一定波长的探测光,当烟雾气溶胶进入检测暗箱时,其中粒径大于探测光波长的着色烟雾颗粒产生散射光,通过与发光元件形成一定夹角(散射光式光电感烟探测器,其夹角一般在 120°～135°,夹角越大,灵敏度越高)的光电接收元件收到的散射光强度,可以得到与烟雾浓度呈比例的信号电流或电压,用于判定火灾。

散射光式光电感烟探测法对于普通可燃物在火灾初期和阴燃阶段所产生的烟雾颗粒可以有效探测,最小可测烟雾粒径取决于探测光波长,目前常用的探测光波长处于红外波段,如我国常用砷化镓红外发光管。一般,考虑到光电元件尤其是发光元件的有效寿命,光电感烟式火灾探测器均采用间歇式工作方式,以确保这类火灾探测器在正常使用和良好维护条件下寿命达到 10～15 年。

20 世纪 90 年代中期,国外出现了一种后向散射光式光电感烟探测器,其成功解决了光电感烟探测器通常对黑烟和白烟同灵敏度问题,从而彻底解决了光电感烟探测器相对于离子感烟探测器不足的问题。

4.4.1.3 热(温度)探测法

热(温度)探测法是根据物质燃烧释放出的热量所引起的环境温度升高或其变化率大小,通过热敏元件与电子线路来探测火灾。目前,常用的热敏元件有电子测温元件(热敏电阻)、双金属片、感温膜盒、热电偶等。其中,电子测温元件热滞后性较小,对于普通可燃物可在火灾发展过程中阴燃阶段的中后期实现较为有效的火灾探测,在火焰燃烧阶段和有较大温度变化的火灾危险环境可实现有效的火灾探测。

4.4.1.4 火焰(光)探测法

火焰(光)探测法是根据物质燃烧所产生的火焰辐射的大小(主要是红外辐射和紫外辐射的大小),通过光敏元件与电子线路来探测火灾。这类探测方法一般采用被动光辐射探测原理,用于火灾发展过程中火焰发展和明火燃烧阶段,其中紫外式感光原理多用于油品和电气火灾,红外式感光原理多用于普通可燃物和森林火灾。为了区别非火灾形成的光辐射,被动感光式火灾探测器通常还要考虑可燃物燃烧时火焰光的闪烁频率(3～30 Hz)。

4.4.1.5 可燃气体探测法

对于物质燃烧初期产生的烟气体或易燃易爆场所泄漏的可燃气体,可以利用热催化式元件、气敏半导体元件或三端电化学元件的特性变化探测易燃易爆可燃气体浓度或成分,从而预防火灾和爆炸危险。一般,这类火灾探测方法在工业环境应用较多,相应的火灾探测器需采用防爆式结构。随着城市煤气系统的广泛应用,非防爆式家用可燃气体探测器在建筑物中正不断普及。

4.4.1.6 复合式火灾探测法

复合式火灾探测法是建立在单一参数火灾探测基础上的,利用火灾发展模型、专用集成电路设计技术和火灾信息处理技术形成的探测方法。复合式火灾探测法是根据普通可燃物火灾模型,在同一时间段同时对火灾过程中的烟雾浓度、温度等多个参数进行探测和综合数据处理,以兼顾火灾探测可靠性和及时性为目的,分析判断火灾现象,从而确认火灾。

4.4.2　消防控制系统

4.4.2.1　消防控制系统的组成

《火灾自动报警系统设计规范》(GB 50116—2013)对消防联动控制的内容、功能和方式有明确的规定。消防控制系统由以下几部分组成:火灾报警控制器,自动灭火控制装置,室内消火栓控制装置,防烟、排烟及空调通风控制装置,常开防火门、防火卷帘门控制装置,电梯回降控制装置,火灾应急广播控制装置,火灾警报装置控制装置,火灾应急照明与疏散指示标志的控制装置。

火灾报警与消防控制的关系如图 4-30 所示。因为每个建筑的使用性质和功能不同,所以选择消防泵联动控制中的内容也应依据工程的实际情况来决定。但无论选择消防泵联动控制中的哪些内容,其控制装置均应集中于消防控制室内,即使控制设备分散在其他房间,其操作信号也应反馈至消防控制室。

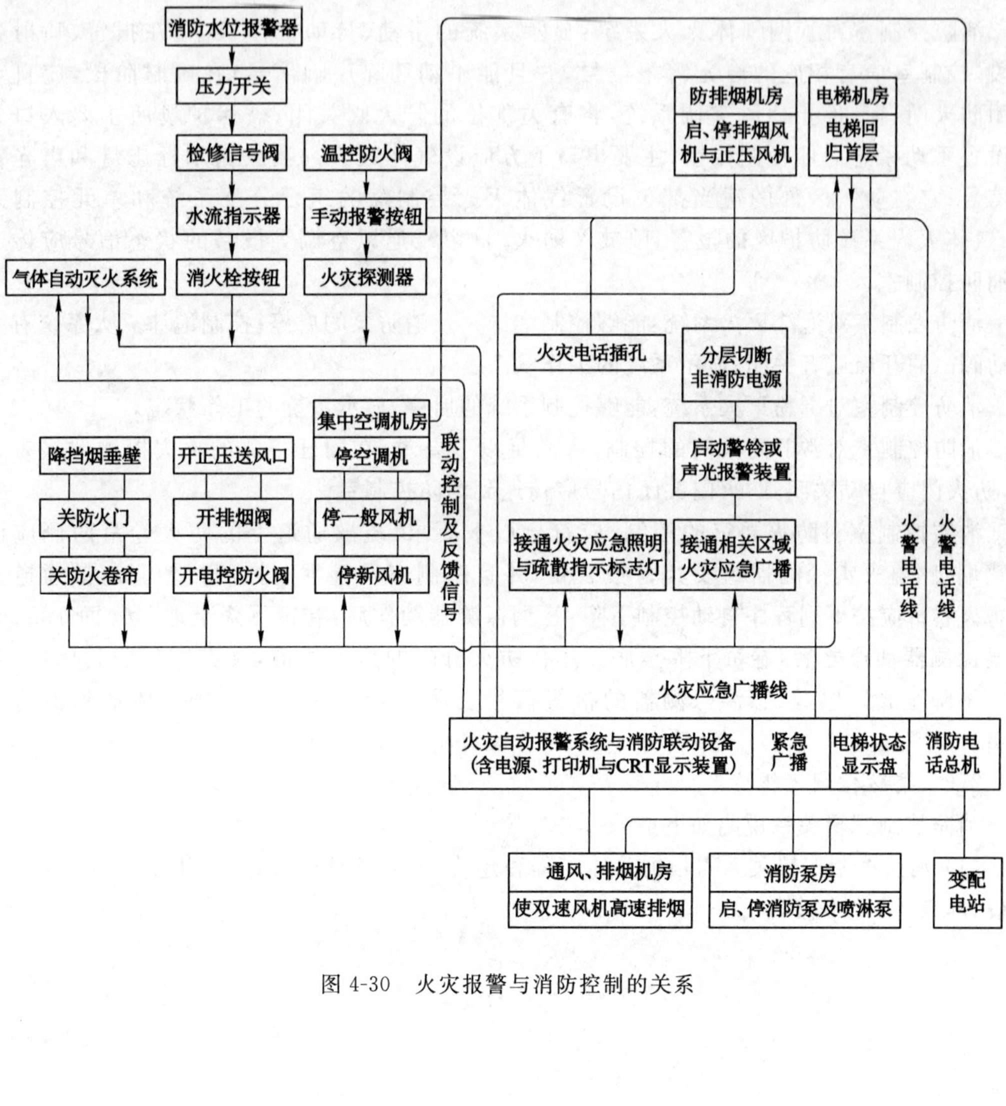

图 4-30　火灾报警与消防控制的关系

4.4.2.2 消防控制设计的要求

消防控制室对联动控制应具备下列功能：① 火灾报警后，停止有关部位风机，关闭防火阀，接收和显示相应的反馈信号；② 启动有关部位防烟、排烟风机（包括正压送风机）和排烟阀，接收并且显示其反馈信号；③ 控制挡烟垂壁等防烟设施。火灾确认之后，关闭有关部位的防火门、防火卷帘，接收、显示其反馈信号；强制控制电梯全部停在首层，接收、显示其反馈信号。接通火灾事故照明灯和疏散指示灯，将有关部位的非消防电源切断，应按照疏散顺序接通火灾（现场）警报装置和火灾事故广播，并应保证设置的对内、外的消防通信设备良好有效，应能解除所有疏散通道上的门禁控制功能。

消防控制室对室内消火栓系统：能够控制消防泵的启停；显示启泵按钮的位置；显示消防水池的水位状态、消防水泵的电源状态；显示消防泵的工作状态与故障状态。

消防控制室对自动喷水灭火系统：能够控制系统的启停；显示报警阀、闸阀及水流指示器的工作状态；显示消防水池的水位状态、消防水泵的电源状态；显示喷淋泵的工作状态与故障状态。

消防控制室对管网气体灭火系统：显示系统的手动、自动工作状态；在报警、喷射各阶段，控制室应有相应的声光警报信号，并且能手动切除声响信号；在延时阶段，应自动关闭防火门、窗，停止通风空调系统，将有关部位的防火阀关闭；被保护场所主要入口处应设置手动紧急启停控制按钮；主要出口上方应设气体灭火剂喷放指示标志灯和声光警报信号；宜在防护区外的适当部位设置气体灭火控制盘的组合分配系统和单元控制系统；气体灭火系统防护区的报警、喷放及防火门（帘）、通风空调等设备的状态信号应传送到消防控制室。

消防控制室对泡沫灭火系统：能够控制泡沫泵及消防泵的启停；控制泡沫灭火系统有关电动阀门的开启或者关闭；显示系统的工作状态。

消防控制室对干粉灭火系统：能够控制系统的启停；显示系统的工作状态。

消防控制室对常开防火门的控制，应满足以下要求：在门任一侧的火灾探测器报警之后，防火门应自动关闭，防火门关闭信号应传送到消防控制室。

消防控制室对防火卷帘的控制，应符合以下要求：疏散通道上的防火卷帘两侧应设置感烟、感温火灾探测器组及其警报装置，并且两侧应设置手动控制按钮。疏散通道上的防火卷帘应按下列程序自动控制下降：感烟探测器动作后，卷帘下降至地（楼）面 1.8 m；感温探测器动作之后，卷帘下降至底。用作防火分隔的防火卷帘，火灾探测器动作后，卷帘应下降至底。感烟、感温探测器的报警信号及防火卷帘的关闭信号应传送到消防控制室。

4.4.2.3 消防控制逻辑关系

消防控制逻辑关系说明如下：

（1）消防控制逻辑关系需根据具体工程和建筑、工艺、给排水、空调、电气等各专业的要求设计，表 4-7 仅供参考。

表 4-7　消防控制逻辑关系

项目	系统类别		
	报警设备种类	受控设备	位置及说明
水消防系统	消火栓泵按钮	启动消火栓泵	
	报警阀压力开关	启动喷淋泵	
	水流指示器	(报警,确定起火层)	
	检修信号阀	(报警,提醒注意)	
	消防水池、水箱水位	(报警,提醒注意)	
	水管压力	(报警,提醒注意)	
	供电电源状态显示	(报警,提醒注意)	
空调系统	感烟火灾探测器或手动按钮	关闭有关系统空调机、新风机、普通送风机	
	防火阀 70 ℃温控关闭	关闭该系统空调机或新风机、送风机	
防排烟系统	感烟火灾探测器或手动按钮	打开有关排烟风机与正压送风机	N±1 层
		打开有关排烟口(阀)	
		打开有关正压送风口	
		两用双速风机转入高速排烟状态	
		两用风管中,关闭正常排风口,开排烟口	
	排烟风机旁防火阀 280 ℃温控关闭	关闭有关排烟风机	
	可燃气体报警	打开有关房间排风机、进风机	厨房、煤气表房、防爆厂房等
防火门	电控常开防火门旁的感烟与感温火灾探测器	释放电磁铁,关闭该防火门	
防火卷帘(用于疏散通道上的)	防火卷帘门旁的感烟火灾探测器	该卷帘或该组卷帘下降至距地面 1.8 m	
	防火卷帘门旁的感温火灾探测器	该卷帘或该组卷帘归底	
		卷帘有水幕保护时,启动水幕电磁阀和雨淋泵	
防火卷帘(用于防火分割的)	防火卷帘门旁的感烟或感温火灾探测器	该卷帘或该组卷帘下降至地面	
挡烟垂壁	电控挡烟垂壁旁感烟或感温火灾探测器	释放电磁铁,该挡烟垂壁或该组挡烟垂壁下垂	
气体灭火系统	气体灭火区内感烟火灾探测器	声光报警,关闭有关空调机、防火阀、电控门窗	
	气体灭火区内感烟、感温火灾探测器同时报警	延时后启动气体灭火	
	钢瓶压力开关	点亮放气灯	
	紧急启停按钮	人工紧急启动或终止气体灭火	

表 4-7(续)

项目	系统类别		
	报警设备种类	受控设备	位置及说明
手动为主的系统	火灾应急广播	手动	N 层、$N\pm1$ 层
	警铃或声光报警装置	手动/自动,手动为主	N 层、$N\pm1$ 层
	火灾应急照明和疏散标志灯	手动/自动,手动为主	
	切断非消防电源	手动/自动,手动为主	N 层、$N\pm1$ 层
	电梯回归首层、消防梯投入	手动/自动,手动为主	
	消防电话	随时报警、联络、指挥灭火	

(2) 消防控制逻辑关系表应能表达出设计意图和各专业的协调关系,可供分包商作为编制控制程序的依据或参考资料。

(3) 根据具体工程情况,必要时可增加受控设备编号和控制箱编号。

(4) 消防控制室应能手动强制启停消火栓泵、喷淋泵、排烟风机、正压送风机,能关闭集中空调系统的大型空调机等并接收其反馈信号。

(5) 表中"N 层、$N\pm1$ 层"一般为起火层及其上、下各一层,当地下任一层起火时,为地下各层及一层,当一层起火时,为地下各层及一层、二层。

4.4.2.4 防排烟系统及联动控制原理

防排烟系统联动控制的设计,是在选定自然排烟、机械排烟以及自然与机械排烟并用或机械加压送风方式以后进行的。排烟控制通常有中心控制和模块控制两种方式,如图 4-31 所示。图 4-31(a)为中心控制方式:消防中心接收到火警信号之后,直接产生信号控制排烟阀门开启、排烟风机启动,空调、送风机以及防火门等关闭,并接收各设备的返回信号和防火阀动作信号,监测各设备的运行状况。图 4-31(b)为模块控制方式:消防中心接收到火警信号之后,产生排烟风机和排烟阀门等动作信号,通过总线和控制模块驱动各设备动作并接收其返回信号,监测其运行状态。

机械加压送风控制的原理及过程与排烟控制相似,只是控制对象变成正压送风机和正压送风阀门,其控制框图类似于图 4-31。

4.4.2.5 排烟阀的控制

(1) 排烟阀的控制要求。

① 排烟阀宜由其排烟分区内设置的感烟探测器组成的控制电路在现场控制开启;

② 排烟阀动作后应启动相关的排烟风机与正压送风机,停止相关范围内的空调风机及其他送、排风机;

③ 同一排烟区内的多个排烟阀如果需同时动作时,可采用接力控制方式开启,并由最后动作的排烟阀发送动作信号。

(2) 设在排烟风机入口处的防火阀动作之后应联动停止排烟风机。排烟风机入口处的防火阀是指安装在排烟主管道总出口处的防火阀(通常在 280 ℃时动作)。

(3) 设置于空调通风管道上的防排烟阀,宜采用定温保护装置直接动作阀门关闭;只有必须要求在消防控制室远方关闭时,才采取远方控制。设置在风管上的防排烟阀是堵在各个防火分区之间通风管道内的防火阀(一般在 70 ℃时关闭)。这些阀门是为避免火焰经风

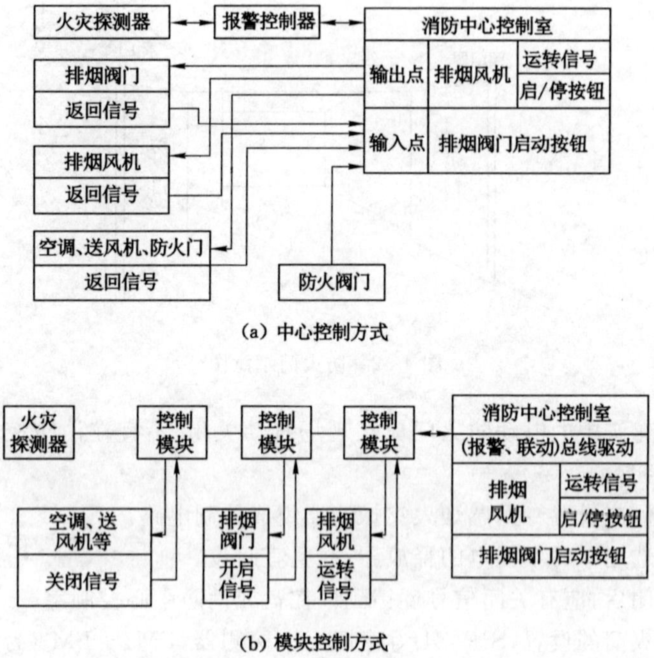

图 4-31　排烟控制的方式

管串通而设置的。关闭信号要反馈至消防控制室，并停止有关部位风机。

(4) 消防控制室应能对防烟、排烟风机（包括正压送风机）进行应急控制，也就是手动启动应急按钮。

4.4.2.6　防火门系统及联动控制

设置防火门、窗是建筑物防火分隔的措施之一，一般设置在防火墙上、楼梯间出入口或管井开口部位，要求能隔烟、火。防火门、窗对防止烟、火扩散及蔓延，减少火灾损失起着重要的作用。

防火门按其耐火极限分为甲、乙、丙三级，其最低耐火极限为甲级防火门 1.2 h、乙级防火门 0.9 h、丙级防火门 0.6 h；按其燃烧性能可以分为非燃烧体防火门和难燃烧体防火门两类。

(1) 防火门的构造及原理。防火门由防火门锁、手动及自动环节组成，如图 4-32 所示。

防火门锁按门的固定方式可分为两种。一种为防火门被永久磁铁吸住处于开启状态，当发生火灾时通过自动控制或手动关闭防火门。自动控制是由感烟火灾探测器或者联动控制盘发来指令信号，使 DC 24 V、0.6 A 电磁线圈的吸力克服永久磁铁的吸着力，借助弹簧将门关闭。手动关闭防火门的方法是：只要把防火门或者永久磁铁的吸着板拉开，门即关闭。另一种是防火门被电磁锁的固定销扣住呈开启状态。发生火灾时，由感烟火灾探测器或者联动控制盘发出指令信号使电磁锁动作，或者作用于防火门使固定销掉下，门即关闭。

(2) 电动防火门的控制要求。

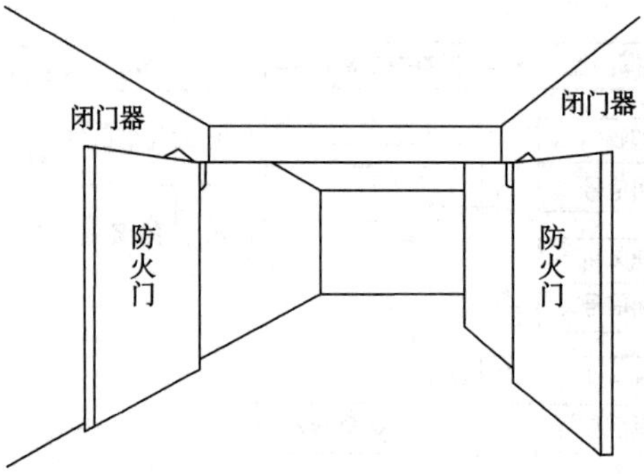

图 4-32　防火门示意图

① 重点保护建筑中的电动防火门应在现场自动关闭，不宜在消防控制室集中控制（包括手动或者自动控制）。

② 防火门两侧应设置专用感烟火灾探测器组成控制电路。

③ 防火门宜选用平时不耗电的释放器，并且宜暗设。

④ 防火门关闭后，应有关闭信号反馈到区控盘或消防中心控制室。

图 4-33 为防火门的设置，S1～S4 为感烟火灾探测器，FM1～FM3 为防火门。当 S1 动作后，FM1 应自动关闭；当 S2 或 S3 动作后，FM2 应自动关闭；当 S4 动作后，FM3 应自动关闭。

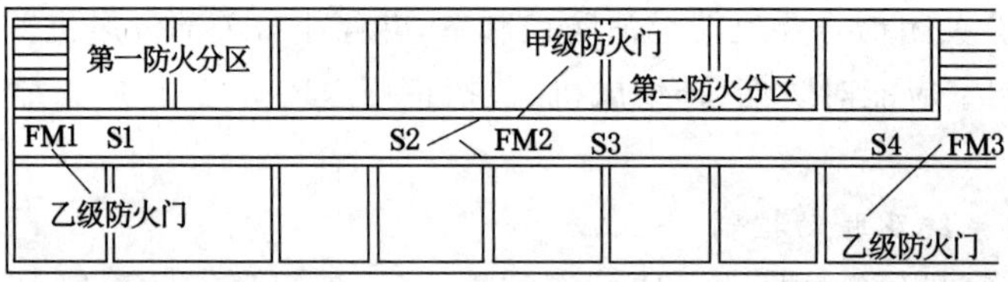

图 4-33　防火门的设置

防火门的作用就在于防烟与防火。防火门在建筑中的状态是：正常（无火灾）状态下，防火门处于开启状态；发生火灾时受控关闭，关闭之后人员仍可通行。对防火门的控制就是在发生火灾时控制其关闭，其控制方式为：可由现场感烟火灾探测器控制，也可以通过消防控制中心控制，还可以手动控制。防火门的工作方式有两种：平时不通电，在火灾情况下通电关闭；平时通电，在火灾情况下断电关闭。

4.4.2.7　防火卷帘门系统及联动控制

建筑物的敞开电梯厅和一些公共建筑由于面积过大，超过了防火分区最大允许面积的规定（如百货大楼的营业厅、展览楼的展览厅等），考虑到使用上的需要，可以采取较为灵活的防火处理方法，如设置防火卷帘门。

防火卷帘门一般设置在建筑物中防火分区的通道口外，以形成门帘式防火分隔。火灾发生时，防火卷帘门根据消防控制中心联动信号（或火灾探测器信号）指令动作，也可以就地手动操作控制，使卷帘门首先下降至预定点；经一定延时之后，卷帘门降至地面，从而达到人员紧急疏散、灾区隔烟与隔火以及控制火势蔓延的目的。

(1) 电动防火卷帘门系统的组成。图 4-34 为电动防火卷帘门系统的组成。防火卷帘门系统的电气控制如图 4-35 所示。

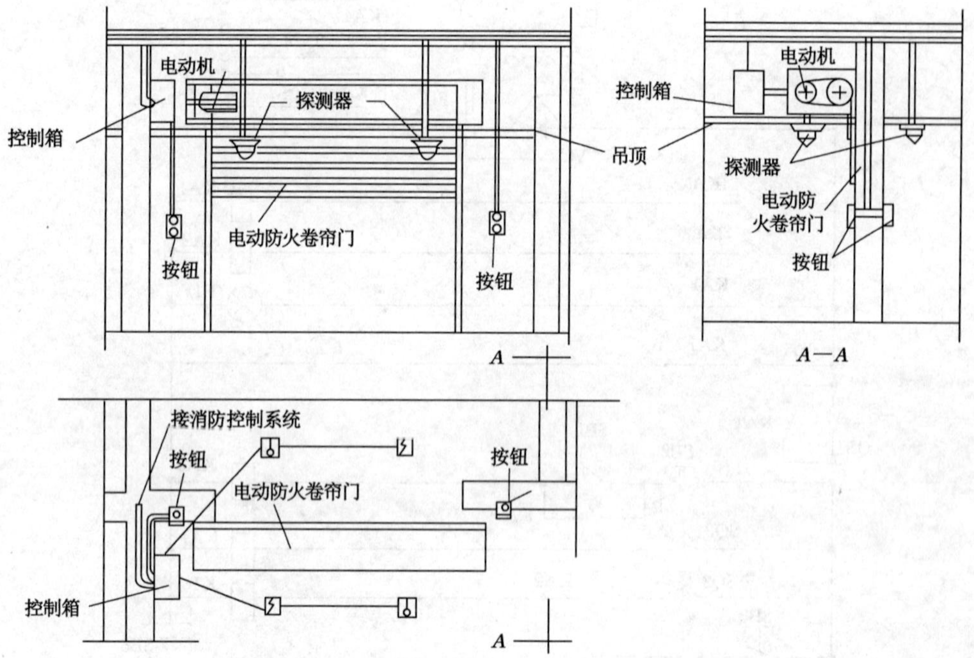

图 4-34　电动防火卷帘门系统的组成

(2) 防火卷帘门联动控制原理。正常时，卷帘门卷起，并且用电锁锁住。当发生火灾时，卷帘门分两步下放，具体过程如下：

第一步下放：当火灾初期产生烟雾时，来自消防中心的联动信号(感烟火灾探测器报警所导致)使触点 1KA(在消防中心控制器上的继电器由于感烟报警而动作)闭合；中间继电器 KA1 线圈通电动作，致使信号灯亮，发出光报警信号；电警笛 HA 响，发出声报警信号；$KA1_{11\text{-}12}$ 号触头闭合，给消防中心一个卷帘门启动的信号(即 $KA1_{11\text{-}12}$ 号触头与消防信号灯相接)；把开关 QS1 的常开触点短接，全部电路通以直流电；电磁铁 YA 线圈通电，将锁头打开，为卷帘门下降做准备；中间继电器 KA5 线圈通电，将接触器 KM2 线圈接通，KM2 触点动作，门电动机反转使卷帘门下降；当卷帘门下降至距地 1.2～1.8 m 时，位置开关 SQ2 受碰撞而动作，致使 KA5 线圈失电，KM2 线圈失电；门电动机停止，卷帘门停止下放，这样就可以隔断火灾初期产生的烟雾，也有利于灭火和人员逃生。

第二步下放：当火势增大、温度上升时，消防中心的联动信号触点 2KA(安设在消防中心控制器上且和感温探测器联动)闭合，使得中间继电器 KM2 线圈通电，其触点动作，使时间继电器 KT 线圈通电；经延时 30 s 之后其触点闭合，使 KA5 线圈通电，KM2 又重新通电，门电动机又反转，卷帘门继续下放；在卷帘门落地时，碰撞位置开关 SQ3 使其触点动作，中间继电器 KA4 线圈通电，其常闭触点断开，致使 KA5 线圈失电释放，又使 KM2 线圈失电，门电动机停止；同时 $KA4_{3\text{-}2}$ 号、$KA4_{5\text{-}6}$ 号触点将卷帘门完全关闭信号反馈给消防中心。

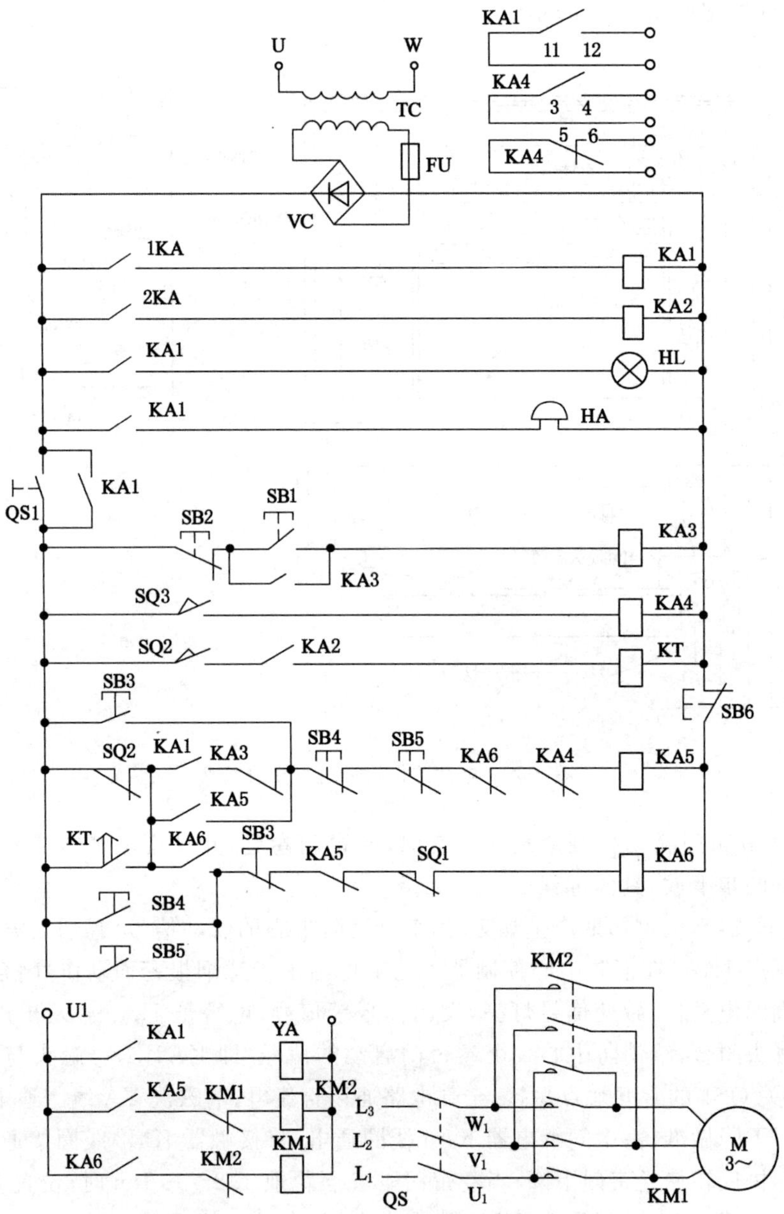

图 4-35 防火卷帘门系统的电气控制

卷帘门上升控制:当火扑灭之后,将消防中心的卷帘门卷起按钮 SB4 或现场就地卷起按钮 SB5 按下,均可使中间继电器 KA6 线圈通电,使得接触器 KM1 线圈通电,门电动机正转,卷帘门上升;当上升到顶端时,碰撞位置开关 SQ1 使之动作,使 KA6 线圈失电释放,KM1 线圈失电,门电动机停止,从而上升结束。

开关 QS1 用于手动开、关门,而按钮 SB6 则用于手动停止卷帘门的升、降。

4.5　危险品运输车辆监控预警系统

近年来危险品运输车辆侧翻、碰撞、泄漏和爆炸等事故频繁发生，造成重大的人员伤亡和财产损失，因此建立和完善危险品运输车辆监控预警系统，实现对运输全过程中车辆、人员、环境及危险品状态等情况的实时动态监控、预警报警、安全管理与分析和辅助应急救援，最大限度地降低危险品运输事故发生率及其危害程度势在必行。

4.5.1　系统总体结构

危险品运输车辆监控预警系统是由安全管理技术、空间定位技术、计算机技术、地理信息系统(GIS)、控制技术和数据通信技术等集成的典型应用系统。该系统就是以地理信息系统作为基础信息系统平台，以全球定位系统(GPS)作为空间定位手段，以全球移动通信系统(GSM)作为无线数据传输形式，以安全管理、科学预测为研究方法，同时集成终端自控系统、安全分析与管理系统和报警预警系统。系统结构示意图如图 4-36 所示。整个系统的结构可分为 4 部分：车载终端、通信系统、运输车辆监控预警中心和应急救援相关部门。

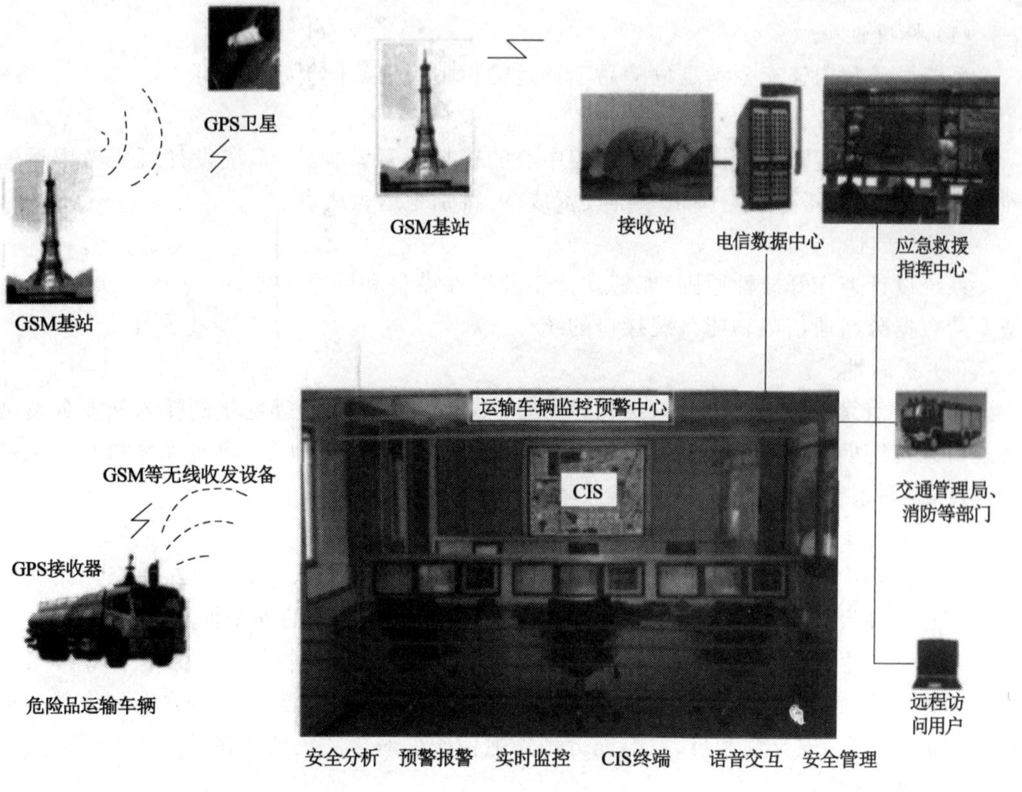

图 4-36　危险品运输车辆监控预警系统结构示意图

4.5.2 系统功能和特点

4.5.2.1 系统功能

在危险品运输车辆的终端安装GPS收发器以完成运输车辆的定位和导航等功能，安装车载GSM、CDMA（即码分多址，是在无限通信上使用的技术）等用于完成车辆和监控中心及车辆间的语音、视频和数据的交互，同时安装各类传感器和控制器完成车辆和危险品状态等信号采集及现场控制和报警等功能。通过GPS和GSM来完成运输车辆的定位和通信等功能。在运输车辆监控预警中心完成车辆的实时监控预警、音视频调度指挥、安全分析和管理、信息发布和事故报警等功能。当运输车辆发生事故、抢劫或处于其他紧急状态时，运输车辆监控预警中心实时获取现场状态并根据实际危险等级及时通知交通管理部门、应急救援中心等相关部门完成危险品运输车辆紧急状态的处理。整体系统实现实时跟踪及间续跟踪等多种方式监控危险品本身、运输车辆、人员及路途环境等状态。实现多车辆、分区域、跨区域监控，实现监控中心与车载端设备与人员的语音、数据和图像等多种方式的信息交互，车载终端的自动监测、报警和安全保护等，实现运输车辆监控预警中心对车辆调度指挥、自动接警和出警、安全分析与管理、事故预测预警等功能。

4.5.2.2 系统特点

（1）标准性

系统设计和构建充分满足危险品车辆运输相关管理条例规定的要求。

（2）经济性

充分认识到危险品车辆运营总监控中心的市场化运营模式，系统设计既要考虑运输车辆安全管理，又要考虑尽量降低系统投资成本，特别是运营成本。

（3）开放性

系统设计遵守开放性原则，能够支持多种硬件设备和网络系统，并支持二次开发，特别是支持数据分组通信等功能系统接口的统一。

（4）扩展性

车辆通信终端智能化多接口结构，可适应GPS、报警、IC卡等网络的接入和业务发展需要。对系统终期容量及网络发展设想进行方案设计，实现平滑扩容，降低系统维护升级的复杂程度，提高系统更新、维护、升级的效率。

（5）安全性

在互联网中，防止非法用户享受服务，防止计算机病毒的入侵，实现对整个网络的实时监控。在软件设计及数据调度中采用纠错冗余技术，保证系统的安全性和准确性。

（6）稳定性

为保证系统运行良好，满足各项功能的同时，车载设备、总监控中心软件和硬件等应具有很高的稳定性、安全性和可靠性，充分考虑通信条件对该系统的支持状况。

（7）继承性

最大限度地利用原有部分设备和资源，完成中心处理控制器的相关功能。

4.5.3 系统设计和开发

4.5.3.1 运输车辆车载终端

终端硬件主要包括终端控制器、GPS 接收器及导航、数据及音视频采集子系统、显示系统、存储器、电源模块、固件和外部接口、MEMS 传感器(微机电系统传感器)等。车载终端控制器主要组成部分的结构如图 4-37 所示,其中图像/声音处理子系统由电荷耦合器件(CCD)、液晶模块、集成显示屏幕、光盘前端机和扬声器等构成。

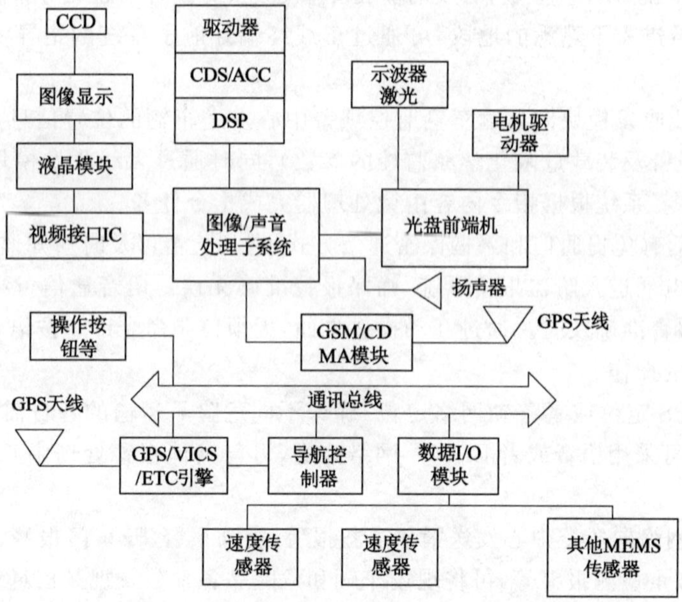

图 4-37　车载终端控制器主要组成部分的结构

受车内安装位置的限制,运输车辆导航设备与汽车视像音响合成在一起,可播放 CD、VCD 和 DVD 碟,其中 DVD 驱动器负责读取电子地图 DVD 光盘。CCD 对车内外的视频图像进行采集,由视频驱动器和 DSP(数字信号处理器)等器件组成的车载录像子系统可对车内人员或车外情况进行实时录像,并在本地数据存储器内保持 20 min 的录像资料,通过无线发射模块,利用双 CDMA 卡可将音、视频数据实时传输给运输车辆监控预警中心机器。

车辆的数据采集子系统即传感器模块将运输车辆的各类参数,如车辆行驶速度和方向、车用内外温(湿)度环境参数、危险品的状态(气体浓度等)、车辆碰撞检测等信号传输到车载终端控制器,经过处理后在液晶显示器上进行实时动态显示,对不正常状态给出提示和报警。

车辆安全控制子系统对车辆的电气电路、机械设备、油路等进行监控和预警保护。车载子系统所采集到的所有参数和音频、视频等信息均可通过无线发射模块发送至运输车辆监控预警中心。

危险品运输车辆车载终端整体性能要求如下:

(1) 工作可靠、功耗低和操作维修方便。

(2) 车载终端及固件需设计为每天 24 h 持续稳定工作,在正常运行时无须外部干预。不受通信网络的错误及故障的影响,在网络恢复正常时能及时将存储的正确信息重新发送至运输车辆监控预警中心。

(3) 车载终端的平均无故障时间(MTBF)最低应为 8 000 h。

(4) 应能支持 RS-232 接口或 RS-485 外部数据通信接口,以及支持危险品运输所需的各种传感器或仪器的车辆信号接口,具备良好的可扩展性。

(5) 支持远程设置和配置,固件应支持远程升级。

危险品运输车辆监控预警系统的车载终端具备功能如下:

(1) 运输人员可在驾驶室内实时监控车辆的运行速度及位置等状态和所装载危险品的温度、压力、是否泄漏等各项参数,可及时获得车辆超速、驾驶时间超时等报警信号。

(2) 驾驶人员进入不熟悉的地段,可通过车载终端导航子系统的指导实现车辆优化路径的行驶。

(3) 通过无线收发模块向运输车辆监控预警中心发送车辆的位置信息、ID 号及目前车辆所处状态(如报警及装载危险化学品监控的参数),同时通过无线收发模块接收从监控中心发来的控制指令,系统根据指令内容由微处理器完成指令任务。

(4) 车载电话有免提通信和手柄保密通信方式,遇到险情可及时通知监控中心,如果车辆被窃自动切断电话进入防盗报警系统,确保报警准确无误。语音通信可接入车辆音响系统,且语音电话报警准确及时。通过互动操作界面,无须控制命令即可按语音提示完成险情报警和防盗系统的操作。

(5) 采用 GPS 定位或者移动网络定位,确保不同危险品运输的各自需求,GPS 定位信息和报警信息都可采用语音或者 CDMA 网络传送,可与其他报警处理中心进行对接,兼容各类报警系统。

(6) 可通过网络向监控中心发送紧急求救报警、震动报警、开车门报警、断电源报警、开电门报警、汽车载重检测报警等,可将现场车辆和危险品各参数及视频信息实时地传输至运输车辆监控预警中心。

4.5.3.2 系统通信

危险品运输车辆监控预警系统中的无线通信链路是车辆移动端和监控预警中心端实现通信的关键。通信的方式可采用 GSM、通用无线分组服务(GPRS)、CDMA、固定频率、卫星通信和集群通信等。

采用哪一种或哪几种通信方式将直接影响危险品运输车辆监控预警系统的容量、监控范围等。各种通信方式的比较如下。

(1) GSM

GSM 的短消息进行数据传输通信,具有覆盖范围大、通信费用低等优点,但是其系统响应速度有时受移动网络的影响会出现一定的传输延时。

(2) GPRS

GPRS 是 GSM 网络向第三代移动通信演变的过渡技术,具有覆盖范围广、接入时间短、传输速率高、永远在线和按流量计费等优点,适用于频繁传送小数据量和非频繁传送大数据量,比较适合于危险品运输车辆监控预警系统的数据传输。

(3) CDMA

CDMA 属于码分多址数字无线技术,具有通话清晰、频率利用率较高等优点,被认为是第三代移动通信技术的首选。CDMA 的平均业务速率比 GPRS 快,后者采用语音和数据共享信道。若网络用户或语音用户数量增加到一定程度，将导致频率资源的问题更加突出，每个GPRS 用户可使用的带宽将进一步降低。CDMA 的数据和语音采用不同的信道传输，在同一基站下语音用户数量增加也不会影响数据通信。因此，车辆通信也非常适合采用CDMA 方式。

(4) 卫星通信

卫星通信具有远距离、覆盖面广的优点，利用这种通信方式作为危险品运输车辆监控预警系统的数据传输方式能够覆盖全国乃至全球范围。在组建大型车辆等移动目标监控定位系统时，可以采用卫星通信方式进行数据传输。尤其在地面通信网或专网覆盖不到的海洋、高山、沙漠、森林区域，卫星通信是理想的通信方式。

(5) 固定频率

一旦频率设定完毕，各个用户仅能利用自己的信道进行数据传输。因此固定频率传输具有容量小、覆盖范围小等缺点，但对容量不大的系统来说是较为实用的。

(6) 集群通信

集群通信具有响应速度快、通信较灵活的优点，但需用户自建专用通信网，故覆盖范围较小，异地漫游较困难。若要扩大覆盖范围，就需要多建基站，从而导致高昂的建网投资费用以及建网后的维护费用。这种通信方式不易推广，适合一些特殊部门的车辆跟踪监控。

危险品运输车辆监控预警系统中移动端和监控端采用哪种通信方式，应将各地通信发展水平与系统应用范围综合起来进行考虑。

4.5.3.3　运输车辆监控预警中心

运输车辆监控预警中心是整个危险品运输车辆监控预警系统的重要组成部分。运输车辆监控预警中心配置了各类功能服务器、应用终端和软件、监控设备、报警装置、数据库、实时监控屏幕等，可实现对网内车辆当前所处的位置、速度、方位、装载危险品的各实时参数以及车内外视频的远程监视，在运输车辆监控预警中心的电子地图上能准确地显示车辆实时状态。通过无线网络实现远程监听及喊话、断电路和油路、锁车门和报警等动作；各类分析预测和管理软件可实现对运输车辆的安全分析和管理、事故预测、音(视)频指挥调度功能，可提供位置查询、电子地图服务、车辆管理等多种服务。

(1) 当车辆进入非车辆所属运输车辆监控预警中心管辖区域时的情况

① 危险品运输车辆的信息由所属运输车辆监控预警中心实时传输给当地的运输车辆监控预警中心，同时当地运输车辆监控预警中心将本地的交通路况等信息传输给所属运输车辆监控预警中心，由车辆所属地运输车辆监控预警中心告知车辆相关的情况和信息请求。

② 车辆进入异地时，自动与所在地运输车辆监控预警中心进行联系，将自身信息自动发送到该运输车辆监控预警中心，同时其所需路况等信息由当地运输车辆监控预警中心告知运输车辆。

实现两地运输车辆监控预警中心的信息交互，使得当地运输车辆监控预警中心能在其管辖区域内准确及时地监控外来危险品运输车辆，为跨区域行驶车辆的事故预测、预警及事故后处理提供了重要保障。

(2) 运输车辆监控预警中心各子系统的功能设计情况

① 实时监控。完成车辆行驶位置和速度、危险品状态及车辆整体情况的监视、记录和查询，以及对驾驶员的疲劳驾驶告警等操作。

② 安全性分析及事故预警。完成车辆当前运行情况和所装载危险品的状态分析，同时

结合车辆行驶路段的气象分析、个人和社会风险分析、车辆结构性能分析和事故预测频率分析，可完成运行车辆的安全分析、事故预测与预警等功能。

③ 报警处置与应急救援。对车辆发来的报警进行实时处理并辅助决策。当发生碰撞或泄漏等事故时，为驾驶人员提供相应的处置措施和方法，并及时与消防和公安等有关部门联系，提供车辆所装载的危险品、驾驶人员、车辆状态等救援所需各类信息。

④ GIS终端。为车辆提供导航，为运输车辆监控预警中心确定车辆方位提供电子地图，辅助规划运输线路、选择最短或优化路径；实现地图的缩放、漫游等操作以及地理和空间分析等功能。

⑤ 安全管理。完成对驾驶人员的信息管理、身份验证、行车出发和到达时间、驾驶时间记录与跟踪等功能。

⑥ 信息交互与发布。主要负责监控中心与驾驶人员的语音交流，各类信息的分发、跟踪处理，跨区域的信息交互，实现对运输车辆状态的远程查询、远程调度与管理等功能。

⑦ 通信与联网。主要负责数据和信息的发送与接收，管理各通道及其发送模式，实现与应急指挥等其他系统的通信和联动。

4.5.3.4 系统的实现

(1) 通过集成最新的控制、通信等技术，合理地设计和开发车载终端子系统、监控预警中心子系统各部分的功能。选用合适的通信模式，实现各个系统的协调工作。企业可利用该系统实时掌握危险品运输车辆的各种信息，及时、快速协助现场及远端相关人员处理运输险情，有效增强企业对运输车辆、物品及人员的安全管理能力，降低运输事故发生的概率和事故造成的损失，提高应急救援的及时性。

(2) 实现实时监控预警和安全管理，使相关的政府监管部门和应急救援机构能及时、准确地掌握危险品运输车辆当前的状态，当发生突发事件时，能确保接警和救援的信息畅通，提高行政执法的能力和效率。所开发的系统能很好地满足危险品运输车辆监控预警系统建设的相关规范和标准的要求，实现车辆的定位信息查询、安全状态监测、行驶路线和区域控制、信息指挥调度、告警响应处理、车辆优化管理等功能。

4.6 油罐区安全监控系统

目前，国内大型炼油厂、液化气库数量日趋增多，由于油罐区属于易燃易爆区域，稍有不慎就可导致大范围火灾，给我国油罐区消防问题造成了极大的负担。为避免重大危险发生，应结合油罐区火灾特点进行详细分析，加强油罐区安全监控系统的设计，对油罐区域中存在的危险因素进行监测，结合监测数据分析油罐区的安全等级，及时消除可能存在的安全隐患，避免安全事故的发生。

4.6.1 系统概述

油罐区安全监控系统由3部分组成：基于工控机的监控部分，该部分主要包括监控画面、报警系统和报表系统等；以二次仪表为主，光电转换器、感温火灾信号处理器构成的监测台；由光纤液位传感器、光纤温度传感器、光纤压力传感器和光纤气体传感器构成的数据采集部分。

系统流程具体如下：首先在数据采集部分，通过光纤传感器将被测对象的参量变化转换为光脉冲信号,并通过光纤传送给光电转换器;其次在监测台,光电转换器将光脉冲信号转换为电脉冲信号,进行放大整形,随后传给二次仪表,二次仪表对光电转换器输出的电脉冲信号进行线性化处理,并进行仪表的量程、灵敏度等调节,以数字形式显示被测参量;最后二次仪表采用串行通信方式(RS-232 和 RS-485)同监测系统采集机相连,监测系统采集机应用组态对二次仪表传送过来的信息进行处理,并实现对被监测参量的显示、报警、计量、报表处理等功能,从而实现对被测参量的自动监测。

4.6.2　系统设计原则

系统设计时,应该注意以下原则:

(1) 先进性:系统需在了解国内外发展动态、吸收其经验和成果的基础上进行方案设计,使其技术性能和水平具有明显的先进性。

(2) 适应性:软件采用模块化设计,整个系统由各种不同模块组成,用户可根据需要进行功能的删除和扩展。

(3) 可靠性:系统运行安全可靠,性能稳定,可以在恶劣环境中长期连续工作。

(4) 通用性:在设计时,应充分考虑其应用对象的共性,使系统具有较强的通用性,可以在油罐区推广应用。

(5) 相容性:系统应能使用不同类型的传感器,能够测量多种参数。

(6) 扩展性:系统的设计容量应足够大,还应满足系统今后的扩充需要。

(7) 经济性:系统的造价经济合理,性价比高。

(8) 操作维护方便性:在软件方面,要求人机界面友好,操作简便,易学易懂;在硬件方面,要求维护、检修方便。

4.6.3　系统功能及特点

4.6.3.1　系统的主要功能

(1) 对油罐安全监测数据进行实时采集,能够将油罐的液位、温度、压力等参数集中实时采集到控制室的工况控制计算机上进行数据处理。

(2) 可以实时地显示所采集的数据。

(3) 可以显示油罐区分布图的画面,画面上的数据(如液位、温度、压力等)按数据采样周期更新。

(4) 能显示主要数据的历史趋势曲线,可以将数天前的历史记录从硬盘中调出。

(5) 能显示主要数据的实时曲线,且曲线随采样周期更新。

(6) 能对报警信息及时提示,并以文件的形式记录下来,便于查询报警信息。

(7) 可随时打印当前或历史数据报表。

4.6.3.2　系统特点

联合站是油气集中处理联合作业站的简称,是油田原油集输和处理的中枢。它主要由油水分离、污水处理、原油及天然气集输等多个工艺系统组成。油罐区的主要设备有沉降罐、净化罐、收球筒、量油分离器、缓冲罐、污油箱、换热器、过滤器以及不同型号的输油泵。联合站内的原油处理流程为:从各个油井和增压点的来油首先进入双容积量油分离器进行来油计量,计量后的原油经过进一步沉降净化后往其他集油站外输或者进行装车外输。

4.6.3.3 监测内容及功能

油罐区安全监控系统在进行设计时，除了要监测油罐区的液位、压力、温度外，为了防止油罐发生泄漏，还要对油罐区气体浓度进行监测。

(1) 监测内容

① 监测油罐区共16点气体浓度。

② 监测分离缓冲罐、2个净化罐、3个沉降罐、2个装车泵及4个外输泵的前后压力。

③ 监测3个收球筒的温度，2个TR60-2.5型、2个TR2-1.6型和1个TR25-2.5型换热器的进出口温度，2个净化罐和3个沉降罐的温度，以及2处外输油的温度。

④ 监测分离缓冲罐及2个净化罐的液位高低报警。

⑤ 监测3个双容积量油分离器液位高低报警。

⑥ 监测3个齿轮卸油泵的开关状态。

⑦ 控制3个双容积量油分离器的液位高低。

⑧ 控制3个齿轮卸油泵的开关。

(2) 监测功能

① 信号采集：包括对现场仪表及模块信号的采集和转换处理。

② 监控操作：实现对现场各个设备参数及状态的监测。

③ 动态显示：动态流程画面显示；实时及历史报警显示；实时及历史趋势曲线显示。

④ 操作画面：通过操作画面查询和管理工艺过程；打印实时或历史报表、趋势曲线和报警画面。

4.6.4 系统设计

联合站计算机监控系统的设计方案有3种：上位机加I/O板卡的方案、上位机加RS-485总线加I/O模块和工业仪表的方案，以及上位机加PLC的方案。由于本次设计对稳定性的要求一般、费用预算要求不高，因此本次设计选择上位机加RS-485总线加I/O模块和工业仪表的方案。

4.6.4.1 初步分析

监测3个收球筒的温度、2个TR60-2.5型和1个TR25-2.5型换热器的进出口温度、2个净化罐和3个沉降罐的温度、2处外输油的温度、分离缓冲罐压力和2个装车泵及4个外输泵的进出口压力、油罐区共16点气体浓度共45路信号经过相应的变送器后都会转换为与现场最大、最小值对应的4～20 mA电流信号，都是模拟量输入信号。

监测分离缓冲罐及2个净化罐的液位高低报警、3个双容积量油分离器的液位高低报警、3个齿轮卸油泵的开关状态共15路信号明显是对应数字量输入信号。控制3个双容积量油分离器的液位高低、3个齿轮卸油泵的开关共9路是数字量输出信号。

4.6.4.2 硬件选型

(1) 主机

在油罐区现场，腐蚀性气体较多，且计算机24 h连续不断地运行，因此对生产现场的设备较其他行业要求更高。主机选择研华股份有限公司的IPC610H型工控机，该机适用于对数据进行收集，能满足专业性较高的行业的要求，能给各行业提供高性能、高可靠性的工业级计算机平台。

模块部分由于工控机是 RS-232 接口，而二次仪表是 RS-485 接口，因此需要 2 块 ADAM-4520 模块。

（2）仪表

① YZ3301 型多模光纤转换器。

YZ3301 型多模光纤转换器适用于工业环境下高可靠性通信，已广泛应用于电力配网自动化、工业现场过程控制、数据采集及自动化、监控系统等。

② 二次仪表。二次仪表是指用于进行信号转换及显示或控制的一类仪表，安装在监测台内。其可以对光电转换器输出的电脉冲信号进行线性化处理，并进行仪表量程、灵敏度等的调节，以数字形式显示被测参量。二次仪表与传感器配套使用，可对液位、温度、压力等信号进行跟踪测量，以满足具有高危险性的工作条件。

（3）现场测量仪表——光纤传感器

光纤传感器作为测量单元时，测量现场没有引入电信号，因此可以达到本质安全的要求。

① 光纤液位计。系统选用 BTY-G 系列光纤液位变送器，该变送器利用力学自平衡原理实现液位或界面的检测。变送器由测量单元（包括浮子、计量钢丝绳、重锤、主动轮、过渡轮等）、光码变送器、光缆等部分组成。当被测介质液位发生变化时，浮子随着液位升降而产生位移，通过计量钢丝绳、主动轮、过渡轮将该直线位移转变为角位移，再通过磁耦合使光码变送器内的光码盘同步转动，输出 2 组光脉冲，经光缆传输到光纤转换器。光纤转换器将该 2 组带有液位变化信息的光脉冲信号转变为电脉冲信号，经放大整形后进行判向和计数，然后将电信号传送到二次仪表，二次仪表处理后以标准 RS-232 或 RS-422 串行数据输出给计算机，显示出油罐内液位值；也可以 4～20 mA 电流信号的形式输出，对液位进行直接显示，并实现上、下限报警功能。

BTY-G 系列光纤液位变送器安装在油罐区危险场所，二次仪表、光纤转换器和计算机监控系统安装在安全场合的操作室。光纤液位变送器与光纤转换器之间通过光缆连接，完全做到油罐区无电检测，本质安全、防爆。

② 光纤光栅温度传感器。FBGT 系列温度传感器包括温度、应变、压力、位移、加速度等多种光纤光栅温度传感产品系列（图 4-38）和光传感网络分析仪等。产品可以广泛应用于桥梁、工业与民用建筑、堤坝、输送管道、电力设施、海洋石油平台和其他大型架构的实时、分布式健康监测。这些产品秉承了光纤传感器固有的优异特性，本质安全、抗电磁干扰、抗腐蚀、耐高温、使用寿命长；每个产品系列都具有强大的组网能力，不同系列的产品可以任意混合组网并且可以配用相同的解调设备等，从而可以提供简洁、完整的技术解决方案。

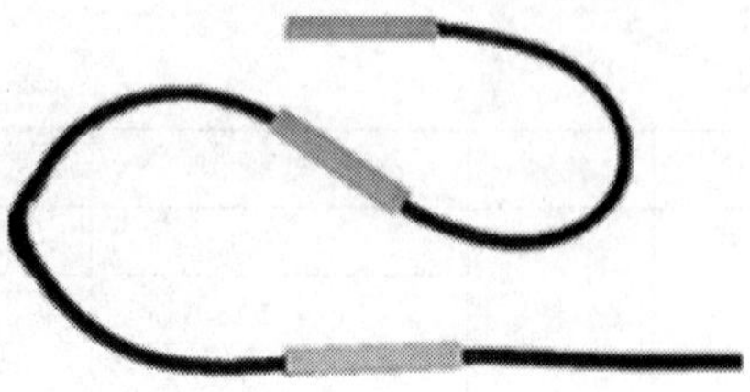

图 4-38　光纤光栅温度传感器

③ 光纤压力计。ZFP 光纤光栅压力计（图 4-39）的表面有一层膜，把它连接在一个预应变的光纤光栅上，通过该膜感受压力。其作用在膜上的压力使膜产生一定的变形，该变形就使光纤光栅的应变发生改变，从而导致反射光谱中心波长的偏移。为了补偿温度的影响，在外包壳内部集成了一个高分辨率温度传感器。

特性：全光检测，本质安全；抗电磁干扰，防雷、防爆、防腐，能耐受高温、高压；测量精度高、范围宽，适用于监测水压、油压等。

④ 光纤气体浓度报警仪。如图 4-40 所示，BXC-02A 型可燃气体检测报警仪技术参数如下：

图 4-39 ZFP 光纤光栅压力计

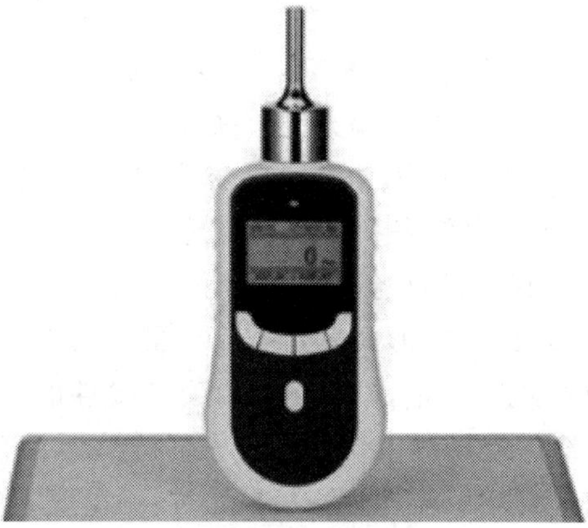

图 4-40 可燃气体检测报警仪

型号：BXC-02A。

被测气体：可燃气体。

检测范围：(0～100％)LEL。

误差：8％。

响应时间：≤30 s。

(4) 其他设备

系统还需要选用打印机、电源及显示器等其他设备，这里选用惠普彩色喷墨打印机、山特 3 kV·A 型 UPS(不间断电源)和 21 in 飞利浦彩色显示器。

所有硬件设备的具体情况见表 4-8。

表 4-8 监控系统设备清单

序号	名称	类别	型号	技术要求	数量计算机
1	计算机	工控机	研华 IPC-610H	PIV1.8G/512MDRMI/40G/1.4M/50X	1 台
		21 in 彩色显示器	21 inCRT	21 in 飞利浦彩色显示器	1 台
		UPS	山特 3 kV·A	3 kV·A，0.5 h	1 台
		打印机	惠普	A3 幅面彩色喷墨打印机	1 台
2	软件	操作系统	Windows 2000/XP	Microsoft Windows 2000/XP	1 套
		组态软件	Kingview6.52	北京亚控“组态王 6.52”	1 套
3	模块仪表	DI 模块	研华 ADAM-4052	8 路隔离数字量输入	2 块
		DO 模块	研华 ADAM-4060	4 路继电器输出	3 块
		信号转换器	研华 ADAM-4520	RS-232 到 RS-485 转换	2 块
		多通道巡检控制仪	昌晖 SWP-LCD-M	16 路多通道巡检控制仪；控制输出方式：电压/电流输出；设定/显示精度：其误差为满量程的±5％	3 台
		光纤转换器	YZ3301	RS-485 至多模光纤转换器	2 块
		二次仪表	HC-600	对转换器输出的信号进行处理	2 块

表 4-8(续)

序号	名称	类别	型号	技术要求	数量计算机
4	变送器	光纤压力计	ZFP 光纤光栅压力计	光脉冲信号输出	18 个
		光纤光栅温度传感器	FBGT 系列	光脉冲信号输出分辨率:0.1 ℃	20 个
		光纤液位计	BTY-G 系列	光脉冲信号输出分辨率:0.5 mm 或 1 mm	9 个
		光纤气体浓度报警仪	BXC-02A	可燃气体检测报警仪	16 个
5	控制柜	仪表盘柜	KG-221	仪表控制柜,2 100 m×900 m×600 m(高×宽×深),配套接线端子、端子排、汇线槽及内部接线	1 台
		小型操作台	西仪横河	西仪横河计算机专用平台	1 台

4.6.5　系统监控方案设计

监控系统采用一台研华工控机,配 21 in 飞利浦彩色显示器和带有 UPS 的 A3 幅面彩色喷墨打印机。先由光纤传感器将现场要监测的信号转换成光脉冲信号,通过光纤传送给光电转换器,将光脉冲信号转换成电脉冲信号,再由二次仪表对电脉冲信号进行处理,最后二次仪表通过研华 ADAM-4520(RS-232 到 RS-485 转换)模块和 RS-485 总线与计算机进行通信,这样现场数据就可以传送给计算机了。

二次仪表与传感器配套使用,可对液位、温度、压力等信号进行跟踪测量,从而完成对液位、温度、压力及气体浓度的监控。

监控系统方案硬件示意图如图 4-41 所示。

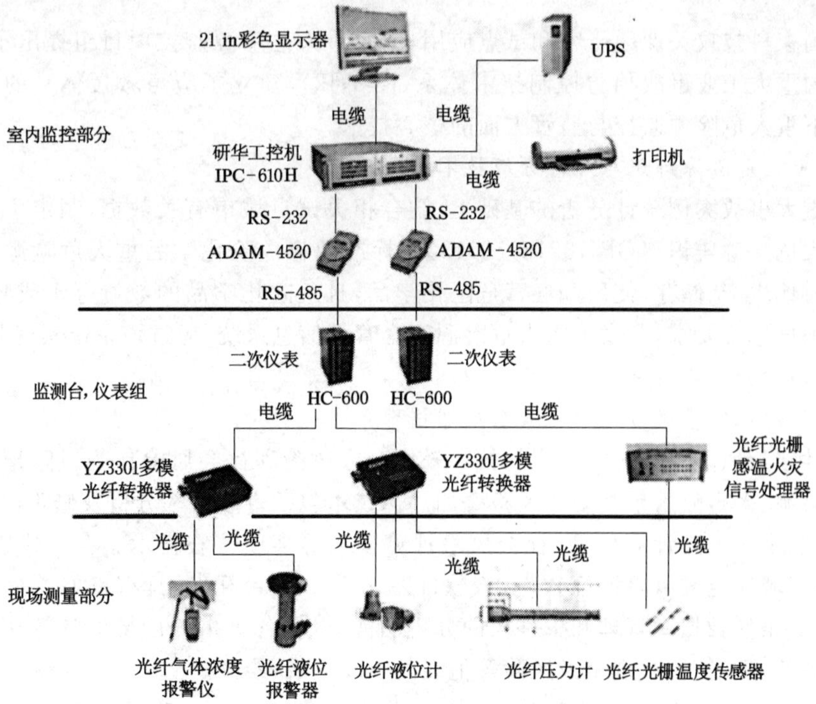

图 4-41　监控系统方案硬件示意图

4.7 重大危险源安全监管信息系统

4.7.1 系统概述

在我国经济快速发展的同时，高危险性的生产、储存装置日益增多。由于缺乏科学、先进的重大事故预防理论和技术方法，全国重大危险源分布、分类不清，无法建立有效的安全监控和应急管理体系，重大事故频繁发生。近年来陆续发生了重庆天原化工有限公司"4・16"氧气泄漏爆炸事故、京沪高速"3・29"液氨泄漏事故等重特大事故，造成了巨大的人员伤亡和财产损失，严重影响了社会和谐安定，造成了不良的国际影响。因此，通过安全科技创新提升重大危险源安全监控与监管的技术水平，真正走上预防为主的轨道，是预防控制此类事故的根本途径。

20 世纪 70 年代以来，预防重大工业事故，尤其是化工事故，已成为各国社会、经济和技术发展的重点研究对象之一。英国是最早系统地研究重大危险源控制技术的国家，随后荷兰、德国、法国、意大利、比利时等欧盟成员国及美国、澳大利亚等国家相继对重大危险源开展了相关的研究工作。1993 年，第 80 届国际劳工大会通过的《预防重大工业事故公约》要求各成员国对重大危险源进行监控和管理。目前，工业化国家大部分都颁布实施了重大危险源监控法规和标准，重大危险源安全监控技术、定量风险评价技术、土地使用安全规划方法及应急救援技术等得到了深入研究和广泛应用。

4.7.2 技术内容及特点

通过国家科技攻关课题研究和试点应用，国家重大危险源监控项目组提出了一套适合中国国情的重大工业事故预防控制技术体系（图 4-42），建立了应急救援体系的技术方法，掌握了以下重大危险源监控与监管方面的核心技术。

4.7.2.1 重大危险源辨识与评价分级技术

在对重大事故案例统计分析的基础上，结合相关试点城市有关数据，制定了标准《危险化学品重大危险源辨识》（GB 18218—2018）。标准中将危险化学品重大危险源定义为：长期地或临时地生产、储存、使用和经营危险化学品，且危险化学品的数量等于或超过临界量的单元。根据标准要求，开发了重大危险源安全管理信息系统，通过该系统实现重大危险源申报登记、评价分级与管理。

4.7.2.2 区域性定量风险评价与安全规划技术

区域性定量风险评价与安全规划技术采用个人风险和社会风险作为风险指标参数，可实现多危险源、多事故后果类型的风险叠加。该技术包括事故概率分析及修正模型、事故后果计算模型、个人风险计算模型、社会风险计算模型等多项核心技术。在上述成果的基础上，开发了区域性定量风险评价软件，该软件基于 GIS 平台开发，具有良好的危险源、危险化学品、气象条件数据库管理和事件树的分析功能，以及各类事故后果的计算功能，并通过开发的等值线追踪算法实现个人风险等值线的自动生成、绘制。

4.7.2.3 城市及化工区重大危险源安全规划技术

该技术是以区域性定量风险评价技术为核心，以个人风险和社会风险为规划指标的安

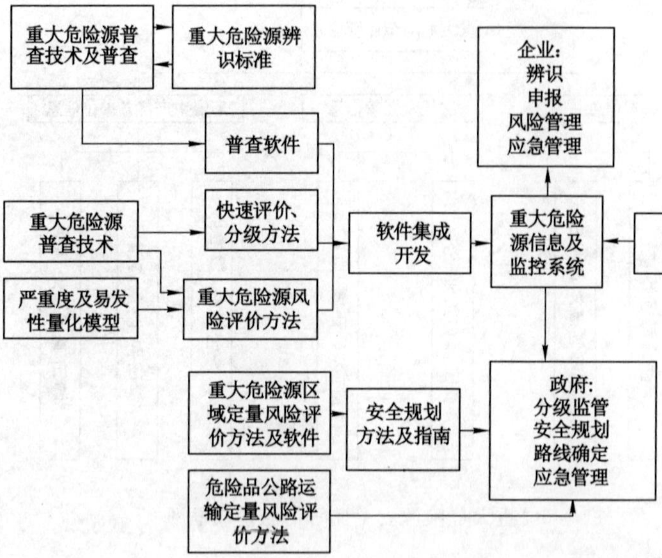

图 4-42　重大工业事故预防控制技术体系框图

全规划成套技术。其给出了安全功能区的划分方法，在参考国外同类标准的基础上，提出了适合我国国情的个人风险和社会风险的推荐容许标准，给出了城市及化工区重大危险源安全规划方法及程序，在此基础上编制了城市及化工区重大危险源安全规划技术指南。该技术可广泛应用于建设项目（工程）选址、工业园区（尤其是化工园区）安全规划，以及城市土地使用等领域。

4.7.2.4　重大危险源安全监控预警与应急技术

该技术针对不同企业环境和规模，开发了基于现场总线和工业以太网技术的企业现场安全监控系统，实现对不同监控对象的温度、压力、液位、流量、阀位等工艺参数，可燃或有毒气体的浓度，气温、湿度、风速、风向等环境参数，音视频信号和人员出入情况等进行重点监控。通过现场传感器网络优化布局设计和对现场数据智能分析技术，研发了基于人工智能的故障诊断与事故预警专家系统。另外，该系统针对事故报警、事故级别确定、危险区域划分、疏散范围确定、救援力量调度与调配、救援和疏散路线的优化选择、救援方案实施等的整个应急救援过程，建立了重大事故应急决策所需的数据库，为实现报警处理和调度指挥的快速响应与科学决策提供技术支持。

4.7.3　系统的体系架构

4.7.3.1　重大危险源安全监管的信息构成

根据重大危险源安全监控、管理与监督的要求，重大危险源安全监管信息应包括：重大危险源单元的设备、设施属性及其危险物质属性、周边环境等；重大危险源与生产经营单位的关系属性；重大危险源与行政管理区域的关系属性。重大危险源安全监管信息构成框图如图 4-43 所示。

4.7.3.2　重大危险源安全监管体系架构

按分级监控与管理的原则，重大危险源安全监管信息系统在结构上按国家、省（自治

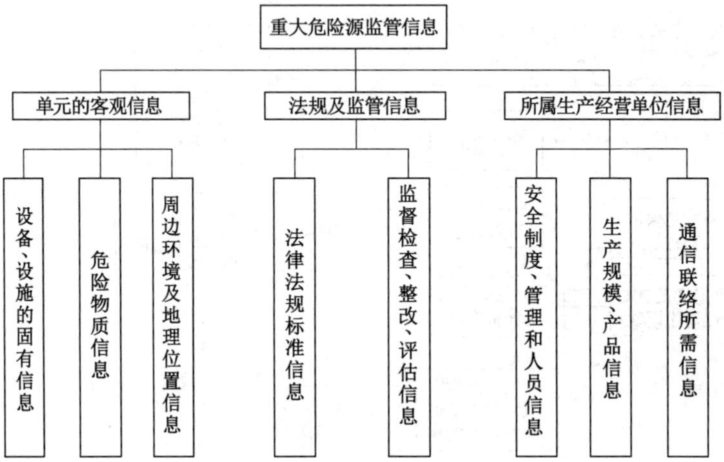

图 4-43 重大危险源安全监管信息构成框图

区)、市、县(区)4 级架构进行设计。建设一个统一的、规范的重大危险源安全监管信息系统,对于实现国家、省(自治区)、市、县(区)、企业逐级进行重大危险源数据的申报登记、评价分级、分级监控管理以及应急救援等起着至关重要的作用。

4.7.4 系统的开发

4.7.4.1 系统的总体结构

(1) 系统的逻辑结构

从重大危险源安全监管信息系统的架构设计可知,该系统是一个集数据采集与传输、数据统计分析空间管理及远程通信等功能于一体的计算机综合管理网络系统。

该系统可按不同层次的功能分成 4 层网络,网络的逻辑结构、各层网络的功能、互联关系、信息传递的路径、传播方式、信息流的控制、信息表现形式的变换、各层网络的协议规约等都成为系统设计中的核心问题。该系统问题解决得好,其就能够发挥出传统监控系统所实现不了的功能和效能,若结构设计不良,其将影响整个系统的功能和作用。

网络问题涉及全局和长远的发展,如无标准势必形成无序的开发生产,造成混乱局面,最终无法形成规范的统一系统。因此,必须深入研究、精心设计,形成一个基本的标准,以此为基础循序渐进,不断完善与扩充,并最终形成一个重大危险源安全监管信息系统的结构框架。

(2) 系统的主要功能模块

重大危险源安全监管信息系统主要的功能模块由图 4-44 所示的子系统组成。

① 重大危险源自动辨识子系统:在满足国家相关法律、法规和标准的前提下,以危险物质的临界量和能量的大小为基本参数,对企业上报的重大危险源进行自动辨识。

② 重大危险源评价分级子系统:采用重大危险源评价分级模型,对重大危险源进行快速(初步)安全评价及分级。

③ 远程实时监控子系统:采用先进的计算机综合监控技术、传感器技术及多媒体技术等,对重大危险源监控单元进行升级改造,使得该重大危险源安全监管信息系统能具有实时

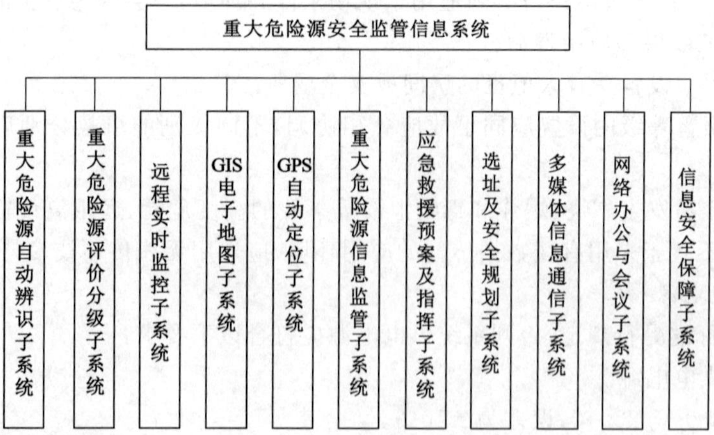

图 4-44　重大危险源安全监管信息系统的主要功能模块

监控其现场情况及设备状态的功能。

④ 重大危险源信息监管子系统：它是重大危险源安全监管信息系统的核心平台，将所有的重大危险源信息动态采集并自动建库，制订相应的应急预案，结合网络化的地理信息系统技术，能在电子地图上方便、快捷、形象地展示重大危险源及其重大事故隐患的地理分布总体概况及发生事故时的抢险、应急救援预案等信息。

⑤ 应急救援预案及指挥子系统：随时获取各类灾害和突发事件的动态信息，并通过该系统与专家进行决策会商和实施应急救援指挥辅助决策支持。一旦遇到重特大事故或突发事件，该系统将随时升格为“应急指挥决策支持中心”，辅助领导对辖区内的应急救援活动进行统一调度和指挥。

⑥ 选址及安全规划子系统：对新建项目（或工程）及现存生产设施的选址和城镇土地使用实施以定量风险评价为基础的土地使用安全规划。

⑦ 多媒体信息通信子系统：包括有线通信系统和无线通信系统，并建立呼叫中心，形成与公安、消防及急救统一的接警平台和群呼对讲机系统，通过该子系统能够进行音频、视频等信息的传输。

⑧ 网络办公与会议子系统：使用该系统的各级用户可以利用该系统完成网上办公、网上会议、网上知识交流及电子邮件收发等监管政务功能。

⑨ 信息安全保障子系统：重大危险源安全监管信息系统是基于 Web 发布的，因此必然会遇到病毒、黑客程序、邮件炸弹、远程侦听等网络安全问题，故应设计和开发一套信息安全保障子系统。

4.7.4.2　一般要求

（1）重大危险源必须设有独立的安全监控预警系统。安全监控预警参数的现场探测器的数据必须直接接入系统控制器中。

（2）系统中的设备应符合国家或行业相关技术标准规范及各自企业产品标准的规定。经国家有关部门和检测检验机构认证并检验合格后，按照经规定程序批准的图样及文件制造和成套。

（3）火灾和爆炸危险场所设置的系统，必须符合国家现行有关防爆、防雷、防静电等标准、规范的要求。系统所用设备必须适用于现场条件和环境，不会因为有害的使用条件和环境影响监测监控效果和使用寿命。

(4) 控制器应设置在有人值班的房间或安全场所。

(5) 系统报警等级的设置应同事故应急相协调，不同级别的事故分别启动相对应的应急预案。

(6) 对于容易发生燃烧、爆炸和毒物泄漏等事故的高度危险、远距离传输、移动监测、无人值守或其他不宜于采用有线数据传输的应用环境，应选用无线传输技术与装备。

4.7.4.3 供电电源

除非有关标准另行规定，否则系统供电电源应符合以下要求：

(1) 交流供电电源

① 电压：380 V/220 V，误差为±10%。

② 频率：50 Hz，误差为±5%。

③ 谐波失真系数：误差为±5%。

(2) 直流供电电源

① 电压：误差为±2%。

② 周期与随机偏移：$\Delta U/U$，误差应不大于0.1%。其中，ΔU 为周期与随机偏移的峰-峰值；U 为直流供电电压的额定值。

4.7.4.4 监控项目

对于储罐区(储罐)、库区(库)、生产场所三类重大危险源，因监控对象不同，所需要的安全监控预警参数略有不同，主要可分为：

(1) 储罐以及生产装置内的温度、压力、液位、流量、阀位等工艺参数。

(2) 当易燃易爆及有毒物质为气态或气液两相时，应监测现场的可燃/有毒气体浓度。

(3) 气温、湿度、风速、风向等环境参数。

(4) 音视频信号和人员出入情况。

(5) 明火和烟气。

(6) 避雷针、防静电装置的接地电阻以及供电状况。

4.7.4.5 系统设计要求

(1) 系统组成

系统一般由主机、传输接口、现场控制器、传感器、隔离变送机构、执行机构(包括报警器等)、电源、线缆、避雷器、防静电装置、其他必要设备以及软件组成。

监控中心硬件一般包括传输接口、主机、大屏幕投影系统或电视墙、服务器、网络设备、大容量储存设备、UPS、打印机、空调及其他配套设备等。现场设备包括传感器、隔离变送设备、现场控制器、执行机构等。

(2) 硬件

① 所用设备应采用当时的主流技术和通用产品，保证系统满足先进性、安全性、可靠性、可扩展性、可维护性、开放性和实时性的要求，并具有实用性和灵活性。

② 可能导致重大事故或标定、检修和维护困难的宜采用高安全完整性等级(SIL)的安全监控设备，并根据功能安全相关的国际及国家标准建立安全相关系统。

③ 传感器及仪表选型中的一般问题可遵循《自动化仪表选型设计规范》(HG/T

20507—2014)的规定，主要考虑测量精度、稳定性与可靠性、防爆和防腐、安装、维护及检修、环境要求和经济性等因素。设备的性能要求明确，传感器的稳定性不小于 15 日。

④ 传感器和仪表的安装一般按照《自控安装图册上下册》(HG/T 21581—2012)要求安装，要符合安全要求，选择合适的安装位置和安装方式。

⑤ 由外部本安电源供电的设备一般应能在 9～24 V 范围内正常工作。

⑥ 有关现场监控设备选择、安装和布置的具体规定可参照重大危险源现场安全监控设备设置规范。

(3) 软件

操作系统、组态软件、数据库、编程语言等系统软件和开发工具软件应选择通用、开放、可靠、成熟、界面友好、易维护和易操作的主流产品。监控程序、控制算法、逻辑控制和通信等应用软件应经过功能测试，稳定可靠并带有详细的汉字使用帮助和操作指南。

4.7.4.6　功能设计

(1) 数据采集

① 系统必须具有温度、压力、液位和可燃/有毒气体浓度等模拟量以及阀门开关状态等开关量的采集功能。

② 数据采集时间的间隔必须可调。

③ 系统应具有巡检功能。

(2) 显示

① 系统应具有模拟动画显示功能，在界面中依据系统实际情况显示各测点的参数及各设备的运行状态。

② 系统必须具有系统设备和监控对象平面布置图显示功能。图形包括生产储运装置总平面图、各分系统的系统图、任一分系统内某一部分或设备的局部图，以及用户要求的其他图形。

③ 系统必须具有监控参数列表显示功能，同一参数各量值须统一采用标准计算单位：模拟量、模拟量累计值、开关量。

④ 系统必须具有监控参数图形显示功能：系统必须具有模拟量实时曲线和历史曲线显示功能。以曲线为点绘图，根据需要可以按照多线图的方式在同一坐标上使用不同颜色同时显示多个变量，或同一变量的最大、最小平均值等曲线。

⑤ 系统必须具有开关量状态图及柱状图显示功能。

⑥ 系统应能在同一时间坐标上同时显示模拟量和开关量及其变化情况等。

⑦ 系统必须具有视频图像显示功能，视频监控画面可以动态配置，可选择全屏、4 分屏及 16 分屏等多种方式，支持图像窗口拖放，可远程进行云台及镜头控制。

⑧ 系统必须具有报警信息显示功能，除了报警汇总列表显示外，在界面上应有一个专门的报警区或弹出式界面，用来指示最新的、最高优先级的或其他设定条件的未经确认的系统报警。

⑨ 系统必须支持各类统计和查询结果的列表和图形化显示功能，具体显示项目根据实际设定。

(3) 存储

① 将数据加工处理后以数据文件形式存储在现场或监控中心的外存储器内并保留一

定的时间，包括监控参数、报警及处置、视频图像、故障及排除以及相关系统信息等，所有数据必须附带时间信息。

② 系统必须具有事故追忆功能。

（4）统计查询与数据分析

① 系统必须提供对实时和历史数据的多条件复合查询和分类统计功能，应支持模糊查询，查询信息包括：模拟量实时监测值及其最大、最小平均和累计值；开关量状态及变化时刻；视频录像；报警及警报解除信息；系统操作日志；系统故障及恢复情况等。

② 系统必须具有数据分析的功能，包括生产储运装置运行情况、系统运行报警种类和分布、故障和事故原因以及处置情况等。

（5）报警

① 当出现模拟量超限、开关量状态改变以及其他异常情况时，应将异常情况实时报送至相关的监控计算机，由系统实现多种方式的联动报警，包括页面图文报警、报警点声光报警，必要时还可选邮件和短信报警等。事故现场设置监控摄影头时，页面图文报警时应同时显示现场监控视频图像与参数报警信息，并进行现场录像。

② 系统必须设有事故远程报警按钮，此按钮应设在适宜部位并带有防护罩和明显标志。

（6）故障诊断与事故预警

系统必须具有故障诊断与事故预警功能。对所采集的现场数据进行综合处理，在线智能分析重大危险源的安全状况，包括运行状态和安全等级等，提供事故原因分析和处置的建议，指导有关人员正确、迅速地排除设备故障及重大事故隐患，同时及时识别错误报警信号，确保系统可靠稳定运行。

（7）控制

① 系统的控制对象是指其所属的安全监控设备或装置以及带有安全功能的执行机构等。

② 系统必须具有对系统所属设备或装置进行控制的功能。操作人员或具备相应权限的人员可在系统中的控制点上启停或调节受监控系统控制的任一设备，包括手动、现场、远程和异地管理。系统也可以根据设定的条件进行全局自动调度管理。

③ 不属于系统但与系统相关联的其他系统或设备，以及不为系统独有的子系统或设备的控制权必须明确，不得干扰或影响重大危险源安全监管信息系统的运行。

④ 紧急停车、安全连锁和故障安全控制等安全连锁系统应作为独立的子系统纳入安全监管信息系统的整体设计，并保证其可靠地发挥各自的安全功能。

⑤ 所有自动控制的设备或装置必须同时设计手动控制机构，并通过切换确保系统控制权的唯一性和有效性。

（8）输出

① 报表输出各种监控参数及设备运行状态在各个时刻的情况，包括模拟量、模拟量统计值历史数据、开关量、报警及处置情况、监控设备及故障和系统日志报表等。

② 系统应支持班报表、日报表、月报表以及任意时间段内任一参数或诸多参数的数值报表。

③ 报表可按操作人员的请求生成，也可以周期性定时触发或事件触发。

④ 允许用户编辑报表内容和格式。

⑤ 报表可直接传送至系统中的打印机，也可以写入硬盘等存储器，还可以按要求传送到其他计算机系统。

⑥ 打印应支持报表、曲线图、柱状图、状态图、模拟图(附带当前显示参数)和平面布置图等图表格式。

(9) 信息发布

系统必须具有信息发布的功能。建立 Web 服务器，将允许外部访问形式进行信息发布，实现监控系统与企业管理系统及重大危险源各级政府监管网络的连接；遵循数据编码或接口规范，完成数据上报或部分界面和功能的授权共享，实现政府和企业通过因特网对现场工况及视频的实时监管与监控。

(10) 系统管理与设置

① 系统参数设置应支持个别或成批修改。

② 报警设置应支持多种报警条件的组态。每个模拟量点应有 2 种以上报警级别，每一种有各自的优先级。任一开关量点的状态均可报警，每一状态应有一个单独的优先级。应支持不同报警级别的分级处置，包括报警地点和报警方式的设定以及数据上报等。

③ 应支持根据时间段设定不同参数值，在不同层次上优化系统设置。

(11) 设备管理

系统必须具有设备管理功能，建立系统所属监控设备的电子化档案，并可查询、添加、修改和统计相关信息，包括设备名称、型号、主要技术指标、产地、生产厂家、安装地址、开始运行时间、累计运行时间、开关次数(永久性记录)、维护/维修/更换记录等。

(12) 日志

系统必须具有日志管理的功能。系统日志将运行系统的状态信息和通信信息统一管理起来，用户可以通过日志来了解系统的运行情况。

(13) 安全管理

系统应提供可组态的安全级、控制级和区域设定，限制用户对系统功能模块、设备和系统资源的访问，通过权限管理确保系统安全。

① 系统应实现对每个操作员和每台现场控制器的组态。

② 系统应有不少于 5 个的安全访问级别用来限制操作员对主机功能模块的访问。

③ 系统应有多个控制级，用来限制操作员对各台设备的控制。

④ 系统应有设备区域设定，用来将操作人员对系统资源的访问限制在指派给他们的区域。

⑤ 如系统内存在安全相关系统，应遵循功能安全相关的国际和国内标准保证其安全。

(14) 可靠性保障

① 自诊断：系统必须具有自诊断功能。a. 当系统中的传感器、现场控制器、线缆、传输接口、电源和保护接地等设备或装置故障时，系统可以自动识别、报警并记录故障设备和时间等相关信息；b. 传感器应具有现场模拟测试报警和断电功能；c. 系统在通电开始工作时，应首先进行自检，自检正常后应以“绿闪”信号或显示屏显示方式指示工作正常，如有故障则应以“红闪”或显示屏显示方式指示故障信息。

② 双机热备份：系统主机必须设置双机互为备份。当工作主机发生故障时，通过手动

或自动双机切换功能，备份主机投入工作。

③ 备用电源：系统必须配备备用电源及自动切换装置。当电网停电后，保持对重要设备和监控参数继续进行监控。

④ 数据备份：系统必须具有数据备份功能。

⑤ 防雷和防静电：系统必须具有防雷功能，必要时具有防静电功能。

⑥ 软件自监视和容错：系统应具有软件自监视功能和软件容错功能。

(15) 其他

① 系统应具有网络通信功能，支持不同网络和设备间的数据访问与交换。

② 系统应通过算法及控制方法模块支持专业应用。

③ 系统应具有实时多任务功能，能周期性地循环运行而不中断。

④ 系统应有时间校准功能，系统的时钟误差应小于或等于 5 s/24 h。

⑤ 系统应具有灾难恢复功能。

思考题

1. 对比说明 TF-200 监控系统和 KJ95N 煤矿综合监控系统。

2. KJ95N 煤矿综合监控系统的结构为何种形式？有何优缺点？

3. 分析各个安全监测监控系统的异同点。

4. 浅谈安全监测监控系统的发展方向，有哪些新技术可以在安全监测监控系统中应用？

第5章　智慧矿山

智慧矿山是指在矿山环境下,运用传感器感知技术、红外线射频技术、新一代移动互联等物联网关键技术,以及矿山云计算平台信息智能处理技术,采用 SaaS(软件即服务)模块化软件开发方法,研究设计矿山(包括井上及井下)监测监控、人员定位、通信联络、井下运输监控、井下数据采集、物料位监测、设备点检、生产过程管理等信息监测管理平台,通过信息采集与协同处理,全面实时感知矿山生产过程状态、设备状态、人员状态及环境状况,通过数据挖掘与智能分析的手段,改进传统的矿山生产管理水平和企业生产与销售模式,使企业生产与市场需求、生产服务有机结合,生产过程安全、高效、环保、低碳,提高企业核心竞争力,打造绿色矿山企业。矿山数字化建设原理图如图 5-1 所示。

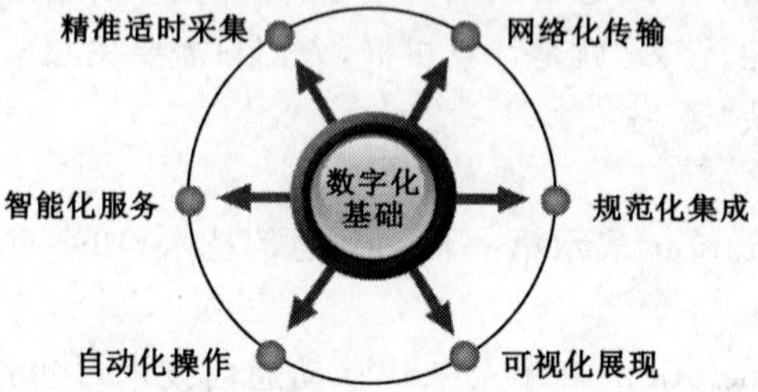

图 5-1　矿山数字化建设原理图

物联网即新一代信息处理技术,其概念最初来源于美国麻省理工学院(MIT)在 1999 年建立的自动识别中心,提出了网络无线射频识别技术(RFID)系统——利用射频识别等信息传感设备把所有物品与互联网连接起来,实现对其进行智能化识别和管理。而"Internet of Thing"(物联网)这个名称正是由自动识别中心主任凯文·阿什顿(Kevin Ashton)教授提出。物联网的一般定义是:通过射频识别、红外感应器、全球定位系统、激光扫描器等信息传感设备,按约定协议,把任何物品与互联网连接起来进行信息交换与通信,以实现智能化识别、定位、跟踪、监控和管理的一种网络。物联网就是"物物相连的互联网"。其包含两层意思:物联网的核心和基础仍然是互联网,是在互联网基础上延伸和扩展的网络;其用户端延伸和扩展到了任何物品与物品之间进行信息交换和通信。

5.1　概述

5.1.1　物联网相关概念

5.1.1.1　射频识别技术

射频识别技术是一种无接触的自动识别技术,利用射频信号及其空间耦合传输特性,实现对静态或移动待识别物体的自动识别，用于对采集点的信息进行“标准化”标识。射频识别技术可以实现无接触的自动识别，识别穿透能力强、无接触磨损，可同时实现对多个物品的自动识别等。将这一技术应用到物联网领域，使其与互联网、通信技术相结合，可实现全球范围内物品的跟踪与信息的共享，在物联网“识别”信息和近程通信的层面中起着至关重要的作用。另外，产品电子代码(EPC)采用 RFID 电子标签技术作为载体，大大推动了物联网技术的发展和应用。

从分类上看，射频识别技术根据电子标签工作频率的不同，通常可分为低频系统、高频系统、超高频系统和微波系统等。

5.1.1.2 云计算概述

所有物品接入使得网络上的信息量巨大，传统计算机已不足以应付，因此需要功能超级强大的中心计算机群，即当前各大 IT 巨头竞相研究的云计算。云计算是由一系列相互联系并且虚拟化的计算机组成的并行和分布式系统模式，把大量存储器容量和处理器资源集中在一起，统一管理并协同工作。它是分布式处理、并行处理、网络计算、网络储存和大型数据中心的发展和商业实现。云计算就是通过分布式计算机进行并行计算，充分利用空闲资源，节约成本，提高效率，相当于“超级大型机”。云计算技术的运用，使数以亿计的各类物品的实时动态管理变为可能。“云”就是计算机群，人们只需要关心上网发生的业务，不需要关心存储或计算发生在哪朵“云”上。

5.1.1.3 无线通信技术

(1) 1 G(First Generation)表示第一代移动通信技术，1995 年问世的第一代模拟制式手机只能进行语音通话。

(2) 2 G(Second Generation)表示第二代移动通信技术，1996～1997 年出现的第二代 GSM、TDMA(时分多址)等数字制式手机便增加了接收数据的功能，如接收电子邮件或网页，以数字语音传输技术为核心。

(3) 2.5 G 是基于 2 G 与 3 G 之间的过渡类型。它比 2 G 在速度、带宽上有所提高，可使现有 GSM 网络轻易地实现与高速数据分组的简便接入。

(4) GPRS 是一项高速数据处理科技，即以分组的形式将数据传送给用户。因此，GPRS 技术可以令手机上网省时、省力、省花费。打个比方，GPRS 就好比移动通信设备的非对称数字用户电路(ADSL)，而 GSM 就是普通固定电话线。

(5) 3 G(Third Generation)表示第三代移动通信技术。第三代与前两代的主要区别是在传输声音和数据速度上的提升，它能够在全球范围内更好地实现无缝漫游，并处理图像、音乐、视频流等多种媒体形式，提供包括网页浏览、电话会议、电子商务等多种信息服务，同时也要考虑与已有第二代系统的良好兼容性。近年发展的 4 G、5 G 技术更是全面支持了工业物联网的发展。

5.1.1.4 数据处理技术

在煤矿综合自动化建设早期基本只有通常的数据库，甚至不同子系统使用不同的、相互独立的数据库。综合自动化系统只是在信息传输方面实现了集成，各子系统实际上仍然是相互独立的，没有统一的数据平台。截至目前，许多煤矿的综合自动化系统仍有多个相互独立的数据库在运行，存在严重的数据集成问题。目前煤矿安全形势评价主要是人工填写调查表和数据，然后进行计算机辅助汇总分析。然而在操作过程中发现数据分散在众多子系统和数据库中，无法方便地提取所需数据，最后仍需要大量人工收集数据。这就是没有统一数据平台的弊端。其结果是数据都有，但无法利用，更无法进行信息融合、大数据分析和专家系统评价。

统一数据平台是智慧矿山发展的基本趋势，有利于实现智慧矿山信息增值利用，提高对矿山灾害和风险预兆分析预判的能力，从单一工作平台向多专业协同工作平台转变，从简单的集成服务向高级的智慧服务转变。大数据和云计算是统一数据平台应用的发展趋势。目前，有些煤矿或矿业集团已经开始建设自己的私有云和大数据，许多服务已经在云平台上实现，并逐步积累矿山大数据。矿山安全生产的严重挑战来自矿山的许多不确定因素，造成现有监测监控系统采集的数据可信度差、可利用价值低。这些数据往往会被直接丢弃。而统一数据平台有利于聚合大量低价值数据，形成大数据。专业人员可通过分析长期积累的数据得出具有统计规律的结论。

智慧矿山所需的统一数据平台与大数据技术体现为物体的语义描述、知识表达、信息融合、知识挖掘，实现信息充分利用。在此基础上，建立灾害隐患辨识模型，形成矿山安全信息判识、预警与控制机制，提高矿山安全性、生产效率及安全预警能力。要实现这些目标，多专业的协同工作是必不可少的。

5.1.2 国内外关于智慧矿山的发展现状

5.1.2.1 国外发展现状

矿山信息化建设在国外始于20世纪70年代，欧美发达国家在大型计算机系统下研发了矿井生产、计划、管理、制图、物资软件。这些软件的数据库管理语言和工作环境较差，远远不能与如今的计算机运行条件相比，因而使用起来很不方便。到20世纪80年代末，从矿山设计到生产管理的多个环节基本实现了计算机化。20世纪90年代至今属于“数字矿山”与“智慧矿山”全面发展时期。三维可视化技术、互联网技术、多媒体与虚拟现实技术、GPS、遥感技术迅速融入矿山信息化建设进程。加拿大的著名矿业公司从20世纪90年代开始研究远程采矿技术，目的是实现矿井的远程无人值守，最终获得了成功，该公司实现了可在几千米外的办公室对数千米深井下的采矿活动进行远程控制。加拿大也在数字化矿山和遥控采矿方面取得了令人瞩目的成就。澳大利亚在2001年开展的项目“勘察和采矿数据四维可视化”，用VRML和Java语言实现了一个四维可视化平台，主要目的是将矿井生产过程中的水文、地质、瓦斯、测量、设备、矿压等数据，高效、准确、快速地显示在计算机网络系统上，为矿山企业提供一个交互、易理解的与平台无关的煤矿虚拟环境，同时可以实现数据的分析与处理，并将其应用于生产活动。

世界上的矿业大国一直以来都非常重视矿井智慧化开采系统软件的研发与应用，投入了大量人力、财力开发了矿井勘探开发及矿山开采的系列软件，现已十分完善，并投入使用多年，给许多矿山带来了数以亿计的经济效益和不可估量的社会效益，极大促进了矿山智慧开采的现代化进程。

5.1.2.2 国内发展现状

智慧矿山概念2010年从西方发达国家传入我国，目前，我国大多数矿山企业都在为建设智慧矿山而不断加大信息化投入，但矿山是以矿产资源为开发对象的离散生产系统，作业场所是在地下，地质条件较为复杂，生产环境恶劣，五大灾害难以预测和辨识，较大事故经常发生。我国在矿山勘探、规划、设计、生产、管理、全过程监控等信息化领域与发达采矿国家的差距仍然很大，我国矿山企业一直没有对矿山信息资源进行系统的开发与利用，也没有形成系统性能可靠、信息数据丰富的矿山信息基础设施，智慧矿山建设困难重重。近些年，一些大型煤炭生产企业为促进矿山信息化建设，全面提高企业现代化管理水平，已建成了以矿区计算机局域网络为基础平台，安全生产监控系统和经营管理系统等为核心系统的企业信息化管理系统，初步形成了企业内部信息网络。

5.1.3 煤矿的物联网架构

信息化与工业化的深度融合，是深入落实科学发展观、走新型工业化道路、实现经济跨越式发展的必然选择，是工业化发展到更高阶段的重要标志。物联网技术是信息化的主要内容，煤矿企业是工业企业的典型代表，体现了工业化的进程。物联网为煤矿安全生产监督管理引入了新的理念、技术和方法。目前关于煤矿自动化、信息化，专家普遍认同的是煤矿大物联网概念，即将人、物识别和各类煤矿安全生产监控子系统均纳入煤矿物联网系统中。煤炭行业对国民经济具有重要的支撑作用，各行各业都把安全生产放在首位，煤炭行业尤其如此。物联网在煤矿中的应用就是通过各种感知技术、信息传输与处理技术，实现对煤矿进行可视化、数字化及智能化管理，实现煤矿地理、地质、建设、生产、安全管理、运销、生态等综合信息的全面数字化。感应器嵌入和装备到煤矿系统中时，可用于采集煤矿生产过程中发生的物理事件和数据，包括生产与安全的各类物理量、标识、音频、视频数据，也可感知煤矿人员、机械、环境方面的各种状态信息。感知技术、传输技术、信息处理、智能计算、现代控制技术、现代信息管理等与现代采矿及矿物加工技术的紧密结合，可实现对矿区煤矿煤仓、选煤厂、水仓、变电站等各个生产相关设备系统的感知和控制。现有的分散、独立、单一的网络监管平台提升为系统、开放、多元的综合网络监管平台，可实现对人员、机械、环境等物理系统的整合，实现煤矿安全管理中“物物互联、智能感知、物物互动、智慧处置”的设想，从而保证煤矿的生产安全。

煤矿物联网系统主要有三层结构：智慧感控层、异构网络层和数据处理层(图 5-2)。

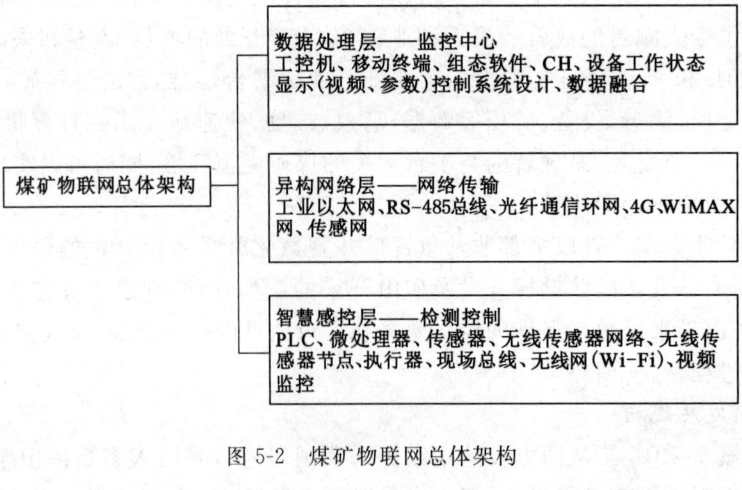

图 5-2 煤矿物联网总体架构

煤矿智慧感控层需要由大量的能够感知环境和机电设备的传感器构成，包括：风速、风量、温度、转速、振动、电压、电流、功率等传感器，CH_4、CO、CO_2、O_2、锚杆压力、钻孔应力、顶板离层环境等传感器，胶带机系统的跑偏、堆煤、烟雾、胶带打滑等传感器，煤仓料位计、水位计等传感器。目前正在使用的这些传感器由不同的生产厂商生产，接口协议不统一，有的甚至没有智能接口，因此需要对这些传感器的接口协议进行研究，实现多传感器的融合。为保证系统运行的可靠性，采用视频监控技术实时监控设备现场运行情况，并使用智能控制技术结合计算机控制技术实现对设备的控制。

异构网络层采用无线传感器网络、工业以太网、光纤网络、基于 4 G 的远程数据传输技术等多种网络的融合实现设备参数的有效、可靠传输。智慧感控层获得的数据通过异构无线或有线网络，全面接入矿山全自动远程监控体系中，为实现无人值守设备监控打下基础。以煤矿设备及环境的多信息、强关联、高混杂等特征为出发点，采取全面感知、主动获取、定时和实时相结合的方式处理矿区机械设备的放置场所与运行状况和生产环境的各类参数，以构建感知互动、自治高效和安全可信的煤矿无人值守设备的感知系统。研究面向煤矿设备应用环境下的信息感知多约束分配决策方法，以及如何在自组织的数据对象管理基础上实现流量感知、资源共享，从而建立适合煤矿设备全自动运行的多目标优化感知层模型和感知层架构。

数据处理层包括设备运行情况查看、设备调度和控制、数据报表打印和视频监控等。对设备控制采用智能控制、手持客户端控制以及人工操作三种方式结合，以保证对设备控制的稳定、可靠和灵活操作。

5.2 智慧矿山信息化系统构建

智慧矿山是全新的概念，与信息化矿山、自动化矿山、数字化矿山概念相比，具有其独有的特色。智慧矿山是基于地理空间信息、物联网、大数据、云计算、人工智能、数据仓库、三维空间模型、虚拟现实、智慧采煤等技术，通过集成应用各类传感器、自动控制系统、计算机软件，实现自动运行、智能决策、自主学习功能。智慧矿山是本质安全矿山、清洁矿山、高效矿山；是采矿技术、信息技术、通信技术、自动控制技术、3S 技术（遥感技术、地理信息技术、全球定位技术）、物联网技术、云计算技术和软件技术的综合运用；是矿山信息化、工业自动化的深度融合，是对安全隐患和危险源提前预知和防治，使整个矿山具有自我学习、分析和决策能力；是在数字化、信息化的基础上，实现安全管理的智慧化、生产管理的精细化、经营决策的科学化。

智慧矿山的信息化建设是智慧矿山建设的核心内容。信息化建设的目标是数字化、感知化、物联化、互联化、智能化和可视化。在此基础上，从“信息获取—信息传输—信息存储—信息使用”信息全过程的角度对智慧矿山建设目标进行分析，以此确定智慧矿山信息化建设目标。

(1) 信息获取：要实现矿山的数字化和感知化，矿山企业就需要将所有要素转化成为计算机可以识别的数字信息，这就需要全面建设企业信息化系统和设置大量传感器，只有这样才能确保矿井信息的及时、完整。

(2) 信息传输：要实现矿山的物联化和互联化，必须使用信息化系统和传感器将获取的海量信息通过矿井的工业以太网、4 G 移动互联网、无线传感网等进行及时有效的传输，故矿山的数据网络搭建和网络设备的铺设就非常重要。

(3) 信息存储:要实现矿山的物联化、智能化和可视化,需通过信息化系统和传感器获取实时数据进行统一集成处理,因此建立统一的数据结构、采用统一的数据描述、建立统一的数据库云平台显得尤为重要。

(4) 信息使用:要实现矿山的智能化和可视化,矿山企业需要科学地对海量数据进行分析和挖掘,使其为企业生产经营决策提供参考。

5.2.1 矿山地质综合信息管理系统

在矿产资源勘探、评估、矿山设计及生产的多个环节中积累了大量的矿山地质数据信息,分别以不同的介质保存以便为未来信息的管理及分析处理提供基础资料。对于矿山地质数据的传统管理做法是由各类地质图件、图表来表征,但是随着计算机技术的发展,矿山开始建立地质资料数据库、地质综合信息管理系统。地质资料数据库是煤矿地质信息管理及分析的基础,由于煤矿地质信息具有不确定性、多维性、时间和空间特性等特点,因此数据库的设计需要采用恰当的形式。

目前,我国大多数煤矿及设计院采用 AutoCAD 类的软件绘图,首先通过人工统计计算,然后通过 Office 软件编辑设计文档,设计工作无法协同。设计院采用的基础资料是一些无属性的二维图纸和简单的台账数据,这些信息既不精确,也不直观,更不能及时根据生产过程进行修正和更新。设计结果也不能自动可视化,更不能进行分析模拟和仿真。

因此,这种传统的设计方式不但设计效率低,而且很难检验其正确性和科学性,既不能满足数字矿山或智慧矿山建设的需要,更会直接造成设计与生产的严重脱节。

该系统以地理地测信息系统为基础,实现采矿、通风、供电、排水、支护、运输各专业的快速协同设计。系统通过简单的人机交互,就可以自动生成设计文档、二维图形和三维效果图,并结合软件的建模与可视化功能实现设计成果的三维组态仿真,实现了矿井设计的自动化、智能化和协同化,大幅度提高了现代化矿井的设计效率和设计质量,也解决了矿井设计与生产脱节的问题。

因矿山地质综合管理信息系统涉及的专业较多,需要配备较为全面的专业管理人员,如果该系统由各矿管理,因各矿配备的专业人员欠缺,随着人员流动,该系统的使用与维护有一定的难度,这样设置也不能从根本上减少人员配置,综合考虑,应该在集团层面设置综合的专业队伍,并配置较为全面的专业人员,各矿地质综合信息管理系统业务均由该专业队伍负责,可以有效提高管理水平和效率。从目前情况看,该部分业务交由设计院统一管理与维护较为合理,其他业务也可以采用此种模式。

5.2.1.1 系统硬件设计

(1) 数据库服务器

数据库服务器部署 Oracle 数据库,用于管理和存储各类数据。数据库服务器采用双机热备或虚拟化的方式确保数据安全可靠,云平台可以通过局域网或互联网实现。

(2) 应用服务器

应用服务器用于 Web 发布和非结构化数据存储,应用 Web 功能实现数据和文件的共享、角色定制、协同设计等。应用服务器采用双机热备或虚拟化的方式确保系统运行可靠。

(3) DBA 工作站

DBA 工作站主要由 DBA 用户用于对角色发布定制的管理。

(4) 各专业设计工作站

各专业设计工作站主要由各设计专业用户使用,用于完成相关设计工作。

(5) 三维可视化工作站

三维可视化工作站主要用于完成矿井模型的三维展示和设计成果展示。

5.2.1.2 系统软件设计

(1) 网络层

网络层既要满足企业数据内容的传输和通信要求,又要满足其对互联网的要求。通过数据库完成信息的采集、传输、保存、分析、控制和查询,需要保证信息的实时共享,从而更好地确保信息的安全、及时、可靠。

(2) 数据仓库

数据仓库不只是数据的简单堆积和匹配,其必须建立规范的结构,将海量数据规范集成,实现数据的共享和自动挖掘,从而消除矿山数据冗余和"信息孤岛",全面实现数据快速传送和查看。

(3) 基础平台

以地理地测信息系统为基础平台,实现图形的绘制与编辑、属性管理、GIS 分析,以及各专业设计图形的展示。

(4) 设计协同管理系统

在地理地测信息系统平台上,实现采掘、机电、通风、排水、运输、提升、支护等各专业的设计、计算、生图与分析。实现各类平面图、断面图、布置图、三维模型和设计文档的自动输出。

(5) 决策支持

集成各种三维模型对象,实现矿井地质和各专业设计成果的直观展示,并进行生产系统的三维组态仿真,为设计提供决策支持。

系统软件架构如图 5-3 所示。

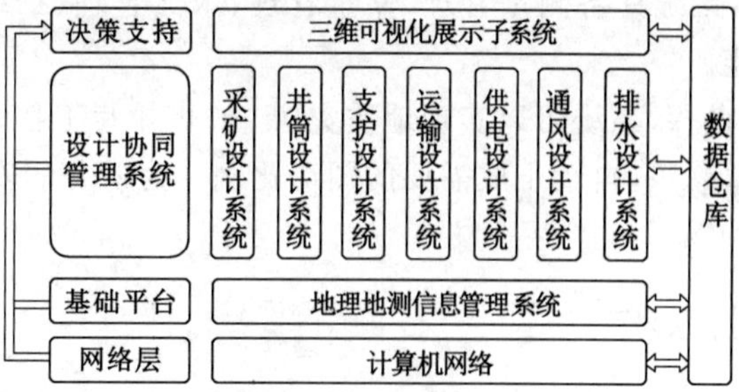

图 5-3 系统软件架构

5.2.1.3 地理地测管理信息系统的功能

地理地测管理信息系统是集管理信息系统(MIS)、计算机辅助设计(CAD)、地理信息系统(GIS)和三维可视化于一体的大型设计和应用软件系统,具有完善的 CAD 功能,先进的

GIS 功能，由数据库自动成图，由图自动建库，图库双向查询，能自动计算长度、面积和体积，强大的三维建模功能，以及面向专业应用的拓扑分析、网络分析、缓冲区分析、剖切分析等功能，可以完成矿井时空信息的精细化管理，为其他系统提供信息支撑。地理地测管理信息系统主要功能如图 5-4 所示。

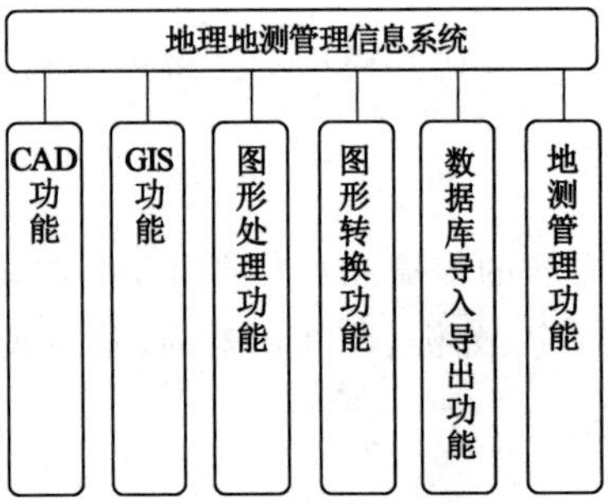

图 5-4　地理地测管理信息系统主要功能图

（1）CAD 功能：系统具有完善的工程绘图功能及相应的辅助功能，并且这些数据库可由用户自己定制和扩充；具有文件输出和转换等功能。

（2）GIS 功能：主要包括定义图形中对象的属性库、配置并查询其属性，方便用户管理图库；实现互查互动，同时用户可根据自己的需要建立或修改数据库，增加管理内容，方便用户扩展；实现缓冲区分析、网络分析、拓扑分析、流域分析等空间分析功能。

（3）图形处理功能：能够自动实现扫描图形的剪切、分离、拼凑，通过各种图形组合可以生成综合图；具备图形自动校准功能；可以对图形比例尺进行自动转换，同时保证图形符号的准确性；具备绘图符号库功能。

（4）图形转换功能：可实现图形的自动转换，同时保证图形数据的准确性。该系统与 AutoCAD 的兼容性非常好，而且可将系统的“.net”格式的图形完整地转换为国际互联网矢量标准的“.svg”格式图形，以便直接通过网络浏览并打开。

（5）数据库导入导出功能：可实现 DBF、MDB、SQL Server 等数据库的导入导出。

（6）地测管理功能：系统具备测量管理、储量管理、水文管理、三维可视化管理、精确储量计算、地质分析等功能。

通过精准的测量和勘探，系统可以实现地质灾害、矿井井巷工程、资源的准确计算和范围确定，并自动完成误差修正，自动生成需要的图形比例。为矿井的安全生产提供更可靠的地质保障。

5.2.2　智能决策支持系统

计算机技术的应用和发展，如科学计算、数据处理、管理信息系统的发展以及运筹学和管理科学的应用，为智能决策支持系统的形成打下了基础。智能决策支持系统（IDSS）是综合利用大量数据，有机组合众多模型（数学模型与数据处理模型等），通过人机交互，辅助各级决策者实现科学决策的系统。IDSS 使人机交互系统、模型库系统、数据库系统三者有机结合起来。它大大扩充了数据库功能和模型库功能，使那些原来不能用计算机解决的问题逐步变成能用计算机解决。

5.2.2.1 大数据分析平台建设

大数据概念于20世纪八九十年代起源于美国。2012年，美国政府投资巨额资金开启大数据研究和开发；同年联合国“全球脉动”(Global Pulse)项目组发布大数据开发的相关倡议，并深刻阐述了大数据开发面临的挑战和带来的机遇。

2012年12月，在北京中关村成立了大数据产业联盟，组建了大数据工程中心，国家有关部门也都在积极支持和鼓励大数据的研究和发展。大数据是一种通过信息技术手段解决问题的新方法，具有数据体量大、研究对象多样、数据类型众多、时空关系复杂、处理问题速度快等特点。

由于我国装备制造业的快速发展，矿山机械化、自动化、信息化水平越来越高。监测监控系统的有效使用使得我国煤炭行业事故发生率明显降低，安全生产水平进一步提升。安全生产的迫切需要促使互联网信息技术在矿山企业快速应用，从而为大数据在矿山领域的应用奠定了基础。

5.2.2.2 大数据在煤矿的应用

(1) 大数据可对煤矿五大灾害作出预警

大数据可应用于煤矿五大灾害预警，可减少水、火、瓦斯、煤尘、顶板事故的发生，降低事故造成的损失。截至目前，人类还未有效掌握五大灾害发生的规律和机理，也未准确地进行相应预警。大数据为事故预警提供了科学有效的方法，其可以通过对数据变化进行分析预判事故发生的可能性。

(2) 大数据可对煤与瓦斯突出作出预警

大量科学试验表明，在发生煤与瓦斯突出事故前期，矿井瓦斯涌出量、井下作业环境温度、有害气体浓度等会发生规律性的变化，同时伴有“吱吱”的响声等。故进行大数据的系统研究，通过对井下作业环境中有关煤与瓦斯突出的相关数据进行采集分析，就可以对煤与瓦斯突出事故作出科学预警。

(3) 大数据可对冲击地压作出预警

大量科学试验表明，矿井冲击地压事故发生前，矿井的采煤作业面压力会发生明显的变化，同时伴有响声、辐射等，故可通过对与发生冲击地压关联的压力、温度、风量等数据进行建模，从而科学地对矿井冲击地压事故作出预警。

(4) 大数据可对煤矿大型重点机械设备故障进行诊断

矿井采煤、掘进、运输、供电、通风、排水等使用的大型设备出现故障，严重影响矿井的正常生产，甚至可引发重大灾害事故，故研究和使用大数据对大型设备故障的诊断意义重大。

5.2.2.3 综合分析决策子系统建设

综合分析决策子系统对矿山运行的关键指标(KPI)以各种常见的图表(仪表盘、进度柱、预警雷达、比例图)形式进行图形化展示，对生产经营活动中的关键要素指标作出采集和分析预警，为矿井各部门管理人员提供可靠的决策依据。其具体功能如图5-5所示。

(1) 预警信息分析

各个业务主题根据指标体系进行预警，达到预警级别时自动发出预警信息，可根据预警信息迅速定位到问题所在。

(2) 生产信息分析

该模块反映煤矿生产情况是否正常，主要对原煤、商品煤、装车、进尺、外购、洗选原煤、

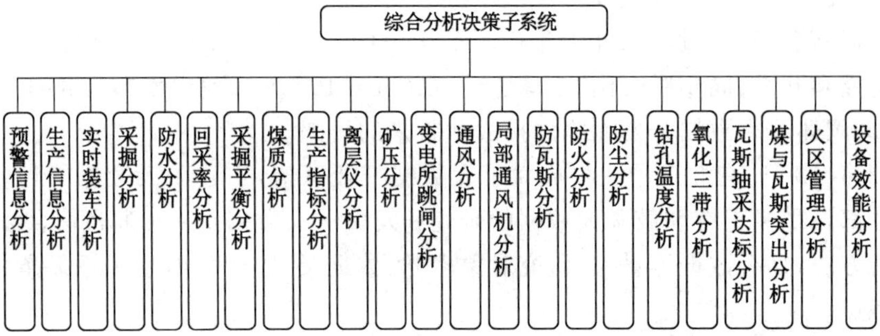

图 5-5 综合分析决策子系统功能图

洗选商品煤、原煤煤质、商品煤煤质、外购煤煤质等关键生产指标进行分析。从日、周、月、年四个时间维度对生产信息进行分析，为了反映生产情况的正常与否，系统设计了预警机制，使煤矿生产处在监控之下。

(3) 实时装车分析

该模块对装车和列车信息进行分析，包括车辆到车时间、装车时间、车辆吨位、装车列数、计划装车列数、未装车的列数以及每列车的详细信息。

(4) 采掘分析

该模块以采煤工作面、掘进工作面为主线进行相关业务的分析，含现状、接续、本月影响、累计影响、日推进、月推进、回采率、综采设备情况等。

(5) 防水分析

该模块的具体功能包括水泵房排水分析、地面水文观测孔分析、涌水量与相关因素曲线分析，其中水泵房排水分析包括日水量变化预警分析、月水量趋势等。

(6) 回采率分析

依据国家和行业相关标准，对矿井采区、采煤工作面的回采率进行分析，确定不符合回采率要求的原因及对策，同时将不符合相关回采率要求的作业面进行特殊标记。

(7) 采掘平衡分析

该模块通过对三量可采期、万吨掘进率、采掘比三个指标进行统计分析来监测采掘关系是否正常。煤矿的生命在于持续均衡，采掘平衡是煤矿的生命线。

(8) 煤质分析

该模块对水分、发热量、硫分、灰分等煤质指标进行统计分析，包括对计划值、实际值、加权平均值、预警信息、均方差、趋势图等的分析。

(9) 生产指标分析

该模块对矿井单产、单进、全员工效、回采工效、原煤电耗、采掘机械化程度、掘进机械化程度等指标按照国家标准算法进行自动提取数据及汇总计算，并进行指标值发布、同比分析、环比分析、最大值分析、趋势分析。

(10) 离层仪分析

该模块的主要功能包括：对顶板离层仪的深孔、中孔、浅孔的日常读数进行分析；建立分析模型，对同一巷道内的所有离层仪数据按位置进行分析；对某一离层仪的历史数据进行预警值、异常值和趋势分析。

(11) 矿压分析

矿压分析包括按距离分析、按时间分析和利用液压支架横向拉杆和立柱压力进行建模分析，从而对采煤工作面初次来压、周期来压步距、正常矿压条件下的采煤工作面推进长度、顶板压力强度、平均压力值、变化曲线图等作出详细分析。

(12) 变电所跳闸分析

该模块从时间序列、空间序列、原因序列上对变电所、高压柜的跳闸时间及跳闸原因进行分析，挖掘内在的原因及趋势。

(13) 通风分析

该模块对矿通风信息、测风站风量异常预警、测风站风速异常预警、切换次数、风压预警、外部漏风率、有效风量率、等积孔、当月通风设施完成情况和矿井通风最大流程等进行分析，并实现各矿横向对比分析。

(14) 局部通风机分析

该模块主要功能包括采掘工作面的局部通风机风筒长度与漏风率关系分析，自动切换试验与无计划停电停风关系分析，风量风速与局部通风机启停参数分析等。

(15) 防瓦斯分析

该模块主要功能包括矿井相对瓦斯涌出量分析、矿井绝对瓦斯涌出量分析、瓦斯日报异常点分析、瓦斯超限分析。

(16) 防火分析

该模块主要功能包括对密闭内通过束管监测系统获取的采空区数据，按照煤层自然发火理论进行特征气体分析，对采空区遗煤发火阶段进行异常报警和趋势分析，以及对CO浓度超限特征进行分析预警。

(17) 防尘分析

该模块主要功能包括煤尘爆炸性指数分析、全尘爆炸分析、呼吸性粉尘的职业卫生分析、粉尘监测点的合格率分析。

(18) 钻孔温度分析

该模块对上覆残留煤层钻孔温度的最大值、最小值、极差、日均值与指标体系的预警值进行对比分析并产生预警信息。

(19) 氧化三带分析

该模块对氧气窒息带判定浓度、氧气氧化带判定浓度、氧气散热带判定浓度进行分析，并以图形的形式分析、挖掘数据中隐含的规律。

(20) 瓦斯抽采达标分析

该模块对抽采钻孔、抽采工程、抽采系统、抽采指标、瓦斯利用等进行分析。瓦斯抽采工程主要是针对抽采计划与实际抽采量的对比分析，瓦斯实际抽采量用瓦斯利用率之间的对比进行分析。

(21) 煤与瓦斯突出分析

该模块主要功能包括煤层突出鉴定、区域预测、区域效果检验、石门揭煤、局部-掘进工作面预测、局部-采煤工作面预测、四位一体防范措施等功能。

(22) 火区管理分析

该模块对新增、注销火区数量和火区面积的按月变化趋势进行分析。

(23) 设备效能分析

根据矿井各生产系统设备的运行参数,按系统、按环节、按设备进行综合运行分析,提出设备维修预测系统优化示范改造和设备更新建议;对设备停机进行分析。

5.2.3 智慧矿山信息化标准化系统

目前,国家或者行业未颁布过智慧矿山信息化标准,但是制定了信息化相关标准。在智慧矿山信息化标准化构建过程中,要以已颁布执行的信息化相关的行业标准、国家标准乃至国际标准为依托,严格遵循强制性标准,积极借鉴推荐性标准。

5.2.3.1 基本概念

智慧矿山信息化标准化是为了确保智慧矿山信息化建设顺利开展,获得最佳秩序和效益,对智慧矿山信息化建设过程中出现的共同重复使用的术语、信息技术、开发方案、编码规则等概念和事物进行规范化说明的活动,包括信息化标准的制定、贯彻和升级等过程。智慧矿山信息化标准化包含以下三个层面的含义:

(1) 最佳秩序是为了确保智慧矿山信息化项目的经济性以及项目质量的提高。标准化为信息化项目投资提供一定保障,有助于煤矿企业实现内部信息共享乃至整个煤炭行业的系统互联互通,大大增强项目投资收益率。智慧矿山信息化项目需要各类专业性技术人员,信息化标准化通过不同的标准规范对相应的技术人员提出必要的规定,避免了由于人员技术能力的差异而造成的信息化项目质量下降。

(2) 智慧矿山信息化标准化贯穿信息化项目建设全过程。智慧矿山信息化标准化活动包括两个方面的含义:一是信息化标准从制定到贯彻再到升级的活动过程;二是利用信息化标准指导信息化建设的行为体系。智慧矿山信息化建设包括多个环节,智慧矿山信息化标准化最终目标的实现是要将标准化的制定行为贯穿到规划、调研、开发、实施、运行和维护等建设环节中,信息化标准需要既能满足这些环节的管理、技术要求,又能够促进新一代信息技术的应用和推广。

(3) 智慧矿山信息化标准化的最终目标是提高煤矿企业的经济效益和社会效益。智慧矿山信息化标准化能够保障煤炭行业实现信息共享和系统互联互通,提高了智慧矿山的信息化水平,节省了一定的经营管理费用,提高了投资收益率,从而提高了煤矿企业的经济效益。智慧矿山信息化标准化具有网络外部性,随着采用该标准的企业越来越多,其发挥的价值越来越高,在传统行业中能够起到模范带头作用,有助于提高煤矿企业的社会效益。

5.2.3.2 系统特点

智慧矿山信息化标准化系统具有以下特点:

(1) 开放系统

智慧矿山信息化标准化系统与外界环境进行物质、能量和其他信息的交换,是一个开放系统。该系统具有特定的功能和结构,将从外界环境中输入的能量、物质和其他信息经过加工转换,生成新的能量、物质和其他信息,再输出到环境中,从而作用于环境。

(2) 复杂系统

智慧矿山信息化标准化系统涉及内容比其他领域的标准化内容广泛,包括信息技术、数据格式、编码规范、信息安全等多方面内容。这些虽然处在同一个大系统中,但缺乏共性,使得标准内容复杂、种类众多,为标准的协调、统一带来一定的困难。由此可知,智慧矿山信息化标准化系统是一个复杂系统。

(3) 动态系统

作为一个与外界环境互相作用的系统,智慧矿山信息化标准化系统必定是一个动态系统。一方面,智慧矿山信息化标准的形成是一个循序渐进的过程,由于外界环境或利益主体需求的变化而废止标准或重新制定标准;另一方面,随着信息技术的发展,智慧矿山信息化建设的不断改进,智慧矿山信息化标准化也要随之升级,使之既能适用智慧矿山信息化建设的现状,又有一定的前瞻性。

(4) 经济系统

智慧矿山信息化标准化系统是一个经济系统。一是智慧矿山信息化标准化系统始终受到主体人有目的、有意识地决策和控制,使其朝着所希望的目标发展;二是智慧矿山信息化标准化系统始终受到社会环境、政治因素、资源条件、技术条件等不确定因素的影响;三是智慧矿山信息化标准化系统的活动无法重复再现。

5.3 物联网综合管控平台研究

物联网在很多行业应用,其感知层的主要功能就是采集物体属性等信息,而煤矿普遍认同的是大物联网概念,主要特点体现在感知层。其不仅要采集物体属性,而且要采集物体和设备运行状况等多种物理量以及环境参数等信息,还要完成对设备及其执行机构的控制。因此煤矿物联网感知层具有感控一体的特色。

煤矿物联网感知层利用集成信息化思想,将矿井各生产环节的设备监控融为一体,将覆盖需集中监控的煤矿主要生产环节和安全监控的整个过程。进一步利用工业以太网,在地面中央信息中心控制室实现对全矿井各生产环境和设备的监视和控制,实现生产控制的实时数据库和信息管理的关系数据库的接口,实现信息系统对生产数据的无障碍存取。从而便于相关人员随时了解安全、生产、人员等各种信息,实现全矿井统一调度、统一管理。

矿山物联网综合管控是对生产场景的实时感知,信息通过信息传输系统传输到矿山云计算平台,采用 SaaS 技术框架实现应用服务模块化设计、平台设计,具有可配置性、扩展性、兼容性和开放性的特点,方便移植与应用复制,以适应新应用、新业务需求的不断变化。

5.3.1 煤矿调度指挥系统

目前煤矿调度室主要用于煤矿安全生产信息显示、电话调度指挥等,煤矿井下供电、排水、通风、压风、运输、提升、采掘、瓦斯抽采等主要生产环节有大量的作业人员。一旦发生瓦斯爆炸、透水、火灾等事故,就会造成大量人员伤亡。煤矿企业有必要采用先进、可靠的监控技术,以实现供电、排水、通风、压风、运输、提升等固定岗位无人值守与地面远程控制,以及综采、综放等采煤工作面少人作业与地面远程控制等。因此,建立煤矿调度指挥控制中心,不但具有煤矿安全生产信息显示、电话调度指挥等功能,还具有供电、排水、通风、压风、运输、提升、采煤等远程控制功能,减少煤矿井下作业人员,并具有联动报警功能。当监测到异常状况时,能够进行声光报警、图像抓拍与记录、语音广播与记录、应急预案响应等。

为便于管理,降低维护成本,煤矿应将计算机网络机房、程控交换机机房、调度交换机机房、监控系统机房等统筹考虑,建立统一的数据中心,并临近煤矿调度指挥控制中心。

矿井生产环境的特殊性决定着井下作业对生产管理具有非常高的实时性要求，生产管理人员、电机车司机、皮带维护工和其他流动人员与生产调度室及时取得联系，将生产线的各种情况上报生产调度室，以实现统一指挥调度。

调度系统的主要功能包括：调度操作（呼叫、禁话、强插、强拆、代接、监听、组播、广播、会议、夜眠、IP 联动话机）、监控功能（通话、振铃、呼叫、视频等）和管理功能（系统管理、分组管理、账号管理、权限管理、热线管理）。

对井下调度系统要求：① 通信及时。事故发生具有不可预测性，险情多种多样，这就要求调度系统对井下人员和生产情况能及时反映，以便作出正确的决策。② 兼容性强。调度系统庞大，由很多公司提供不同系统的设备，各个子系统之间的兼容性也是一个巨大的问题。

NCS-MD 新一代多媒体指挥调度系统应用于由多个煤矿组成的集团企业，便于集团企业加强对下属煤矿的统一管理，平时可以统一监控、管理、调度，发生紧急事故时可以远程应急指挥调度。

5.3.2 基于矿山物联网的安全监控系统

煤矿安全监控系统具有对甲烷浓度、一氧化碳浓度、二氧化碳浓度、氧气浓度、风速、风压、温度、烟雾、馈电状态、风门状态、风筒状态、局部通风机开停、主通风机开停等进行监测的功能，并实现甲烷超限声光报警、断电和甲烷风电闭锁控制等功能。

为满足煤矿安全高效生产的需求，煤矿安全监控系统除应具有上述功能外，还应具有瓦斯超限预控、煤与瓦斯突出预警等功能。瓦斯超限预控就是根据实时监测的甲烷浓度，调节采煤机割截速度，控制瓦斯超限，减少断电对煤炭生产的影响：当甲烷浓度接近断电浓度且继续上升时，降低采煤机割截速度；当甲烷浓度较低且继续降低时，在采煤机最大允许割截速度下提高采煤机割截速度。煤与瓦斯突出预警就是根据煤层瓦斯压力、甲烷浓度、综合指标、钻屑瓦斯解吸指标、复合指标、R 值指标，瓦斯涌出量（根据甲烷浓度和风量计算）、微震、温度等及其变化，以及巷道位置等对煤与瓦斯突出进行预警。

基于矿山物联网的安全监控系统包括井上部分和井下部分，主要由以下几部分组成。

5.3.2.1 系统中心站

（1）环境监测：对甲烷浓度、一氧化碳浓度、氧气浓度、风速、岩煤温度、顶板压力等的监测。

（2）生产监控：对井上、井下主要生产环节的各种生产参数和重要设备的运行状态参数（煤仓煤位，水仓水位，供电电压、电流、功率，水泵，开关，采煤机，磁力启动器的运行状态和参数等）的监控。

（3）中心站软件：具有测点定义、测量参数显示、曲线显示、图形生成、数据存储、故障统计和报告打印等功能，此外还具备联网功能。

5.3.2.2 局域网络

使用各种手段如有线网络、无线网络等方式进行通信，且网络的部署必须避免复杂地形情况、信号衰减严重等问题。

5.3.2.3 井下分站

井下分站形式多样，一般都要从以下功能考虑：开机自检和本机初始化功能；通信测试功能；自动控制功能（实现断电仪功能、风电甲烷闭锁功能、甲烷管道监测功能和环境监测功能等）；死机自动复位功能，且可以通知中心站；自动识别配接传感器类型；超限报警功能。

5.3.2.4 传感器

在矿井入口处安装不同类型的传感器，可对声音、频率、图像等信息进行监控。任何人员接近入口，传感器都会对其进行扫描，并将数据交由数据处理单元进行处理。若未持有合法员工 ID，则会由动作单元发出警告，并自动通知矿井安保人员。

物联网技术能够真正意义上实现煤矿生产的信息化管理，在安全高效的前提下，对煤矿生产的各个环节进行控制，确保生产的顺利进行，提高生产效率，降低管理成本。然而，煤矿作业主要在井下，煤矿井下有瓦斯等爆炸性气体以及粉尘、潮湿、淋水等情况存在，空间狭小、巷道弯曲且存在分支，瓦斯、水、火、顶板、煤尘、爆破、运输、机电等事故威胁着煤矿安全生产。

煤矿物联网设备应具有防尘、防水、防潮、防腐、耐机械冲击等性能。即煤矿物联网设备应具有较强的抗故障能力，当系统中某此设备发生故障时，不会造成整个系统瘫痪，其余非故障设备仍能继续工作。煤矿井下空间狭小，因此，要求煤矿物联网设备的体积要小，特别是天线体积不能很大，便携式设备更要注意设备的体积和质量。煤矿物联网设备应具有较强的电源电压波动适应能力，特别当电网停电时，应由备用电源维持不少于 2 h 的正常工作。以上特殊性制约着地面物联网技术直接在煤矿井下的应用。因此，需要针对煤矿井下特殊性和煤矿安全生产需求，完成如下功能对接：

(1) 建立煤矿物联网信息编码、传输、处理等标准。煤矿物联网涉及提升机、电机车、胶轮车、通风机、水泵、压风机、移动变电站、电气开关、变压器、掘进机、采煤机、刮板输送机、液压支架、液压泵站、转载机、破碎机、带式输送机等大量机电设备对生产、运输、仓储、使用、维护等全过程监管，因此，需要研究制定煤矿物联网信息编码、传输、处理等标准。

(2) 研制煤矿物联网监管。需要研制煤矿物联网，加强防爆电气设备等矿用安全标志准用产品生产、运输、仓储、使用、维护等全过程的监管，避免假冒机电产品在煤矿使用过程中造成事故。

(3) 研究矿用重大关键设备生产、运输、仓储、使用、维护等全过程管控。掘进机、采煤机、刮板输送机、带式输送机、提升机、电机车、胶轮车、通风机、水泵、压风机、移动变电站等大型机电设备正常运行是煤矿安全生产的重要保障。因此，需要研制煤矿物联网，实现矿用重大关键设备生产、运输、仓储、使用、维护等全过程跟踪管理和健康诊断，为煤矿安全生产提供快速有效的物资保障，优化采购和库存，降低成本。

(4) 研究煤矿井下人员定位、自动识别与培训监管。现有煤矿井下人员位置监测系统在遏制超定员生产、防止人员进入危险区、及时发现未按时升井人员、特种作业人员管理、干部下井带班管理、考勤管理、应急救援、事故调查等方面发挥着重要作用。但现有系统仍不能满足事故应急救援和煤矿井下作业人员管理的需求，需研究煤矿井下人员精确定位、虹膜和人脸自动识别、安全培训和上岗证管理信息化等，通过在人员出入井口设置虹膜和人脸等检测装置检测入井人员特征，与上岗培训时的虹膜和人脸数据库资料对比，没有取得上岗证的人员不允许下井，特殊情况（如上级检查等）需经有关领导批准并记录。

(5) 研究基于物联网的无人工作面地面遥控技术。目前采煤工作面能够做到工作面有人巡视条件下的回采巷道遥控和记忆割煤，但不能自动识别煤岩，不能实现工作面无人控制。因此,需要研究煤岩分界识别技术和仪器,研究液压支架、采煤机、刮板输送机精确定位技术,进一步提高监控的可靠性,实现无人工作面地面遥控。

(6) 研究瓦斯检查工、安全检查工、电钳工、爆破工、绞车司机、采煤机司机、水泵操作工等及其操作设备、作业环境人-机-环闭锁控制。持证上岗、专人操作、防止瓦斯爆炸事故的风电甲烷闭锁、防止带电作业的机电闭锁、防止爆破事故的一炮三检和三人连锁爆破、及时发现事故隐患的定时巡检等是煤矿安全生产的重要保障。因此,需要研究煤矿物联网环境下的人-机-环闭锁控制。

(7) 研究煤炭产、运、销、用全程管控。煤炭长期储存会自燃,煤炭短缺会影响发电、钢铁、建材和煤化工等产业,煤炭供求关系直接影响着市场价格等。因此,需要通过煤矿物联网监控煤矿的煤炭产量、煤种、煤质和库存等,跟踪铁路、船舶、公路等运输,掌握发电厂等煤炭用户的煤炭库存和用量,实现经济调度,供需平衡。

(8) 研究煤矿重大灾害预警技术。煤矿重大灾害预警是保障煤矿安全生产的重要措施。现有煤矿安全监控系统具有瓦斯等实时监测、报警与断电功能,部分系统具有瓦斯、火灾、冲击地压等重大灾害预警功能,但预警准确率较低,难以满足煤矿安全生产需要。因此,迫切需要提高煤矿重大灾害预警准确率,研究基于物联网和煤矿安全监控系统的瓦斯、火灾、冲击地压等灾害预警技术。

(9) 研究应急救援装备与救护队等管理。应急预案、救援装备、救援队伍等是及时有效救援的保障。因此,需要研究煤矿物联网技术,为煤矿事故应急救援提供及时、有效的支持。

5.3.3 矿山灾害预警与救护系统

煤矿井下灾害预警系统在空间上呈立体分布、时间上呈动态发展,有其独特的运行特性。该系统具有随机性与模糊性、动态性、灾害相关性、致灾因子危险状态对所处环境的依托性,以及危险物质存在状态的局部偶然性等显著性特点。在正常生产条件下受到通风系统、煤岩环境、生产设备和设施、生产工艺等诸多因素的综合作用,使系统各组成因素的状态在可接受的波动范围内存在和变化。

矿山灾害预警系统将人员定位及考勤、无线通信、网络视频、IP 语音调度系统融合到一个系统中,实现多信号的同网(以太网)传输。该系统的主要功能为:对生产过程中产生的异常和故障情况进行统计;主通风机、井下排水系统等能在有瓦斯突出、透水、火灾等灾害发生时自动转入灾害运行模式;利用安全监测监系统进行事故预警,并利用人员定位系统、无线通信系统和 IP 语音调度系统及时给相关人员发出预警信号,最大可能地降低事故的发生概率和降低事故损失;利用人员定位和考勤系统对井下、井上的人员分布作及时的了解,当设备或系统发生故障时,能自动通知最近的维护人员前往故障点排查事故,并对维护人员的出勤情况进行统计。

避险系统就是根据煤矿生产存在的火灾、爆炸、有害气体等危险采取相应的措施,并构成避灾逃生系统。避险系统一般有以下几种:

① 个人灾害防护装置和设施,使用自救器进行避灾避险。

② 矿井灾害防护装置和设施,使用避难硐室进行避灾避险。

③ 矿井灾害救生和逃生装置和设施,使用井下救生舱进行避灾避险。

设置煤矿井下紧急避险设施时要考虑四个方面因素,即避险设施的设置位置、容量、安全防护时间、控制的O_2和CO_2浓度。

(1) 设置位置。由于多数固定式避难硐室是在矿井建设完成后构建，而移动式救生舱在固定式避难硐室建成之前设置，避险设施应位于正常避灾路线上，必须是救护队容易到达的地点且周边岩体安全、支护良好。

(2) 容量。避险设施的容量应满足服务区域全部人员紧急避险的需要，因此紧急情况下需要使用避险设施的人员数量就应是避险设施的容量。

(3) 安全防护时间。避险设施安全防护时间主要根据灾害事故发生后矿山救援所需时间确定。

(4) 控制的O_2和CO_2浓度。避险设施控制的O_2和CO_2浓度应在人体可接受的水平。一般将O_2浓度控制在19.5%～22%，CO_2浓度控制在低于0.5%的水平。

应急救援系统主要由应急指挥中心、现场指挥中心、支持保障中心、媒体中心、信息管理中心组成。

(1) 应急指挥中心。应急指挥中心成员数量和职责可视不同地区、不同事故状况而定，该中心是一个灵活机动的机构，可根据具体事故情况采取相对应的成员结构。

(2) 现场指挥中心。现场指挥中心是事故指挥部及其工作人员的工作区域，也是应急战术策略的制定中心，通过事故评价、战术设计、对策制定、应急资源调用，确保通过应急对策的实施、与应急指挥中心管理者的实时联系来完成事故的现场救援行动。

(3) 支持保障中心。在整个应急救援过程中有应急前方力量的存在，也就必然有后方力量的支持，以提供前方应急所需要的物质和人力资源，保证救援行动的顺利进行，如果支持不足可能会影响伤员的救治而导致事故现场失控。因此建立完善的救援支持保障机构是充分和必要的。

(4) 媒体中心。媒体中心的设计主要包括中心的位置和规模、中心的配置这两个主要方面。媒体中心设计的合理与否会直接影响其效率和事故单位的形象，因此，在进行媒体中心设计时必须考虑众多因素。

(5) 信息管理中心。信息管理就是指将信息作为一种资源来管理，研究信息的获取、加工、存储、报导、传递等，主要内容包括信息需求分析、信息资源建设和信息资源开发利用三部分。

5.3.4　矿山物联网实时监控系统

煤矿安全生产关系到国家经济的发展和人民群众的生命财产安全。如何强化煤矿安全管理模式，实现管理的现代化、数字化已成为国内外煤矿企业关注的重点。基于物联网的全面感知、可靠传送、智能处理特点，物联网技术已在公共安全、邮政物流、智能交通、智能农业、工业监测、智能图书馆等多个领域取得了广泛的应用。将物联网技术应用于煤矿生产过程中，不仅能够提高煤矿的安全生产水平，同时也能推动其信息化、数字化发展。

5.3.4.1　物联网对矿山人员的实时监控

矿井人员定位安全管理系统的工作原理是应用射频识别技术及计算机通信技术，在井上调度室设置中心控制计算机系统，在井下相关位置布置矿用人员定位分站，同时在需要精确定位的区域布置矿用射频定位器。定位分站和中心控制计算机系统之间车辆、设备等目标分别携带矿用人员定位射频卡，实现对被识别对象的目标定位和无线寻呼。

煤矿矿区综合信息化系统是将先进的自动控制、通信、计算机、信息和现代管理等技术相结合，将企业生产过程的控制、运行与管理作为一个整体，提供整体解决方案，以实现企业的优化运行、控制与管理，从而提高企业核心竞争力。综合自动化是煤矿实现高产高效的有效手段，对提高煤矿的生产运行状况、安全水平、事故灾害预测预报以及生产业务管理具有重要的作用。在矿井巷道的进出口、交叉道口、工作面、重要硐室、危险场合(如盲巷等)、地面主要出入口等位置安装监测分站。当携带射频标签的人员进入监测分站检测范围，或从监测分站附近通过时，监测分站可以将相关人员的身份信息读出并传送回控制中心。控制中心计算机将收到的信息显示在屏幕上，同时保存到数据库，以备随时查阅。结合井下电子地图，可以显示某个区域内人员的数量和分布，显示指定人员的移动路线，对指定人员进行定位和跟踪，查询某一历史时刻的定位信息。移动目标定位、跟踪技术可以使地面管理人员全面、及时地掌握井下整个矿区人员的数量和分布情况，提高了管理效率，实现了对矿井人员实时、全面的定位、跟踪，保证了安全生产的顺利进行。

在井下的一些重要硐室、危险场所(如盲巷等)等禁止进入区域设置监测分站，当有非授权人员进入时，系统会立即给出提示和警告，阻止人员进入，防止危险情况发生，同时将相关信息记录保存。跟踪安全监测人员在井下的运动轨迹，记录他们在各区域及各监测点的停留时间，从而保证安全监测工作的严格执行。在每一班末，对当班人员进行清点，如发现有人员丢失则报警，以便值班人员核查。如果发现人员在井下工作超过规定时间，系统自动报警并给出相关人员的名单等信息，同时通过射频标签报警以通知相关人员。在检修、报警或事故人员需撤离时，及时统计人员分布情况，及时发现丢失人员并采取相应措施。当矿井发生紧急事件时，可以及时对丢失人员进行统计，查询事故现场附近的人员信息，查询相关人员的定位信息，快速确定人员的准确位置，以便及时、有效地开展搜救工作。发生紧急情况时，可以在几秒钟内通过紧急告警信号通知井下所有人员紧急撤离危险区域，也可以为指挥人员提供井下各区域人员的实时分布信息。当系统通信不能恢复时，为指挥人员提供井下各区域人员的最近历史分布信息，帮助指挥人员制订应急方案。依托矿井工业以太环网的高速控制网络，通过推进矿井生产过程控制，促进企业综合信息化，即实现数据采集自动化、业务信息集成化、信息管理网络化，最终实现煤矿管理决策科学化、现代化和智能化。

5.3.4.2 物联网对矿井环境的实时监控

煤矿井下生产系统复杂、工作场所黑暗狭窄、采掘工作面随时移动、地质条件不断发生变化，这就要求对煤矿的生产环境进行准确监控，主要包括对井下空气的监测、对井下设备的监测、对采空区域内各种环境的监测等。

煤矿安全监测监控系统用来监测甲烷浓度、一氧化碳浓度、二化碳浓度、氧气浓度、风速、风压、温度、烟雾、馈电状态、风门状态、风筒状态、局部通风机开停、主要通风机开停等，并实现甲烷超限声光报警、断电和风电甲烷闭锁控制等。基于物联网的安全监控系统主要用来监测空气质量以及设备的运行情况，具体来说就是对井下空气中的甲烷、一氧化碳、二氧化碳浓度的监测，同时监控风速、温度等环境参数，并实时监控地面、井下各种设备的开停、馈电等状态，为煤矿生产提供实时的、连续的、远程的管理。

随着各个煤矿高强度的采掘作业，采空区逐渐增多，加之不少矿井为前进式开采，所开采的煤层均具有自然发火性，因此矿井采空区防灭火工作显得越发重要。为综合治理好采空区内自然发火现象，矿井在封闭墙上均留有观察孔，装有U形压差计。通过人工观察压差变化以及取样化验来测定采空区内部气体状况，从而制订与之相配套的采空区防灭火措施。在进行人工现场观测封闭墙的时候，采空区内气体涌出一直是一个重大危险源，封闭墙若有破损就会在四周积聚大量高浓度甲烷、一氧化碳以及其他有毒有害气体，稍有不慎就会危及职工的生命安全，造成重大人身财产损失。采用封闭墙在线监测监控系统实时监测封闭墙内外温度、压力、甲烷和一氧化碳浓度变化等情况，作为矿井瓦斯综合治理的一部分。封闭墙在线监测监控系统主要用来监测煤矿井下采空区内的各种环境参数，包括采空区域内甲烷浓度、一氧化碳浓度、正压、负压、温度及封闭墙外甲烷浓度、一氧化碳浓度各种数据参数，并把这些采集到的数据实时送往地面中心站进行显示、控制和超限报警等处理。

基于物联网的安全监控系统一般分为井下和地面两部分，井下部分都要利用各种设备来收集有效数据，然后传送到地面中心站。地面中心站主要负责接收从井下传输过来的数据然后通过地面监控子系统对各种数据进行分析处理，以曲线、图形或报表等形式显示数据，并支持各种查询统计功能。

5.3.4.3 物联网对矿山物理系统的实时监控

煤矿生产系统比较复杂，要实现对整个煤矿的实时监控，就要关注煤矿的生产环节，这样就可以杜绝领导指挥与矿井实际生产情况相脱节的现象，实现了网络控制与矿井实际同步，真正推动了煤矿安全生产“物联网”的发展。

基于物联网的数据上传系统，能够利用计算机网络、通信、数据库等技术，把煤矿监控系统采集到的甲烷浓度数据和人员定位系统采集到的人员信息数据等传送到上级管理部门，以便建立上级部门与煤矿之间的联系。通过上传的各种数据，上级管理部门能快速地掌握下属各煤矿的生产情况及安全形势，实时预测煤矿的潜在危险，及时发现事故隐患并进行排查整改，为进一步制定管理决策提供了强有力的支撑。

基于物联网的工业电视监控网络系统也是煤矿安全生产“物联网”的重要组成部分。该系统主要由前端摄像单元、传输线、视频光端机、视频分配器、视频服务器及大屏显示系统组成。地面摄像头选用进口自动转换数字一体化摄像头，配可变镜头或定焦自动光圈镜头，可以完成推远拉近、焦距+、焦距-、光圈大小的调节。地面图像信号采用光缆传输到地面调度室，其中井口车场的图像信号还传输至井口绞车房。煤矿工业电视监控中心设在矿办公大楼调度室，特别是在井口绞车房设有分监控室，实时显示井底车场的人员流动情况，工作人员可以根据调度监控画面的情况进行操作，从而有效避免事故的发生。工业电视监控网络系统采用国内外先进的各种监控设备，在井下采煤工作面、煤仓、带式输送机以及地面重要区域安装摄像头，将收集到的图像、视频传输到调度室。利用工业电视网络监控系统，地面监控调度人员可以直接对井下各个环节进行实时监控，及时发现问题及时解决。

基于物联网的核子秤系统是一种非接触式的计量原煤产量的装置，可连续自动测量带式输送机上散装物料的流量和累计质量，适用于煤矿井下有瓦斯或煤尘爆炸危险的场所。核子秤是依据射线在穿透物料时的吸收特性而研发的，其工作原理是：带式输送机输送原煤时，放射源稳定地放射出呈扇形辐射的射线，射线照在带式输送机的煤炭层上，一部分被带式输送机上的煤层阻挡吸收，另一部分穿过带式输送机上的煤层照在煤层下面的射线探测器上(气体电离室)，射线打到电离室内的气体原子上并发生电离，于是在负高压的作用下产生与射线强度成正比的弱电流信号，经前置放大器放大、模数转换后传入现场微处理器，经过程序计算处理后得出速度、负荷、信号、流量、累计量等各种数据，并传输至网络层，经应用层的计算机进行处理和应用。核子秤系统工作原理如下：前端传感器将采集到的煤炭产量电信号通过变送器送入控制器，控制器中的应用程序根据设定的算法计算出煤炭的实际质量并保存到控制器中，通过控制器以太网接口，根据TCP/IP协议每隔设置的时间从控制器中取出所寄存的质量，并通过以太网发送给数据处理中心，成功后删除控制器中的数据。数据处理中心接收到质量数据后将其保存到相应的数据库中，数据处理中心提供各种接口给各个访问子系统共享数据。

思考题

1. 简述云计算与大数据的关系。
2. 简述国内外煤矿安全监测监控系统的发展概况。
3. 简述智慧矿山信息化标准化系统的基本特点。
4. 矿山灾害预警与救护系统的主要功能有哪些？

第6章　智慧化工园区

化工园区是现代化学工业为适应资源或原料转换，顺应大型化、集约化、最优化、经营国际化和效益最大化发展趋势的产物。国外发达国家在二战结束后就兴起了化工产业带的建设，促进了战后经济恢复和腾飞。化工园区安全规划的指导思想是：谋求经济、社会和安全状况的协调发展，保障人民群众的生命财产安全，促进园区社会生产力持续发展。在经济社会发展的同时，改善园区安全状况；在改善园区安全状况中，促进园区经济社会发展。化工园区安全规划要适应社会主义初级阶段经济社会发展水平，体现社会主义市场经济特点，贯彻安全保障的总方针和总战略；坚持经济建设、园区建设与安全建设同步规划、同步实施、同步发展，实现园区经济效益、社会效益和安全效益的统一。

6.1　化工园区概述

化工园区作为一个易燃、易爆、有毒重大危险源高度集中的区域，一旦发生火灾、爆炸或毒物泄漏扩散事故，将造成事故的连锁反应，产生灾难性的后果。因此，园区内企业的安全状况不仅取决于企业自身，很大程度上还受周边企业的影响，安全管理水平最差的企业将影响园区整体安全管理水平的提高。

化工园区是化学化工类生产、存储、运输企业集群发展的组织形式，是工业园区中安全风险较高的一类企业群体。各地政府凭借工业园区的发展助推工业化发展，每个工业园区以制定公共政策和利好政策作为引导，吸引和促进更多的工业企业聚集在一定区域内，这其实是一个探索工业化发展道路的过程，当工业园区企业服务种类发展到一定程度后，必然会产生生产企业的集群化发展，工业园区内企业集群和产业集群是工业园区可持续发展的主导力量。

6.2　智慧化工园区概述

智慧化工园区是指以生态理念为内核，以新一代信息与通信技术为支撑，开发具有专业性、集成化特征的系统平台，整合化工园区的信息资源，兼顾中短期效益与可持续发展的要求，基于业务无缝衔接与协同联动，对安全、环保、节能等重点工作作出快速、准确的智能响应，进而提高园区监管能力、降低企业经营成本，实现管理精细化、决策科学化和服务高效化等目标，从而提升园区本质安全和环境保护水平。

随着我国改革开放的推进和世界化工行业的聚集化发展，从 20 世纪 80 年代开始，我国各地掀起了兴建化工园区的热潮。根据中国石油和化学工业联合会化工园区工作委员会(以下简称中国石化联合会园区委)所做的全国性调研统计，截至 2018 年底，全国重点化工园区或以石油和化工为主导产业的化工园区共有 676 个，其中国家级化工园区(包括经济技术开发区、高新区)57个,省级化工园区351个,地市级化工园区268个。从数量上看,化工园区已经基本满足国内需求,但在经历了量的突飞猛进后,化工园区建设中的一些问题逐渐显露出来。如园区对于企业的管理大多局限于安全、环境等规章制度的管理,相关监测手段还无法适应当前对于化工生产的安全、环保等要求。因此,无论是从基础设施的建设还是从园区的管理服务来看,化工园区的安全环保发展都面临一系列痛点,包括安全态势研判不准确、安全风险预警能力低、应急处理不及时、安全环保监管力量不足等。

6.2.1 智慧化工园区的建设

建设智慧化工园区,需要梳理各个子系统之间的业务关系,同时打通与外部其他智能化系统甚至是其他化工园区、港区、作业区之间的纽带关系,形成完美的智慧化工园区群,建立针对化工园区内重大危险源企业、危化品运输车辆及公共区域重要环境参数的安全监控系统,通过对化工园区安全信息的智能分析和态势预测,为事故应急救援提供辅助决策支持,切实提高化工园区的安全性和智能管理水平。

6.2.1.1 封闭式智慧化工园区

化工园区建立封闭化智慧管理平台,目的是完善园区门禁管理与视频监控,严格控制人员、危险化学品车辆进入园区。对于进出园区的特种车辆进行实时定位监控,并配备应急指挥调度平台处理突发应急事件。

化工园区封闭化智慧管理平台总体架构如图6-1所示,整个平台设计按照"一平台、三中心、五引擎、六系统"的规划设计理念,基于完全封闭化管理原则,主要依托园区综合封闭管理平台(一平台)来实现对众多安防子系统的统一管理和控制,形成云存储云计算大数据中心、视频监控中心、应急指挥调度中心(三中心),实现统一流程管理引擎、统一身份认证引擎、统一授权管理引擎、统一预警管理引擎、统一地理信息引擎(五引擎),同时考虑将周界防越系统、道闸一卡通系统、访客管理系统、电子巡更系统、信息发布系统、公共广播系统(六系统)作为信息化的业务数据应用到视频监控全覆盖、人车物协同管理、特种车辆轨迹管理、三维储罐监测、应急指挥调度中心五个场景,满足化工园区运营管理的业务需求,辅助应急指挥和调度决策。

6.2.1.2 建设智慧化工园区的必要性

(1) 有利于加快化工园区发展

信息化对经济社会发展的影响日益凸显,化工园区信息化水平涉及其生产力水平、技术水平、人文素质和生活条件,反映了化工园区的综合实力,加强化工园区信息化建设,对园区转型发展和带动园区经济增长有不可忽视的推动作用。

智慧化工园区尚处于起步阶段,必须有效利用现代信息技术改造和升级传统产业,促进化工园区的经济由粗放型向集约型转变,提高化工园区企业的现代管理水平,建立现代化企业管理制度,转变企业管理运营模式和机制,在加快化工园区内科技和技术进步、有效降低企业生产成本、增强企业市场竞争力、提高企业经济效益等方面具有现实和深远的意义。

(2) 有利于提升化工园区的整体竞争力

为了适应当今社会更加复杂的竞争挑战,应对更高标准的市场需求,实施"信息带动工业化"战略的核心,抓住机遇,融入国际市场,必须采用更加先进的科学手段和工具,积极果断推进信息化建设,大力推进政企信息化建设,以信息化带动工业化和经济现代化可持续发

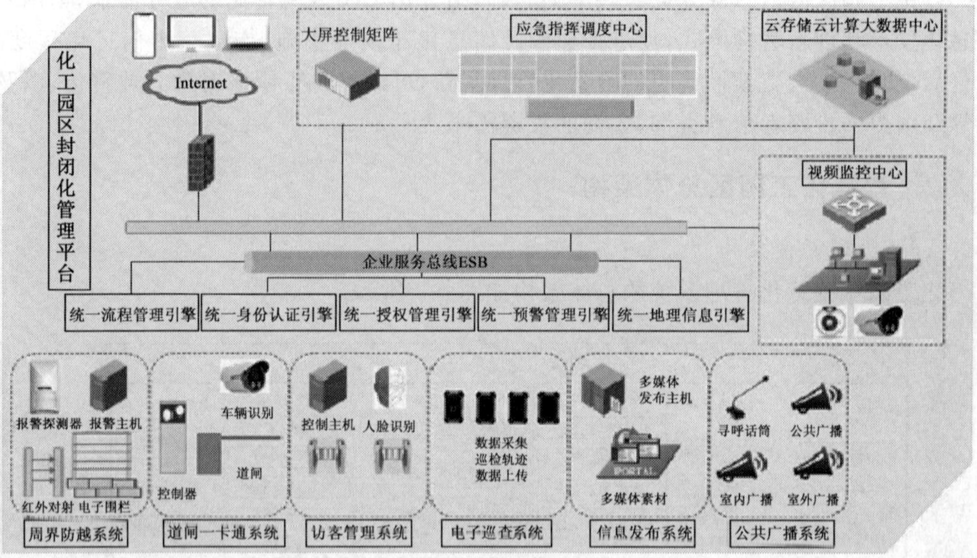

图 6-1 化工园区封闭化智慧管理平台总体架构

展，通过加快化工园区信息化建设，提高化工园区企业信息化的总体水平，对管理流程进行再造，对管理队伍进行重组，对管理理念和管理手段进行创新，有效推进了化工园区的核心竞争力和企业的整体竞争力。

作为化工园区经济发展的主体，要大力推进政府和企业的信息化建设，降低企业的交易成本，全面提高化工园区企业生产管理水平，增强企业产品市场竞争力，建设具有地方特色的产业制造基地，承接地方产业转移，使信息化建设产业化，为化工园区经济的未来发展抓住机遇。

(3) 有利于服务型化工园区的创建

智慧化工园区建设在改善政府执政效率、提高政府行政能力、扩大公众民主参与等方面发挥着越来越重要的作用，特别是随着智慧城市建设的发展，各级政府正逐步从管理型向管理服务型转变，政府部门也在提倡政府自上而下进行服务水平改革，实现为人民与企业的全面服务，这也是新形势下各级政府的客观需要。

推进化工园区信息化建设，向社会提供各级政府掌握的大量有用的社会信息并进行共享，将大大丰富化工园区管理机构的信息资源，进一步开发利用各类信息资源，向化工园区行政机关提供网上办事、网上联合审批和通知公告发布等网络服务平台，提高化工园区管理部门的行政透明度，扩大相关政策宣传，有利于行政审批过程的简化和科学化，有利于行政审批的有效进行，也有利于塑造正确的工业园区网络形象。

(4) 有利于提高化工园区企业服务水平

随着互联网技术的飞速发展，通过网络吸引投资已经成为最普遍、最有效的方式。通过网络可以让所有投资者需要知道的信息图文并茂地显示，投资者可以快速、有效地了解化工园区的整体情况，并且可以在网络上直接进行投资咨询和交换，方便快捷，便于企业开展招商引资，节省大量劳动力和运输费用。同时，对于政府管理部门来说，网络信息化建设投资成本低，经济效益可持续稳定。

以化工园区内信息服务资源共享为基础，结合化工园区内企业的服务需求，运用先进的信息化技术和创新管理模式，促进工业园区信息化建设与实施，构建一个信息化程度高、安全可靠、功能强大、更新换代快的智慧化管理平台，可满足化工园区对外开放宣传，以及社会各界和国内外投资者信息查询、咨询的投资需求。

6.2.2 智慧化工园区总体架构

6.2.2.1 系统总体架构

化工园区智慧化管理系统的总体架构如图 6-2 所示：

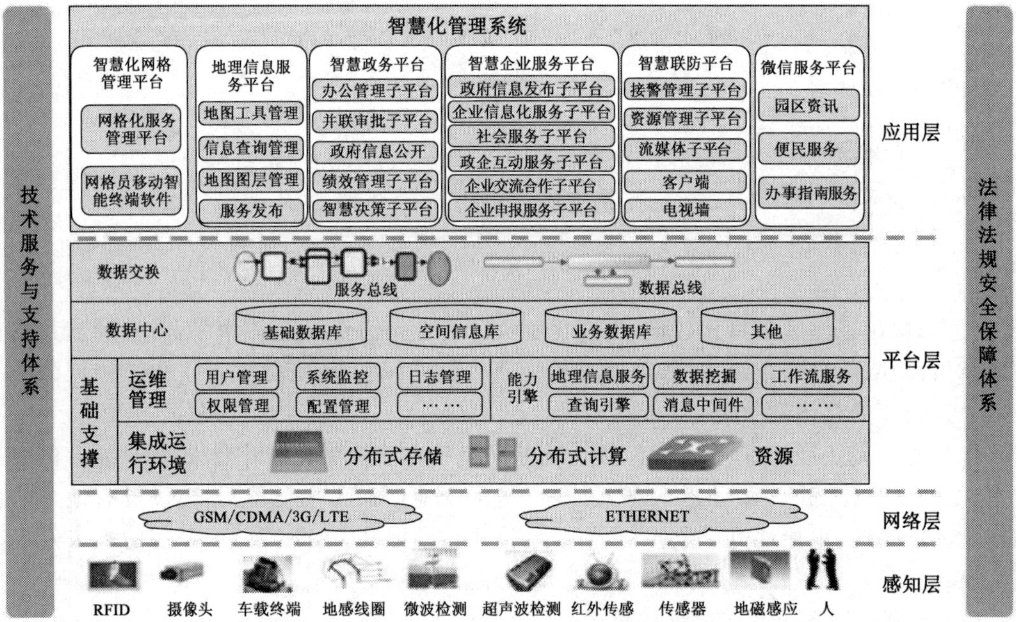

图 6-2　化工园区智慧化管理系统的总体架构

(1) 应用层：智慧网格化管理平台、地理信息服务平台、智慧政务平台、智慧企业服务平台、智慧联防平台、微信服务平台。

(2) 平台层：数据交换、数据中心、基础支撑（运维管理、能力引擎、集成运行环境）。

(3) 网络层：GSM/CDMA/3G/LTE，ETHERNET。

(4) 感知层：RFID、摄像头、车载终端、地感线圈、微波检测、超声波检测、红外传感、传感器、地磁感应、人等。

6.2.2.2 系统建设主要任务

化工园区智慧化管理系统建设任务为运用“互联网＋”理念和信息技术手段，集中整合社会资源，构建智慧化的工业园区管理系统，实现稳定和谐的政府管理，提升公众幸福感。具体如下：

(1) 资源整合与利用，建立园区智慧网格化管理平台

搜集化工园区房屋、人口、单位、消防、安全、治安、医疗纠纷等信息，充分整合园区资源，结合信息化地理信息服务系统，在一张图上集中展现化工园区的所有资源信息。

为了保护群众利益，促进社会和谐，动态显示工业园区网格中的所有事件，系统上报的事件由电话受理、核查回复、启动事件受理机制等功能进行监控和处理。

(2) 建立智慧政务平台，创造智慧化综合门户

利用现代高新虚拟化、云计算等技术手段，充分整合化工园区各部门信息基础资源、数据资源，实现高效的数据交换与共享，以完善信息安全体系、一站式服务和用户交互为基础，将园区办公自动化平台打造成入口统一、具有创新智慧化综合门户服务模式的用户服务一站式窗口、政府企业信息交互的权威平台，为园区智慧化管理系统的建设创造良好的平台环境。

(3) 搭建智慧企业服务平台，实现一站式企业服务

以信息技术为手段、计算机网络为平台、数据共享为核心，有效整合化工园区的各种社会资源，提高化工园区中小企业的服务水平，完善社会服务，充分发挥信息技术服务于中小企业的优势，构建基于互联网模式的化工园区服务中小企业网络工作平台，为广大中小企业提供政府信息发布、企业信息化服务、企业申报服务、社会服务、政企互动服务、企业交流合作等平台，实现企业与企业、企业与政府、企业和民众的一站式服务平台。

(4) 建设智慧联防平台

利用最新的电子信息技术和全新的社会监控平台对化工园区进行监控和管理；利用住宅报警点和指挥中心联网，通过安装报警设备来采集和发送报警信息，指挥中心自动接收警报并处理警情；提供一体化的键式报警服务，充分发挥化工园区管理各部门和单位的联合协调作用，确保化工园区居民安居乐业，维护社会稳定性。

(5) 建设公众信息服务系统

打造智慧化管理信息微信互动系统，对多种形式的信息实现全方位的沟通、互动，实现点对点、点对面的信息交互。

6.2.2.3　系统运行性能

为了提高系统的整体性能，掌握影响系统性能的关键环节，系统的运行环境要求还涉及以下几个方面。

(1) 系统可扩展性

系统的成功与否，与系统的可扩展性有着相当密切的关系，工业园区智慧化管理系统是一个具有巨大经济效益和社会效益的社会综合治理和服务系统，为了保证系统的长期稳定运行，为了保证系统能够满足软件、硬件升级和业务发展的需求，为了保证系统在硬件、设备、应用、数据等方面具有良好的可扩展性，系统需要根据时代和技术的发展变化进行不断改进和完善，需要考虑以下几点施工要点：

① 在体系架构中，构建基于 Java 2 平台企业版(J2EE)框架，应用中间件 Jetty，保证系统从体系架构上具有良好的可扩展性。

② 在服务器设计中，采用了可扩展的云计算中心硬件平台。随着化工园区综合治理和服务智能领域的不断扩展，系统的应用服务器可以实现动态扩充，以满足不断增长的服务和应用需求，为中央处理器(CPU)、随机存取存储器(RAM)和存储硬盘的扩展留有余地。

③ 在数据库系统中，为了应对同时访问和请求的用户数量，存在一定的数据存储空间，系统同时访问和请求的用户数增加不会影响系统的应用响应和使用性能。

④ 在未来的系统扩展中，考虑到系统还需要与其他政府应用系统或其他城市管理服务相关的专业业务系统进行集成和访问，故采用和平台无关的 Java 数据库连接(JDBC)数据

访问接口，使用标准的可扩展标记语言（XML）文档访问格式用于数据交换，使用 Web Service 接口服务用于不同应用系统间的集成访问。

（2）网络可扩展性

在网络和硬件配置方面，化工园区的智慧化管理系统应充分考虑可扩展性要求，便于网络升级和硬件设备添加，主要体现：在网络地理分布、接入设备和用户的数量等方面，保证接入设备和终端的可扩展性，满足网络规模的扩展；能够承载数据传输、视频和语音服务等多源业务，保证了网络应用内容的扩展；关键网络接入设备选择高性能网络模块，能够满足终端用户的扩大和大规模数据传输带来的网络容量的扩展；建立一个统一的一体化工作平台，来满足化工园区管理者、企业、商户和居民的各种应用需求，跟进政府对城市建设逐步更新升级的发展规划，减少系统闲置和资源浪费，节约投资成本。

（3）软件可扩展性

考虑到系统用户增长和硬件资源升级等因素，以软件可扩展性为基本开发原则，采用开放的系统体系结构和源码开发技术，结合现今主流成熟的开发关键技术，引入"零编码"的思想，实现了流程建模和动态配置的目标，通过工作流技术用于业务流程的定义和配置，通过工作流定制功能，可以方便地定制各种用户角色的变化。系统使用集中的数据存储管理、统一的应用部署管理、统一的用户登录和办公窗口，可以方便地将系统应用扩展到化工园区其他部门，具有较强的平台可移植性，不影响原系统的正常运行，能够满足由各方面因素引起的软硬件升级的要求。

（4）数据可扩展性

化工园区智慧化管理系统的数据库分为人、地、事、物、组织五个子数据库，每个子数据库又可以划分成多个子数据库。该数据库群的设计思想使得系统数据库具有良好的可扩展性；系统具有较强的地图编辑和事件更新功能，实现了系统数据的快速更新，保证了系统数据内容的可扩展性，同时，系统保留了与其他业务系统的数据交换接口，增强了系统数据的扩展性。

（5）系统可维护性

系统采用三层或多层体系架构，对业务系统处理中应用之间的逻辑关系进行统一管理和控制，实现了瘦客户机/胖服务器的应用处理模式，大大减轻了系统的日常维护和调整工作量，提高了系统的应用处理能力和系统数据安全访问能力。系统从实际应用层出发，利用空间数据库引擎通过数据访问通道访问空间数据，基于组件式开发的应用程序开发平台，采用对参数表进行编码、对初始化文件进行设置（XML 格式），建设统一多样的授权机制、完整的系统日志和运行监控数据，以及统一的用户使用界面和系统部署风格，增强了平台的可维护性，减少了维护工作量。随着系统的概要设计、详细设计和系统开发实施等不同阶段的进行，我们将为每个阶段提供系统设计开发过程中的各种说明文件，并详细记录系统实际开发和使用过程中的变更情况，对软件配置和质量情况进行跟踪反馈。

6.3 智慧化工园区安全监测监控

近年来，我国化工园区发展迅猛，在促进当地社会经济发展的同时，带来了新的安全问题。由于化工园区是一个易燃、易爆、有毒重大危险源高度集中的区域，一旦发生火灾、爆炸或毒物泄漏扩散事故，易造成人员的群死群伤和财产的巨大损失。此外，化工园区构成一个完整、复杂的宏观系统，一旦发生事故，园区内危险源与危险源之间、企业与企业之间可能互相影响，产生事故的连锁反应，其风险具有连锁性、扩张性。

本节按照我国相关法律法规的要求，将物联网技术、无线传感网络技术、安全监测预警技术和基于互联网的信息管理软件开发技术进行集成，提出了化工园区安全监控系统设计方案，建立针对化工园区内重大危险源企业、危化品运输车辆及公共区域重要环境参数的安全监控系统，通过对化工园区安全信息的智能分析和态势预测，对重大事故进行预测预警，为事故应急救援提供辅助决策支持。

6.3.1　智慧化工园区安全监控系统硬件架构

智慧化工园区安全监控系统总体架构如图 6-3 所示。化工园区安全监控中心通过 GPRS/CDMA 网络、Intemet 网络汇集危化品运输车辆速度、位置及安全参数，以及公共区域泄漏气体浓度、气象信息等，通过化工园区光纤网络传输公共区域视频、企业重大危险源视频，以及压力、温度、液位等安全参数信息，通过对上述信息的智能分析处理判断园区安全状况，对事故进行预警和报警，当出现事故时向园区发出应急广播信息。

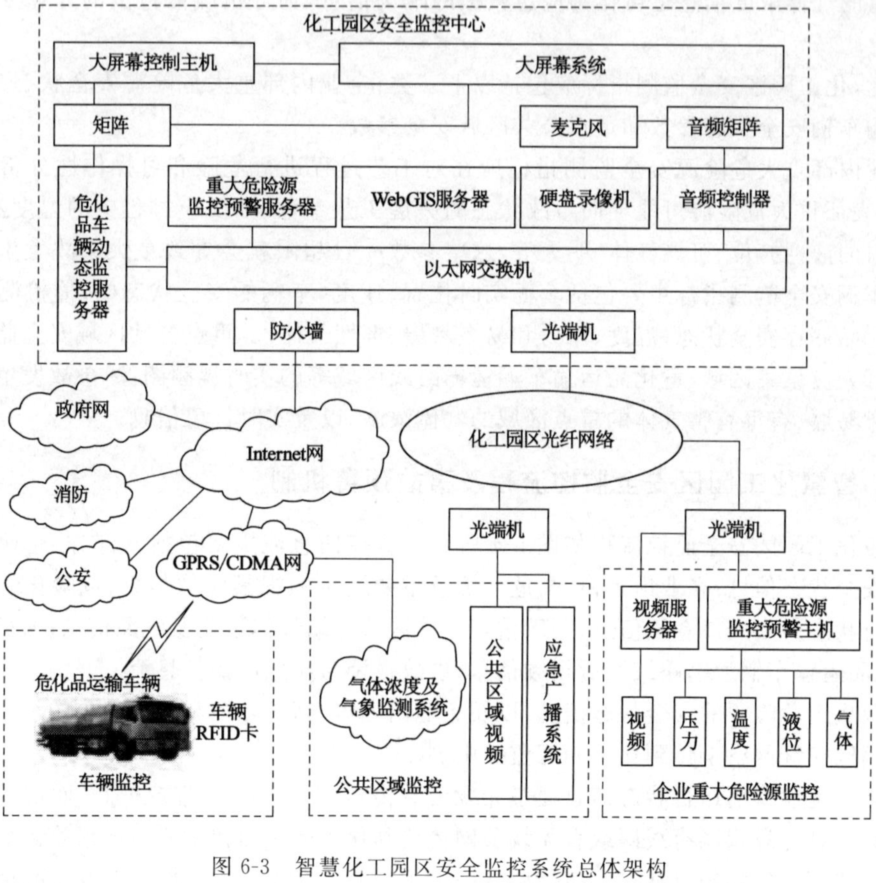

图 6-3　智慧化工园区安全监控系统总体架构

6.3.2 智慧化工园区安全参数设置方法

危化品重大危险源主要可分为储罐区(储罐)、库区(库)和生产场所三大类,安全监测参数主要包括以下六类:工艺参数、现场可燃/有毒气体浓度、气象参数、音视频信号和人员出入情况、明火和烟气、防雷接地及供电状况。因监测对象不同,所需要的安全监测预警参数略有不同。

危化品运输车辆运输过程的主要危险来自交通事故或车载容器自身原因导致的化学品泄漏或爆炸事故。交通事故发生的主要原因包括司机违规行驶(如车辆未按照预定的行驶区域、线路行驶,车辆超载、超速及司机疲劳驾驶等)、意外的交通困难、抢劫盗罚和恐怖事件等。泄漏事故主要指由于车载容器破裂或阀门失灵造成的大量易燃易爆、有毒气体或易挥发可燃液体的外泄。而危化品泄漏的过程一般要经历一定的时间,因此,可以通过在容器关键部位安装传感器对泄漏事故进行预警、报警,防患于未然。

化工园区重点公共区域可能会受到易燃易爆、有毒有害气体泄漏事故的影响,形成燃烧爆炸或毒害危险区,为了对泄漏事故进行预警,必须在这些企业周边设置气体探头对气体泄漏事故进行预警和报警,最早发现事故征兆,将事故消灭于萌芽状态。即使事故无法遏制,探头提供的气体浓度信息也可作为应急救援的现场信息,为人员疏散范围的计算分析提供依据。

因此,化工园区安全监测指标应包括以下三类:企业内部重大危险源安全状态参数、危化品运输车辆安全状态参数和重点公共区域安全参数。

企业内部重大危险源安全监测指标应在对工艺过程进行危险和可操作性分析的基础上,找出表征重大危险源可能导向事故状态的关键工艺参数,如反应过程中的温度和压力、储存物料的液(物)位、可燃气体、明火等,这些参数一旦超限就会导致重大事故发生。危化品运输车辆安全监测指标主要包括车辆实时位置、速度,车辆的安全状态(碰撞检测),以及运输危化品储存安全状态(温度、压力和易燃易爆、毒性气体)。重点公共区域安全监测指标主要包括人员聚集区域、危化品运输车辆运输路线区域等的实时视频图像,事故发生时可能存在易燃易爆、有毒有害气体的重点区域的气体浓度,以及实时气象信息。

6.3.3 智慧化工园区安全监控流程及事故预警机制

智慧化工园区安全监控流程如图 6-4 所示。监控信息流主要包括六部分:企业重大危险源的安全状态信息;企业出入口、高危环境及重要岗位的视频图像信息;危险化学品运输车辆运行状态及出入口登记信息;园区重点公共区域泄漏气体浓度及气象信息;人员聚集场所、危化品运输车辆运输路线区域视频信息;事故报警与应急广播信息流。

企业重大危险源的安全状态信息,以及企业出入口、高危环境和重要岗位的视频图像信息通过园区光纤网络上传到化工园区监控中心。

危化品运输车辆运行状态信息通过无线公网传送到化工园区监控中心,而运输车辆出入口登记信息通过园区有线网或者无线公网传送到化工园区监控中心。园区重点公共区域泄漏气体浓度及气象信息通过无线传感网络网关节点汇集处理后,通过无线公网接入化工园区监控中心。人员聚集场所、危化品运输车辆运输路线区域视频信息通过园区光纤网络接入化工园区监控中心。当出现事故预警和报警时,化工园区监控中心通过园区监控网络

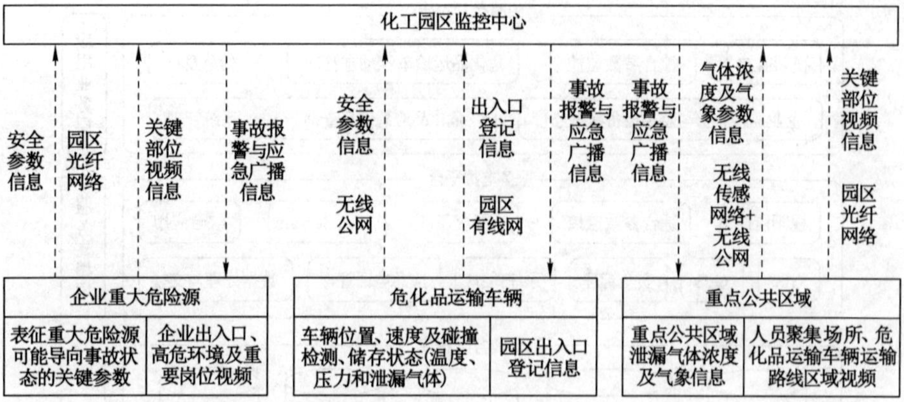

图 6-4　智慧化工园区安全监控流程

向现场发送预警或报警信号;当发生事故时,化工园区监控中心通过园区应急广播系统向企业、危化品运输车辆和公共区域传送应急广播信息,指导现场人员、车辆进行疏散和应急救援。

事故预警工作机制如下:对于危化品重大危险源事故预测预警指标、车辆速度、运输危化品的安全状态(温度、压力、泄漏气体浓度等)和公共区域中易燃易爆有毒有害气体浓度,根据实际需要设置预警阈值和报警阈值,也可设置多级预警阈值和报警阈值(预警阈值<报警阈值),系统根据实时监测参数与设定阈值进行比较:当某一参数的实时监测值超过预警阈值时,系统发出预警信号。当某一参数的实时监测值超过报警阈值时,系统根据历史监测数据判断该参数的发展态势,当参数值处于持续上升趋势时,说明导向事故状态,系统发出报警信号;当这一参数的历史数据与当前监测值出现跳变时,说明当前值可能是错误值,不启动报警。对于车辆的安全状态参数(碰撞状态)和车辆运行轨迹,只进行符合性比对:当车辆处于碰撞状态时,立即启动报警信号,并通过车载电话与司机联系;当车辆运行轨迹与规定的运行轨迹不相符时,立即启动报警信号,并通过车载电话与司机联系。

6.3.4　智慧化工园区安全监控系统软件

软件依据《应急平台体系总体方案设计》、原国家安全生产监督管理总局《关于印发〈国家安全生产应急平台体系建设指导意见〉的通知》(安全总应急〔2006〕211 号)、《国家安全生产信息系统“金安”工程一期设计方案》中关于“总体系统设计架构”设计,针对化工园区对应急救援指挥调度、危险源监管监控、安全生产监管等业务需求进行设计。系统软件总体架构如图 6-5 所示。技术支撑层主要支撑系统正常工作的硬件设备和基础信息网络,信息资源层主要存储系统所用的全部数据,服务支持层为各个应用业务提供数据处理与控制的支持,应用业务层实现用户业务需求与用户的交互界面,包括所有的用户界面。服务支持层是系统的核心,根据应用业务层的使用需求,通过对服务支持功能模块访问而取得信息资源层的数据进行计算,完成相应的功能,并将结果返回表现层展现给用户。

系统软件在日常安全管理、监控预警、应急辅助决策支持等基本工作环节上,强化通用统一业务工作流的概念,为应急指挥决策尽可能详细地收集业务信息,迅速、合理地调派可用资源实施应急响应和救援。推进安全生产监控预警、应急救援体系建设,整合应急资源,

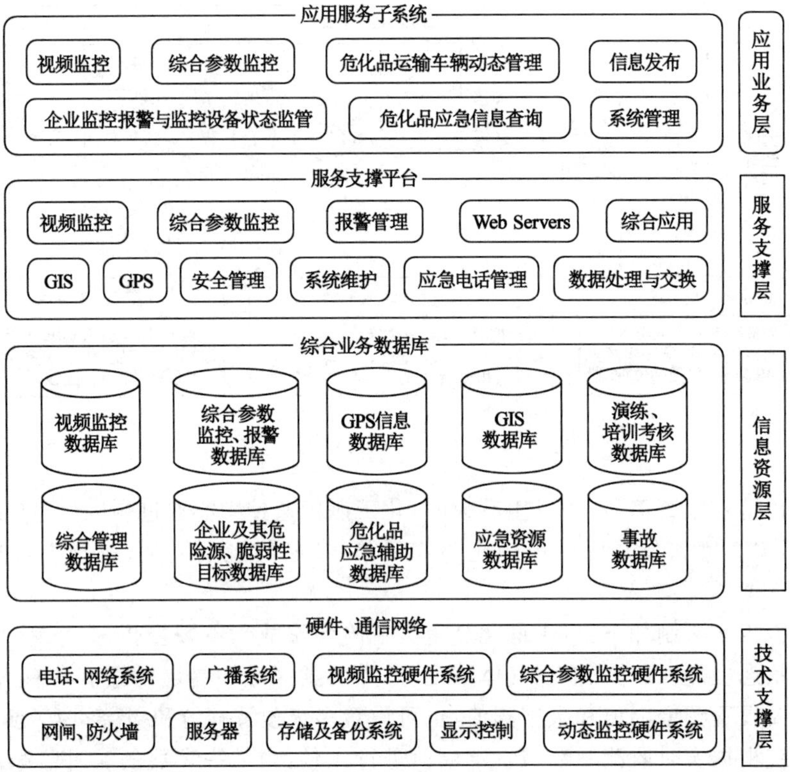

图 6-5 系统软件总体架构图

加强事故应急的预测预警、信息报送、辅助决策、调度指挥和总结评估等应急管理工作，实现信息共享，建立起“统一指挥、功能齐全、反应灵敏、运转高效”的应急机制。实现自下而上的以信息资源平台、应用支撑平台、基础应用平台为支撑的安全生产事故应急指挥平台，从而在此平台之上不断建设和完善安全生产事故应急业务系统。

6.4 智慧化工园区系统功能

化工园区智慧化管理系统的总体功能（图 6-6）包括智慧化网格管理平台、地理信息服务平台、智慧政务平台、智慧企业服务平台、智慧联防平台、微信服务平台等。

6.4.1 智慧化网格管理平台

智慧化网格管理平台是针对化工园区中出现的职能交叉管理、资源共享不畅、服务不能落地等问题提出的新的化工园区服务管理模式，是满足政府对化工园区的管理需求、提升工作效率、建设服务型政府的基本需求，是网格化管理技术和理念在化工园区管理中的应用。智慧化网格管理平台以统一的智能管理平台为依托，按照地理位置、地域分布和管理现状的原则，将化工园区管理辖区划分为若干个单元网格平台，集成工业园区各类“人、地、物、事、组织”等资源信息，实施人性化、精细化、主动化、可视化管理，通过细分区域责任，规范工作

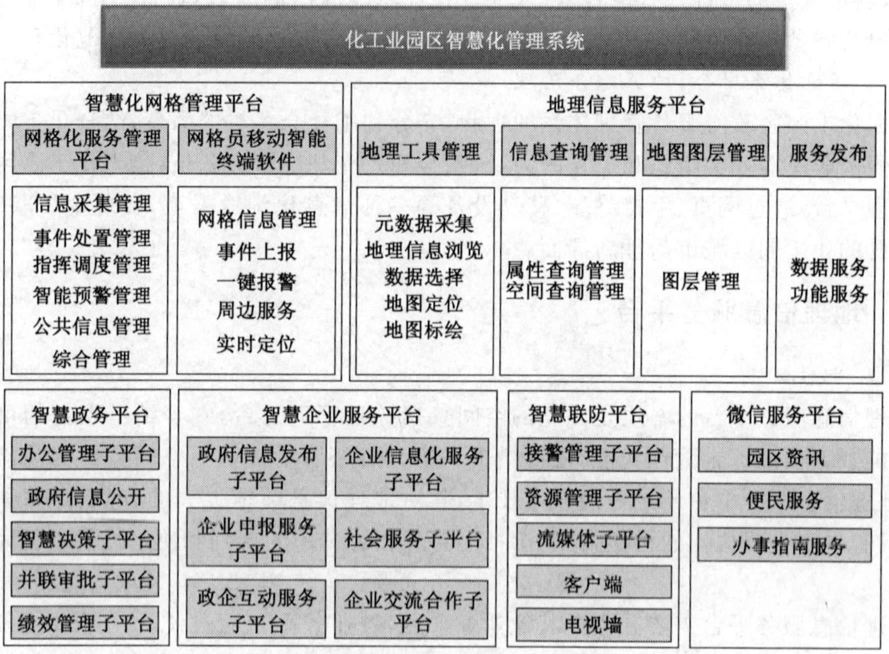

图6-6 工业园区智慧化管理系统的总体功能图

流程，建立科学有效的监督评价机制，提高管理效率，从“被动接受”到“主动服务”，有助于政府管理职能的转变，加强政府与企业、政府与居民的联系，增强化工园区管理者的行政服务和管理能力，努力创造良好的管理服务文化，组织和高效运作新型化工园区工作模式。同时，基于智能化、人文化、服务化的概念，以及最新“互联网＋”技术，根据单位网络平台的划分，通过整合街道管理与服务运营的关键信息，以互惠的方式整合公共服务资源，探索城市街道管理与服务运营的新途径，发展社会管理，服务园区，造福人民和工业，为化工园区居民和中小企业营造和谐的环境，提高生活质量，引导科技创新，实现“零距离”社会服务、“全覆盖”社会管理、“全响应”居民需求，创造高效、便捷、快乐的化工园区生活。

随着“平安城市”建设和“互联网＋”技术的不断深入，政府对城市治安监测的要求也越来越明确。针对化工园区智慧化管理系统建设项目，依托智慧化网格管理平台，细化政府服务与管理内容，整合化工园区的“人、地、物、事、组织”等信息资源，改进传统的化工园区服务管理模式的转型发展，增强化工园区政府管理服务水平，提升政府工作效率。

6.4.1.1 资源统筹管理与整合，多方信息共享

针对化工园区内“人、地、事、物、组织”等各类信息资源，化工园区管理者安排专人对单元网格平台中各类信息进行统一的信息收集、信息比对、数据分析等，并采用信息化技术对采集到的各类资源数据进行整合利用，在实现化工园区数据统一采集管理的同时，做到每一处数据有据可循，为各相关职能部门提供数据共享和信息支撑。

6.4.1.2 业务协同优化，多部门融合联动

对化工园区中的各类资源数据进行收集上报、信息查询、处理反馈、报表统计等，通过信息化手段全面整合各类资源变动及相关社会问题和不稳定因素等，以所发生的事件为经验

值驱动，制定统一的事件处置流程，合理配置管理职能部门的力量，通过“互联网＋”技术实现各部门共同参与整体联动，优化社会资源，实现工业园区管理服务更加规范化和精细化。

6.4.1.3 多方体系融合，协抓综合治理

根据化工园区政府服务管理体系的现状，充分利用社会各界的力量，结合化工园区企业和化工园区居民等社会组织和个人的力量，整合和扩充基层服务队伍，接入化工园区智慧化网格管理平台，通过网页、手持终端、移动设备等多种信息化沟通渠道，实现全员联动参与、协抓共管的化工园区城市治理新局面。

6.4.2 地理信息服务平台

6.4.2.1 平台概述

地理信息服务平台的本质是独立的空间数据综合管理平台，它容纳了丰富的可被操作和索引的数据信息综合管理功能，还包括了采集、保存、展示和转换空间数据的功能。除此之外，地理信息服务平台还是一门科学技术，其对地理信息数据强大的收集、存储和操作能力，是具有严密组织机构的科学技术，给社会各界相关专家的规划和决策提供了可靠的数据支撑。

地理信息服务平台需要独立于其他业务平台，各业务平台通过统一的平台接口完成对地理信息的数据调用与基础功能调用。平台基于客户/服务器(B/S)架构设计，具备跨平台性、独立性、通用性、兼容性、可扩展性等基本特性，在内外网环境下运行，支持 ie8 及以上版本、360、Firefox、Chrome 等主流浏览器。平台的底层地图提供普通矢量图及卫星地图两种方式，平台具备基础的操作功能及平台管理功能。

6.4.2.2 平台需求

地理信息服务平台不仅服务于城市中的发展规划和建设管理，也服务于企业和公众，需要建立统一的电子地图服务化工园区政府、企业及公众，建立直观有效和符合大众需求的资源展现形式。

(1) 无所不在的 GIS 服务

随着政府管理的扁平化发展，政府部门对“人、地、事、物、组织”的管理要求提高，需要建立一种直观和分类展现资源的形式，将过去被动应对问题的管理模式转变为主动发现和解决问题的新型管理模式，最行之有效的效果就是建立一张图上展现各种信息资源，不仅顺应现今人们简便化的工作风格，而且能有效和集中体现问题，达到精细化管理的目标。

(2) 统一的地图建设

随着信息化技术和水平的不断推进和提高，为了实现智慧城市的数字化和信息化发展，各个城市都在不断进行相关 GIS 的建设，GIS 建设也已经深入社会应用的各个方面。每一个 GIS 应用建设都要进行数据的采集，这就导致了 GIS 建设的数据冗余和重复工作，因此，需要依靠完善和统一的地图数据维护机制减少因采集数据而发生的数据冗余和重复工作。

6.4.2.3 平台功能

(1) 元数据采集

实现地理信息数据、服务等相关资源的元数据收集、注册和统一采集，提供地理信息服务资源的查询、发现、聚合和组合。

(2) 地图信息浏览

提供以二维和三维地图的形式浏览地理信息的功能。二维地图浏览为预编译的图像地图和线图提供浏览服务；三维地图浏览为由遥感图像和 DEM 构建的三维地形场景以及城市地区的三维建筑物模型提供服务。该平台还提供地图比例尺显示、设置、放大、缩小、全屏、前后视图、漫游、鹰眼、图例、打印、清洗等功能。

(3) 数据选择

用户可以通过鼠标点击来选定地图实体，包含点选、线选、圆选、任意面选择、清空选择功能。

(4) 地图定位

提供多种定位功能，包括坐标定位、条件查询定位、单点桩号定位、桩号路段定位、信息点定位、行政区划定位、书签定位等功能。

(5) 地图标绘

地图标绘是指绘制地图背景中物体或物体的各种空间特征或行动部署。该平台支持用户绘制地图上的临时坐标点和永久坐标点。当用户绘制临时坐标点时，坐标点只会显示给各个用户；当用户需要绘制永久坐标点时，则坐标点信息将提交相应的审核员进行数据审核和验证，审核通过后，绘图点将成为永久坐标点，并显示给有权限访问的用户。

6.4.3　智慧政务平台

6.4.3.1　平台概述

随着城市管理水平的不断提高，政府电子政务的普及，信息技术水平的提高，以及信息技术与先进的城市管理和服务理念的有效结合，信息化技术已成为现代化水平和综合国力的重要标志。然而，政府信息孤岛日益严重，为了改善系统信息共享，将信息资源与现代科学技术相结合，集中业务应用系统，实现政务全过程的网络化管理，提高决策信息支持，加强城市规划、建设和管理，构建统一的政府服务平台，实现整个业务系统的统一用户管理、权限管理和数据管理，建设政府智慧政务平台势在必行。

6.4.3.2　平台功能

平台可根据用户职务授予用户不同的角色权限，实现个人用户工作电子化模拟，包括办文、办事、办会、办业务及有关的督办管理工作等。

(1) 办公管理子平台

智慧政务平台将构建一个面向全化工园区政府管理人员的办公管理子平台，以协同办公、电子监察、并联审批以及智慧政务公务版等应用功能为支撑，实现公务人员智慧办公、协同办公、移动办公。

(2) 并联审批子平台

并联审批子平台的建设是保障行政事项规范化运行的支撑手段，是集"政务公开、网上办事、电子监察"三大功能为一体的应用平台。

(3) 政府信息公开

根据国家政府信息公开工作要求，政府将借助云平台和信息化手段，积极推动涉及政府信息公开重点领域方面有关重大公共利益的行政执法信息公开。政府信息公开重点领域方面有关重大公共利益的行政执法信息涉及建设、规划、卫生、建设、环保、安监、食品药品等领域，这些领域将作为首批公开的目录体系，对目录体系保持日常及时更新，确保公开内容规范到位。

（4）绩效管理子平台

智慧政务平台将建立绩效管理子平台，以绩效评估模型、绩效评估指标为评价体系，以政府、部门、公务员为评估对象，对整个政府服务能力、政府组织机构的服务效能以及公务人员的办公绩效进行全方位的评估。

（5）智慧决策子平台

以“人、地、事、物和组织”五个子数据库的信息资源为基础，充分挖掘经济运行数据以及国家和地方税务、工商、统计、财贸等部门的数据，有效利用数字城市管理、治安、水利、交通、环境保护、旅游、食品药品监督管理、卫生、教育等部门拥有的社会监督数据资源，采用技术手段建立智慧决策平台，对数据资源进行多维分析，自动生成统计报告，客观反映当前经济形势和社会管理，从宏观和微观两个方面出发，把握经济社会发展的变化趋势，提出对政府领导的决策支持。

6.4.4 智慧企业服务平台

6.4.4.1 平台概述

随着国内外中小企业竞争形势的日益严峻和全球“知识经济”的竞争压力，中小企业作为我国市场经济的重要组成部分，中小企业的生存和发展面临着前所未有的巨大困难，企业要加快建设有竞争力的现代化工业体系，受到了相当大的制约和发展阻力，造成这种局面的主要原因是企业内部管理问题和企业外部资源的影响，概括起来主要包括以下几个方面：

（1）企业自身经营理念落后，面向企业信息化应用服务不完善，业务效率低下。随着信息技术的飞速发展，信息化建设在企业管理中的重要性日益突出。然而，中小企业的管理者并没有充分认识到企业信息化建设对企业发展的重要性和意义，没有把信息化提升到企业战略水平，各部门各岗位之间各自为政，人力和物力成本的浪费也给企业领导者的管理决策带来困难，降低了企业运营管理的效率。

（2）专业人才紧缺，招聘工作难，在企业经营管理和信息化建设工程中，如何吸引、留住和利用好专业技术人才，是中小企业在企业发展过程中迫切需要解决的现实问题。人才匮乏和人才外流是制约企业发展的关键问题，中小企业需要的专业技术人才不仅需要精通高科技信息技术，还需要了解和掌握世界先进的管理思想和管理理念。引进专业人才和培养专业人才必将投入较多的资金，但是企业领导者的企业经营管理理念落后，看不到资金投入的长远效益，常常担心企业成本问题，招聘工作人员难以招到最合适的专业人才，最终制约了企业的发展。

（3）对国家和地方政策不了解，政府和企业互动难，化工园区政府管理人员没有一个对外宣传政策的窗口，化工园区管理者颁发的许多与企业息息相关并且对企业有好处的政策文件，没办法及时传达到企业及其管理者手中，在信息化方面缺乏引导、规范、监管和服务。大多数中小企业普遍存在与政府部门沟通不畅、信息交流互动比较难的问题，这必然影响政府政策的及时、有效传达和企业人员熟悉政府相关政策，制约了企业又好又快地发展和市场拓展。

6.4.4.2 平台功能

采用国际先进的技术架构，以“互联网＋”中小企业为核心，建立基于“互联网＋”的智慧企业服务平台，为政府、服务提供商、行业协会和企业内部管理应用之间搭建高速通畅的信息交互平台。从企业应用功能上划分，智慧企业服务平台主要由政府信息发布子平台、企业信息化服务子平台、企业申报服务子平台、社会服务子平台、政企互动服务子平台、企业交流合作子平台等构成。

（1）政府信息发布子平台

将国家和地方相关法律法规、化工园区各管理部门信息服务资源进行有效整合，将中小企业需要的相关法律法规、政策要求、公文公告、企业项目申报、营业执照审核、企业专项资金扶持、年度证书审查、展览销售会议、特殊企业相关服务活动等政策和服务信息，在政府信息发布子平台进行公布，平台按照单元网格地区划分、企业行业类别等进行分类管理，将与企业经营管理相关的政策和服务信息通过统一工作平台、微信服务平台等多渠道向相关企业进行信息推送，用于保证中小企业能够第一时间了解与企业相关的政策和法律法规等信息，帮助企业及时根据政府政策调整作出相应的管理策略和生产方向的调整。

（2）企业信息化服务子平台

企业信息化服务子平台是基于“互联网＋”的在线管理模式，为中小企业提供信息化管理服务。它提供在线管理应用程序，包括但不限于办公室管理、客户关系管理、库存管理、财务管理、项目管理等主要应用，实现人、财、物等内外部信息和业务流程的管理，强调“全业务，易管理”，充分满足业务领导者经营管理和决策支持的管理需求。基于“互联网＋”的在线管理应用，企业无需建立自己的机房和购买专用的服务器，也不必担心系统升级和维护等问题，从而大大节省了企业信息化的早期投资，降低了应用门槛，最终构建了通用信息系统，彻底改变了中小企业的信息技术应用水平。

（3）企业申报服务子平台

企业申报服务子平台为企业提供政府发布的相关项目进行网上合作申请和政府相关扶持项目的资金申报功能，提供企业在线申报审批工作流程操作，企业直接通过企业申报服务子平台下载各类相关文档和表格，按照要求填写好后，在线提交申请审批资料，记录审批过程中责任部门和责任人的审批意见。政府有关部门发布审批结果和通知后，企业直接提交存档资料，节约企业办事成本，提高政府行政审批办事效率。

（4）社会服务子平台

社会服务子平台将化工园区内各种企业服务机构和组织资源进行统一的数据采集、分析和归类处理，帮助企业增强与各服务组织、金融机构、高等教育机构、研究机构等专业机构的信息共享和资源互助，解决中小企业培训体系不完善、人才招聘难、信息获取渠道拓展难等问题，支持企业人才招聘、网上培训、认证考试、人才推送等功能，为企业提供信息化服务、产学研合作、人才招聘、人才培养、法律援助、创新创业、产品检验测试、会计服务管理等专业化服务，为中小企业提供利用社会服务子平台进行在线专家网络咨询等服务，满足中小企业快速享受化工园区内企业服务机构和组织资源的一站式服务。

（5）政企互动服务子平台

政企互动服务子平台提供化工园区相关管理部门与企业之间快速沟通的渠道，实现各种配套优惠政策和措施的整合与发布信息窗口。企业可以对自己在管理和发展过程中碰到的难题进行服务咨询，相关管理部门针对企业所遇到的难题进行回复响应，将有助于中小企业及时获取化工园区配套服务信息，更快速和准确地查询化工园区内各政府管理部门的岗位职责、服务范围和相关配套服务政策等信息，促进政府与企业间的信息互动交流。

（6）企业交流合作子平台

企业交流合作子平台为中小企业提供投资信息和商业机会，促进化工园区内企业与企业之间的资源共享与合作交流。该平台包括发布企业招聘信息、企业形象对外宣传、发布企业合作项目、企业提供外包服务事项、企业产品采购需求等功能，使有项目或服务需求的企业可以更加快速、便捷地寻找到满意的合作项目和合作伙伴，提升化工园区企业资源互助共享和利用率，实现企业间的共同发展。

6.4.5 智慧联防平台

6.4.5.1 平台概述

所谓智慧联防，就是利用现代高科技手段，结合“互联网＋”思维，与综合治理办公室、公安部门、物业公司等联合发起安全防范网络自动报警、店铺互助联防、手机远程看店报警等服务。用户安装的智慧联防系统遇到非法入侵时，系统立即将报警信息通过通信网络线路传送给用户、指挥中心和周边商铺，并实时发出报警信号，警示和威慑非法入侵人员，指挥中心警务人员可以迅速通知主办方警卫赶到现场进行处理，同时，也可以召集周围的商家互相帮助，保护现场并联系警方出警。

智慧联防平台是基于移动通信网络的，可以根据用户设定的定点区域实现入侵报警提示。该平台可以监控到各种非法入侵报警、玻璃破碎报警、烟火紧急报警、煤气泄漏报警、居民紧急求助报警等报警信号，并通过视频、短信、语音等方式多渠道通知到相关用户，实现用户对突发事件的全方位实时掌控，在对突发事件的处理和预警方面起到重要作用，同时提高了对突发件的科学防范水平，最大限度地降低了突发事件的负面影响。

6.4.5.2 平台功能

（1）接警管理子平台

接警管理子平台主要负责当出现报警信号时，探测器对探测到的报警信号进行响应，并将报警信号上传到指挥中心的统一工作平台。智慧联防平台采用无线 IP 互联网报警，在原来大部分人使用的电话报警方式上进行了改进，有效改善了电话报警使用范围和协议的局限性。无线 IP 互联网报警采用的是多节点连接网络信号的方式，多种通信方式的多选择性有效改善了线路占用等情况。智慧联防平台前端探测器采用省电模式，电池可至少用 3 年，大大延长了系统使用时间，解决了用户经常需要充电和蓄电的烦恼。系统采用防宠物探测方式，非法入侵物体如果在 15 kg 以下则平台自动忽视，不会产生报警信息，解决了家庭误报警带来的不必要的麻烦和困扰。

（2）资源管理子平台

资源管理子平台负责整个接入智慧联防平台的服务器资源进行组织与协调分配管理的工作，提供用户端和指挥中心管理端的用户使用资源分配和用户使用权限配置功能，主要功能包括：组织、协调和管理各接入服务器的整体运行监控和资源分配，用户端用户权限管理，系统管理等。

（3）流媒体子平台

流媒体子平台是智慧联防平台开发设计的一个难点，主要用来解决以下问题：

① 多客户端接入使用和与多指挥分中心设立的问题。智慧联防平台使用了先进、主流

的流媒体技术，通过该技术，所有上传的报警监控录像可自动上传到流媒体子平台，指挥中心管理人员只需从流媒体子平台中下载监控录像，并自动复制下发给多个接入的客户端，有效解决了多客户端同时查看和多级分中心共同管理报警监控录像的问题。

② 各大运营商信号兼容的问题。智慧联防平台在流媒体技术中加入了自动跳拨技术，平台可以根据发送的网络信号来源自动选择传送网络运营商。如果发送的网络信号来源是中国移动的信号，则会自动跳拨到中国移动信号，将发送的网络信息上传到指挥中心或者用户端；如果发送的网络信号来源是中国电信或者其他运营商的信号，则会跳拨到中国电信或者其他运营商的信号，将发送的网络信息上传到指挥中心或者用户端。这样做极大地解决了平台各大运营商传送信号兼容的问题，实现了各大运营商之间传送信号的无障碍畅通。

③ 监控录像即时调取的问题。智慧联防平台能够实现将弹出警情监控录像自动在用户端保存和发送至指挥中心流媒体服务器中，实现了视频资源的即时存储和远端存储，实时保存了第一现场的犯罪证据，避免因犯罪现场录像硬盘被非法入侵人员破坏或其他原因损坏等造成取证难的问题，极大地方便了公安机关调查取证，为公安机关快速破案提供了便利。

④ 绑定花生壳域名带来的成本问题。智慧联防平台的流媒体服务器存放在化工园区管委会的机房中，服务器拥有固定的 IP 地址，解决了动态 IP 地址带来的绑定花生壳域名操作，极大地节省了化工园区的资金投入，前端用户端设备只需要找到需要发送数据的流媒体服务器，就可以向指挥中心发送信息，简化了用户操作，方便了系统的使用和运行。

6.4.6 微信服务平台

根据工业和信息化部的统计，中国的微信使用用户已经超过 10 亿，而且用户数量还在不断增加，这表明在当今社会，人们的交流方式在不断变化。在移动互联网时代，移动软件影响力迅速增加，并逐渐渗透到市民的日常生活中改变人们的生活，微信也已经成为大众之间一种新的通信、交流和交互工具，并成为最流行的移动互联网通信平台之一。借助于微信的蓬勃发展，微信服务平台将在移动互联网和社交媒体的快速发展下，做好化工园区政策信息宣传和公众服务的工作，加大政府与民众、政府与企业的良性互动，拓宽政府公共服务信息的传播路径，收集民意，引导民意，搭建为民办事平台，更好地建设公共服务型政府。

化工园区居民可通过订阅园区的微信公众号，随时随地查看公众号中的园区资讯、便民服务和办事指南服务功能。

(1) 园区资讯

园区资讯主要是向公众宣传化工园区最新、最热门、最重要的动态和政策新闻信息，向公众推送宣传化工园区门户上最新、最重要的民生和商业信息。园区资讯包括“园区要闻”“通知公告”“法律法规”等栏目。

(2) 便民服务

便民服务主要是为公众搭建一个类似于 PC 端，但比 PC 端更方便、更快捷的园区便民服务平台。便民服务包括“地图导航”“互动园区”等栏目。

(3) 办事指南

办事指南服务主要是面向公众和系统内部打造的一个政务公开、移动办公的平台。办事指南服务包括 “在线预约”“办事查询”“投诉建议”等栏目。

6.5 “互联网＋”在智慧工业园区的应用

6.5.1 “互联网＋”的概念及内容

随着互联网信息技术的不断进步，针对我国庞大的人口系数和不断发展的网络消费市场，越来越多的互联网应用崛地而起，这不仅促进了互联网产业的快速发展，而且对其他产业的发展也起到了一定的催化作用。互联网信息技术的应用已经融入社会各大产业，并对我们的日常行为和生活习惯产生了不可忽视的影响。

“互联网＋”信息技术已全面应用到第三产业，形成了“互联网＋校园”“互联网＋银行”“互联网＋医院”“互联网＋旅游”等新兴产业。“互联网＋”技术在促进传统产业转型中发挥着重要作用。

2012 年，易观国际集团董事长于扬在“易观移动博览会”上发表关于“互联网＋”的主题演讲，首次提出“互联网＋”一词；2013 年，马化腾在腾讯公司成立 15 周年“WE2013”大会上做了与互联网相关的主题演讲，提及“互联网＋”的相关内涵。许多商界人士对“互联网＋”的理念和内涵的积极关注促使“互联网＋”的概念和内容在社会上引起广泛关注和共鸣，并最终将“互联网＋”的发展上升到国家层面，同时，政府也及时制订了“互联网＋”计划。2015 年，李克强总理在政府工作报告中首次提出“互联网＋”的概念，这意味着“互联网＋”代表了一种新的社会形态，正式纳入国家顶层设计，成为国际国内经济社会发展的重要发展战略。

从国家发展和改革委员会网站上可以看到，关于“互联网＋”的定义是要充分发挥互联网在各生产要素配置中的优化和集成作用，把互联网的创新成果与经济社会各领域进行深度融合，大力提升实体经济的创新力和生产力，形成更广泛的以互联网为基础设施和实现工具的经济发展新形态。

综合上述观点，“互联网＋”是指以现代互联网信息技术为基础，包含不同的信息技术（如大数据、云计算、物联网和移动信息技术等），在社会生活、经济等各方面提供应用和推广的过程。其本质就是将传统产业进行网络化、信息化、共享化、移动化展现，只有将产品的交易过程“搬”到互联网上，才能够实现产品的网络化，只有网络交易的信息化才能够实现数据的共享化。在线数据具有很强的流动性，可以在上下游供应商、交易主体之间以高效低廉的方式进行沟通交流，最大限度地发挥了在线数据流动的价值。

6.5.2 “互联网＋”智慧化工园区管理

“互联网＋”是创新 2.0 格局下的互联网信息技术发展新方向，是在创新 2.0 发展推动下衍生的互联网发展新形态以及其催生的经济发展新常态，代表着社会发展的一种新形态，能够有效发挥互联网在社会各类信息资源配置过程中的整合和优化作用，将互联网的创新成果与社会各个领域进行深度集成融合，提高社会各个领域产业的创造力和生产力，构建更广泛、更有深度的以互联网为基础的经济发展新形势。根据“互联网＋”行动计划的制订，从化工园区管理的角度看，随着互联网产业和信息技术产业的蓬勃发展，化工园区的“互联网＋”效应是加快化工园区各大领域的科技、信息、知识、金融融合并形成信息共享机制的过程，为互联网和传统产业的融合创造了无限的想象力，基于“互联网＋”的智慧化工业园区的建立是社会发展的必然趋势。

6.5.2.1 "互联网＋"化工园区的发展趋势

化工园区作为城市经济发展和工业培育的重要平台，随着国家战略政策方向的不断调整和科技产业的不断创新，我国化工园区的发展现今已全面步入产业综合体的发展阶段，尤其强调了产业与国家战略的关系，在促进我国城市和战略产业的转型发展中发挥着重要作用。在发展时期，化工园区享受专项资金、优惠政策、制度创新等专项支持，在工业生产核心、经营管理模式等方面呈现出新的特点和发展趋势，科技产业服务在新城市建设中发挥着重要作用。

随着新兴信息科技技术的发展和移动互联网技术的逐步推广，化工园区管理已经进入"互联网＋"时代，"互联网＋"背景下化工园区的生产、融资、销售、仓储等环节的转变，不仅带来了社会资源的"大整合"，也带来了社会的"大参与"，将大大提高工作效率，降低管理成本。化工园区管理者需要利用互联网和移动互联网技术，整合化工园区内的"人、地、事、物、组织"等可用资源在统一的工作平台上，将各种有效、优质社会资源经过严格审查后进行整合和利用，形成大量的数据链接交互和平台集成，并不断开发新的功能和服务，形成新产品和增值业务，使中小企业最大限度地发挥其竞争力与优势。

化工园区建设建立统一的信息资源共享和交换平台，建立健全数据采集、数据交换、数据接收、数据安全、数据质量等数据业务规范和技术标准，逐步形成统一的数据接收、存储和发布机制。

6.5.2.2 "互联网＋"助力管理创新

随着"互联网＋"时代的发展，化工园区管理将面临着更多更加复杂和多样化的挑战，主要表现在以下方面：化工园区与化工园区之间竞争越来越激烈，并且已经逐步进入白热化阶段，化工园区面临的管理和服务需求将越来越大，如果化工园区没有其特色的竞争力和优势，将面临极其严峻的生产困境；化工园区内缺乏有效的信息沟通平台，管理手段相对落后，信息服务与需求不匹配，沟通效率低下；化工园区管理者与企业之间的相互支持度低，由于企业资源无法有效流通，化工园区管理者无法集中管理和分配资源给企业，每个企业都是一个独立的个体，难以实现企业间的信息和生产等资源共享，制约着企业的可持续发展。

基于"互联网＋"时代的特点和化工园区管理的现状，加强化工园区管理创新、服务创新和技术创新，协调工业园区各类资源管理数据，重新进行资源整合和资源优化，"互联网＋化工园区"管理的主要创新在于：以需求导向为切入点，通过互联网开拓企业客户资源，充分了解和认识化工园区企业需求，提供各项叠加的增值服务；通过利用智能终端、电子设备等技术创新工具，提高化工园区管理者工作效率，降低政府管理成本，提升化工园区日常生活管理服务质量；通过整合化工园区内各种平台，优化配置园区的人力资源、基础设施、生活服务、商业服务等信息资源，使园区管理者、园区企业和投资爱好者获得充足的资源，使各方都实现双赢局面，并各自最大限度地发挥自己的作用，创造良好的化工园区生态圈。

6.5.3 基于大数据的化工园区智慧决策平台研究

近年来，随着外围感知技术的发展，庞杂且难以梳理的数据进入人类世界，全球各个国家、机构都投入大量的人力、物力来挖掘这些庞杂数据的潜在价值。由此，大数据技术应运而生。大数据不仅是一种新技术、新方法、新应用，还可成为政府智慧决策的新基石。各个领域或各类活动的重大决策越来越依赖大数据提供全面、可靠、新颖的信息源，增强回应性和精准度。许多国家已将大数据作为国家重要的基础性战略资源，形成产业规模，并上升到国家战略层面，大数据技术和应用呈现纵深发展。面向大数据的云计算技术、大数据计算框架等不断推出，新型大数据挖掘方法和算法大量出现，大数据新模式层出不穷，传统产业开始利用大数据实现转型升级。我国也提出利用互联网大数据资源通过关联分析和融合利用，掌握企业需求和经济运行信息，为经济监测、产业安全预测的决策提供信息支持，改进事中事后市场监管和公共服务。

上海化工园区是国家新型工业化产业示范基地、国家经济技术开发区、国家工业示范园，以石油和天然气化工为重点，以发展合成新材料、精细化工等石油深加工产品为主。目前化工园区已为园区企业提供四类智慧服务：智慧安全应急、智慧绿色环保、智慧管理服务与智慧责任关怀。但园区存在一个较大的缺憾——园区从政府、机构、企业收集到的巨量数据缺乏整理、分析和利用，数据服务并未得到完全开发，各大应用系统的顶层功能，比如决策、统筹等功能的实现存在短板。因此，园区亟须顶层设计层面的数据治理、分析、应用。

6.5.3.1 云计算支撑下的大数据应用

大数据的产生离不开物联网的感知技术，而大数据的发展则依靠云计算技术。随着信息时代的到来，云计算已成为当前信息时代的一项前沿技术，并被应用于政府、机构、企业等不同主体中，主体自身的数据及服务部署于云中，可大大降低主体在信息化建设中的成本，同时主体能够获取更多、更广泛的服务资源，实现数据交互和数据共享。物联网和云计算技术为大数据的生存和发展提供了强大的技术支撑。

大数据侧重于海量数据的存储、处理与分析，从海量数据中发现价值，服务于生产和生活；云计算本质上旨在整合和优化各种 IT 资源，通过网络以服务的方式廉价提供给用户。大数据的价值不在于数据的庞大，而在于其庞大基础上的数据梳理、分析、应用，这样才能展现大数据的本质价值——庞而有据，杂而可用。从技术层次进行分析，由于大数据自身的特征，需通过多台计算机进行运算，即采用分布式云计算结构进行处理，对庞大的数据进行分布式数据挖掘。这些处理技术都需以云计算技术为基础，设计云计算分布式处理、分布式数据库、云存储、虚拟化技术和数据挖掘等技术。

6.5.3.2 上海化工园区大数据智慧决策平台架构研究

数据流与管理服务过程密不可分，反映物流、人流和资金流的变化情况，是协同高效政府的基本特征。现代政府管理可看作前台决策和后台数据分析的结合，大数据的应用价值由此体现为智慧决策。

园区大数据智慧决策平台的架构分为接入层、基础环境层、平台层、决策层四个层面，见图 6-7。

(1) 接入层：是智慧决策平台的数据来源。智慧决策平台需要采集化工园区已建、在建、筹建系统的各类数据(基础设施数据、业务数据、统计分析数据、视频、图片等)，为平台的数据融合、数据分析、数据对外服务、决策展示等奠定基础。

(2) 基础环境层：是智慧决策平台各项功能正常运行的保障。基础环境层主要包括云服务平台、大屏展示系统。

(3) 平台层：由数据采集交换系统、数据汇聚治理系统、数据存储计算系统、数据分析建模系统、数据开发应用系统组成。

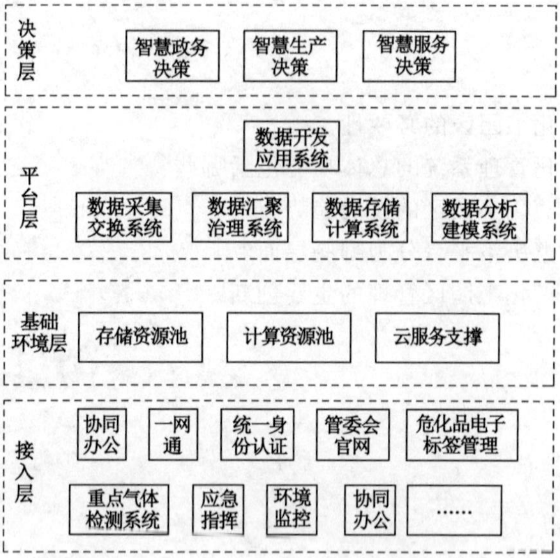

图 6-7　上海化工园区智慧决策平台逻辑架构图

(4) 决策层:包括智慧政务决策、智慧生产决策和智慧服务决策。

6.5.3.3　大数据在上海化工园区决策平台的核心应用

大数据技术可摆脱传统的数据业务冗杂弊端,再依托化工园区已建、在线的业务系统(政府或企业),汇聚各类基础数据、业务数据、视频,通过统一处理和可视化应用进行多样专题展示。以园区管理者、园区企业和员工等各主体的数据服务需求为导向,为园区管理者提供强有力的辅助支撑;为园区企业和员工的各种生产生活提供更智慧的服务。

上海化工园区决策平台涉及园区的 21 个系统,不同系统包含不同维度的数据,比如应急管理指挥系统接入数据源包括工作人员数据、来访人员数据、视频信息、应急专家资源、消防专家资源、化工专家资源、紧急喇叭信息、危化品数据、危化品仓库数据、应急值守信息、应急通信信息、应急处置流程、舆情应对、危险源信息、产业链关系数据、全程事故案例、消防资源数据、码头摄像头监控视频等。如何将这些凌乱的数据安全、高效、严谨地统一存储至关重要,同时如何将数据合理、科学地展示、开放同样也很重要。

因此,化工园区决策平台采用以数据目录为主,安全管理、数据服务、数据监控为辅的数据治理模式。对上,数据目录提供各个系统的目录列表,决策中心可以通过调用不同的目录获取园区内其他系统的数据,还为第三方提供一些公用目录,在园区内共享。对下,能够将采集的数据放入指定数据库,通过库名和目录名称的映射关系准确定位系统内的数据。预计平台建成后日均处理业务数据量达 5 760 000 条,GIS 及仿真数据日均在 5 000 项以上,发布决策指令在 10 000 条以上,将整个化工园区数据统筹掌握,达到智慧决策的目的。

对于上海化工园区而言,通过大数据决策平台可汇聚化工园区各类业务全生命周期相关信息,包括园区基础设施的运行特征、生产加工过程的数据、政务管理的业务信息数据,有利于精确掌握园区运营状况,为及时形成合适的运营决策提供信息支撑。

思考题

1. 简述建设智慧化工园区的必要性。
2. 化工园区智慧化管理系统的总体功能包括哪些?
3. 简述“互联网+”化工园区的发展趋势。
4. 园区大数据智慧决策平台分为哪些层面?
5. 简述“互联网+”化工园区管理的主要创新。

参考文献

[1] 常博.城市轨道交通智能综合监控系统设计研究[J].电子设计工程,2019,27(16):53-56.

[2] 常辉.PLC技术实训指导教程:SIEMENS S7-200系列[M].合肥:安徽大学出版社,2008.

[3] 范天吉.煤矿监测监控综合技术手册[M].吉林:吉林电子出版社,2004.

[4] 冯伟.大长高速公路隧道监控系统的设计与实现[D].太原:太原理工大学,2014.

[5] 付瑞平,刘琦.标准先行 技术助力 稳步推进:首批智慧化工园区试点示范单位建设经验与启示[J].中国应急管理,2019(11):23-25.

[6] 顾广安.基于物联网的化工园区封闭化智慧管理平台研究[J].信息通信技术,2019,13(5):52-57.

[7] 韩茜.智慧矿山信息化标准化系统关键问题研究[D].北京:中国矿业大学(北京),2016.

[8] 金春雄.石油化工企业装置中设置可燃气体报警装置的探讨[J].中国机械,2014(24):30-31.

[9] 李敬兆.感控一体异构融合的矿山物联网应用技术[M].北京:人民邮电出版社,2014.

[10] 李润求,周利华.安全监测监控原理与仪表[M].徐州:中国矿业大学出版社,2018.

[11] 李树刚,魏引尚.安全监测与监控[M].徐州:中国矿业大学出版社,2011.

[12] 李亚威.浅谈智能建筑的火灾自动报警系统[J].企业技术开发,2016,35(6):87-88.

[13] 李媛.PLC原理与应用[M].北京:北京邮电大学出版社,2009.

[14] 廖玲燕.基于"互联网+"的园区智慧化管理系统研究:以××工业园区为例[D].南昌:南昌大学,2019.

[15] 刘光起,周亚夫.PLC技术及应用[M].北京:化学工业出版社,2008.

[16] 马斌,薛守钰.基于大数据的工业园区智慧决策平台研究:以上海化工园区为例[J].中国市政工程,2019,12(6):89-91,95.

[17] 马海澎.化工园区安全监控系统研究[J].中国安全生产科学技术,2015,11(2):77-82.

[18] 煤炭工业部安全司.矿井安全监控原理与应用[M].徐州:中国矿业大学出版社,1996.

[19] 闵华.化工园区在线风险监测预警系统及应用[J].计算机产品与流通,2020(4):174.

[20] 莫菊艳,曹莉.化工企业气体报警装置的设置[J].自动化应用,2013(11):3-4,67.

[21] 乔媛媛.某煤矿安全体系构建及监管系统设计与开发[D].西安:西安理工大学,2018.

[22] 秦宪礼.安全监测监控原理[M].北京:煤炭工业出版社,2015.

[23] 王静.浅谈7890A/5977A气质联用仪的结构、常见故障及处理办法[J].分析器,2019(6):109-114.

[24] 王树伟.城市轨道交通与城市规划一体化探析[J].低碳世界,2017(27):180-181.

[25] 王余胜.建筑消防联动系统细节详解[M].南京:江苏凤凰科学技术出版社,2015.

[26] 西门子(中国)有限公司自动化与驱动集团.深入浅出西门子S7-200 PLC[M].北京:北

京航空航天大学出版社,2003.

[27] 徐凯宏,朱顺兵.安全监测技术[M].徐州:中国矿业大学出版社,2012.

[28] 杨世兴,郭秀才.监测监控系统原理与实用设计[M].北京:中国电力出版社,2007.

[29] 尹伟,法焕宝,鲜晓红,等.气质联用仪外标法定量分析的实验教学探索[J].实验科学与技术,2014,12(1):13-14,33.

[30] 张红岩,赵连刚.自动化、信息化和数字化矿山的创建与实施[J].煤炭技术,2007,26(5):1-2.

[31] 张振飞.神华宁煤集团智慧矿山安全生产管理系统的规划和实施[D].银川:宁夏大学,2018.

[32] 赵铁君,马国超.火灾自动报警系统的组成和工作原理[C]//建筑科技与管理学术交流会论文集.[出版地不详:出版者不详],2015:64-65.

[33] 仲崇生.电气控制及 PLC[M].郑州:郑州大学出版社,2008.

[34] 朱栋华.建筑防火防灾监控系统及应用[M].北京:化学工业出版社,2009.

[35] 宗蕾.油罐区消防安全监控系统的应用设计[J].现代化工,2017,37(3):213-214,216.